湖南大学出版社
图书出版基金资助项目

环境铬污染高效修复策略

文嘉 董浩然 方颖 著

湖南大学出版社·长沙

U0731269

图书在版编目(CIP)数据

环境铬污染高效修复策略/文嘉,董浩然,方颖著.
长沙:湖南大学出版社,2024.9.--ISBN 978-7-5667-
3695-6

Ⅰ.X5

中国国家版本馆 CIP 数据核字第 202410PQ59 号

环境铬污染高效修复策略

HUANJING GE WURAN GAOXIAO XIUFU CELÜE

著　者:	文　嘉　董浩然　方　颖
责任编辑:	黄　旺
印　装:	长沙市雅捷印务有限公司
开　本:	787 mm×1092 mm　1/16　印　张:14.25　字　数:370 千字
版　次:	2024 年 9 月第 1 版　印　次:2024 年 9 月第 1 次印刷
书　号:	ISBN 978-7-5667-3695-6
定　价:	58.00 元

出　版　人:李文邦
出版发行:湖南大学出版社
社　　址:湖南·长沙·岳麓山　　邮　编:410082
电　　话:0731-88822559(营销部),88821315(编辑室),88821006(出版部)
传　　真:0731-88822264(总编室)
网　　址:http://press.hnu.edu.cn

前　言

随着我国经济的快速发展和工业战略布局的调整，铬渣堆放和铬盐厂遗留场地问题逐渐暴露并引起社会广泛关注，这些问题对生态环境构成了严重威胁。据统计，全国 19 个省共有 62 处铬渣堆场和停用生产场地，占地面积达 210 万 m^2，伴生污染物复杂且有相当一部分位于环境敏感的水源地、生活区、商业区附近。在这 62 处场地中，底部无防渗和堆场无覆盖的场地约占 40%。其中，对于含沙壤土质、地下水埋浅或降雨量大的场地，铬容易在土壤和地下水中快速迁移，对周边人群健康和生态环境造成威胁。场地铬污染环境介质复杂，包括地表废水、地下水和土壤三种不同的污染场景，环境影响因素的迥异可能导致单一修复方式无法达到最佳状态。根据不同铬污染场景因地制宜地制订和完善水土污染修复策略，是环境工作者在实际修复工程中首先要考量的技术问题，也是本书编写的初衷所在。

目前，对铬污染的修复研究主要分为以固定/稳定、（电）化学还原为主的物理化学修复和以生物吸附、生物蓄积、生物转化为主的微生物修复。本书以铬的存在形态为纽带，以环境功能性修复材料的开发和对铬修复效能的提高为目标，分章节论述了铬的生态毒性（第一章）、化学行为（第二章）、检测技术（第三章）以及在地表废水、地下水和土壤三种不同环境介质中影响其迁移转化的主要因素（第四至六章），并提供了针对性的修复策略。其中，在地表废水环境（第四章）中进行修复所采用的技术方法较多、材料选择丰富，修复难度较小；在地下水环境（第五章）中应考虑缺氧、高离子强度、多孔介质迁移难等受限的环境条件，本书主要展示和探究了以零价铁为主的不同修复方案；在土壤介质环境（第六章）中，则应结合土壤质地、周期性 pH 和氧化还原条件变化、材料长期稳定性、修复剂成本等多种因素设计修复方案，其中材料的易得性和持效性是影响材料应用于工程修复的决定性因素。以上章节的研究实例均来自著者多年进行水土铬污染修复研究的实际工作，研究结论对于推进重金属污染水体和土壤修复治理关键技术的发展具有重要作用和创新意义。

全书由文嘉、董浩然、方颖著，具体分工如下：第一章、第二章和第六章由文嘉著；第三章由方颖著；第四章由文嘉和方颖合著；第五章由董浩然著。全书由文嘉统稿并最后定稿。本书是集体智慧的结晶，在本书的编写过程中，有王倩、胡小红、尹茜艳、李杨芳、张玉茹、王雪、曾亚兰、何琦、邓俊敏等同学（排名不分先后）参与了本书内容涉及的室内实验、图形制作和文档整理等工作，在此一并表示感谢。

本书在国家自然科学基金（52370166）、重庆市自然科学基金（CSTB2022NSCQ－MSX0391）、湖南省自然科学基金（2023JJ30126）、长沙市自然科学基金（kq2208020）、湖南大学研究生高水平教材项目（2023）、湖南大学出版社 2024 年图书出版基金等项目联合资助下完成。

　　本书即将完稿之时，正值金秋十月收获之际，湖南大学内金桂飘香。我身在陋室正在完成自己人生的第一部学术专著，思绪万千。感谢一路走来与我相识、相知、给予帮助的各位老师、朋友及始终坚定支持我的家人们。

　　尽管著者做出了努力，但书中难免存在不妥和疏漏之处，我们殷切地希望各位专家、学者对本书提出批评和改进建议，为我国重金属污染水土修复共同贡献力量。

文嘉

2023 年 11 月 22 日

目　录

第一章　铬的来源及危害 ……………………………………………… 1

1.1　铬的来源 ………………………………………………………… 1

1.2　涉铬行业分析 …………………………………………………… 2

1.3　铬的主要污染源 ………………………………………………… 4

1.4　铬的危害 ………………………………………………………… 5

第二章　铬的化学行为及迁移特征 …………………………………… 10

2.1　水溶液中铬的化学行为 ………………………………………… 10

2.2　土壤中铬的化学行为 …………………………………………… 12

2.3　Cr（Ⅲ）和 Cr（Ⅵ）的相互转化 …………………………… 15

2.4　影响铬价态转化的主要过程 …………………………………… 17

第三章　铬的检测方法 ………………………………………………… 25

3.1　检测方法 ………………………………………………………… 25

3.2　土壤样品前处理方法 …………………………………………… 40

3.3　废水样品前处理方法 …………………………………………… 47

第四章　铬污染废水修复技术 ………………………………………… 60

4.1　铬污染废水的典型修复技术效能及机制 ……………………… 60

4.2　影响因素 ………………………………………………………… 73

4.3　基于金属有机框架的铬污染废水修复技术研究案例 ………… 76

4.4　基于生物炭的铬污染废水修复技术研究案例 ………………… 98

4.5　小结与展望 ……………………………………………………… 121

第五章　铬污染地下水修复技术 ……………………………………… 140

5.1　地下水中铬的污染概况 ………………………………………… 140

5.2　铬污染地下水的典型修复技术效能及机制 …………………… 141

5.3　影响铬污染去除的水环境因素 ………………………………… 148

5.4　基于改性纳米零价铁的地下水铬污染修复技术研究案例 …… 150

5.5　小结与展望 ……………………………………………………… 172

第六章　铬污染土壤修复技术及研究 ……………………………………………… 184

　6.1　场地铬污染土壤修复技术 …………………………………………… 184

　6.2　影响土壤铬形态转化的主要因素 …………………………………… 187

　6.3　土壤铬污染修复研究实例 …………………………………………… 190

　6.4　小结与展望 …………………………………………………………… 213

第一章 铬的来源及危害

1.1 铬的来源

Cr(Chromium，铬)是过渡金属，原子序数为 24，相对原子质量为 51.996，是元素周期表中ⅥB族元素。铬金属银白色有光泽，质地坚硬易碎，耐腐蚀，熔点(1907 ℃)和沸点(2671 ℃)较高[1]。铬是 1797 年由法国化学家 Lvauquelin 首次发现的，铬是一种广泛应用于实际生产中，但又具有巨大危害的重金属之一[2]。在地球的地幔中，铬是丰度排在第 17 位的元素。在自然界中，它以不同的氧化形式出现(−Ⅱ到＋Ⅵ)，但更稳定的是三价形式[Cr(Ⅲ)]的铬酸盐和六价形式[Cr(Ⅵ)]的铬酸盐。

自然环境中 Cr(Ⅲ)的主要来源是天然岩石风化形成的铬铁矿$(FeCr_2O_4)$[3]。这种矿物广泛存在于镁铁质和超镁铁质的岩石中，其中的镁、铁、铝和铬的不同含量取决于矿床的性质[4]。铬铁矿通常在超镁铁岩中表现为层状沉积物，厚度在几厘米到几十米都有分布，规模通常巨大[5]。二次沉积的铬铁矿多为不规则的豆荚状铬铁矿脉，结构形态通常表现为结节状或圆形结构。一般来说，铬铁矿在化学上是惰性的，不溶于水，但环境中的微生物干预和其他地球化学过程可以促进铬铁矿在自然界中的 Cr(Ⅲ)释放，增加其氧化为 Cr(Ⅵ)的可能性[4]。比如，在富含铬的超镁铁岩中，风化作用会导致铬进入土壤中，易被氧化为可溶的复合阴离子，接着通过淋洗作用迁移至地下水或地面水中。能释放并氧化 Cr(Ⅲ)的矿物还有亚烷、锂硫辉石、豪曼石和锰矿。值得注意的是，在后两种矿物中，Mn(Ⅳ)还原为 Cr(Ⅲ)氧化提供了最多的能量[6]。因此，地下水中的六价铬的浓度一定程度上表示了天然铬的含量。

环境中铬的天然排放量大约为 54000 t，主要存在于水环境和土壤环境中，大气中含量很少。研究表明，大气中的铬绝大部分都会随雨水返回水环境中，铬在大气中的停留时间为 10 天以下，土壤中的六价铬由于其高溶解度和流动性可以被浸出进入地表水。环境中的天然六价铬的还原通常涉及溶液中的 Fe(Ⅱ)或含 Fe(Ⅱ)的矿物、硫化物和有机物(图1-1)，水相中的大部分铬最终会沉积在沉淀中，停留时间为 4.6~18 年[6]。

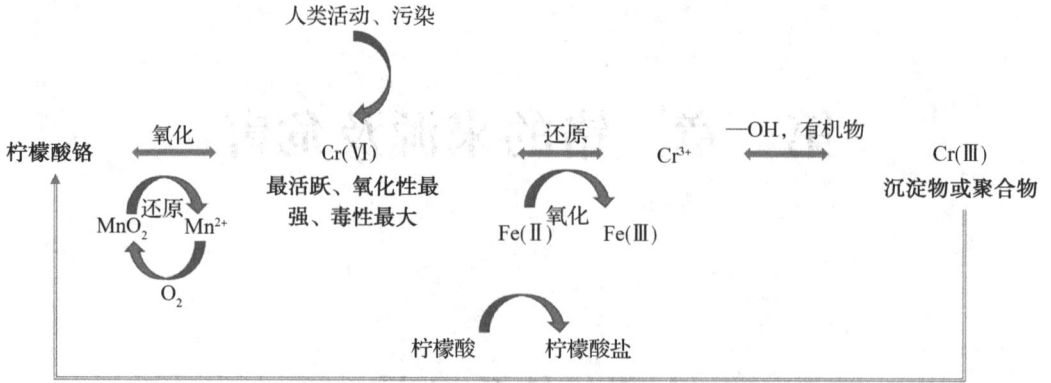

图 1-1　环境中的铬循环

作为现代化工生产中不可或缺的基础原料，铬的需求量与日俱增。随着工业的迅猛发展，铬在工业生产中成为不可或缺的一员。铬的用途相当广泛，如重铬酸钠是吸热泵、冰箱及冷冻库热交换器中常见的防腐蚀剂，氧化铬可作为着色剂应用于纺织印染及陶瓷制造行业，在不锈钢的成型过程中加入铬可增加不锈钢的抗冲击性能和耐压强度。铬在各行各业中大放异彩的同时，不可避免会产生一系列含铬废物，对环境造成了严重的污染。

1.2　涉铬行业分析

铬元素被广泛用于冶金、化工、耐火材料等行业，其上游是铬矿，其中包括铬铁、铬盐，下游为不锈钢、特种钢、涂料、电镀液等。其中，中游的铬矿主要被用来生产铬铁合金和金属铬。铬铁合金作为钢的添加料可生产多种高强度、抗腐蚀、耐高温氧化和耐磨的特种钢，如不锈钢、耐酸钢、滚珠轴承钢、弹簧钢、工具钢等，此类约占铬矿用量的90%[7]。此外，约5%的铬矿可被用于生产铬盐(重铬酸钠)，进而制取其他铬化合物，用于鞣革、纺织、颜料、电镀、医药、冶金、航天、军工等行业，还可以制备催化剂和触媒剂等，是国民经济生活不可或缺的"工业味精"。另外还有5%的铬矿被用作生产耐火材料，如铬砖、铬镁砖和其他特殊耐火材料。铬铁产业链图见图1-2。

从铬的上游进行分析，铬的地质来源少，在地壳中仅占0.03%，且多以氧化物形式存在于矿石中。具有经济价值的只有铬尖晶石族矿物，统称为铬铁矿。根据美国地质调查局(U. S. Geological Survey)2024年的矿产商品总结，全球航运级铬铁矿的总储量估计超过120亿 t[8]，足以满足几个世纪的需求。全球铬铁矿资源量见表1-1，主要分布在南非、津巴布韦、哈萨克斯坦、芬兰、土耳其等国。其中，世界铬资源的地理位置(95%)高度集中在哈萨克斯坦和南部非洲。美国的铬资源主要集中在蒙大拿州的静水复合体中。中国的铬资源量十分匮乏，仅在西藏、新疆、青海、甘肃等西部边远地区略有分布，总量约为1141万 t。

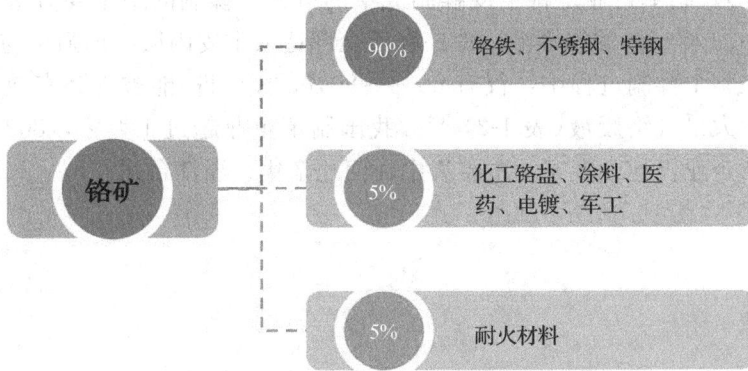

图 1-2　铬铁产业链概图

表 1-1　全球铬铁矿资源(U. S. Geological Survey，2024)[8]

（单位：千 t）

	矿产量		储备量
	2022	2023	（航运级别）[1]
美国	—		630
芬兰	2000	2000	8300
印度	4000	4200	79000
哈萨克斯坦	6000	6000	230000
南非	19100	18000	200000
土耳其	5410	6000	27000
其他国家	5380	5200	—
世界总量	41900	41000	560000

1　单位为千吨航运级铬铁矿矿石，即矿床量和品位为 45％氧化铬。但在美国，品位为 7％氧化铬；在芬兰，品位为 26％氧化铬。

从中游来看，根据记载，我国原有铬化工企业超过 50 家，后因环境污染等原因先后关停超过 40 家，目前在产铬化工企业 13 家，但年产规模 5 万 t 以上的仅三家。我国铬化工生产企业数(在产＋停产)占全球 50％，但产能仅占全球 30％左右[9]。铬盐生产企业主要分布在河南、甘肃、青海等地(图 1-3)。

我国是全球最大的铬盐消费国家，因此面临原料依赖进口、产能利用率低、生产成本上升和限产约束。从下游来看，铬盐产品铬酸酐、碱式硫酸铬等是下游行业的主要原料，其中电镀行业消耗量最大，占比约 50％。其次是制革行业，铬盐产品消耗量约占 25％[9]。电镀行业是通过电解沉积反应在材料表面均匀沉积一层由金属原子构成的保护膜，防止材料被空气中的氧气氧化，以此提高材料表面硬度和光亮度的行业。产检的镀种包括铬、铜、镍、金、银等，铬是最普遍的一种电镀金属。目前中国电镀企业已逾两万家，规模以上的电镀企业有 500 多家，主要分布在长三角和珠三角地区(含 70 家以上企业的省份为广东、浙江、江苏)。制革行业是将生皮鞣制成革的过程,鞣制的最主要方法为铬鞣,即在整理后的生皮中加入45%的铬鞣液,使铬鞣液全部透入生皮内层,加强铬与胶原上羧基的结合。然而,在整个鞣制过程中,仅有60%~80%的Cr(Ⅲ)能被皮胚有效利用,鞣制和染整工段会产生大量含铬废液(表1-2)[10]。我国制革企业超过1万家,80%为中小企业,规模以上的制革企业仅600多家,主要集中在河北辛集、浙江台州[9]。

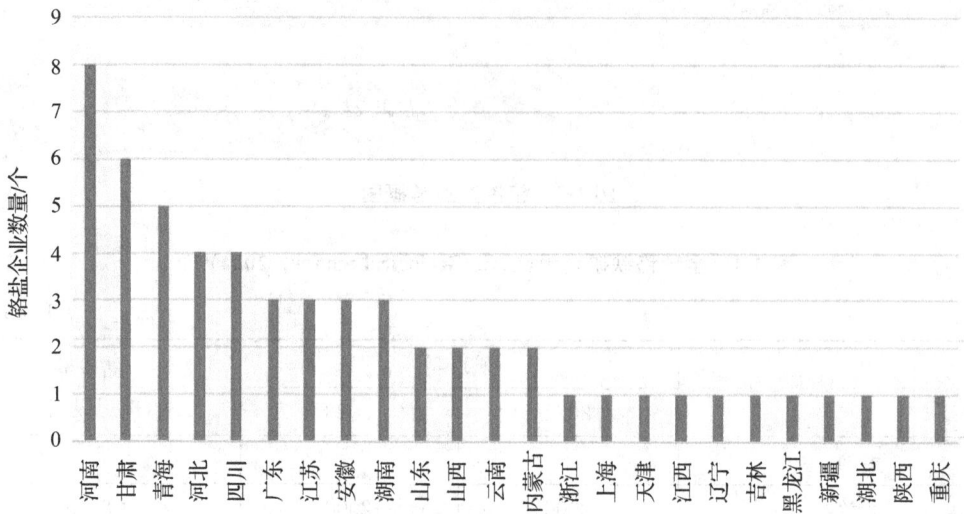

图1-3 中国铬盐企业分布(在产+停产)[9]

表1-2 典型皮革制革过程产生的含铬废液的理化性质[10]

废液种类	pH	总铬/(mg/L)	Cr(Ⅵ)/(g/L)	悬浮物/(g/L)	COD_{Cr}/(g/L)	BOD_5/(g/L)	油脂/(g/L)	氨氮/(mg/L)
铬鞣废液	2.5~4.0	700~3000	未检出	0.38~1.4	0.4~1.3	0.1~0.25	未检出	50~70
铬复鞣废液	3.5~4.0	1000~2000	未检出	1~1.6	2.2~2.8	1~2	未检出	200~300
综合废液	8~10	30~100	未检出	2~4	3~4	1.2~1.8	0.25~2	200~600

1.3 铬的主要污染源

环境中的铬污染主要是Cr(Ⅵ)污染,有自然污染源和人为污染源两个主要来源。自然污染源主要是由于自然界中的铬通过岩石风化进而进入水体和土壤之中形成的,这个过程造成的Cr(Ⅵ)污染微乎其微。因此人为污染源才是造成Cr(Ⅵ)污染的罪魁祸首,包括采矿、化工制造、印染、电镀、皮革鞣制、纺织等工业活动。

首先，含铬产业生产过程中产生的矿尘、矿渣和废水可能会引起场地铬污染。例如，铬铁矿($FeCr_2O_4$)是铬在天然环境中的重要存在形式。在铬铁矿的开采过程中会产生大量的含铬矿尘、矿渣和废水。另外，每年全国两万多家电镀厂的废液排放量为4亿t，废渣排放量为5万t，废气排放量为3000亿m^3[11]。据报道，某裘革生产过程中，每加工2500 kg毛皮，会使用102 kg铬粉(含17.1%的铬)，排放16400 kg含铬废液、398 kg含铬革屑，每处理300 kg污水会产生1 kg污泥(含水率70%)[10]。一旦这些三废没有得到妥善处理，其中的铬盐就会在雨水的淋溶和冲刷等作用下进入水体和土壤，然后在诸多氧化作用下，其中的Cr(Ⅲ)被氧化成Cr(Ⅵ)，最终造成Cr(Ⅵ)污染。

其次，在全国工业结构调整过程中，随着"退二进三"政策(即在产业结构调整中，缩小第二产业，发展第三产业(见国办发〔2001〕98号)的实施，部分集中程度较低的中小型制革企业被关停，场地可能被重新规划为农业、商业和居住等用地。据统计，我国共有皮革鞣制加工企业604家，主要分布于浙江(100家)、河南(93家)、广东(86家)等地[10]。很多老工业区遗留的铬渣并没有得到规范的处理和利用，只是被简单随意地堆置于场地周边。例如，云南曲靖市一家铬盐生产企业于2011年非法丢放5000 t铬渣，结果造成附近山区水体铬含量严重超标[12]；辽宁泰州市一家企业自1959起累计堆放铬渣35万t，造成22.5 km²的土地受到污染[13]；河南巩义将工业生产过程产生的52 t铬渣露天堆放数十年，使得当地环境和居民的健康受到严重危害[14]。据我国土壤污染调查结果显示，我国82.2%的土壤被铬、Cu、Pb、Cd等无机污染物污染，其中铬的点位超标率达到了1.1%[15]。我国目前铬渣堆场和遗留厂区共计62处，位于全国19个省市自治区，其中河南、内蒙古、甘肃和青海共31块，占全国数量的一半。这62块场地占地面积达210万m²，底部无防渗和堆场无覆盖的场地约占40%，仅个别场地完成或正在开展治理修复[16]。已有场地调查表明，铬污染地块土壤中六价铬含量普遍达到10000 mg/kg以上，是《土壤环境质量建设用地土壤污染风险管控标准(试行)》(GB 36600—2018)规定的敏感用地筛选值3.0 mg/kg的几千倍；铬污染纵向扩散深度达10 m以上，地下水中Cr(Ⅵ)的污染浓度普遍达数百单位，是《地下水质量标准》(GB/T 14848—2017)Ⅲ类标准0.05 mg/L的近万倍。此外，我国《污水综合排放标准》(GB 8978—1996)规定Cr(Ⅵ)的排放浓度不能超过0.5 mg/L[17]。世界卫生组织对饮用水中Cr(Ⅵ)的最大污染物水平限制为0.05 mg/L[18]。然而，含铬工业废水中通常含有50～250 mg/L的Cr(Ⅵ)，尽管处理和稀释可以降低其浓度，但仍然危害环境和人类健康[19]。因此，Cr(Ⅵ)污染的治理和修复已经迫在眉睫。

1.4 铬的危害

铬的危害，不仅与铬含量有关，更与铬的化学价态有关。铬在环境中主要以Cr(Ⅲ)和Cr(Ⅵ)这两种较为稳定的形式存在，但二者的毒性相差很大。Cr(Ⅲ)是保障人体健康所需的微量元素,吸收进入血液后主要与血浆中的含铁球蛋白结合,少部分与白蛋白结合。适量的 Cr(Ⅲ)可以增强人和动物体的抵抗力和免疫力,促进人和动物体的生长发育。通过动物实验证明,三价铬具有激活胰岛素的功效,还可以增强对葡萄糖的利用[20]。但人体对铬的需求量很低,过量的铬反而会给人体带来伤害。因此,每日铬摄取量建议为 $0.5\sim2.0~\mu g$[3]。同时 Cr(Ⅲ)也是植物体生长的微量元素之一,低浓度的 Cr(Ⅲ)可以促进植物的萌发和生长[9]。动物实验和流行病学研究发现,Cr(Ⅲ)没有毒性和致癌影响,研究也证实用于膳食补充剂的吡啶甲酸铬配合物没有毒性作用[21]。这主要是因为细胞膜对 Cr(Ⅲ)具有相对不渗透性,Cr(Ⅲ)进入细胞的能力差,从而抑制了 Cr(Ⅲ)与细胞中大分子的结合。

Cr(Ⅵ)被列为 A 类致癌物和优先控制污染物,Cr(Ⅵ)具有"三致"效应[即致突变(mutagenesis)、致癌(carcinogenesis)和致畸(teratogenesis)]和强氧化性,其毒性是 Cr(Ⅲ)的 100 倍。铬可通过与人体皮肤接触、经鼻吸入呼吸道和经口进入消化道而进入人体,并且主要积累在人的肺部[22]。皮肤接触到铬酸盐、铬酸雾的部位会引起过敏反应出现皮炎,Cr(Ⅵ)经过切口或擦伤处进入皮肤会引发铬性皮肤溃疡(又称铬疮),严重时甚至会造成遗传性基因缺陷。铬对眼皮及角膜也有刺激作用,可能会引起刺痛感、视力变弱甚至角膜上皮脱落。另外,吸入铬还容易刺激呼吸道,从而引发相关疾病。有研究显示,引起人体鼻黏膜应激反应的 Cr(Ⅵ)化合物吸入浓度阈值为 $2~\mu g/m^3$,当空气中存在 $0.015\sim0.033~mg/m^3$ 浓度的六价铬时会对呼吸系统造成严重损害[23]。由于铬酸根与硫酸根结构相似(图 1-4),Cr(Ⅵ)易于通过一般硫酸盐通道进入细胞内部被人体吸收累积[24]。在细胞外,Cr(Ⅵ)的还原是一种解毒过程,产生渗透性差的无毒 Cr(Ⅲ)。在细胞中,Cr(Ⅵ)本身没有显示出直接损伤 DNA 的能力,但 Cr(Ⅵ)被还原成 Cr(Ⅲ)的过程中会产生自由基,这些自由基会破坏细胞的遗传基因并带来毒性作用[24]。此外,抗坏血酸(Asc)、小硫醇谷胱甘肽(GSH)和半胱氨酸(Cys)是细胞内 Cr(Ⅵ)的主要生物还原剂(图 1-5)。其中,Asc 占铬代谢的 $80\%\sim95\%$。Asc、GSH 和 Cys 的联合活性可导致体内 Cr(Ⅵ)减少 95% 以上[22]。Asc 作为一种高效的双电子供体,产生第一还原中间体 Cr(Ⅵ)和氧化产物脱氢抗坏血酸。GSH 对 Cr(Ⅵ)的还原可以通过一个或两个电子反应进行,而 Cys 几乎只起一个单电子还原剂的作用(图 1-6)。还原产生的带正电荷的 Cr(Ⅲ)物种会与 DNA 上带负电荷的磷酸盐基团之间发生静电作用,从而形成 Cr(Ⅲ)-DNA 复合物,进一步影响正常的 DNA 复制和转录,并引发 DNA 诱变[25]。

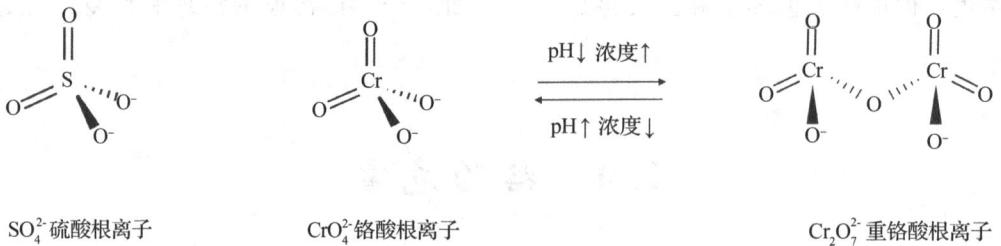

SO_4^{2-} 硫酸根离子　　　　CrO_4^{2-} 铬酸根离子　　　　$Cr_2O_7^{2-}$ 重铬酸根离子

图 1-4　硫酸根离子、铬酸根离子和重铬酸根离子的化学结构

由于 Cr(Ⅵ)具有毒性大、易迁移的特性,水体和土壤中的 Cr(Ⅵ)含量都设有严格的限制。然而，实际工作场合中的铬浓度往往过高，长期高铬浓度环境中工作易引发肺炎、肝硬化甚至癌症。如果经口摄入铬的化合物，可导致剧烈呕吐和腹痛等中毒现象，严重时还会造成器官衰竭甚至死亡。因此，深入研究水体和土壤中Cr(Ⅵ)修复技术已然成为当今环境专业的热点。

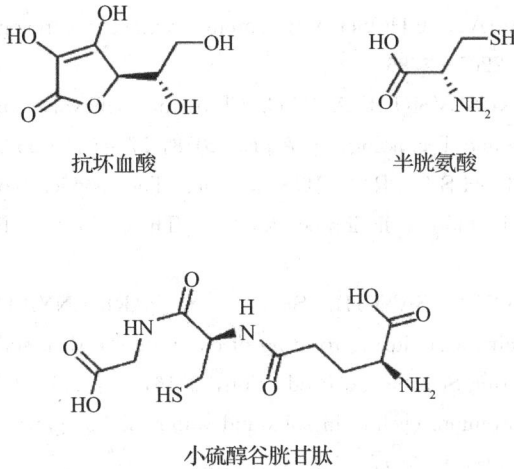

抗坏血酸　　半胱氨酸

小硫醇谷胱甘肽

图 1-5　Cr(Ⅵ)主要生物还原剂的化学结构[25]

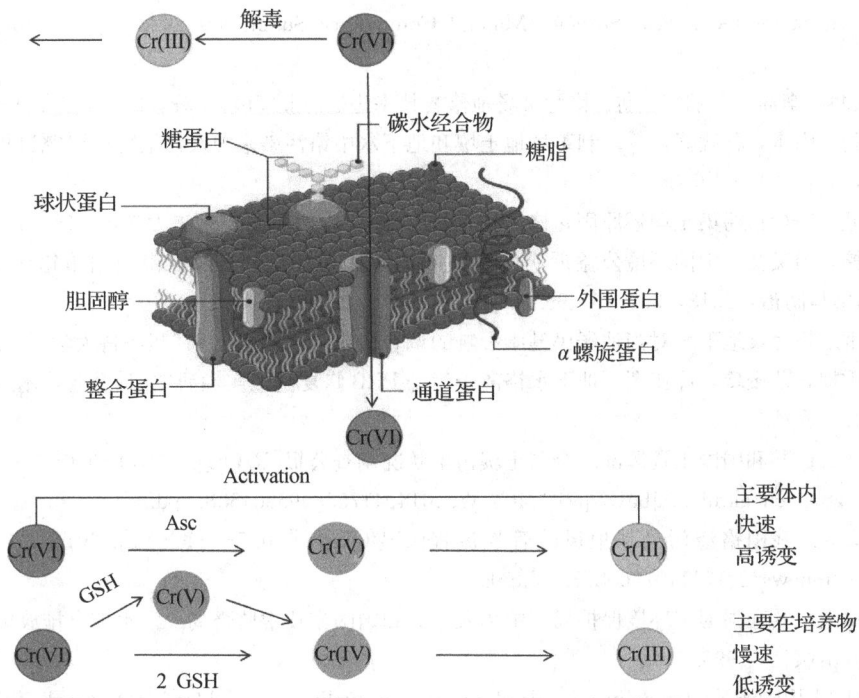

图 1-6　Cr(Ⅵ)的还原及其遗传毒性的影响[23]

参考文献

[1]GRACEPAVITHRA K, JAIKUMAR V, KUMAR P S, et al. A review on cleaner strategies for chromium industrial wastewater: Present research and future perspective[J]. Journal of Cleaner Production, 2019, 228: 580 - 593.

[2]MUKHERJEE K, SAHA R, GHOSH A. Chromium removal technologies[J]. Research on Chemical Intermediates, 2012, 39: 2267 - 2286.

[3]SHARMA S K, PETRUSEVSKI B, AMY G. Chromium removal from water: a review[J]. Journal of Water Supply: Research and Technology — Aqua, 2018, 57 : 541 - 553.

[4]BATTASHI H AL, JOSH S J, PRACEJUS B, et al. The geomicrobiology of chromium (Ⅳ) pollution: microbial diversity and its bioremediation potential[J]. The Open Biotechnology Journal, 2016, 10: 379 - 389.

[5]ESCUDERO-CASTEJON L, SANCHES-SEGADO S, PARIRENYATWA S, et al. Formation of chromium-containing molten salt phase during roasting of chromite ore with sodium and potassium hydroxides[J]. Journal of Manufacturing Science and Production, 2016, 16: 215 - 225.

[6]J BARTLETT R. Chromium cycling in soils and water: links, gaps, and methods[J]. Environmental Health Perspectives, 1991, 92 : 17 - 24.

[7]易普咨询. 全球铬矿行业概况[EB/OL][2022-03-14]. https://baijiahao. baidu. com/s? id=1727257431184796978&wfr=spider&for=pc.

[8]United States Geological Survey. Mineral Commodity Summaries 2023[J]. Reston, Virginia, 2024: 59.

[9]王兴润, 李磊, 颜湘华, 等. 铬污染场地修复技术进展[J]. 环境工程, 2020, 38: 1 - 8+23.

[10]徐腾, 南丰, 蒋晓锋, 等. 制革场地土壤和地下水中铬污染来源及污染特征研究进展[J]. 土壤学报, 2020, 57: 1341 - 1352.

[11]沈城. Cr(Ⅵ)污染土壤还原固化修复技术研究[D]. 上海: 华东理工大学, 2018.

[12]郭楠, 田义文. 中国环境公益诉讼的实践障碍及完善措施——从云南曲靖市铬污染事件谈起[J]. 环境污染与防治, 2013, 35: 96 - 99.

[13]王琳. 铬污染地下水对当地居民健康影响的调查研究[D]. 锦州: 锦州医科大学, 2019.

[14]杨雪梅, 范俊玲, 许亚洲. 地下水铬离子污染 PRB 修复模拟实验研究[J]企业技术开发, 2009, 28: 117 - 121.

[15]中华人民共和国国土资源部. 全国土壤污染状况调查公报[R/OL]. [2014-04-17]. https://www. mee. gov. cn/gkml/sthjbgw/qt/201404/W020140417558995804588. pdf.

[16]王兴润. 我国铬渣污染场地风险管控流程[EB/OL]. [2017-11-10]. https://mhuanbao. bjx. com. cn/mnews/20171110/860877. shtml.

[17]中华人民共和国国家环境保护局, 中华人民共和国国家技术监督局. 污水综合排放标准[S]. 北京: 中国标准出版社, 1996.

[18]WHO LIBRARY. Guidelines for drinking—water quality: first addendum to third edition (volume 1 recommendations)[J]. World Health Organization, Geneva, Switzerland, 2006.

[19]杨玉晴. 聚吡咯改性磁性生物炭去除水中六价铬的研究[D]. 北京: 中国地质大学(北京), 2019.

[20]蔡玉婷. 电镀废水对人体的危害及其集中处理[J]. 农业环境科学学报，2010，29：205－208.

[21]郭亮，张敏红. 吡啶甲酸铬的毒理学安全性研究进展[J]. 饲料博览(技术版)，2008：22－24.

[22]SUZUKI Y，FUKUDA K. Reduction of hexavalent chromium by ascorbic acid and glutathione with special reference to the rat lung[J]. Archives of Toxicology，1990，64：169－176.

[23]徐衍忠，秦绪娜，刘祥红，等. 铬污染及其生态效应[J]. 环境科学与技术，2002：8－9＋28.

[24]ZHITKOVICH A. Chromium in Drinking Water：Sources，Metabolism，and Cancer Risks[J]. Chemical Research in Toxicology，2011，24：1617－1629.

[25]ZHITKOVICH A. Importance of chromium-DNA adducts in mutagenicity and toxicity of chromium(Ⅵ)[J]. Chemical Research in Toxicology，2005，18：3－11.

第二章 铬的化学行为及迁移特征

2.1 水溶液中铬的化学行为

2.1.1 三价铬的化学形态

六水 $Cr(III)$ $[Cr(H_2O)_6^{3+}]$ 是强酸性条件下无机 $Cr(III)$ 盐溶液中的主要铬物种。在 $pH=4$ 或更高的条件下，与 $Cr(III)$ 结合的 H_2O 发生水解，从而形成可溶和不可溶的低聚和聚合产物。例如，地表水中通常含有可溶性单体和低聚 $Cr(III)$ 产物的混合物[1]。在主要排放源或污染点处，有机小分子与 $Cr(III)$ 形成的稳定配合物可以增加铬的环境迁移率，甚至在中性 pH 下也可以保持 $Cr(III)$ 的溶解度。在 $pH>5$ 的情况下，水解和聚合反应加速，溶液 pH 越接近中性会导致多核 $Cr(OH)_3$ 沉淀越迅速（图 2-1）。与水配合物相比，$Cr(III)$ 化合物在有机酸、生物缓冲液、氨基酸等小有机分子存在的情况下是可溶的，并长期保持单体。因此，对 $Cr(III)$ 在中性 pH 下不溶性的描述仅适用于缺少与 H_2O 竞争的配体的溶液。例如，饮用水因弱酸性和缺乏有机物限制了 $Cr(III)$ 的溶解[2]。

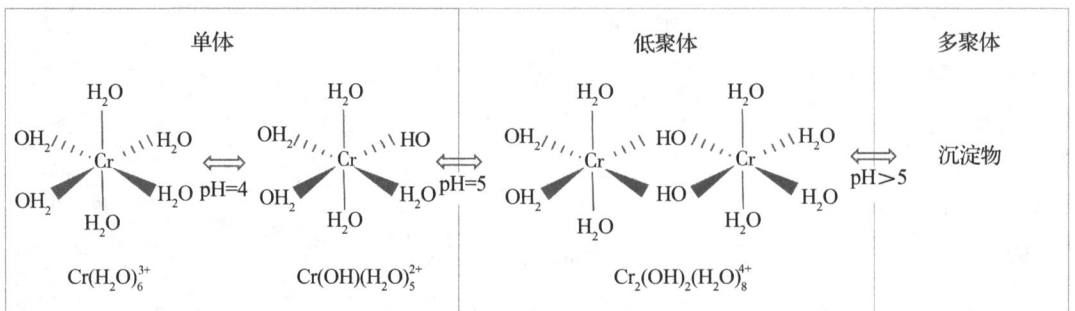

图 2-1　水溶液中 $Cr(III)$ 随 pH 变化的化学形态

2.1.2 六价铬的化学形态

在水环境中，酸碱性（pH）、氧化还原电位（Eh）、温度和硬度等理化性质都可以影响元素价态的转化。不同学者对于铬在水溶液不同酸碱性条件下发生形态转化的阈值和转化的具体形式有相似且不同的研究结论。例如，Feng 等[3]学者认为，当 pH<1 时，Cr(Ⅵ)以铬酸(H_2CrO_4)形式存在；当 $1.0 < pH < 6.8$ 时，Cr(Ⅵ)以 $HCrO_4^-$ 的形式存在，并且随着 Eh 值的降低，$1.0 < pH < 4.0$ 时与 Cr^{3+} 存在平衡，$4.0 < pH < 6.8$ 时与 $Cr(OH)^{2+}$ 存在平衡；当 pH>6.8 时，Cr(Ⅵ)以 CrO_4^{2-} 的形式存在，并且随着 Eh 值的降低，又与 Cr(Ⅲ)以 CrO^+(pH=6.8~8.0)、$HCrO_2$(pH=8.0~9.5)和 CrO_2^-(pH=9.5~14.0)的形式存在平衡(图 2-2)。而 Chen 等[4]认为在初始浓度 0.001 mol/L 下，铬在强酸性条件下以 H_2CrO_4 为主，在弱酸性条件下主要以 $HCrO_4^-$、$Cr_2O_7^{2-}$ 的形式存在，而在碱性条件下 CrO_4^{2-} 为主要的存在形式。近来，王海兵[5]等人用更精确的密度泛函理论对 H_2CrO_4、$HCrO_4^-$、$Cr_2O_7^{2-}$、CrO_4^{2-} 进行了结构优化，并通过静电势分析、原子电荷分析和热动力学分析，总结归纳出在强酸性条件下(pH < 2)，溶液中主要以 $Cr_2O_7^{2-}$ 为主，而在弱酸性及碱性条件下(pH > 2)，溶液中主要以 CrO_4^{2-} 为主，H_2CrO_4、$HCrO_4^-$ 存在的形式较少。

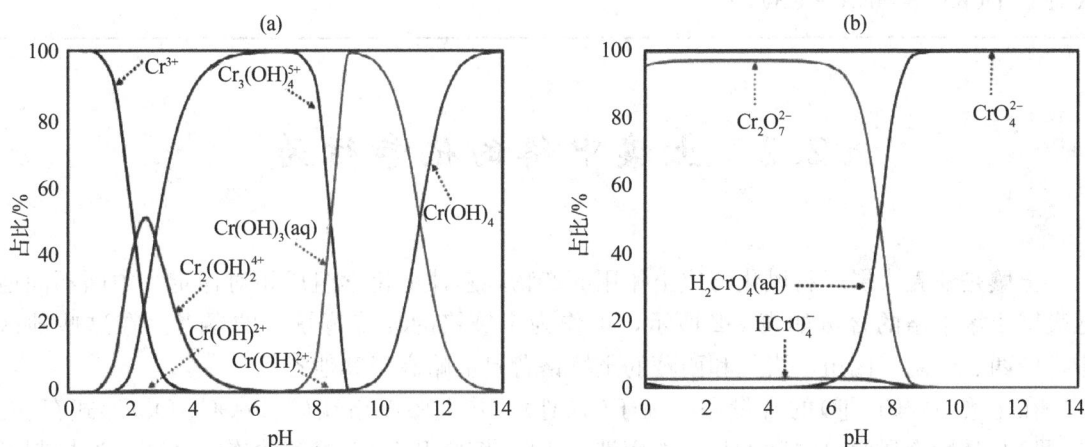

图 2-2 不同水体 pH 下(a)Cr(Ⅲ)和(b)Cr(Ⅵ)的存在形态[3]

在水溶液中，Cr(Ⅵ)受 pH 的影响会存在如表 2-1 中所示的反应。铬酸盐和重铬酸盐都具有配位氧基团的四面体排列。Cr(Ⅵ)溶于纯水时，在宽 pH 范围内热力学稳定。然而，在含有任何可氧化基团的有机分子(包括 DNA 和蛋白质)的高酸性溶液中，Cr(Ⅵ)很容易被还原。在中性 pH 下，Cr(Ⅵ)更难还原，仅发现少数生物分子表现出显著的Cr(Ⅵ)还原率(如抗坏血酸、小硫醇谷胱甘肽、半胱氨酸)。例如，人胃液在 pH=1.4 下孵育30 min后能够还原约 70% 的Cr(Ⅵ)，但在 pH=7.0 下完全无效[6]。Cr(Ⅵ)在低 pH 下的强氧化能力是由于其在这些条件下具有非常高的正 E_0 值，这允许各种有机供体通过电子转移反应将电子转移至Cr(Ⅵ)使其还原。

表 2-1 水溶液中 Cr(Ⅵ) 随 pH 变化可能进行的反应[5]

反应式	公式编号
$H_2O \rightleftharpoons OH^- + H^+$	2-1
$H_2CrO_4 \rightleftharpoons H^+ + HCrO_4^-$	2-2
$HCrO_4^- \rightleftharpoons H^+ + CrO_4^{2-}$	2-3
$2HCrO_4^- \rightleftharpoons Cr_2O_7^{2-} + H_2O$	2-4
$OH^- + H_2CrO_4 \rightleftharpoons H_2O + HCrO_4^-$	2-5
$OH^- + HCrO_4^- \rightleftharpoons H_2O + CrO_4^{2-}$	2-6

2.2 土壤中铬的化学行为

土壤是地壳表层岩石风化与成土作用的产物，总体上化学组成相对稳定。中国不同地区表层土壤中铬的含量如表 2-2 所示，可作为土壤铬的环境背景值的参考。在这些地区中，广西、云南、四川、贵州和西藏的土壤铬背景值略高于其他省份。

在土壤中，Cr(Ⅲ) 的含量一般高于 Cr(Ⅵ)，并主要以铬铁矿($FeOCr_2O_3$)形式存在。Cr(Ⅲ) 与环境介质组分之间的相互作用涉及吸附/解吸和沉淀/溶解的连续循环，这控制了其环境迁移的程度。首先，由于土壤胶体主要带负电荷，对 Cr(Ⅲ) 的吸附很强。其次，土壤或沉积物中的氢氧化铁和固定化有机物对 Cr(Ⅲ) 的结合减少了其可溶性。若土壤溶液中存在三价铬离子(Cr^{3+})，则其因体积较小而易于置换氧化物结构中的 Fe^{3+} 和 Al^{3+}，Cr^{3+} 形成氢氧化物沉淀，其溶解度很低。再次，Cr(Ⅲ) 在土壤中的沉淀/溶解受土壤 pH 影响较大。在极低 pH 的土壤中(pH<4 左右)，由于 Cr(Ⅲ) 与 OH^- 难以形成氢氧化物沉淀，土壤及矿物主要对 Cr(Ⅲ) 产生吸附作用(该 pH 范围为吸附区)；pH 在 4~6 的范围内，土壤溶液中 Cr(Ⅲ) 的显著下降可被认为是土壤或矿物对其吸附和沉淀的共同作用(该 pH 范围为吸附-沉淀区)；pH 在 6.0~10.5 的范围内，Cr(Ⅲ) 主要以氢氧化铬形式存在(该 pH 范围为稳定沉淀区)，特别是在 pH 为 3~7 时，磷酸根还能和 Cr(Ⅲ) 生成 $Cr(H_2PO_4)_3$ 沉淀；在 pH>10.5 时，土壤溶液中大部分 Cr(Ⅲ) 被沉淀，Cr(Ⅲ) 能通过水解产生一定量的 $Cr(OH)_4^-$，从一定程度上提高了 Cr(Ⅲ) 的溶解度[8]。所以，在中性 pH 区间，土壤中大部分 Cr(Ⅲ) 能形成稳定的沉淀态和残渣态，不易迁移。对不同场地污染土壤的铬含量分析可知(表 2-3)，制革场地土壤中铬主要以 Cr(Ⅲ) 的形式为主，Cr(Ⅵ) 的含量较低。如在浙江海宁某制革污泥堆存场地中，Cr(Ⅵ) 含量最高仅占全铬含量的 8%[10]。

表 2-2　中国不同地区表层土壤中铬的含量[7]

（单位：mg/kg）

地区	北京 (n=175)	天津 (n=171)	河北 (n=2653)	山西 (n=1500)	内蒙古 (n=1643)	辽宁 (n=1552)	吉林 (n=1737)	黑龙江 (n=1509)
含量	59.3 (48.7~66.7)	67.9 (47.4~90.0)	61.4 (36.2~87.3)	63.5 (47.1~82.9)	45.7 (19.1~73.5)	65.3 (34.4~94.8)	41.5 (20.7~61.0)	60.8 (45.3~74.7)

地区	上海 (n=162)	江苏 (n=801)	浙江 (n=1152)	安徽 (n=1501)	福建 (n=881)	江西 (n=1801)	山东 (n=2044)	河南 (n=1801)
含量	72.4 (57.2~87.3)	80.1 (65.6~95.1)	51.1 (14.2~90.7)	69.1 (53.5~85.7)	36.5 (11.2~76.7)	65.4 (25.2~98.0)	74.3 (61.0~90.0)	

地区	湖北 (n=1470)	湖南 (n=1945)	广东 (n=1424)	广西 (n=1259)	海南 (n=167)	重庆 (n=758)	四川 (n=2678)	贵州 (n=386)
含量	70.6 (45.0~97.5)	62.5 (33.5~95.6)	60.4 (20.5~100.3)	112.9 (37.9~231.6)	68.1 (12.0~209.4)	76.7 (60.7~91.3)	93.1 (69.2~111.9)	89.9 (42.2~161.7)

地区	云南 (n=1505)	西藏 (n=373)	陕西 (n=870)	甘肃 (n=2904)	青海 (n=636)	宁夏 (n=386)	新疆 (n=690)
含量	106.5 (53.9~169.5)	97.9 (48.5~123.2)	79.0 (60.9~96.0)	68.2 (46.9~88.0)	62.4 (41.0~82.0)	66 (49.1~81.7)	54.2 (35.5~73.9)

表 2-3　国内外制革场地中土壤铬含量调查结果[9]

场地名称和土壤采样位置	土壤 pH	全铬/(mg/kg)	Cr(VI)/(mg/kg)	当地土壤全铬背景值/(mg/kg)	污染年代
中国浙江某关停制革厂,内部区域	—	33.4～59 400	< 0.5～827	52.9	1948—1998
中国浙江海宁某制革厂,污泥堆存点	5.56～8.70	32～23000	1～251	9	1991—1998
美国加利福尼亚州某关停制革厂,内部区域	4.57～7.80	140～22000	<1～187	130	1905—1986
河北辛集某制革厂,污泥堆积点	7.94～8.42	70～29500	0.6～75	68.3	2016—2017
巴基斯坦卡苏尔某制革园区,污水处理区域	—	6.4～48.8	2.6～8.1	—	—
埃塞俄比亚孔博勒查某制革厂,周边区域	—	22.6	0.02	—	1967—2017
澳大利亚阿德莱德某制革厂,污泥堆存点	—	382～61931	可检测,未见数据	—	20 世纪初期
意大利威内托某制革园区,冲积平原	7.2～7.9	42.9～10594	—	100	1900—2004
巴基斯坦木尔坦某制革工业园区,污水处理区域	—	0.9～1157	—	4	—
印度拉尼贝特某制革工业园区,污水处理区域	—	170.9～551.9	—	100	—

Cr(VI)在土壤中一般以三氧化铬(CrO_3)、铬酸氢根($HCrO_4^-$)、铬酸根(CrO_4^{2-})、重铬酸根($Cr_2O_7^{2-}$)形式存在,极易溶于水,并具有强氧化性。由于其存在形式以阴离子为主,所以对Cr(VI)的吸附主要是土壤中带正电荷的土壤胶体,如土壤中带正荷的$FeCl_3$或水合氧化铁胶体。除了静电吸引,Cr(VI)(主要为$HCrO_4^-$)也能通过与土壤胶体上的—OH进行离子交换而被吸附。大部分Cr(VI)在被还原之前多以活性较强的水溶态CrO_4^{2-}存在,因此在土壤中较易迁移。但是,不同污染成因造成的铬污染土壤中铬的存在形式会有差异。例如,铬化工污染土壤和铬渣堆放污染土壤的污染程度比电镀和制革污染土壤严重,若土壤混有铬渣,则铬不仅有水溶性Cr(VI)[如四水铬酸钠、铬酸钙、铬铝酸钙、碱式铬

酸铁和化学吸附的 Cr（V）]，还存在酸溶性Cr（Ⅵ）（表 2-4）[10]。酸溶性Cr（Ⅵ）在土壤中存在更为稳定，仅通过强酸溶解破坏硅酸盐和铁铝酸盐晶格才能释放。因此，铬化工遗留场地因铬渣未受保护措施的堆放而导致的土壤铬污染面临的修复难度更大。

表 2-4　铬渣中Cr（Ⅵ）的存在形式[10]

物相	水溶性
四水铬酸钠	易溶
铬酸钙	稍溶
铬铝酸钙、碱式铬酸铁、化学吸附的Cr（Ⅵ）	微溶
硅酸二钙-铬酸钙固溶体	难溶
铁铝酸钙-铬酸钙固溶体	难溶

在土壤中，铬的形态分布受多种环境条件如土壤类型、土壤质地、外源物质来源和历史等协同影响。形态的多寡反映了其土壤化学性质的差异，也反映了其生物有效性。"形态"指的是重金属与土壤组分的结合形态，即"操作定义"，通过采用特定的提取剂和提取步骤来界定。铬在操作上一般分为水溶态、可交换态（1 mol/L CH₃COONH₄提取）、沉淀态（2 mol/L HCl 提取）、有机结合态（5% H₂O₂＋ 2 mol/L HCl 提取）和残渣态等。在土壤中水溶性铬的含量非常低，一般很难测出；交换态铬的含量也多低于 0.5 mg/kg，约占总铬的 0.5%；土壤中铬大多以沉淀态、有机结合态和残渣态存在。有机结合态通常小于 15 mg/kg，残渣态一般占总铬的 50% 以上[11]。但是，场地污染土壤受其污染时间、土壤pH、共存污染物等影响，铬的存在形态差异较大。例如，Mandal[12]等分析了印度拉尼贝特某制革园区污泥堆放的土壤中铬的形态分布，其中水溶态和可交换态的铬含量分别占全铬含量的 55.7% 和 27.2%。而 Castillo[13]等研究的西班牙拉里奥哈制革园区土壤中的可交换态铬占全铬含量的 0.3%，可氧化态和残渣态占86.9% 和 10.9%。类似的还有阿根廷某废弃化工厂污染场地中铬的形态分布，其中 31%～58% 的铬以铁氧化物形式存在，10.4%～35.6% 的铬以低晶的铁的水合氢氧化物存在，13.5%～42.8% 的铬以残渣态的形式存在，水溶态占比＜ 0.5%[14]。

2.3　Cr（Ⅲ）和Cr（Ⅵ）的相互转化

在纯化学条件下，Cr（Ⅵ）与 Cr（Ⅲ）的迁移转化主要通过以下作用实现：
碱性条件下，Cr（Ⅲ）容易被空气氧化成Cr（Ⅵ）：
$$2Cr(OH)_2^+ + 1.5 O_2 + H_2O = 6H^+ + 2CrO_4^{2-} \tag{2-7}$$
酸性条件下，强氧化性的Cr（Ⅵ）接受电子后被还原成 Cr（Ⅲ）：
$$Cr_2O_7^{2-} + 14H^+ + 6e^- = 2Cr^{3+} + 7H_2O \tag{2-8}$$
而在自然界中，铬的氧化和还原可以同时存在，且小部分的Cr（Ⅵ）是由天然的Cr（Ⅲ）

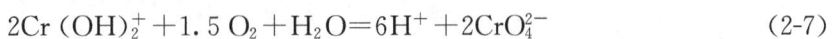

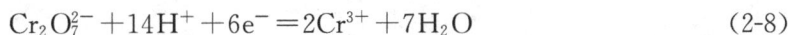

氧化而来，大部分的Cr(Ⅵ)来自人为污染或非自然状况下Cr(Ⅲ)的氧化[15]（图2-3）。水体和土壤中存在很多天然物质可以作为Cr(Ⅵ)的还原剂和氧化剂，水体和土壤中常见的MnO_2和含铁(Fe)的游离和固相物质、小分子有机酸、腐殖酸、植物分泌物和微生物等都可以参与铬循环[16]。例如，在中性 pH 条件下，锰氧化物通过表面氧化将 Cr(Ⅲ)氧化为Cr(Ⅵ)[17]：

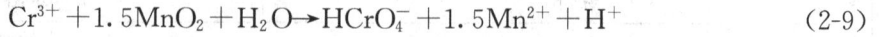

$$Cr^{3+}+1.5MnO_2+H_2O \rightarrow HCrO_4^- +1.5Mn^{2+}+H^+ \tag{2-9}$$

而通过有机化合物例如对苯二酚氧化形成奎宁，Cr(Ⅵ)能再度被还原为 Cr(Ⅲ)：

$$3C_6H_6O_2+2CrO_4^{2-} \rightarrow Cr_2O_3+3C_6H_4O_2+H_2O+4OH^- \tag{2-10}$$

上述两个反应在热力学上都是自发进行的反应。

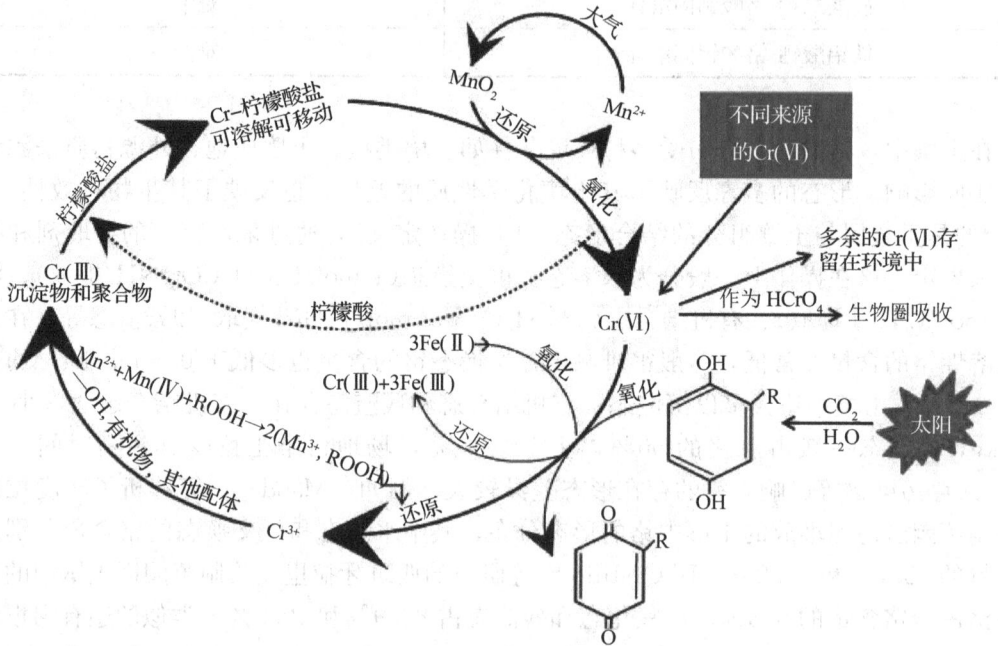

图 2-3 环境中铬的循环转化[15]

与土壤中将Cr(Ⅵ)还原为 Cr(Ⅲ)的反应相比，将 Cr(Ⅲ)氧化为Cr(Ⅵ)似乎更为困难，且这个氧化反应一般仅发生在锰氧化物丰富的土壤中。例如，土壤中铬渣还原处理的典型产物 $Cr(OH)_3$ 可以通过下述三个路径再度被氧化成Cr(Ⅵ)：①被氧气氧化，②被 δ-MnO_2氧化，③被 Mn(Ⅱ)催化氧化。其中，短期内(10 天)，路径②占主导作用(51%)；长期条件下(1 年)，路径③对Cr(Ⅵ)的产生贡献率达78%以上，其次为路径①(10%)，且路径①和③贡献的占比随时间推移而不断增加[18]。pH 对土壤中铬的氧化和还原反应的影响是一个复杂的过程，但通常高 pH 会增强氧化能力，而低 pH 会促进还原反应[15]。

2.4　影响铬价态转化的主要过程

2.4.1　化学药剂还原过程

许多化学品可以将六价铬还原为低毒的三价铬，包括二氧化硫（SO_2）、亚硫酸盐类（SO_3^{2-}）、酸式亚硫酸盐类（HSO_3^-）以及亚铁盐及零价铁类（Fe^{2+}、Fe^0）。根据其还原剂种类可将其分为以下几种类型[19]。

（1）铁系还原剂

铁系还原剂包括零价铁（ZVI 和亚铁盐，这两种是最早应用于六价铬污染土壤修复的稳定化材料，与六价铬的反应机理主要是还原、沉淀、吸附和絮凝等作用。其中，零价铁包括纳米零价铁（nZVI）和普通零价铁，在与铬的反应过程中，ZVI 最终转化为 $Fe(Ⅲ)$，而$Cr(Ⅵ)$可被还原为 $Cr(Ⅲ)$，代表产物包括 $Cr(OH)_3$、Cr_2O_3、$FeOOH$、Fe_2O_3 以及 $Fe(Ⅲ)$-$Cr(Ⅲ)$共存的氢氧化物形式。ZVI 通常作为$Cr(Ⅵ)$还原剂应用于地下水修复可渗透反应墙中，nZVI 虽然在修复效果上较 ZVI 有一定优势，但其应用于实体工程修复的案例较少，主要是由于 nZVI 稳定性差、易团聚。因此，将 nZVI 作为纳米材料应用于土壤修复过程仍有较多环境不确定性，需要更多技术改进和科学支撑来实现其工程应用。

硫酸亚铁、氯化亚铁等亚铁盐也常被用于铬污染修复材料，经典的化学反应式如下：

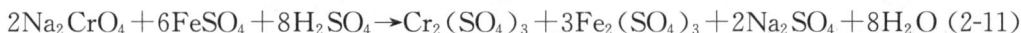

$$2Na_2CrO_4 + 6FeSO_4 + 8H_2SO_4 \rightarrow Cr_2(SO_4)_3 + 3Fe_2(SO_4)_3 + 2Na_2SO_4 + 8H_2O \quad (2\text{-}11)$$

此反应一般在 pH＝2.5～3.0 时进行，生成的可溶性三价 Cr（Cr^{3+}）可进一步通过碱性沉淀法去除：

$$Cr_2(SO_4)_3 + 3Ca(OH)_2 \rightarrow 2Cr(OH)_3 + 3CaSO_4 \quad (2\text{-}12)$$

六价铬经过化学还原后再进行碱性沉淀会产生大量残渣。若按照 $Cr(OH)_3$ 的化学计量计算，每处理 1 kg $Cr(Ⅵ)$将会产生约 2 kg 污泥。若用氢氧化钠替代石灰进行沉淀则会产生较少沉淀[20]。

（2）硫系还原剂

硫化物因化学氧化还原条件不同可呈现不同价态，如 S^{2-}、$[S_2]^{2-}$、S_0、S^{4+}、S^{6+}。通常情况下，低价硫系材料（如硫化钠、多硫化钙等）对$Cr(Ⅵ)$的还原效果要优于中低价硫系材料（如二亚硫酸钠、硫代硫酸钠、焦亚硫酸钠、亚硫酸氢钠等）。以多硫化钙（CPS）为例，它能在较长时间内对土壤中的铬起还原作用，主要反应途径如（2-13）所示：

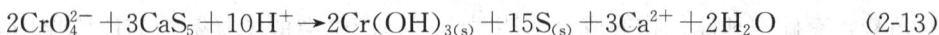

$$2CrO_4^{2-} + 3CaS_5 + 10H^+ \rightarrow 2Cr(OH)_{3(s)} + 15S_{(s)} + 3Ca^{2+} + 2H_2O \quad (2\text{-}13)$$

中低价硫系还原剂通常通过分步作用对 $Cr(Ⅵ)$进行还原。例如，二亚硫酸钠（$Na_2S_2O_4$）一方面可将环境中的 $Fe(Ⅲ)$还原为 $Fe(Ⅱ)$，然后通过 $Fe(Ⅱ)$对$Cr(Ⅵ)$进一步还原；另一方面，$Na_2S_2O_4$ 的分解产物如 SO_3^{2-}、HSO_3^- 和 $S_2O_3^{2-}$ 等可将$Cr(Ⅵ)$还原为

Cr(Ⅲ)，如（2-14）、（2-15）所示：

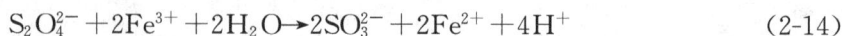

$$S_2O_4^{2-}+2Fe^{3+}+2H_2O\rightarrow 2SO_3^{2-}+2Fe^{2+}+4H^+ \tag{2-14}$$

$$6H^++2HCrO_4^-+4HSO_3^-\rightarrow 2Cr^{3+}+2SO_4^{2-}+S_2O_6^{2-}+6H_2O \tag{2-15}$$

然而，硫系还原剂对Cr(Ⅵ)的还原产物多以$Cr(OH)_3$形式存在，其稳定性不如铁系还原剂所生成的铬铁混合沉淀$[Cr_xFe_{1-x}(OH)_3]$。

以上铁系还原剂和硫系还原剂的优缺点可见表2-5。

表 2-5 常见铁系和硫系还原剂优缺点对比[21]

还原剂	优点	缺点
硫酸亚铁	价格便宜；偏酸性，具有土壤酸化作用	修复后土壤增容比大；土壤中硫酸根离子浓度上升
亚硫酸钠/焦亚硫酸钠/偏亚硫酸氢盐/连二亚硫酸盐	修复后土壤增容比较小；修复效果好；土壤中硫酸根离子浓度上升，但比例小于使用硫酸亚铁	价格较贵；药剂为碱性，需要酸调节处理土壤 pH
硫化钠/多硫化钙	修复后土壤增容比较小；修复效果好	价格较贵；药剂为碱性，需要酸调节处理土壤 pH；现场应用释放硫化氢
铁粉/纳米铁	不增加土壤中硫酸根离子浓度；具有长期还原效果	价格较贵；易氧化、易团聚

（3）铁硫系还原剂

铁硫系还原剂包括天然的硫铁矿、黄铁矿等矿物级原材料和各种合成的FeS材料。其中，人工合成的FeS或四方硫铁矿对Cr(Ⅵ)可提供Fe(Ⅱ)和S(Ⅱ)两种电子供体。FeS中Fe对Cr(Ⅵ)的还原过程可见下式：

$$FeS+H^+\rightarrow Fe^{2+}+HS^- \tag{2-16}$$

$$3Fe(Ⅱ)+Cr(Ⅵ)\rightarrow 3Fe(Ⅲ)+Cr(Ⅲ) \tag{2-17}$$

$$xCr(Ⅲ)+(1-x)Fe(Ⅲ)+3H_2O\rightarrow (Cr_xFe_{1-x})(OH)_{3(s)}+3H^+ \tag{2-18}$$

从式（2-18）可知，铁硫系还原剂的产物为$Cr_xFe_{1-x}(OH)_3$，既可以弥补铁系还原剂还原效率不高的缺陷，也可以弥补硫系还原剂还原产物稳定性差的不足。但使用铁硫系还原剂的一大缺陷是其溶解度小，在中、碱性环境下很难起到还原的作用。

（4）有机物

当环境中的有机物成分较高时，其中的某些有机成分也能对Cr(Ⅵ)进行还原。例如，腐殖酸含有硫醇和硫化物等成分，能对Cr(Ⅵ)产生类似半胱氨酸的还原作用。又如，许多植物提取物中含有的单宁酸、没食子酸等都能通过还原和络合作用修复Cr(Ⅵ)污染。植物多酚、还原性多糖及氨基酸被证实可作为还原剂和稳定剂来制备环境修复材料。多酚是指水溶性植物酚类化合物，存在于水果[22,23]、蔬菜和谷物[24]中，包括酚酸（如没食子酸、单宁酸、阿魏酸、绿原酸）、黄酮类（如花青素、儿茶素）、芪类（如白藜芦醇）、木酚素（如五味子脂素）。多酚在应用中显示出较强的物理特性、化学特性和生物活性。例如，有研究将桉树叶提取液与铁（Ⅲ）溶液按体积比 2∶1 在 pH=4.2 的条件下合成 FeNPs，所形成的 FeNPs 可将 98.9% 的 Cr(Ⅵ) 还原为 Cr(Ⅲ)[25]。我们利用绿茶提取物浸渍凹凸棒土在其表面引入多酚官能团，制备的改性凹凸棒土实现了对土壤 Cr(Ⅵ) 的高效还原和稳定修复[26]。此外，我们利用 ZIF-8 和绿茶提取物成分表儿茶素没食子酸酯（EGCG）合成了新型纳米吸附剂 ZIF-8-EGCG[27]。这种复合纳米材料因为 EGCG 自身结构中的酚羟基的还原性，极大提升了对 Cr(Ⅵ) 的吸附量（Q_{max}=136.96 mg/g）和还原率（96%）（具体研究实例见第四章及第六章）。

2.4.2　微生物还原过程

环境中存在分布广泛的铬耐受/还原菌属，其中假单胞菌属（Pseudomonas）、芽孢杆菌属（Bacillus）、弧菌属（Vibrio）、双歧杆菌属（Bifidobacterium）、博德特氏菌属（Bordetella）、节杆菌属（Arthrobacter）和乳球菌属（Lactococcus）为最有潜力的铬耐受/还原菌属[28]。王雯璇等[29]在混合芽孢杆菌喷洒形成的土柱中淋滤铬酸盐溶液的过程中发现，铬的毒性随溶液浓度的增大而增大，土壤中红长命菌属（Rubrivivax）、溶菌（Lysobacter）、苯杆菌属（Phenylobacterium）、多嗜菌属（Variovorax）等菌属的相对丰度减小，但嗜硝基念珠菌（Candidatus Nitrososphaera）、节杆菌（Arthrobacter）、分枝杆菌（Mycobacterium）、类诺卡氏菌（Norcardioides）的相对丰度却增大，进一步证明了某些菌种对铬的耐受力和还原能力。其中，厌氧微生物可以利用铬酸盐作为末端电子受体或利用氢化酶或还原细胞色素 C 将胞质间的铬酸盐还原，而好氧微生物则通过细胞还原物质或还原酶对铬酸盐进行还原[19]。然而，从工程施用难易程度和产物稳定性方面，微生物还原修复铬污染仍存在诸多弊端。其一是因为微生物在扩大生产工艺及后期应用过程面临环境条件的考验容易失活；另一方面是因为很多微生物还原生成的 Cr(Ⅲ) 仍是以可溶形式存在，铬的稳定化过程难以实现。随着环境氧化还原条件的改变，溶解态的 Cr(Ⅲ) 也极易再度转化为毒性较强的 Cr(Ⅵ)。目前有不少研究采用将菌株固定于支撑性材料上（如生物炭、腐殖酸、蛭石、聚乙烯醇-海藻酸钠凝胶等混合形成的复合物）[30-32]以提升菌种活性和便于后期回收。例如，Wu[33]等学者在铬污染土壤中分离筛选出了一种铬还原菌芽孢杆菌属 CRB-7（图 2-4）。该菌种在适宜培养条件下（pH=7.0，37 ℃，48 h）可完全还原 120 mg/L 的 Cr(Ⅵ)。随后，Wu[31]等学者通过利用海藻酸钠在蛭石上固定功能菌种芽孢杆菌属 CRB-7 对铬污染土壤进行修复。该铬还原菌的全基因组共包含 5307 个蛋白质编码序列（CDSs），而其中 2485 个 CDSs 主要富集在代谢和环境信息处理类途径。这些功能基因使 CRB-7 能够不断地交换物质和能量，其中，膜和物质的转运与胞内转运和酶促基因可能参与调控 CRB-7 中 Cr(Ⅵ) 还原酶的排泄和转运。因此，该微生物具有较强的环境适应性，强大的功能基因保证了 CRB-7 免受 Cr(Ⅵ) 的毒害并有助于 Cr(Ⅵ) 的还原。

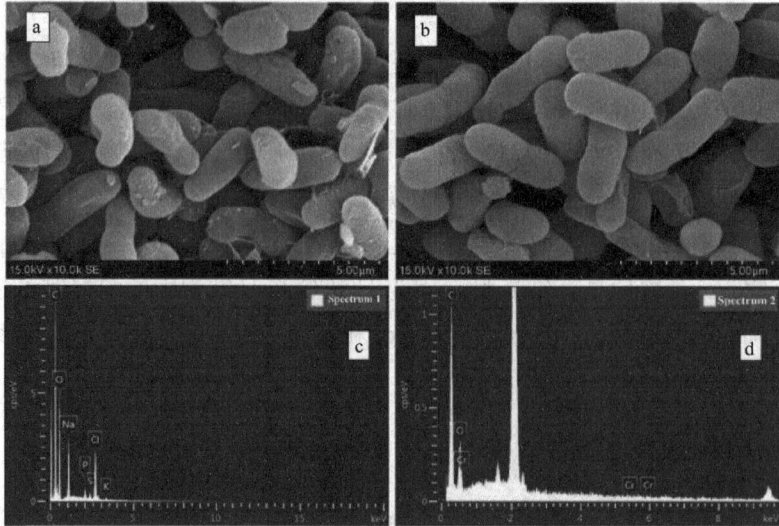

图 2-4　对照(a)和 120 mg/L Cr(Ⅵ)处理的 CRB-7 细胞(b)的 SEM 图像；对照
(c)和 120 mg/L Cr(Ⅵ)处理的 CRB-7 细胞(d)的 EDS 分析[33]

研究学者普遍认为微生物对Cr(Ⅵ)的抗性主要与膜转运体 ChrA 有关，其对铬的抗性最大。ChrA 蛋白利用膜电位提供的能量，主动将Cr(Ⅵ)离子从细胞内泵送到细胞外空间，降低Cr(Ⅵ)对微生物细胞的毒性，从而保护微生物在不利生态位中的生存[34]。此外，胞外的Cr(Ⅵ)主要以类似于 SO_4^{2-} 的 CrO_4^{2-} 的形式出现，这就意味着细胞膜上硫酸根离子的通道进入细胞质内，Cr(Ⅲ)是无法通过的。然后，细胞内器质对胞质溶液中的Cr(Ⅵ)还原。此微生物还原过程可通过图 2-5 表示。然而，利用微生物还原修复铬污染的技术距离实际工程应用还有一段距离，复合材料的长期稳定性还有待考察。

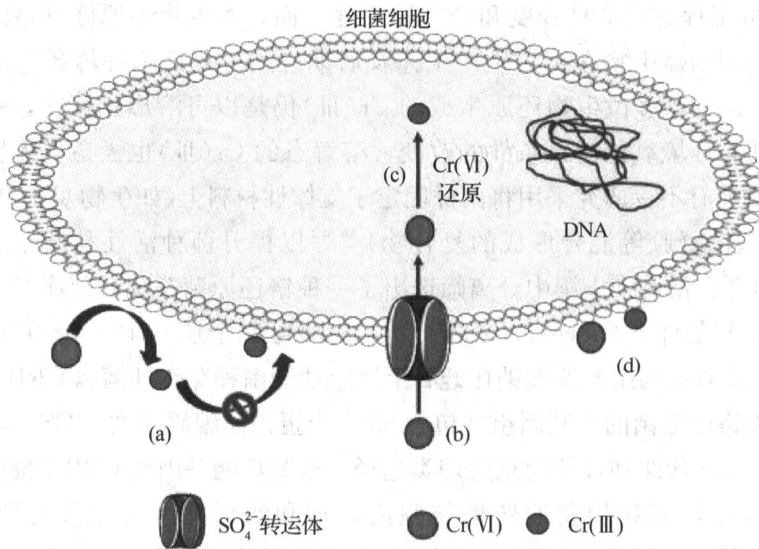

图 2-5　菌株 CRB-7 还原Cr(Ⅵ)的示意图：
(a) Cr(Ⅵ)胞外还原，Cr(Ⅲ)不能通过细胞膜；(b) Cr(Ⅵ)通过 SO_4^{2-} 转运体进入细胞；
(c)细胞内Cr(Ⅵ)还原；(d)细胞表面微量的铬生物吸附[33]

2.4.3　电化学还原过程

以微电池的腐蚀原理为基础，采用铁屑来处理电镀含铬废水，是还原六价铬的一种常用的电化学腐蚀法。在该处理技术中，当形成腐蚀原电池时在系统中加入的烟道灰、焦炭、瓦斯灰等含积碳的物质，既可作为粉末电极与铁屑形成腐蚀原电池，也可作为吸附剂吸附$Cr(VI)$。铁屑在阳极被腐蚀，$Cr(VI)$在阴极被还原[(2-19)和(2-20)]。在电极反应生成Fe^{2+}的过程中，Fe^{2+}又可将溶液中残留的$Cr(VI)$还原为$Cr(III)$(2-21)。

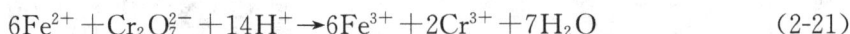

$$Fe-2e\rightarrow Fe^{2+}（阳极）\tag{2-19}$$
$$Cr_2O_7^{2-}+14H^++6e\rightarrow 2Cr^{3+}+7H_2O（阴极）\tag{2-20}$$
$$6Fe^{2+}+Cr_2O_7^{2-}+14H^+\rightarrow 6Fe^{3+}+2Cr^{3+}+7H_2O\tag{2-21}$$

与此同时，间接电解法自20世纪70年代之后在中小型电镀厂被广泛使用。与以上微电池腐蚀法不同的是，电解法是采用铁板作为阳极，通过电解使阳极铁溶解，产生上述介绍的Fe^{2+}，进而对$Cr(VI)$进行还原。Fe^{2+}被氧化后与水中的OH^-作用形成氢氧化物，又对$Cr(VI)$及$Cr(III)$产生凝聚和吸附作用。该技术占地少、操作简单、适应性强、处理效果稳定，处理后出水含铬量可降到0.1 mg/L以下[35]。但由于该技术直接采用阳极作为反应物消耗，所产生的氢氧化铁也容易使电极板钝化，在处理大量含铬废水时耗电较多且耗费电极，产生的含铁或含铬的泥渣也不易处理，这些都成为间接电解法发展过程中的掣肘。

在以上研究的基础上，研究学者逐渐认识到电极材料选择的重要性。因为电化学还原反应是发生在固液界面的，是非均相催化反应，材料的导电能力会影响电化学还原过程中的电子转移。因此，采用非铁电极作为阳极，使$Cr(VI)$直接在阴极上还原的技术被称为直接电解还原法。例如，美国新英格兰电镀公司曾在20世纪70年代就开发了充填活性炭的不溶性阳极电解槽，也有不少学者尝试了用石墨做阳极、铅或铜板做阴极对含铬废水进行处理[35]。但该技术的一大缺陷是受对流扩散所控制，铬在阴极上的还原程度较低，不容易把废水中的$Cr(VI)$浓度降至排放标准浓度之下(0.5 mg/L)。此外，当电势把控不当时，还会在阴极产生析氢反应($2H^++2e^-\rightarrow H_2\uparrow$)。这势必又激发了学者们立志在电极材料选择和性能提升上进行再一次的技术突破。例如，刘宇博[36]课题组采用金属钯(Pd)与石墨烯共混掺杂得到复合材料，然后进一步负载至不锈钢电极表面制得钯-石墨烯-不锈钢复合电极。在这种复合电极中，石墨烯具备优良的导电能力及电子储存能力；Pd金属能在酸性水溶液中将析出的氢气催化成H_2O_2，H_2O_2又可进一步在酸性条件下与$Cr(VI)$发生氧化还原反应。研究结果也证明，该复合电极反应常数是石墨烯电极的1.4倍，在Pd含量为3%、电极电势为-0.9 V、初始pH=2、电解质浓度为6 g/L的条件下，60 min内$Cr(VI)$的还原率可达到99.7%，且电化学还原后电极表面只存在$Cr(III)$。此外，莱斯大学李琪琳[37]团队也研究了将不导电的金属有机框架材料(MOF)原位生长在导电的还原氧化石墨烯(rGO)上形成纳米杂化材料电极。在施加正电压阶段(+1.2 V)，导电的rGO驱动$Cr(VI)$向MOF@rGO阳极迁移，在电极表面形成双电层，同时生长在rGO表面的MOF可对$Cr(VI)$进行选择性的物理吸附并达到很高的平衡吸附容量；在脱附阶段，吸附在MOF@rGO上的$Cr(VI)$在外加负电压(0、-1.2 V、-2.5 V、4.0 V)的作用下，通过电场排斥、电化学还原、OH^-交换、电极表面降低的$Cr(VI)$平衡浓度引起物理脱附等多种机制实现Cr(Ⅵ)的释放和还原，且 MOF 上可再生铬的物理吸附/脱附容量随脱附电压增加而增加[图 2-6(a)(b)]。在吸附阶段末期，材料表面的铬形态以Cr(Ⅵ)为主(84.8%)，而在脱附阶段默契，电极表面残留的铬则以 Cr(Ⅲ)(53.6%)和 Cr(0)(46.3%)的形式存在[图 2-6(c)]，实现了Cr(Ⅵ)的还原和解毒。

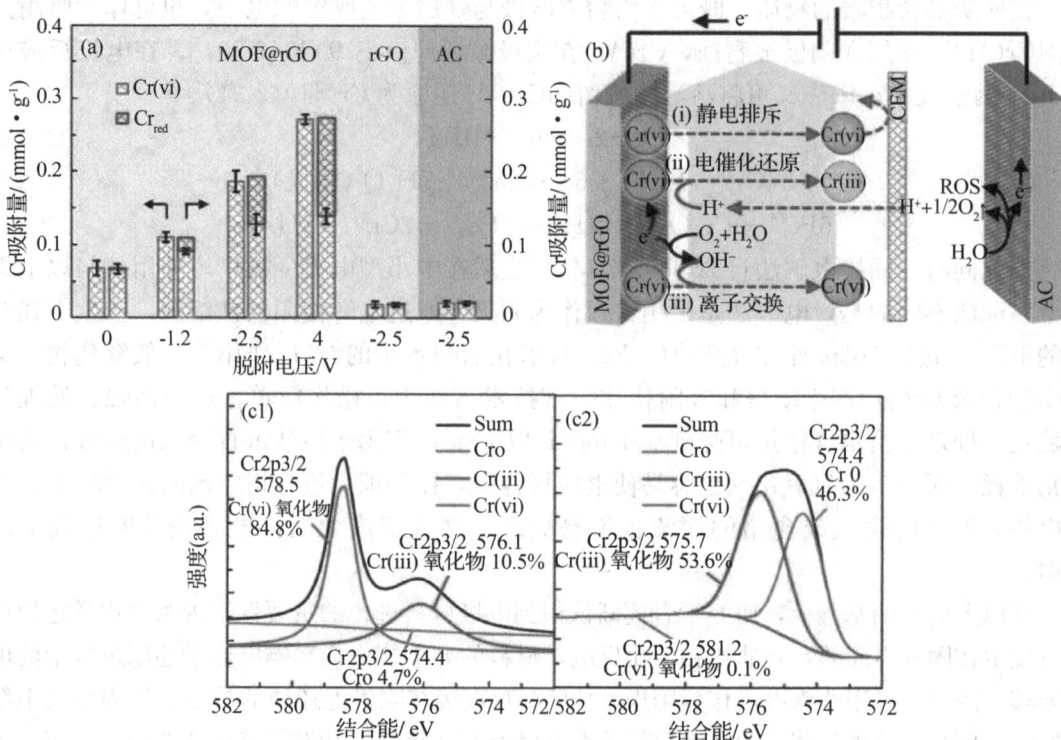

图 2-6　铬在处理过程中的形态变化和机制
(a)不同脱附电压下铬的可逆吸附/脱附量；(b) MOF@rGO 电极上可能的脱附机制
(i)静电排斥，(ii)电化学还原和脱附，(ⅲ)离子交换；(c) 铬在吸附阶段(1.2 V)(c1)
和脱附阶段(−2.5 V)(c2)的形态分析

参考文献

[1]STEWART I I, OLESIK J W. Investigation of Cr(Ⅲ) hydrolytic polymerisation products by capillary electrophoresis-inductively coupled plasma-mass spectrometry[J]. Journal of Chromatography A, 2000, 872: 227 - 246.

[2]ZHITKOVICH A. Chromium in drinking water: sources, metabolism, and cancer risks[J]. Chem. Res. Toxicol, 2011, 24: 1617 - 1629.

[3]FENG M, ZHANG P, ZHOU H C, et al. Water—stable metal—organic frameworks for aqueous removal of heavy metals and radionuclides: A review[J]. Chemosphere, 2018, 209: 783 - 800.

[4]CHEN T, ZHOU Z, XU S, et al. Adsorption behavior comparison of trivalent and hexavalent chromium on biochar derived from municipal sludge[J]Bioresource Technology, 2015, 190: 388 - 394.

[5]王海兵，孙宁杰，张越非，等. 基于密度泛函理论研究六价铬的形态及其相互转变规律[J]. 武

汉工程大学学报，2018，40：500-505.

[6]DONALDSON R M，BARRERAS R F. Intestinal absorption of trace quantities of chromium[J]. Journal of Laboratory and Clinical Medicine，1966，68：484-493.

[7]CHEN H，TENG Y，LU S，et al. Contamination features and health risk of soil heavy metals in China[J]. Science of The Total Environment，2015，512-513：143-153.

[8]陈英旭，骆永明，朱永官，等. 土壤中铬的化学行为研究Ⅴ. 土壤对Cr(Ⅲ)吸附和沉淀作用的影响因素[J]. 土壤学报，1994，31(Ⅲ)：77-85.

[9]徐腾，南丰，蒋晓锋，等. 制革场地土壤和地下水中铬污染来源及污染特征研究进展[J]. 土壤学报，2020，57：1341-1352.

[10]王兴润，李磊，颜湘华，等. 铬污染场地修复技术进展[J]. 环境工程，2020，38：1-8+23.

[11]陈怀满，朱永官，董元华，等. 环境土壤学[M]. 2版. 北京：科学出版社，2010.

[12]MANDAL B K，VANKAYALA R，KUMAR L U. Speciation of Chromium in Soil and Sludge in the Surrounding Tannery Region，Ranipet，Tamil Nadu[J]. Hindawi Publishing Corporation，2011. DOI：10. 5402/2011/697980.

[13]CASTILLO N A，GARCíA-DELGADO R A，CALA RIVERO. Electrokinetic treatment of soils contaminated by tannery waste[J]. Electrochimica Acta，2012，86：10-114.

[14]CEBALLOS E，CAMA J，SOLER J M，et al. Release and mobility of hexavalent chromium in contaminated soil with chemical factory waste：Experiments，Cr isotope analysis and reactive transport modeling[J]. Journal of Hazardous Materials，2023，451：131193.

[15]DHAL B，THATOI H N，DAS N N，et al. Chemical and microbial remediation of hexavalent chromium from contaminated soil and mining/metallurgical solid waste：A review[J]. Journal of Hazardous Materials，2013，250-251：272-291.

[16]XIAO W，ZHANG Y，LI T，et al. Reduction Kinetics of Hexavalent Chromium in Soils and Its Correlation with Soil Properties[J]. Journal of Environmental Quality，2012，41：1452-1458.

[17]APTE A D，VERMA S，TARE V，et al. Oxidation of Cr(Ⅲ) in tannery sludge to Cr(Ⅵ)：Field observations and theoretical assessment[J]. Journal of Hazardous Materials，2005，121：215-222.

[18]LIU W，LI J，ZHENG J，et al. Different pathways for cr(ⅲ) oxidation：implications for cr(ⅵ) reoccurrence in reduced chromite ore processing residue[J]. Environ. Sci. Technol，2020，54：11971-11979.

[19]杨文晓，张丽，毕学，等. 六价铬污染场地土壤稳定化修复材料研究进展[J]. 环境工程，2020，38：16-23.

[20]蒋建国. 固体废物处置与资源化[M]. 2版. 北京：化学工业出版社，2012.

[21]中国环境保护产业协会. 铬污染土壤异位修复技术指南[S/OL]. [2021-07-06]. https：//www. sinosite. com. cn/Public/Admin/202108034194. pdf.

[22]RICCUCCI G，CAZZOLA M，FERRARIS S，et al. Surface functionalization of Ti6Al4V with an extract of polyphenols from red grape pomace. Materials & Design，2021，206：109776.

[23]RANI P，YU X，LIU H，et al. Material，antibacterial and anticancer properties of natural polyphenols incorporated soy protein isolate：A review[J]. European Polymer Journal，2021，152：110494.

[24]PINTO T，AIRES A，COSME F，et al. Bioactive (poly)phenols，volatile compounds from vegetables，medicinal and aromatic plants[J]. Foods，2021，10：106.

[25]LIU Y，JIN X，CHEN Z. The formation of iron nanoparticles by Eucalyptus leaf extract and used to remove Cr(Ⅵ)[J]. Science of The Total Environment，2018，627：470-479.

[26]WANG Q，WEN J，HU X，et al. Immobilization of Cr(Ⅵ) contaminated soil using green-tea impregnated attapulgite[J]. Journal of Cleaner Production，2021，278：123967.

[27]HU X，WEN J，ZHANG H，et al. Can epicatechin gallate increase Cr(Ⅵ) adsorption and reduction on ZIF-8?[J]. Chemical Engineering Journal，2020，391：123501.

[28]冯淏. 铬耐受/还原菌的多样性调研[D]. 杭州：浙江大学，2016.

[29]王雯璇，陈晓彤，章雨晨，等. 微生物作用下土壤中水溶态 Cr(Ⅵ)的迁移转化[J]. 环境工程，2020，38：40-46.

[30]WANG G，ZHAO X，LUO W，et al. Noval porous phosphate-solubilizing bacteria beads loaded with BC/nZVI enhanced the transformation of lead fractions and its microecological regulation mechanism in soil[J]. Journal of Hazardous Materials，2022，437：129402.

[31]M WU，Q WANG，C WANG，et al. Strategy for enhancing Cr(Ⅵ)-contaminated soil remediation and safe utilization by microbial-humic acid-vermiculite-alginate immobilized biocomposite[J]. Ecotoxicology and Environmental Safety，2022，243：113956.

[32]WU Q，MO W，LIU J，et al. Remediation of high-concentration Cr(Ⅵ)-contaminated soils with FeSO4 combined with biostimulation：Cr(Ⅵ) transformation and stabilization[J]. Journal of Hazardous Materials Advances，2022，8：100161.

[33]WU M，LI Y，LI J，et al. Bioreduction of hexavalent chromium using a novel strain CRB-7 immobilized on multiple materials[J]. Journal of Hazardous Materials，2019，368：412-420.

[34]ACKERLEY D F，GONZALEZ C F，PARK C H，et al. Chromate-reducing properties of soluble flavoproteins from pseudomonas putida and escherichia coli[J]. Applied and Environmental Microbiology，2004，70：873-882.

[35]李玉. 碱性介质中六价铬的电化学还原研究[D]. 郑州：郑州大学，2003.

[36]刘宇博. 基于石墨烯修饰电极的电化学还原废水中 Cr(Ⅵ)[D]. 武汉：武汉理工大学，2021.

[37]ZUO K，HUANG X，LIU X，et al. A hybrid metal-organic framework-reduced graphene oxide nanomaterial for selective removal of chromate from water in an electrochemical process[J]. Environ. Sci. Technol，2020，54：13322-13332.

第三章 铬的检测方法

3.1 检测方法

3.1.1 火焰原子吸收分光光度法

(1)检测原理

样品中的铬化合物喷入富燃性空气-乙炔火焰，在高温火焰中原子化，基态原子选择性地吸收来自铬空心阴极灯发射的特征谱线，且在一定范围内，吸收强度与样品中铬浓度成正比例关系[1,2]。火焰原子吸收分光光度法(图 3-1)分析速度快，操作简单，基底干扰少，但是其检出限较高[3]。

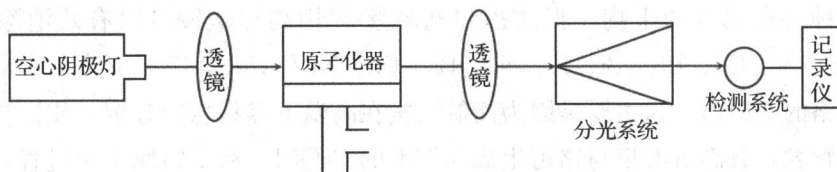

图 3-1 火焰原子吸收分光光度法示意图

(2)干扰及消除

光谱干扰。光源状况是决定火焰原子吸收分光光度法使用效果的关键，但是由于组成成分较多，因此存在较多的发射线和杂质等，光谱干扰因素对于监测结果的影响十分显著，为了减少监测结果中的误差，应该对光源质量实施有效控制，提高其纯度，还可以降低夹缝的数量，以此获得更加可靠的测量结果[4]。

物理干扰。物理干扰是指仪器的响应值随着待测样品溶液性质的改变而改变[5]。当待测溶液表面张力或黏度变化时，会对样品的提升量、雾化效率，以及脱溶剂效率、蒸发效率和原子化效率等产生影响。物理干扰通常可以通过配制与被测样品组成相近的标准溶液、标准加入法或稀释等方法来消除[5,6]。

化学干扰。由于铬化合物在高温火焰中易生成难熔和难原子化的高温铬氧化物，可通过调整空气与乙炔比例来改善。当空气与乙炔流量比例为 2∶1～3∶1 时，黄色的富燃火焰具有较强的还原气氛，火焰中过剩的碳竞争氧气避免铬氧化，已生成的铬氧化物易于被碳还原为铬原子，能大大提高铬原子化效率[7]。夷增宝[7]等研究了不同空气-乙炔流量比例对仪器灵敏度的影响，随着空气与乙炔流量比从 5.4:1 逐渐下调至 3.375:1，仪器的灵敏度逐渐增加，当流量比继续下调至 3:1 时，仪器的灵敏度略有下降。此外，在样品中提前加入助熔剂 NH_4Cl 溶液可以抑制铬氧化物的生成，加入 NH_4Cl 会使样品中的氯离子增加，使铬生成易挥发和易原子化的氯化物。沈家欢[8]比较了额外添加 NH_4Cl 和未添加样品的仪器响应值，见表 3-1，NH_4Cl 的加入显著提高了仪器检测的响应值和灵敏度，而对测定结果没有干扰。共存元素如 Fe、Co、Pb、Al、Mn、Mg、Ni、Zn、Cd、Cu 和 V 等对火焰原子吸收分光光度法测铬的干扰大，如 Ni 和 V 可以在富燃火焰中与铬生成合金，使铬原子化难度加大，因此导致铬测定值偏低[9]。仇星泉和吴晓燕[10]研究了 Ni、Zn、Cd、Cu 和 Pb 元素对测定水中总铬的影响，见表 3-2。一般也采用 NH_4Cl 充当抑制剂来抑制上述共存元素的干扰[10-12]。张洋阳等[13]在采用火焰原子吸收分光光度法检测土壤和沉积物中的 Cr(Ⅵ) 时，发现在样品碱消解步骤中引入的大量 Na、K 元素会严重干扰 Cr(Ⅵ) 的测定，使得其测定值偏低。他们发现通过用盐酸或硝酸调节消解后样品的 pH 在 7~11 范围内，且加入质量分数为 1%~2% 的 NH_4Cl 后可以基本消除大量 Na、K 元素带来的干扰。与上述研究不同的是，王雪莹[14]在针对消除含铬水体中 Fe 的干扰时，发现 NH_4Cl 对 Fe 的干扰消除并不理想，当硫酸钠和盐酸羟胺并用时，可以有效抑制 Fe 的干扰，而且可以增强铬的响应值。然而常见的干扰抑制剂，如 NH_4Cl、羟胺、氟化氢铵、硫酸钠，无法有效消除多种共存元素的干扰。张九福和刘翠莲[15]用高氯酸铵可以有效消除 Fe、Mg、Al、Ti、Mn、V、Cd、Pb、Bi、K、Na、Ba、Ca、Ni 和 Cu 等 15 种元素共存的干扰，并且可以增强铬的响应值，这主要是因为高氯酸铵在高温下容易急速分解，使试样雾滴爆裂为更细小的颗粒，且高氯酸根与铬可生成易挥发的 CrOCl，利于铬原子化过程，此外高氯酸铵可以抑制富燃火焰中铬与共存元素生成合金或氧化物。

表 3-1　NH_4Cl 对测量结果的影响[8]

样品	NH_4Cl 浓度 /(mg/L)	吸光率	
		加	未加
校准空白	0.0	—	—
校准点 1	0.1	0.0039	0.0025
校准点 2	0.2	0.0080	0.0050
校准点 3	0.5	0.0186	0.0106
校准点 4	1.0	0.0356	0.0220
校准点 5	5.0	0.0697	0.0410
空白加标	0.106	0.0044	0.00227

表 3-2 单一元素对火焰原子吸收分光光度法测定总铬的影响[10]

Ni		Zn		Cd		Cu		Pb	
浓度/(mg/L)	吸光度	浓度/(mg/L)	吸光度	浓度/(mg/L)	吸光度	浓度/(mg/L)	吸光度	浓度/(mg/L)	吸光度
0	0.093	0	0.091	0	0.096	0	0.091	0	0.089
0.1	0.122	1	0.136	0.02	0.105	0.2	0.112	0.2	0.099
0.3	0.139	3	0.194	0.06	0.106	0.6	0.117	0.6	0.123
0.5	0.145	5	0.187	0.1	0.108	1	0.136	1	0.119
0.7	0.142	7	0.177	0.14	0.108	1.4	0.141	1.4	0.115

3.1.2 电感耦合等离子体质谱法

(1)检测原理

电感耦合等离子体质谱仪基本结构如图 3-2 所示。样品在电感耦合等离子体质谱仪中的测定步骤如下[16]：将待分析样品溶液经过样品引入系统进入仪器，在雾化室雾化；雾化后的雾滴进入等离子体(ICP 离子源)，在高温下原子化或分子离子化，成为带电离子；接口提取离子流，离子光学透镜将离子流聚集；离子流随后进入质量分析器，带电离子按不同质荷比一次通过，相同质荷比的带电离子聚集在一起，按质荷比大小顺序分离，形成质谱；检测器接收不同质荷比的离子流，进行分析。其中，射频发生器为 ICP 离子源供电；多级真空系统降低压力，保证质量分析器的真空状态。电感耦合等离子体质谱法分析速度快、线性范围宽(可达 4~6 个数量级)、检出限低、灵敏度高、精密度高(可达 0.5%)，但是设备昂贵，日常运转和维护成本高，工作环境要求严苛[6]。

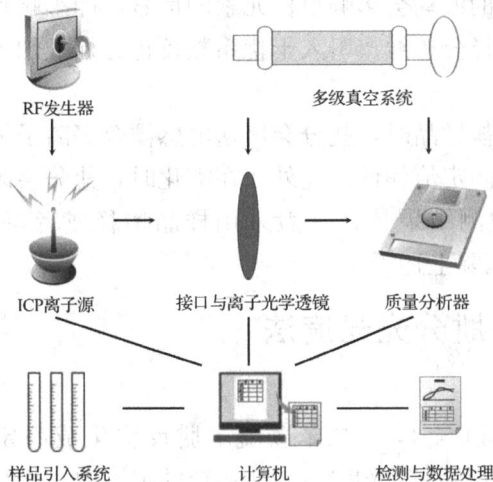

图 3-2 典型电感耦合等离子体质谱仪基本构成

(2)干扰及去除

电感耦合等离子体质谱法的干扰一般不严重，但仍有一些干扰需要去除。

①质谱干扰。质谱干扰是指影响待测元素质量数发生变化的各种因素[17]，如$^{40}Ar^{12}C^+$会干扰$^{52}Cr^+$的测定[18]，质谱型干扰可通过干扰校正方程、降低干扰原子的引入、碰撞/反应池技术等方法降低[19]。

②物理干扰。在进行高盐样品或者大批量样品检测时，采样锥和截取锥锥孔尖部会沉积大量盐类或氧化物粉末，堵塞锥孔甚至使锥孔发生形变，离子流信号稳定性变差，强度降低，可通过及时清洁相关器件或者内标校正以消除物理干扰[17,18,20,21]。

3.1.3 电感耦合等离子体发射光谱法

(1)检测原理

分析溶液先经过雾化器成为雾状，进入等离子体矩管内，在激发光源的作用下汽化、电离和激发，再利用光电原件或固体检测器检测光谱，依据特征谱线对样品进行定性分析，依据光谱发射强度对样品进行定量分析[22]。电感耦合等离子体发射光谱仪由样品引入系统、电感耦合等离子体光源、分光系统、检测系统、计算机控制系统、数据处理系统、冷却系统、气体控制系统等构成。电感耦合等离子体发射光谱法的灵敏度高于火焰原子吸收分光光度法，如火焰原子测定土壤中Cr(Ⅵ)的测定下限为 1.116 mg/kg，检出限为 0.279 mg/kg，电感耦合等离子体发射光谱法的测定下限为 0.281 mg/kg，检出限为 0.07 mg/kg[23]。但是其灵敏度低于电感耦合等离子体质谱法，如检测同一个土壤标样中的总铬浓度，电感耦合等离子发射光谱法的相对标准偏差为 4%，而电感耦合等离子体质谱法仅为 0.3%[24]。

(2)干扰及去除

光谱干扰。在分析试样时，除了被测元素的谱线，光谱中还包括基体物质和共存元素所产生的谱线和谱带，这导致光谱仪分析线波长位置上的目标分析元素信号中掺杂其他成分的信号，其他成分信号的波动会影响目标元素的信号，即影响目标元素的测定值。一般采用导数光谱法、适当选择分析线、引入干扰系数校正、标准加入法等方法可以在一定程度上消除光谱干扰[25]。

化学干扰。当检测高盐样品时，盐分会堵塞电感耦合等离子体发射光谱仪雾化器进样口，难以完全雾化，导致测定值偏低；此外，在雾化时，盐分会附着在炬管内壁，影响铬原子化效率，从而影响检测结果[23]。一般采用样品稀释或者每测完一个样品后进行酸(2%硝酸)冲洗等方法来消除上述干扰。

3.1.4 二苯碳酰二肼分光光度法

(1)检测原理

在酸性溶液中，Cr(Ⅵ)与 1,5-二苯碳酰二肼反应生成稳定的紫色化合物(原理见图 3-3)，于 540 nm 波长处测量吸光度[26]。在一定的范围内，样品中Cr(Ⅵ)的浓度与其对应的吸光度呈线性关系。该方法适用于测定浓度范围为 30 μg/L～20 mg/L 的Cr(Ⅵ)样品[27]。由于其操作简单、测定快速等优点，《水质 六价铬的测定 二苯碳酰二肼分光光度法》(GB 7467—1987)为水质Cr(Ⅵ)测定的首选方法，然而配制显色剂时所用到的丙酮具有毒性，特别是对神经系统有麻醉作用，并对人体的黏膜有刺激作用，可抑制呼吸，引起呼吸困难，长期接触会伤害分析人员的身体健康。因此，有研究人员用甲醇或无水乙醇代替丙酮[26,28,29]，用乙酸乙酯来提高显色剂的稳定性[26]。李彦[29]使用无水乙醇代替丙酮所建立的标准曲线 R^2 为 0.9997，完全符合线性，而且通过对两种国家标准物质进行测定，相对标准偏差分别为 0.96% 和 0.65%，该方法对样品的精密度满足方法要求。此外，根据该检测方法的原理，HJ 609—2019 和 HJ 908—2017 分别设计了 Cr(Ⅵ) 的在线监测设备和流动注射-二苯碳酰二肼分光光度法，段博等[30]和陈银烨等[31]研制了简易的 Cr(Ⅵ) 检测试纸。

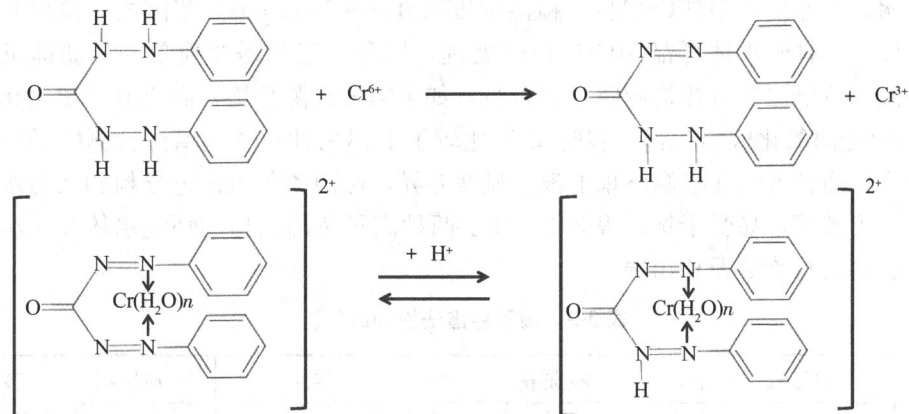

图 3-3　Cr(Ⅵ)与 1，5-二苯碳酰二肼反应机理

（2）干扰及去除

①化学干扰。若遇到色度较大、沉淀物较多，或者金属离子对其有干扰的样品，在样品前处理时采用脱色柱或锌盐沉淀法分离[32]。若遇到含氧化性物质的样品，在样品前处理时可通过加入硫酸溶液、磷酸-高锰酸钾、尿素溶液及亚硝酸钠溶液等进行消除。水样中若含有 Fe(Ⅲ)、Hg(Ⅱ)、Hg(Ⅰ)、Mo(Ⅵ)、V(Ⅴ)等金属离子时，会对 Cr(Ⅵ) 含量测定结果产生干扰。水样中 Fe(Ⅲ) 含量较高会产生黄色化合物影响比色，可用磷酸与其反应生成无色络合离子消除色度干扰[33]。Hg(Ⅱ)、Hg(Ⅰ)、Mo(Ⅵ)离子与二苯碳酰二肼反应会生成有色物质，使显色反应灵敏度变差[34]。V(Ⅴ)离子与二苯碳酰二肼反应生成棕黄色络合物的色度干扰在 10 min 之内就会褪色，在添加显色剂 15 min 之后再开始吸光度测定工作，可以消除该棕黄色络合物对测量结果的干扰[33]。

②物理干扰。每次试验前，仪器应提前开机预热，以使仪器达到稳定状态，但开机时间过长，仪器的稳定性也会波动，应规划好实验时间。若测试时间较长则应在整个测试过程中相应添加复测点，用来检查仪器的波动状态[34]。比色皿的洁净程度会影响吸光度的大小，每次使用前应检查比色皿是否干净，透光面是否有刮痕。比色皿测量样品后应多次清洗，避免残留液体对之后样品的干扰。此外，比色皿的光程长度对同一待测液的吸光度具有差异，颜色较深的液体应选取光程长度较小的比色皿，颜色较浅的液体因在较小光程下数显过低不宜读取，应选用光程较大的比色皿[34]。

3.1.5　离子色谱法

（1）检测原理

离子色谱法检测铬根据离子色谱仪配备的检测器可分为两种：离子色谱电导检测法和

柱后衍生离子色谱法。离子色谱电导检测法检测Cr(Ⅵ)浓度的原理是：Cr(Ⅵ)在溶液中常以阴离子的状态存在，可以在阴离子色谱柱上有效保留，经过碱性淋洗液淋洗后Cr(Ⅵ)氧阴离子进入电导检测器，在一定范围内，Cr(Ⅵ)浓度与电导信号强度成正比。柱后衍生离子色谱法是基于Cr(Ⅵ)与二苯碳酰二肼络合生成紫红色络合物，结合离子色谱柱有效分离Cr(Ⅵ)所构建的检测方法，所采用的检测器为紫外/可见检测器[35]。美国国家环保署、美国材料与试验协会和美国官方分析化学家协会均以柱后衍生离子色谱法检测饮用水、地下水、地表水及工业废水中的Cr(Ⅵ)，检测浓度可在$1 \sim 5000 \ \mu g/L$范围内，检出限可低至$0.23 \ \mu g/L$[36]。对于水体样品中Cr(Ⅵ)的处理，样品一般只需要简单的过滤即可上机检测。因为离子色谱法是直接检测Cr(Ⅵ)含量，如果需要检测总铬，需要通过预氧化将样品中的Cr(Ⅲ)全部氧化成Cr(Ⅵ)。容晓文[37]比较了上述两种离子色谱法检测Cr(Ⅵ)的精密度及准确度，两种方法在检测结果上没有显著差异，然而离子色谱电导检测法对水样中的复杂基质更为敏感，易受干扰。表3-3对比了两种离子色谱法检测环境水体及土壤、沉积物中Cr(Ⅵ)的运行参数及检出限。

表 3-3　离子色谱法检测Cr(Ⅵ)

检测器	色谱柱	淋洗液	样品	检出限	参考文献
电导	Ionpac-AS11	25 mmol/L KOH	地表水、电镀废水	0.012 mg/L	[38]
电导	Ionpac-AS23	20 mmol/L NaOH	饮用水、工业废水	0.8 μg/L	[39]
电导	A SUPP4-250	1.8 mmol/L Na_2CO_3 + 1.7 mmol/L $NaHCO_3$	井水、自来水、河水	5 μg/L	[40]
电导	A SUPP4-250	4 mmol/L Na_2CO_3 + 1 mmol/L $NaHCO_3$	土壤	3 μg/L	[41]
电导	Ionpac-AS19	KOH	电镀废水	0.05 mg/L	[42]
紫外/可见	Ionpac-AS7	250 mmol/L 硫酸铵 + 100 mmol/L 氢氧化铵	海水	0.02 μg/L	[43]
紫外/可见	Ionpac-AS7	250 mmol/L 硫酸铵 + 100 mmol/L 氢氧化铵	地下水、地表水、生活污水、工业废水	0.02 μg/L	[36]
紫外/可见	Prin-Cen Cr(Ⅵ) Spec	硝酸铵体系，pH = 7.5 ±0.5	土壤、沉积物	0.02 mg/kg	[44]
紫外/可见	六价铬快速分析柱	硝酸铵体系，pH=9	土壤	0.047 mg/kg	[35]

（2）干扰及去除

当样品中基质复杂，会干扰检测过程及结果，可通过配制与样品含有相同基质的液体并将其测量结果作为标准曲线来消除基体干扰[45]。有色度的液体样品会严重干扰柱后衍生离子色谱法的准确度，颜色较浅时可以利用 C18 分离柱，样品浑浊、颜色较深时可通过锌盐沉淀法或石墨化炭黑小柱预先处理水样，以消除色度干扰[46]。由于有机物也会在紫外/可见检测器上有响应，如果液体样品中含有有机物，可通过 C18 分离柱或硅胶小柱进行预处理[47]。此外，样品中高浓度的阴离子会导致色谱柱过载，从而导致加标回收率降低、色谱峰拖尾等。徐硕等[48]研究了氯离子和硫酸根离子对 Cr(VI) 在离子色谱中响应值的影响，发现氯离子浓度越高，峰高越低，硫酸根离子的共存对 Cr(VI) 的检测没有显著影响。建议检测含高浓度氯离子样品中的 Cr(VI) 时，谨慎考察色谱峰峰高稳定性。

3.1.6 传感器检测法

（1）电化学传感器

电化学传感器是一种将被分析物和电极之间的电化学相互作用转化为分析有用信号的装置，其基本组成包括电解液、电化学检测装置和电化学工作站[49]。水体中 Cr(VI) 电化学检测是通过电极表面的还原来实现的，Cr(VI) 在工作电极会发生电化学还原反应(6-1)，其中电压固定（一般在 -0.8 V 至 -1.4 V 范围内取值），还原电流响应值与 Cr(VI) 浓度呈线性关系[50]。水体中 Cr(III) 电化学检测则是通过电极表面的氧化来实现的(6-2～6-4)。

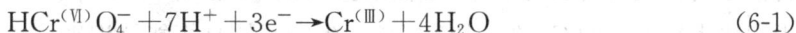

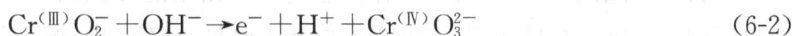

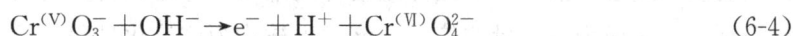

$$HCr^{(VI)}O_4^- + 7H^+ + 3e^- \rightarrow Cr^{(III)} + 4H_2O \tag{6-1}$$

$$Cr^{(III)}O_2^- + OH^- \rightarrow e^- + H^+ + Cr^{(IV)}O_3^{2-} \tag{6-2}$$

$$Cr^{(IV)}O_3^{2-} \rightarrow e^- + Cr^{(V)}O_3^- \tag{6-3}$$

$$Cr^{(V)}O_3^- + OH^- \rightarrow e^- + H^+ + Cr^{(VI)}O_4^{2-} \tag{6-4}$$

常见的工作电极为铂电极、金电极、金刚石电极、玻碳电极等，它们可以作为导体，为离子导体和电解质导体提供连接单元。然而这些裸电极容易被干扰，灵敏度和准确度较低[51]。为了克服上述缺点，一般将裸电极进行改性，常见的改性材料包括碳纳米材料、金属纳米材料、纳米复合材料等。王元昊[52]采用铋膜/羧基化多壁碳纳米管修饰玻碳电极，当溶液样品中的 Cr(VI) 扩散到电极表面时，铋膜/羧基化多壁碳纳米管通过与 Cr(VI) 形成汞齐合金类似物和静电引力吸附作用将 Cr(VI) 富集在电极表面，而后 Cr(VI) 迅速还原成 Cr(III)。同时电解质中的二乙烯三胺五乙酸与 Cr(III) 配位并吸附在电极表面，当电位向负向扫描时，Cr(III) 配合物又被还原成 Cr(II) 配合物，并形成溶出峰。在一定的条件下，溶出峰高度与 Cr(VI) 浓度成正比。表 3-4 罗列了部分修饰电极材料及相应检出限。

表 3-4　部分电极表面修饰材料

电极表面修饰材料	检出限	浓度范围	实际水体
铋膜/羧基化多壁碳纳米管[52]	0.18 μg/L Cr(Ⅵ)	0.5~40 μg/L Cr(Ⅵ)	铬盐厂废水
汞膜/氧化还原石墨烯[52]	0.68 μg/L Cr(Ⅵ)	1~40 μg/L Cr(Ⅵ)	铬盐厂废水
沙漏型磷钼酸盐化合物[53]	4.21μg/L Cr(Ⅵ)	0.26~26.52 mg/L Cr(Ⅵ)	—
纳米金-银[54]	0.01 μg/L Cr(Ⅲ)； 0.1 μg/L Cr(Ⅵ)	0.05~1 mg/L Cr(Ⅲ)； 0.05~5 mg/L Cr(Ⅵ)	自来水、废水
AuNPs/PANI-co-PoT/GO[55]	1.12 μg/L Cr(Ⅵ)	0.26~26 mg/L Cr(Ⅵ)	自来水
CD-AuNPs@AuNCs)	4.09×10^{-5} μg/L Cr(Ⅵ)	0.1 μg/L~10 mg/L Cr(Ⅵ)	—
壳聚糖@Fe$_3$O$_4$[56]	78 ng/L Cr(Ⅵ)	0.5~30 μg/L Cr(Ⅵ)	饮用水、海水
rGO/NiS/AuNCs[57]	0.09 μg/L Cr(Ⅵ)	2~14 μg/L Cr(Ⅵ)	地下水

(2)生物传感器

生物传感器利用生物分子特异性识别目标物，触发相应的生物信号，并由转化器将生物信号转化成易辨认的信号，其组成及工作原理如图 3-4 所示[58-60]。图中的分析物在本节中即代表被检测的 Cr(Ⅲ)或Cr(Ⅵ)；生物受体是指能够识别 Cr(Ⅲ)或Cr(Ⅵ)的生物元件，其包括酶、细胞、抗体等[27]；生物受体和 Cr(Ⅲ)或Cr(Ⅵ)相互作用产生信号的过程被称为生物识别过程；信号转换元件是指将能量从一种形式转换为另一种形式的装置，其将生物识别信号转换为可测量的信号，该过程被称为信号化过程。信号转换元件产生的信号与分析物-生物受体相互作用的数量成正比。下面将通过实例来介绍基于不同生物元件的生物传感器在铬检测领域的应用。

重金属会抑制酶的活性，抑制程度与重金属的浓度之间存在一定的相关性[61,62]。基于此，Attar 等[63]制备了过氧化物酶抑制型生物传感器，其中辣根过氧化物酶固定在电极表面，适用于环境水体中 Cr(Ⅲ)和Cr(Ⅵ)的检测，Cr(Ⅲ)的检出限为 1.15 μM，Cr(Ⅵ)的检出限为 0.09 μM。常见的酶抑制型生物传感器包括脲酶[64,65]、酪氨酸酶[66-68]、乙酰胆碱酯酶[69]和辣根过氧化物酶[63]。在细胞生物传感器中，调节基因或启动子对目标物做出响应，响应程度与目标物浓度相关，报告基因将信号转换成报告蛋白信号，报告蛋白的数量和活性即反映了细胞对目标物的响应[70]。Prudkin-Silva 等[71]开发了一种基于藻类的生物传感器，可以通过肉眼观察来评估结果（图 3-5），该生物传感器对铬的检出限为 0.25 mg/L。抗体生物传感器又称免疫生物传感器，是利用抗体或抗原-抗体的免疫反应来确定分析物浓度的生物传感器[72-74]。Liu 等[74]采用包覆金纳米颗粒的单克隆抗体免疫层析法检测水样中的 Cr(Ⅲ)，原理见图 3-6。包覆金纳米颗粒的单克隆抗体作为探针喷覆在结合垫上，抗原 Cr(Ⅲ)-EDTA 为 T 线，羊抗鼠抗体为 C 线。当样品中不含 Cr(Ⅲ)时，探针与 T 线上的 Cr(Ⅲ)-EDTA 结合，从而显色，此过程为阴性检测过程。当样品中含有 Cr(Ⅲ)时，样品中的 Cr(Ⅲ)-EDTA 会先和探针结合，而探针与 T 线上 Cr(Ⅲ)-EDTA 结合的数量减少，显色程度减小，且样品中 Cr(Ⅲ)浓度越高，T 线颜色越浅，此过程为阳性检测过程。该层析试纸的最低检测限为 $50.0\ \mu g/L$。

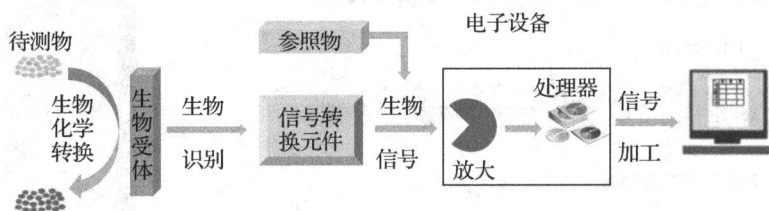

图 3-4　生物传感器工作原理

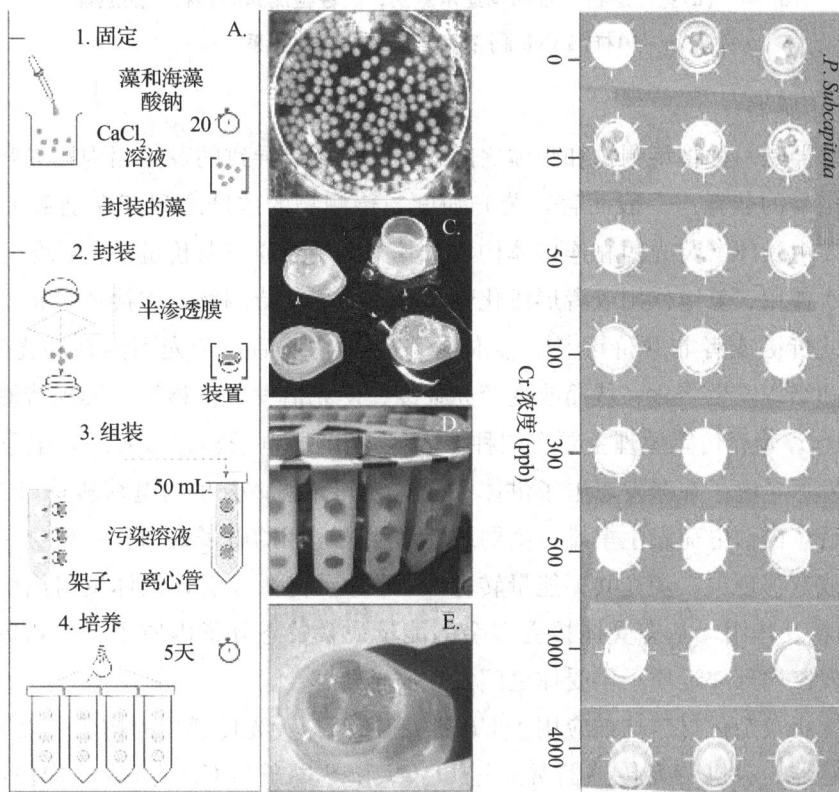

图 3-5　P. subcapitata 细胞生物传感器的制备及响应[71]

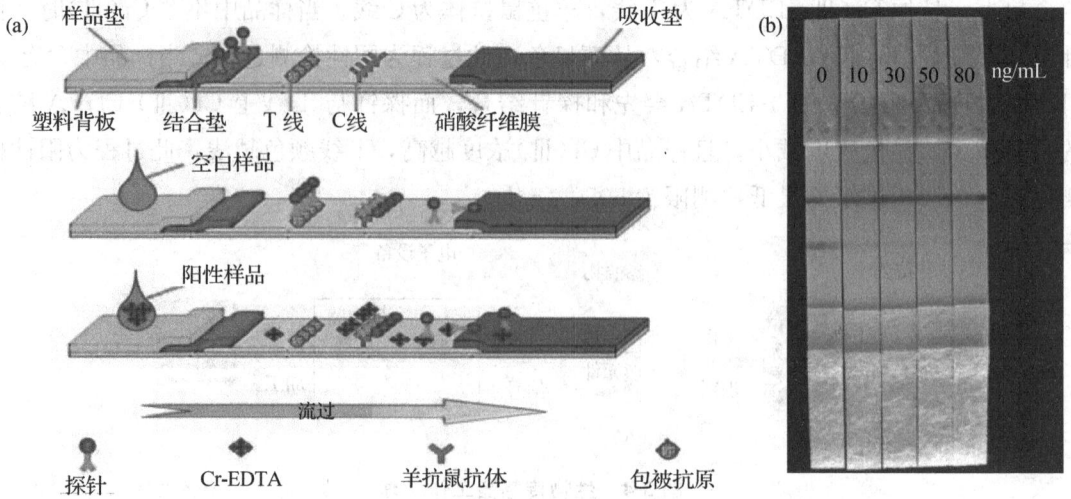

图 3-6　(a)免疫层析试纸的构建示意图，阴性检测和阳性检测的原理，
(b)样品 Cr(Ⅲ)浓度与显色之间的关系[74]

（3）荧光传感器

荧光传感器是一种将待测物和受体之间的相互作用所导致的荧光团内在光物理特性的变化转化为信号的装置。一般而言，荧光强度与待测物的浓度之间存在函数关系[75]。荧光传感器主要由受体、荧光团和连接体构成。其中，受体通过共价键、范德华力、离子相互作用、疏水作用、氢键作用或者形成化学键等方式捕获待测物；连接体是指将受体与荧光团连接的共价键或者非共价键[76]。受体捕获待测物质后，荧光团内在的光物理特性，如电子分布和结构发生变化，从而改变荧光强度、使光谱发生位移等，实现待测物质的定性定量分析[77]。荧光传感原理主要有四种[77-79]：光诱导电子转移（PET），电子供体或受体受到光激发后，电子在激发态电子供体和受体之间转移；分子内电荷转移（ICT），受体捕获待测物后，内部电荷发生重排，削弱或者增强荧光团的电子效力，一般会引起荧光发射光谱红移或蓝移现象；荧光共振能量转移（FRET），光激发后，供体发射出荧光，通过偶极-偶极间相互作用，基态受体接受多余的能量；激发态分子内质子转移（ESIPT），光激发后，激发态内部邻近质子供受体之间发生质子转移。

有机、无机及杂化材料均被应用于 Cr(Ⅲ)和Cr(Ⅵ)荧光传感器的构建，表 3-5 列举了部分荧光传感器。有机荧光传感器常通过 O、N 和 S 原子与 Cr(Ⅲ)或 Cr(Ⅵ)离子配合，形成金属络合物，或促进其他化学反应，如氧化、水解、开环反应等，引起比色和荧光（淬灭或增强）变化[76]。罗丹明类有机化合物常作为一种荧光传感器应用于铬的检测，主要是由于其具有高吸收系数、高荧光量子产率、可在可见光波长内激发和发射，以及其非荧光螺旋环形式和高荧光开环形式之间的平衡[80-82]。杜妍晔[79]设计了罗丹明-蛋氨酸荧光传感器以检测水中 Cr(Ⅲ)。罗丹明-蛋氨酸荧光传感器在与 Cr(Ⅲ)反应前没有荧光特性，与 Cr(Ⅲ)反应后，其内酰胺的环状结构打开，通过 PET 过程产生强荧光。Elavarasi 等[83]

基于 FRET 原理，在制备金纳米颗粒荧光传感器时采用带正电荷的柠檬酸钠作为稳定剂，其与金纳米颗粒之间存在静电排斥作用，可以保证合成的金纳米颗粒在溶液中保持稳定分散状态。当 Cr(Ⅲ) 与金纳米颗粒相遇时，顺磁性 Cr(Ⅲ) 离子通过静电作用吸附在金纳米颗粒上，并在荧光光谱 582 nm 处获得了发射峰。而柠檬酸离子可以特异性螯合 Cr(Ⅲ) 离子，从而导致金纳米颗粒的聚集。随着 Cr(Ⅲ) 浓度上升，金纳米颗粒之间的距离变小，且荧光发射水平降低，导致荧光淬灭现象（图 3-7）。Khan 等[84]通过醛酮反应合成荧光传感器 C[图 3-8(a)]，其结构中存在电子供体原子，容易与阳离子形成稳定的配合物。当固定浓度的传感器 C 加入含 Cr(Ⅲ) 的溶液中，随着 Cr(Ⅲ) 浓度（1～15 μM）的增加，发射强度呈线性增强。研究学者通过荧光光谱分析荧光传感原理，并提出 ICT 为主要机制。未涉及 Cr(Ⅲ) 时，传感器 C 的氧原子存在孤电子对，导致分子内电荷转移，且氧原子的孤电子对通过 π-π^* 跃迁产生非辐射过程，因此单独的传感器 C 只能呈现出微弱的荧光发射光谱。当传感器 C 加入含 Cr(Ⅲ) 的溶液后，其与 Cr(Ⅲ) 配位[图 3-8(b)]，辐射过程主要为 π-π^* 跃迁，配位配合物更加刚性，Cr(Ⅲ) 在受体位点上的配位抑制了 ICT 过程，从而增强荧光发射光谱强度。Zhang 等[85]基于 ESIPT 机理设计了一种新型荧光探针铬 6P1[图 3-9(a)]，可快速检测水中 Cr(Ⅵ)。在酸性条件下，Cr(Ⅵ) 的氧化过程促进了氧杂蒽部分的螺旋环开环，从而抑制了荧光探针铬 6P1 的 ESIPT 过程[图 3-9(b)]。不管设计何种类型或原理主导的荧光传感器，需要始终遵循的原则：高选择性、强灵敏度、水介质中优异的溶解度以及明亮的荧光反应。

表 3-5 铬检测荧光传感器

荧光传感器	铬价态	作用方式	检出限	浓度范围	适用环境样品
罗丹明衍生物[81]	Cr(Ⅲ)	荧光增强	—		
罗丹明衍生物[82]	Cr(Ⅲ)	荧光增强	—		
罗丹明衍生物 L1[86]	Cr(Ⅲ)	荧光增强	0.049 μmol/L	—	自来水、河水
罗丹明衍生物 L2[86]	Cr(Ⅲ)	荧光增强	0.27 μmol/L	—	自来水、河水
罗丹明-蛋氨酸[79]	Cr(Ⅲ)	荧光增强	—		—
4-(2'-二甲基氨基乙基)-N-(2-N，N-二甲基氨基乙基)-1,8-邻苯二甲酰亚胺[79]	Cr(Ⅲ)	荧光增强			—
氟硼二吡咯衍生物[87]	Cr(Ⅲ)	荧光增强			
2,6-bis(E)-4-甲基苯亚甲基)-环己醇-1-one[84]	Cr(Ⅲ)	荧光增强	0.0023 μmol/L	1～15 μmol/L	自来水、河水
[Zn(tbda)]$_n$[88]	Cr(Ⅲ)	荧光增强	0.18 mmol/L	0～3.5 mmol/L	—

荧光传感器	铬价态	作用方式	检出限	浓度范围	适用环境样品
硫掺杂碳点[89]	Cr(Ⅲ)	荧光淬灭	0.17 $\mu mol/L$	0~45 $\mu mol/L$	自来水、河水
9-吖啶酮-4-羧酸[90]	Cr(Ⅲ)	荧光淬灭		0~9 $\mu mol/L$	工业废水
稀土金属基复合物[91]	Cr(Ⅲ)	荧光淬灭		0~1 $\mu mol/L$	—
金纳米颗粒[83]	Cr(Ⅲ)	荧光淬灭	0.1 $\mu mol/L$	0.1~1000 $\mu mol/L$	自来水、湖水
银纳米簇[92]	Cr(Ⅲ)	荧光淬灭	0.71 $\mu mol/L$	2~40 $\mu mol/L$	自来水、河水
碳点[93]	Cr(Ⅵ)	荧光淬灭	0.52 $\mu mol/L$	0.01~50 $\mu mol/L$	湖水、工业废水
二氧化硅颗粒负载碳点[94]	Cr(Ⅵ)	荧光淬灭	1.3 $\mu g/L$	20~500 $\mu g/L$	蒸馏水、自来水、湖水、河水
氮硫掺杂碳点[93]	Cr(Ⅵ)	荧光淬灭	0.017 $\mu mol/L$	0.05~100 $\mu mol/L$	自来水、湖水、河水
氮硫掺杂生物质碳点[96]	Cr(Ⅵ)	荧光淬灭	0.155 $\mu mol/L$	0~400 $\mu mol/L$	自来水、河水
$[Zn(tbda)]_n$[88]	$Cr_2O_7^{2-}$	荧光淬灭	0.15 mmol/L	0~0.5 mmol/L	—
$[Zn(tbda)]_n$[88]	CrO_4^{2-}	荧光淬灭	0.25 mmol/L	0~16 mmol/L	—
CdSe量子点[97]	Cr(Ⅵ)	荧光淬灭	0.01 $\mu g/L$	0.05~2 $\mu g/L$	饮用水
CuNCs@TA[98]	Cr(Ⅵ)	荧光淬灭	0.005 $\mu mol/L$	0.03~60 $\mu mol/L$	河水
邻苯二胺衍生碳点[99]	Cr(Ⅵ)	荧光增强	0.64 $\mu mol/L$	0~60 $\mu mol/L$	
铬6P1[85]	Cr(Ⅵ)	荧光增强	0.69 $\mu g/L$	0~1 $\mu mol/L$	饮用水、自来水、灌溉水

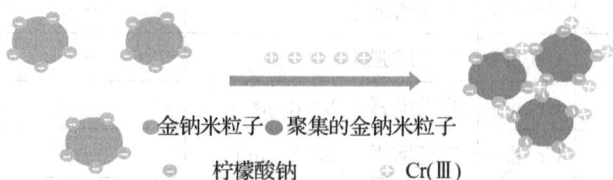

图 3-7 金纳米荧光传感器检测 Cr(Ⅲ) 的原理图

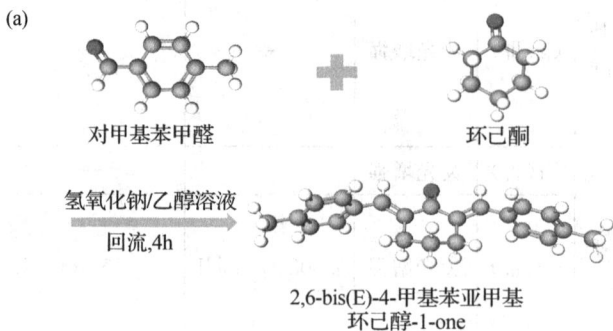

(b)

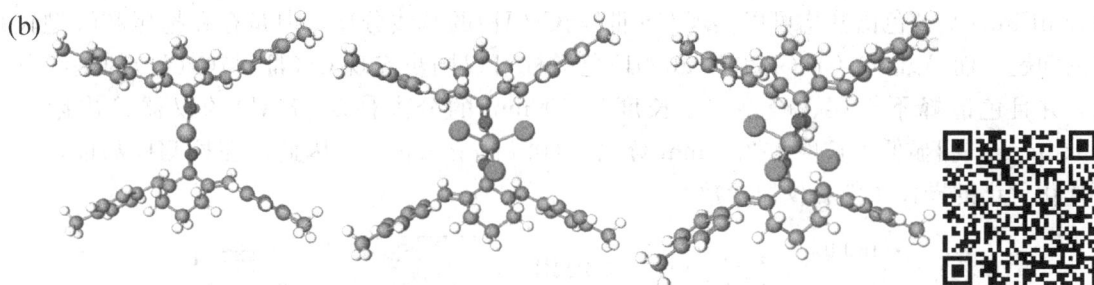

图 3-8　荧光传感器 C 的合成路线(a)，检测 Cr(Ⅲ)的原理(b)
(灰色：C；白色：H；红色：O；蓝色：铬；绿色：Cl)

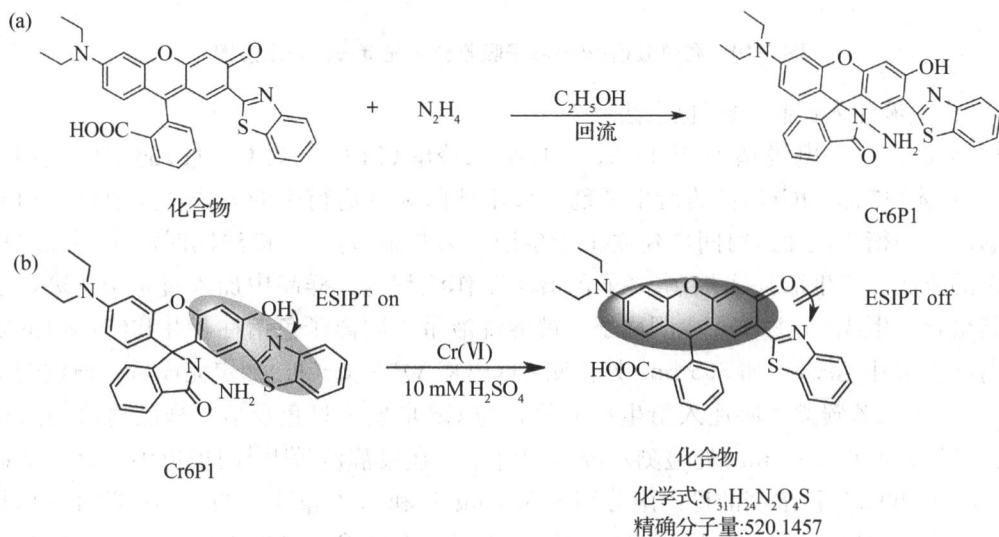

图 3-9　荧光传感器铬 6P1 的合成路线(a)和检测 Cr(Ⅵ)的原理(b)[85]

3.1.7　形态同步检测

（1）色谱-原子吸收/质谱/原子发射联用技术

将色谱（如高效液相色谱和离子色谱）与检测仪器（如火焰原子吸收分光光度仪、电感耦合等离子体质谱仪和电感耦合等离子体发射光谱仪）联合，其中色谱部分负责分离不同种类分析物，检测仪器负责分析物的定性定量检测[100-110]，包括高效液相色谱-火焰原子吸收分光光度法设备图（图 3-10）、液相色谱-电感耦合等离子体质谱等。由于电感耦合等离子质谱仪相较其他两种仪器具有更高的精度，色谱-电感耦合等离子体质谱法更常用于铬形态的检测，此处以其为例做详细介绍。由于 Cr(Ⅵ)在溶液中一般以阴离子形式存在，色谱-电感耦合等离子体质谱检测铬形态常用的色谱柱类型为反相色谱柱和阴离子色谱柱。对于样品中的 Cr(Ⅲ)阳离子，一般在前处理过程中与螯合剂络合，生成阴离子 Cr(Ⅲ)络合物（具体见 3.2.4 节和 3.3.4 节）。若不采用螯合剂络合 Cr(Ⅲ)，则 Cr(Ⅲ)无法保留在色谱柱中[106]。此外，由于 Cr(Ⅵ)在碱性条件下的氧化能力低、稳定性强，流动相的 pH 一般偏碱[106]。表 3-6 列举了部分色谱-电感耦合等离子体质谱法分析铬形态的参数条件及检测精度。色谱柱类型、柱长等均会影响铬形态的分离及定量。Hamilton PRP-1 和

PerkinElmer C-8 色谱柱均可以实现 Cr(Ⅲ)与 Cr(Ⅵ)的基线分离，但是存在拖尾和峰型较差的问题，而 Agilent Cr(G3268—80001)色谱柱可以同步实现 Cr(Ⅲ)与 Cr(Ⅵ)的基线分离，并且色谱峰不拖尾、峰型好。长度为 50 mm 的分离柱对 Cr(Ⅵ)的仪器检出限为 0.38 μg/L，明显低于长度为 250 mm 分离柱(0.71 μg/L)[111]。因此，在检测样品前，需要优化色谱的操作条件和仪器参数。

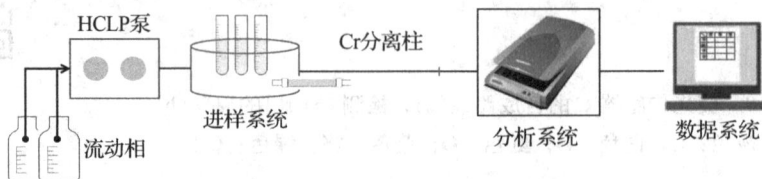

图 3-10　高效液相-火焰原子吸收分光光度法设备示意图

(2)衍生液注入控制-离子色谱法

巢静波等[112]和虞锐鹏等[113]以 2，6-吡啶二羧酸(PDCA)为 Cr(Ⅲ)的衍生试剂，以 1，5-二苯碳酰二肼为 Cr(Ⅵ)的衍生试剂，采用柱前和柱后衍生的方式，并通过六通阀切换控制 Cr(Ⅵ)衍生液注入时间，建立了衍生液注入控制-离子色谱法同时测定环境水样中铬形态的方法。衍生液注入控制-离子色谱法工作流程为：样品中加入过量 PDCA，三价铬与其络合，生成 Cr(PDCA)$_2^-$ 阴离子，被淋洗液带入阴离子色谱柱，并和 Cr(Ⅵ)的阴离子分离，在紫外光波长(如 305 nm)处检测 Cr(PDCA)$_2^-$；Cr(Ⅲ)测定完成后，通过阀的切换，将 1，5-二苯碳酰二肼注入衍生反应管，与 CrO$_4^-$ 发生显色反应，样品再次通过检测器，在可见光波长(542 nm)处检测六价铬的含量。在巢静波等[112]的报道中，该方法同时测定 Cr(Ⅲ)和 Cr(Ⅵ)浓度的检出限分别为 5.9 μg/L 和 3.2 μg/L。与上述柱前和柱后衍生法不同，李淑敏等[114]采用柱后衍生 Cr(Ⅵ)、PDCA 直接掺入淋洗液的方法，采用等度洗脱(1 mL/min)，检测波长固定为 520 nm，即实现 Cr(Ⅲ)和 Cr(Ⅵ)在 IonPac CS5A 离子色谱柱上的有效分离。该方法对 Cr(Ⅲ)和 Cr(Ⅵ)的检出限分别为 0.139 mg/L 和 0.304 μg/L，且该方法比柱前和柱后衍生法更加便捷。

(3)液相色谱法

应丽艳[115]和郑志侠等[116]将含 Cr(Ⅲ)和 Cr(Ⅵ)的水样和沉积物样品通过络合和萃取预处理后，采用高效液相色谱检测 Cr(Ⅲ)和 Cr(Ⅵ)的络合物浓度。应丽艳[115]以吡咯烷基二硫代氨基甲酸铵为络合剂，离子液体[BMIM]PF$_6$ 为萃取剂，配备 DAD 检测器的高效液相色谱仪在波长为 254 nm 处检测 Cr(Ⅲ)和 Cr(Ⅵ)的络合物浓度。Cr(Ⅲ)和 Cr(Ⅵ)络合物在 C18-Ar 色谱柱上的保留时间分别为 14.059 min 和 25.019 min，Cr(Ⅲ)和 Cr(Ⅵ)的线性范围均为 25～200 μg/L，检出限分别为 1.0 μg/L 和 1.9 μg/L，标准偏差在 0.31%～1.8%之间，该方法可用于工业废水中 Cr(Ⅲ)和 Cr(Ⅵ)的同步检测。郑志侠等[116]以 1-(2-噻唑偶氮)-2-萘酚为络合剂，TritonX-114 为萃取剂，预先将巢湖沉积物中的 Cr(Ⅲ)和 Cr(Ⅵ)提取出来，采用配备 UV 检测器的高效液相色谱仪进行检测。Cr(Ⅲ)和 Cr(Ⅵ)的线性范围均为 50～5000 μg/L，检出限分别为 7.5 μg/L 和 3.5 μg/L，该方法可用于河湖底泥中 Cr(Ⅲ)和 Cr(Ⅵ)的同步检测。

表3-6　色谱-电感耦合等离子体质谱法同步检测铬形态的条件

参数	条件							
分离柱	Dionex IonPacAS 19 阴离子交换柱	Agilent Bio WAX 阴离子交换色谱柱	Agilent Bio WAX 阴离子交换色谱柱	Dionex IonPac AG7 阴离子交换柱	IonPac CG5A（阴离子交换柱，	Agilent Cr 分离阴离子交换柱）	PRP-X100 阴离子交换柱	IonPacAs19 阴离子交换柱
流动相	60 mmol/L 硝酸铵，2%的氨水将pH调至9.2	75 mmol/L 硝酸铵和0.6 mmol/L EDTA-2Na，氨水调pH=7.0	60 mmol/L 硝酸铵和0.6 mmol/L EDTA-2Na，pH=7.0	75 mmol/L 硝酸铵，0.6 mmol/L EDTA-2Na，CH_3COONH_4，pH=6.8	2 mmol/L PDCA，2 mmol/L Na_2HPO_4，10 mmol/L NaI，50 mmol/L EDTA-2Na	4 mmol/L TRIS 缓冲液，NH_4-EDTA，pH=7.0	40 mmol/L 硝酸铵，50 mmol/L TRIS 缓冲液，5 mmol/L NH_4-EDTA-2Na	60 mmol/L 硝酸铵（pH = 7.5），5 mmol/L EDTA
洗脱方式	等度洗脱	等度洗脱	等度洗脱	等度洗脱	等度洗脱	等度洗脱	等度洗脱	等度洗脱
流速/(mL/min)	1.0	0.6	1.0	1.0	0.2	0.8	1.2	1.0
进样体积/μL	20	100	50	50	20	100	100	100
保留时间	Cr(VI)，9.012 min；Cr(III)，12.077 min	Cr(VI)，1.17 min；Cr(III)，2.47 min	—	—	Cr(VI)，4.6 min；Cr(III)，2.7 min	—	—	—
检出限	Cr(VI)，0.28 μg/L；Cr(III)，0.40 μg/L	Cr(VI)，0.5 μg/L；Cr(III)，0.5 μg/L	Cr(VI)，0.5 μg/L；Cr(III)，0.5 μg/L	Cr(VI)，0.3 μg/L；Cr(III)，0.2 μg/L	Cr(VI)，0.74 μg/L；Cr(III)，0.66 μg/L	Cr(VI)，0.1 μg/L；Cr(III)，0.1 μg/L	Cr(VI)，0.03 mg/kg	Cr(VI)，0.05 μg/L；Cr(III)，0.2 μg/L
线性范围	1~50 μg/L	1.5~100 μg/L	0~150 μg/L	1.0~80 μg/L	—	0.5~100 μg/L	—	0~100 μg/L
适用环境介质	环境水体	环境水体	自来水	水源水、饮用水	工业废水	土壤、沉积物	土壤	沉积物
参考文献	[106]	[105]	[104]	[103]	[111]	[102]	[117]	[101]

3.2 土壤样品前处理方法

3.2.1 总铬

(1)电热消解法

表3-7列举了行业标准中电热消解法消解土壤样品的具体操作流程。

表 3-7 电热消解法具体操作方法

检测方法	消解具体操作方法
火焰原子吸收分光光度法 (HJ 491—2019)	称取 0.2±0.0001 g～0.3±0.0001 g 土壤样品于 50 mL 聚四氟乙烯坩埚中，用水润湿后加入 10 mL 优级纯浓盐酸，在通风橱内电热板上 90～100 ℃加热，待消解液蒸发至剩余约 3 mL 时，加入 9 mL 优级纯浓硝酸，加盖加热至无明显颗粒，加入 5～8 mL 优级纯氢氟酸，开盖，于 120 ℃加热飞硅 30 min，稍冷后加入 1 mL 优级纯高氯酸，于 150～170 ℃加热至冒白烟，加热时应经常摇晃坩埚。若坩埚壁上有黑色碳化物，加入 1 mL 高氯酸加盖继续加热至黑色碳化物消失，再开盖，加热赶酸至内容物呈不流动的液球状。加入 3 mL 体积分数为 1% 的稀硝酸溶液，温热溶解可溶性残渣，全量转移至 25 mL 容量瓶中，用 1% 稀硝酸溶液定容至标线，摇匀，保存于聚乙烯瓶中，静置，取上清液待测，于 30 天内完成分析
火焰原子吸收分光光度法 (HJ 491—2019)	称取 0.2±0.0001 g～0.3±0.0001 g 土壤样品于 50 mL 聚四氟乙烯消解管中，用水润湿后加入 5 mL 浓盐酸，在通风橱内石墨电热消解仪上 100 ℃加热 45 min。加入 9 mL 浓硝酸加热 30 min，加入 5 mL 氢氟酸加热 30 min，稍冷，加入 1 mL 高氯酸，加盖 120 ℃加热 3 h；开盖，150 ℃加热至冒白烟，加热时需摇动消解管。若消解管内壁上有黑色碳化物，加入 0.5 mL 高氯酸加盖继续加热至黑色碳化物消失，开盖，160 ℃加热赶酸至内容物呈不流动的液球状。加入 3 mL 1% 的稀硝酸溶液，温热溶解可溶性残渣，全量转移至 25 mL 容量瓶中，用 1% 稀硝酸溶液定容至标线，摇匀，保存于聚乙烯瓶中，静置，取上清液待测，于 30 天内完成分析
电感耦合等离子体质谱法 (HJ 803—2016)	移取 15 mL 王水(盐酸与硝酸的体积比为 3：1)于 100 mL 锥形瓶中，加入 3 粒或 4 粒小玻璃珠，放上玻璃漏斗，于电热板上加热至微沸，使王水蒸气浸润整个锥形瓶内壁约 30 min，冷却后弃去，用去离子水洗净锥形瓶内壁，晾干待用。称取 0.1±0.0001 g 土壤样品，置于上述 100 mL 锥形瓶中，加入 6 mL 王水，放上玻璃漏斗，于电热板上加热，保持王水处于微沸状态 2 h。溶解结束后静置冷却至室温，用慢速定量滤纸将提取液收集于 50 mL 容量瓶中。待提取液滤尽后，用 0.5 mol/L 的稀硝酸溶液清洗玻璃漏斗、锥形瓶和滤渣至少三次，洗液一并过滤收集于容量瓶中，用去离子水定容

检测方法	消解具体操作方法
电感耦合等离子体发射光谱法 （HJ 781—2016）	称取 0.1±0.0001 g～0.5±0.0001 g 土壤样品，置于聚四氟乙烯坩埚中，在通风橱内，向坩埚中加入 1 mL 超纯水润湿样品，加入 5 mL 浓盐酸置于电热板上以 180～200 ℃加热至近干，取下稍冷。加入 5 mL 浓硝酸、5 mL 氢氟酸、3 mL 高氯酸，加盖后于电热板上 180 ℃加热至余液为 2 mL，继续加热，并摇动坩埚。当加热至冒浓白烟时，加盖使黑色有机碳化物分解。待坩埚壁上的黑色有机物消失后，开盖，驱赶白烟并蒸至内容物呈黏稠状。视消解情况，可补加 3 mL 浓硝酸、3 mL 氢氟酸、1 mL 高氯酸，重复上述消解过程。取下坩埚稍冷，加入 2 mL 1%硝酸，温热溶解残渣。冷却后转移至 25 mL 容量瓶中，用适量 1%硝酸淋洗坩埚，将淋洗液全部转移至 25 mL 容量瓶中，用 1%硝酸定容，混匀，待测

　　传统电热板消解法耗时长，需要专人看守，需要的酸量较大，而且挥发的酸会对实验人员的身体有潜在危害。刘建军等[118]在普通电热板消解法的基础上进行改进，采用更具有可操作性和可控温的赶酸电热板对含铬土壤进行消解。赶酸电热板通过对样品立体包裹式加热，热量损失更少，且能通过智能程序升温赶酸，其线控远程操作也能有效让人员远离酸雾及热源的伤害。铬测定结果表明赶酸电热板消解法的结果重现性比普通电热板消解法更佳，适用于批量样品的消解。

　　（2）微波消解法

　　表 3-8 列举了行业标准中微波法消解土壤样品的具体操作流程。

表 3-8　微波消解法具体操作方法

检测方法	消解具体操作方法
火焰原子吸收分光光度法 （HJ 491—2019）	称取 0.25±0.0001 g～0.5±0.0001 g 土壤样品于消解罐中，用少量去离子水润湿。在防酸通风橱中，依次加入 6 mL 浓硝酸、3 mL 浓盐酸、2 mL 氢氟酸，使样品和消解液充分混匀。若有剧烈化学反应，待反应结束后再加盖拧紧。将消解罐装入消解罐支架后放入微波消解装置的炉腔中，确认温度传感器和压力传感器工作正常。设定并启动升温程序进行微波消解（步骤1：7 min 内升温至 120 ℃，并保持 3 min。步骤 2：5 min 内升温至 160 ℃，并保持 3 min。步骤 3：5 min 内升温至 190 ℃，并保持 25 min）。程序结束后冷却。待罐内温度降至室温后在防酸通风橱中取出消解罐，缓缓泄压放气，打开消解罐盖。将消解罐中的溶液转移至聚四氟乙烯坩埚中，用少许去离子水洗涤消解罐和盖子后一并倒入坩埚。将坩埚置于温控加热设备上微沸的状态下进行赶酸。待液体成黏稠状时，取下稍冷，用滴管取少量 1%稀硝酸溶液冲洗坩埚内壁，利用余温溶解附着在坩埚壁上的残渣，之后转入 25 mL 容量瓶中，再用滴管吸取少量 1%稀硝酸溶液重复上述步骤，洗涤液一并转入 25 mL 容量瓶中，然后用 1%稀硝酸溶液定容至标线，混匀，静置，取上清液待测，于 30 天内完成分析

检测方法	消解具体操作方法
电感耦合等离子体质谱法 （HJ 803—2016）	称取 0.1±0.0001 g 土壤样品，置于聚四氟乙烯密闭消解罐中，加入 6 mL 王水。将消解罐安置于消解罐支架，放入微波消解仪中，设定并启动微波消解程序进行消解（步骤 1：5 min 内升温至 20 ℃，并保持 2 min。步骤 2：4 min 内升温至 150 ℃，并保持 5 min。步骤 3：5 min 内升温至 185 ℃，并保持 40 min）。消解结束后冷却至室温。打开密闭消解罐，用慢速定量滤纸将提取液过滤收集于 50 mL 容量瓶中。待提取液滤尽后，用 0.5 mol/L 的稀硝酸溶液清洗聚四氟乙烯消解罐的盖子内壁、罐体内壁和滤渣至少 3 次，洗液一并过滤收集于容量瓶中，用去离子水定容至刻度，待测
电感耦合等离子体发射光谱法 （HJ 781—2016）	称取 0.1±0.0001 g～0.5±0.0001 g 土壤样品，置于聚四氟乙烯密闭消解罐中，用少量水润湿后加入 9 mL 浓硝酸、2 mL 浓盐酸、3 mL 氢氟酸和 1 mL 过氧化氢，设定并启动微波消解程序进行消解（步骤 1：5 min 内升温至 120 ℃，并保持 3 min。步骤 2：3 min 内升温至 160 ℃，并保持 3 min。步骤 3：5 min 内升温至 180 ℃，并保持 10 min）。消解结束后冷却 15 min 以上。用少量水将消解罐中全部内容物转移至 50 mL 聚四氟乙烯坩埚中，加入 2 mL 高氯酸，置于电热板上加热至 160～180 ℃，驱赶至白烟冒尽，且内容物呈黏稠状。取下坩埚稍冷，加入 2 mL 1％硝酸，温热溶解残渣。冷却后转移至 25 mL 容量瓶中，用适量 1％硝酸淋洗坩埚，将淋洗液全部转移至 25 mL 容量瓶中，用 1％硝酸定容，混匀，待测
电感耦合等离子体发射光谱法 （HJ 832—2017）	称取 0.25±0.0001 g～0.5±0.0001 g 土壤样品，置于聚四氟乙烯密闭消解罐中，用少量水润湿后依次加入 6 mL 浓硝酸、3 mL 浓盐酸和 2 mL 氢氟酸，使样品与消解液充分混匀，加盖拧紧。设定并启动微波消解程序进行消解（步骤 1：7 min 内升温至 120 ℃，并保持 3 min。步骤 2：5 min 内升温至 160 ℃，并保持 3 min。步骤 3：5 min 内升温至 190 ℃，并保持 25 min）。消解结束后冷却至室温。用少量水将消解罐中全部内容物转移至聚四氟乙烯坩埚中，置于温控加热设备上微沸状态下赶酸。待内容物呈黏稠状，取下坩埚稍冷，加入少量 1％硝酸冲洗坩埚内壁，利用余温溶解坩埚壁上的残渣。冷却后转移至 25 mL 容量瓶中，用适量 1％硝酸淋洗坩埚，重复上述步骤，将淋洗液全部转移至 25 mL 容量瓶中，用 1％硝酸定容，混匀，待测

与电热板消解法相比，董海峰和刘娇[119]实验发现微波消解法的相对标准偏差为 5.7％，相对误差为 4.2％，均低于电热板消解法（6.68％和 5.2％），准确度更高，相对误差更小。范磊等[120]在普通微波消解法的基础上进行改进，采用环形聚焦单模微波消解法消解土壤，以火焰原子吸收光谱法测定土壤中总铬。环形聚焦单模微波消解和普通微波消解的条件对比见表 3-9。该消解方法具体操作方法如下：准确称取 0.0700 g（精确到 0.0002 g）风

干土样于 30 mL 含聚四氟乙烯内衬的石英管中，加入 4 mL 硝酸、1 mL 盐酸、1 mL 氢氟酸、0.5 mL 双氧水，加盖，直接微波消解。消解完全后赶酸至消解液剩余约 1 mL，用纯水冲洗管壁 3 次，冲洗液一并转入 50 mL 容量瓶，用纯水定容至刻度，待仪器稳定上机测定。检出限为 0.002 mg/L，精密度在 2%内。与普通微波消解法相比，环形聚焦单模微波消解法可以在更短的时间内更彻底地消解土壤样品。

表 3-9　消解条件[120]

消解方法	步骤	温度/℃	升温时间/s	保持时间/s	运行总时间/s
环形聚焦单模微波消解	1	190	310	1200	1510
普通微波消解	1	120	300	60	3840
	2	150	180	300	
	3	180	240	600	
	4	210	360	1800	

（3）自动消解法

由于电热消解法和微波消解法均需要实验人员操作，为避免实验人员受到化学试剂的危害，李云环[121]采用自动消解法，将待测土壤样品放入聚四氟乙烯样品管中，置于自动消解仪上，在自动消解仪的控制软件中设置好样品管的数量和位置，启动已编辑好的工作程序（表 3-10），自动完成样品消解过程。该方法相较国标中的电热和微波消解方法，具有更高的实验准确度。

表 3-10　自动消解仪工作程序[122]

序号	方法内容	序号	方法内容
1	加入 5 mL 超纯水	14	加入 3 mL 优级纯高氯酸
2	以 50%角度振动 60 s	15	以 50%角度振动 60 s
3	加入 10 mL 优级纯盐酸	16	加盖，130 ℃加热 1 h
4	以 50%角度振动 60 s	17	开盖，150 ℃加热 10 min
5	110 ℃加热 2 h	18	以 50%角度振动 60 s
6	以 50%角度振动 60 s	19	加盖，150 ℃加热 1 h
7	110 ℃加热 2 h	20	开盖，180 ℃加热 20 min
8	以 50%角度振动 60 s	21	冷却 10 min
9	110 ℃加热 1 h	22	用超纯水定容至 3 mL
10	冷却 10 min	23	冷却 30 min
11	用超纯水定容至 3 mL	24	加入 3 mL(1+1)盐酸溶液
12	加入 5 mL 优级纯硝酸	25	加入 5 mL(10%)氯化铵溶液
13	加入 5 mL 氢氟酸	26	用超纯水定容至 50 mL

（4）高压密闭消解法

高压密闭消解法是指借助高压反应釜，在高温高压中进行消解的一种方法。张琪和刘琳娟[122]在使用火焰原子吸收分光光度法检测土壤总铬含量前，采用高压密闭消解法对待测土壤进行消解，消解步骤详细如下：准确称取土壤样品±0.0001 g放入聚四氟乙烯坩埚中，用少量超纯水润湿后，加入5 mL浓硝酸和1.5 mL高氯酸，摇匀后放入不锈钢套筒中，拧紧钢套，放入烘箱于160 ℃消解4 h。冷却至室温后，取出聚四氟乙烯坩埚，用超纯水冲洗坩埚锅盖和内壁，加入5 mL氢氟酸和0.5 mL硫酸，并置于电热板上用100～120 ℃温度加热，至剩余2～3 mL溶液时，将温度升高至150 ℃，蒸至冒大量白烟后再蒸至近干，用0.2％硝酸溶液定容，待测。该方法测定结果的相对标准偏差小于8.0％，说明该方法具有较高的准确度和精密度。

李红叶等[123]在使用电感耦合等离子体质谱法检测土壤总铬含量前，采用高压密闭消解法对待测土壤进行消解，消解步骤详细如下：准确称取0.05±0.0001 g土壤样品于聚四氟乙烯坩埚中，用少量超纯水润湿后，加入1.5 mL浓硝酸、1 mL氢氟酸，盖好坩埚盖摇匀后放入不锈钢套筒中，拧紧钢套，放入烘箱于195 ℃消解24 h，冷却至室温后，取出聚四氟乙烯坩埚，用超纯水冲洗坩埚锅盖和内壁，并加入1 mL硝酸，置于电热板上158 ℃加热赶酸至近干，后又加入1 mL硝酸，再置于电热板上158 ℃加热赶酸至近干。冷至室温后再向聚四氟乙烯坩埚中加入3 mL 50％硝酸，盖好聚四氟乙烯坩埚盖摇匀后放入不锈钢套筒中，拧紧钢套，放入烘箱中在158 ℃复溶200 min，冷却至室温后，取出聚四氟乙烯坩埚，用去离子水冲洗聚四氟乙烯坩埚锅盖和内壁，再转移至25 mL比色管中，定容、摇匀、澄清、待测。

汪丹等[124]在使用电感耦合等离子体发射光谱法检测土壤总铬含量前，采用高压密闭消解法对待测土壤进行消解，消解步骤详细如下：称取0.2 g土壤样品于高压密闭罐聚四氟乙烯内胆中。先加入1 mL超纯水润湿，再加入3 mL硝酸、1 mL盐酸、1 mL高氯酸和1.5 mL氢氟酸，常温反应0.5 h；随后加盖，放入不锈钢钢衬内，拧紧不锈钢盖，置于烘箱中120 ℃预反应1 h，再升温至180 ℃，反应6 h；反应结束后，自然冷却至室温。取出内胆，置于电热板上150 ℃赶酸，当出现大量白烟时盖上盖；待白烟冒尽，加入10 mL 20％硝酸溶液进行提取，蒸至溶液呈光亮，加入5 mL 5％的硼酸溶液（络合多余氟离子），取出定容至20 mL。

与传统的电热消解法相比，高压密闭消解法需要酸量更少，消解时不需实验员看守，但若操作不当，容易发生爆炸等安全事故[122,125]。

（5）碱熔法

上述6种测土壤总铬的前处理方法均采用了酸作为溶剂。李洪刚[126]另辟蹊径，采用碱熔融法前处理含铬土壤，具体操作为：准确称取0.5000 g样品，放入15 mL刚玉坩埚中，加过氧化钠 3 g，搅匀。放入已升温至 700 ℃的高温炉中，熔融 5～8 min，至熔体呈红色透明，取出冷却将坩埚置于 250 mL 烧杯中，加 70 mL 热水浸提。洗出坩埚，将烧杯置于电炉上煮沸 3 min，取下冷却，超纯水定容。由于酸溶法无法完全溶解提取出土壤中的铬离子，且混合酸稳定性差，难以控制，碱熔融法可以更彻底地溶解提取铬离子，从而碱熔融法的测试结果更准确，而酸溶法结果偏低[126]。

3.2.2　Cr(Ⅲ)

为了测定土壤/底泥中 Cr(Ⅲ)浓度，Saçmaci 和 Kartal[127]采用 β-二酮有机配体-MBMP 萃取法，将 Cr(Ⅲ)提取出来。具体操作步骤为：称量 0.5 g 风干磨细的土壤置于消解罐中，加入 6 mL 65% 硝酸和 3 mL 双氧水，电热板消解至近干；冷却至室温，加入 25 mL 超纯水，过滤后超纯水定容至 200 mL；加入高氯酸钠(0.01 M)、8 mL MBMP(0.08%，w/v)和 2 mL NH_3/NH_4Cl(1 mol/L，pH=8)；混合后转移至分液漏斗中，振荡 3 min，静置 3 min，有机相和水相分离；将有机相转移到另一个分液漏斗中，加入 10 mL 硝酸溶液(2 M)，并振荡；将硝酸提取物转移，并在电热板上蒸发至近干；加入 2 mL 硝酸溶液(2 M)，待测。

3.2.3　Cr(Ⅵ)

(1)碱消解提取法

在碱性条件下，通过氯化镁、磷酸氢二钾-磷酸二氢钾缓冲液抑制 Cr(Ⅲ)向 Cr(Ⅵ)氧化的过程，采用碱性提取液将土壤样品中的 Cr(Ⅵ)提取出来，其中氢氧化钠/碳酸钠提供碱性提取环境，磷酸氢二钾-磷酸二氢钾缓冲液维持碱性提取环境，氯化镁抑制 Cr(Ⅲ)氧化成 Cr(Ⅵ)[11,23,128]。碱性提取液配制方法为：称取 20 g 氢氧化钠和 30 g 碳酸钠溶于超纯水中，稀释定容至 1 L，使用前须保证其 pH>11.5。磷酸氢二钾-磷酸二氢钾缓冲液(pH=7)的配制方法为：称取 87.1 g 磷酸氢二钾和 68 g 磷酸二氢钾溶于超纯水中，稀释定容至 1 L。具体消解操作如下：称取已风干碾细的土壤样品于消解容器中，加入碱性提取液，再加入固体氯化镁和磷酸氢二钾-磷酸二氢钾缓冲液，封口后置于消解仪器中进行消解，一段时间后冷却至室温。过滤，用硝酸调节 pH 至 7.5±0.5，并定容。其中消解方式不尽相同，常见的消解方法包括微波消解法[129]、水浴恒温振荡器消解法[130,131]和恒温磁力搅拌器消解法[8]。

(2)提取剂提取法

在测定土壤中 Cr(Ⅵ)时，采用合适的提取剂将土壤样品中的 Cr(Ⅵ)提取到提取液中。马琳娜等[132]采用了四种提取剂，分别为 0.5 mol/L KH_2PO_4、0.5 mol/L Na_2CO_3、0.5 mol/L $NaHCO_3$ 和 0.4 mol/L KCl。具体提取方法如下：称取 5 g 土壤样品于 100 mL 烧杯中，并加入 50 mL 提取液，用电磁搅拌器搅拌 5 min 或者用超声波振荡器振荡 15 min。将土壤悬浮液转移到离心管中，4000 r/min 离心 2 min，上清液导入 50 mL 容量瓶中。残渣中加入去离子水 2 mL，用玻璃棒搅拌 2 min，离心 2 min，将上清液倒入上述容量瓶中，重复洗涤一次，合并上清液，去离子水定容待测。结果表明，采用 0.4 mol/L KCl 提取液在电磁搅拌器搅拌下提取土壤中六价铬的效果最好。然而，以上四种提取剂和两种提取方法(搅拌或超声振荡)在提取土壤Cr(Ⅵ)含量低于 10 mg/kg 时，提取效果均不理想。为解决上述问题，陈泽成和庄清雅[133]提出用碱性消解法提取土壤中Cr(Ⅵ)，方法优化条件为：提取剂为 KCl/KOH、显色温度为 25~35 ℃、pH 为 7~8、显色剂加入量为 6.5 mL。

3.2.4 铬形态转变

(1)消解-氧化法

考虑到只有Cr(Ⅵ)遇二苯碳酰二肼才会显色，崔桂贤等[134]在使用二苯碳酰二肼分光光度法测定土壤中总铬含量时，采用浓酸(硝酸＋硫酸＋磷酸)消解耦合高锰酸钾氧化前处理土壤样品，将土壤样品中含有的 Cr(Ⅲ)预先氧化成Cr(Ⅵ)。具体操作方法如下：称取土壤样品置于烧瓶中，并加入少许超纯水润湿，再加入浓磷酸和浓硫酸，电热消解至冒白烟，稍稍冷却后重复滴加浓硝酸，再电热消解至冒白烟，土壤样品变白，消解液变黄绿色为止。取下冷却至室温，消解液与残渣一同转入比色管中，用超纯水定容，静置一晚。取部分上清液至比色管中，并加入高锰酸钾溶液，水浴煮沸，整个过程应保持溶液呈紫红色。冷却至室温后，加入尿素和亚硝酸钠并不断摇晃至紫红色刚好褪去，并定容。该方法的最低检出限为 0.003 mg/L。

(2)螯合预处理法

在采用高效液相色谱-电感耦合等离子体质谱法测定铬形态前，张晨等[135]使用 EDTA-2Na 溶液为螯合剂提取土壤或沉积物中的铬。具体操作为：称取土壤或沉积物样品放入离心瓶中，加入 EDTA-2Na 溶液(流动相)，混匀，放入恒温水浴锅中 40 ℃振荡提取一段时间。提取后溶液离心，取上层清液过 0.45 μm 滤膜后用流动相稀释待测。其中，提取时间对铬形态提取效果影响较大，在一定时间范围内(如 0.5~12 h)，提取量随着时间的增加而提升；当超过一定时间后(如 12 h)，提取量不再变化。与上述研究中 40 ℃螯合相比，张素静等[107]发现采用 40 ℃温度螯合，Cr(Ⅲ)和Cr(Ⅵ)色谱峰有交叉，而常温下螯合，可以使 Cr(Ⅲ)和Cr(Ⅵ)色谱图完全分离。因此，需要优化前处理过程，以保证检测结果的精密性。

3.3　废水样品前处理方法

3.3.1　总铬

（1）电热板消解法

表 3-11 列举了行业标准中电热板消解法消解水体样品的具体操作流程。

表 3-11　电热消解法具体操作方法

检测方法	消解具体操作步骤
火焰原子吸收分光光度法（HJ 757—2015）	量取 50 mL 混合均匀的水样于 150 mL 烧杯或锥形瓶中，加入 5 mL 优级纯硝酸，置于温控电热板上，盖上表面皿或者小漏斗，保持电热板温度 180 ℃，不沸腾加热回流 30 min，移去表面皿，蒸发至溶液为 5 mL 左右时停止加热。待冷却后，再加入 5 mL 硝酸，盖上表面皿，继续加热回流。如果有棕色的烟生成，重复上述加酸、加热回流的步骤，直至不再生成棕色的烟，并保持电热板温度为 95 ℃，加热至不再有大量气泡产生，待溶液冷却至室温后，继续加入过氧化氢溶液（$w\% = 30\%$），每次加入 1 mL，直至只有细微气泡或大致外观不发生变化，移去表面皿，继续加热，直到溶液体积蒸发至约 5 mL。溶液冷却后，用适量去离子水淋洗内壁至少 3 次，转移至 50 mL 容量瓶中，加入 5 mL 100 g/L 的氯化铵溶液和 3 mL 盐酸，并用去离子水稀释至标线
电感耦合等离子体质谱法（HJ 700—2014）	量取 100 mL 摇匀后的样品于 250 mL 聚四氟乙烯烧杯中，加入 2 mL 50% 硝酸溶液和 1 mL 50% 盐酸溶液，盖上表面皿，置于电热板上加热消解，加热温度不得高于 85 ℃。持续加热，保持溶液不沸腾，直至样品蒸发至 20 mL 左右。待样品冷却后，用去离子水冲洗烧杯至少三次，并将冲洗液倒入 50 mL 容量瓶中，用去离子水定容，加盖，摇匀保存
电感耦合等离子体发射光谱法（HJ 776—2015）	100 mL 样品中加入 5 mL 50% 硝酸溶液，置于电热板上加热消解，在不沸腾的情况下，缓慢加热至近干。取下冷却，反复进行上述加酸过程，直至溶液颜色变浅或稳定不变。冷却后，加入少量 50% 硝酸溶液，再加入少量去离子水，置电热板上继续加热使残渣溶解。冷却后，用去离子水定容至 100 mL，使溶液保持 1%（v/v）的硝酸酸度。对于某些基体复杂的废水，消解时可加入 2～5 mL 高氯酸消解

（2）微波消解法

表 3-12 列举了国标中微波消解法消解水体样品的具体操作流程。

表 3-12　微波消解法具体操作方法

检测方法	消解具体操作步骤
火焰原子吸收分光光度法 （HJ 757—2015）、 电感耦合等离子体发射光谱法 （HJ 776—2015）	量取 25 mL 混合均匀的水样于微波消解罐中，加入 1 mL 过氧化氢、4 mL 硝酸和 1 mL 盐酸，如有大量气泡产生，置于通风橱中静置，待反应平稳后加盖旋紧。放入微波消解仪中，设置（参考）消解条件为：升温时间 10 min，消解温度 180 ℃，保持时间 150 min。程序结束后，取出消解罐置于通风橱内冷却至室温，放气、开盖并移出罐内消解液，用去离子水荡洗消解罐内壁两次，收集所有溶液，转移至 50 mL 容量瓶中，用去离子水定容，待测
电感耦合等离子体质谱法 （HJ 700—2014）	量取 45 mL 摇匀后的样品于消解罐中，加入 4 mL 浓硝酸和 1 mL 浓盐酸，在 170 ℃ 温度下微波消解 10 min。消解结束，冷却至室温后，将消解液转移至 100 mL 容量瓶中，用去离子水定容，摇匀待测。

刘畅[136]对比了行业标准 HJ 757—2015 中的电热板消解法和微波消解法前处理皮革废水和印染废水的结果，发现检测精密性和准确度均没有差异性，说明两种消解方法可自由选择。

3.3.2　Cr(Ⅲ)

（1）离子交换法

在酸性含铬废水中，采用阴离子交换柱将 Cr(Ⅵ)交换吸附，废水中的 Cr(Ⅲ)进入流出液中，再采用火焰原子吸收分光光度法进行测定。林大泉和陈季英[137]用醋酸型 D_{301} 大孔阴离子交换树脂吸附交换酸性含铬废水中的 Cr(Ⅵ)，使 Cr(Ⅲ)与 Cr(Ⅵ)有效分离。

（2）溶剂萃取法

为了测定环境水样中 Cr(Ⅲ)浓度，Saçmaci 和 Kartal[129]采用 β-二酮有机配体-MBMP 萃取法，将 Cr(Ⅲ)提取出来。具体操作步骤为：在 200 mL 水样中依次加入高氯酸钠（0.01 M）、8 mL MBMP(0.08%，w/v)和 2 mL NH_3/NH_4Cl(1 mol/L，pH＝8)，混合均匀；混合溶液转移至分液漏斗中，振荡 3 min，静置 3 min，使有机相和水相分离；将有机相转移到另一个分液漏斗中，加入 10 mL 硝酸溶液(2 mol/L)，并振荡；将硝酸提取物转移，并在电热板上蒸发至近干；加入 2 mL 硝酸溶液(2 mol/L)，待测。该方法的检出限为 0.32 μg/L，相对标准偏差为 1.9%，适用于自来水、工业废水、雨水等环境水体中 Cr(Ⅲ)的检测。

（3）固相萃取法

固相萃取法是基于选择性吸附过程所设计的分离方法，固相一般指吸附剂，其会被设计成具有选择性吸附 Cr(Ⅲ)或 Cr(Ⅲ)络合物的特性。萃取过程可分为 3 种：方法 1 是指吸附剂特异性吸附一种铬形态[如 Cr(Ⅲ)]，而不吸附另一种[如 Cr(Ⅵ)]；方法 2 是指通过螯合剂预先络合一种铬形态，生成可被吸附剂特异性吸附的络合物，另外一种形态不被吸附而直接进入废液；方法 3 是指吸附剂通过不同的吸附位点或机理分别吸附两种铬形态，在采用不同的洗脱剂分别将两种铬形态洗脱下来[138]。根据固相萃取的形式，又可以分为传统固相萃取、分散固相萃取和磁性固相萃取(图 3-11)。在传统固相萃取中，吸附剂填充在小柱中，当样品流过固相萃取柱时，与吸附剂亲和力强的 Cr(Ⅲ)被截留在小柱中，而后再通过洗脱剂将 Cr(Ⅲ)从小柱中洗脱出来。Neto 等[139]用丝瓜络纤维作为填料填充在聚乙烯管中，含铬废水(pH＝4)通过该吸附柱后，Cr(Ⅲ)被特异性吸附，而 Cr(Ⅵ)直接通过柱进入废液。而后用 65％硝酸溶液将柱中被吸附的 Cr(Ⅲ)洗脱下来，进行测定。该方法的检出限为 19.2 $\mu g/L$，相对标准偏差为 1.9％。为了解决传统固相萃取柱需要高压条件、吸附剂损失、沟道及堵塞效应等问题，分散固相萃取应运而生。分散固相萃取是指将吸附剂均匀分散在溶液样品中，吸附剂特异性吸附 Cr(Ⅲ)，再将吸附在吸附剂上的 Cr(Ⅲ)洗脱，该方法对吸附剂的利用率更高[140]。磁性固相萃取由分散固相萃取演变而来，采用的吸附剂带有磁性，在分离阶段可采用外部磁力将吸附剂从液相中分离。基于四氧化三铁构建的磁性固相萃取是最常见的方法[141]。目前磁性固相萃取前处理结合检测仪器检测水体中 Cr(Ⅲ)和 Cr(Ⅵ)可以达到的检出限分别为 0.0015 $\mu g/L$ 和 0.0021 $\mu g/L$[142]。

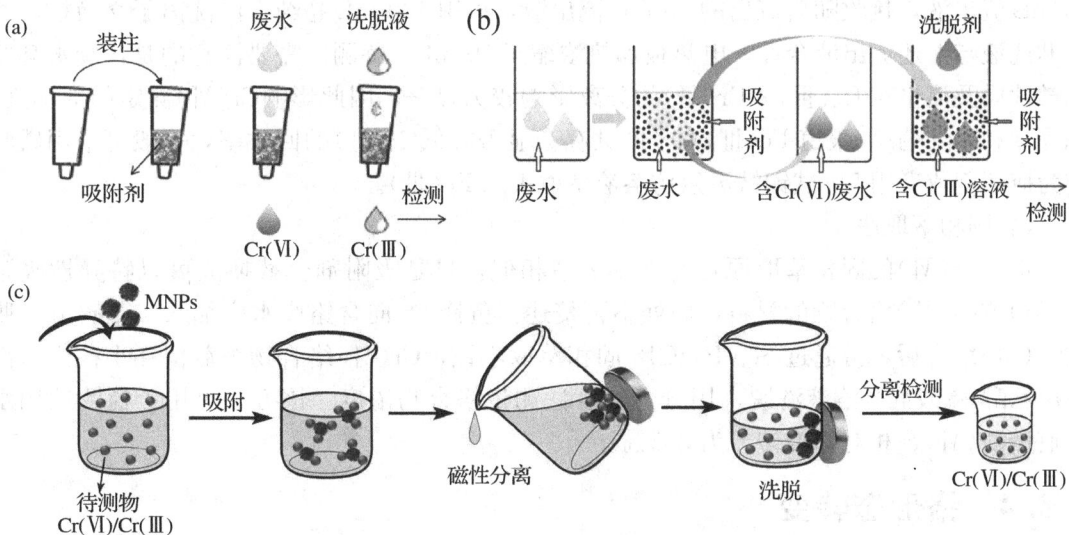

图 3-11 固相萃取方式分类

(a)传统固相萃取，(b)分散固相萃取和(c)磁性固相萃取[141]

3.3.3　Cr(Ⅵ)

(1)沉淀分离法

利用三价铬在弱碱性条件下易产生沉淀的特点，采用锌盐沉淀法(HJ 908—2017)或者絮凝剂絮凝法让 Cr(Ⅵ)与 Cr(Ⅲ)进行分离，再测定溶液中的 Cr(Ⅵ)[143,144]。肖明波等[144]预先将含铬工业废水的 pH 调整至近中性，而后加入絮凝剂-聚合氯化铝，利用 Cr(Ⅲ)在弱碱性条件下易产生沉淀的特点，实现样品中 Cr(Ⅲ)和 Cr(Ⅵ)分离，Cr(Ⅲ)进入固相，

Cr(Ⅵ)仍保留在液相-上清液待测。具体操作步骤如下：量取 20 mL 废水样品(强酸性样品要预先将 pH 调整至近中性)，加入 1 mL 聚合氯化铝溶液(5%，w/v)，用氢氧化钠调节 pH 至 7.5～8.5，搅拌均匀后静置半小时后，取上清液测定。

(2)溶剂萃取法

王红玲等[145]采用了溶剂萃取的方法提取废水中的Cr(Ⅵ)，而后通过火焰原子吸收分光光度法测量，具体萃取方法如下：量取 100 mL 废水样品于 125 mL 分液漏斗中，用 5 mol/L 硫酸调至溶液为弱酸性(pH=6.0)，加入 4 mL 二乙胺硫代甲酸铵溶液(10 g/L)，使其混匀作用 1 min 后，加入 5 mL 邻苯二甲酸氢钾-氢氧化钠缓冲溶液，控制 pH=7.6。再加入 5 mL 甲基异丁基甲酮-环己烷溶液(v/v，4∶1)，2 mL 硫酸钠溶液(10 g/L)，萃取 1 min。静置分层后弃去水相，分离有机相后，通过火焰原子吸收分光光度法测定有机相中Cr(Ⅵ)的浓度，该方法的回收率为 94.6%。

(3)离子交换法

采用阳离子交换树脂将 Cr(Ⅲ)保留在树脂中，Cr(Ⅵ)进入流出液[146,147]。杨锦秀[148]采用 H-732 苯乙烯型强酸性阳离子树脂处理含铬废水以检测Cr(Ⅵ)含量，具体操作方法如下：将废水样品注入已活化的离子交换柱中，流出液流速保持 3 mL/min。弃去最初的 25 mL 流出液，接收随后流出的 50 mL 流出液，再用 100 mL 超纯水淋洗离子交换柱，并将淋洗液与上述流出液合并，电热板加热浓缩至 50 mL，待测。需要注意的是，废水某些化学性质及流量对 Cr(Ⅲ)和 Cr(Ⅵ)的分离影响较为显著，因此影响 Cr(Ⅵ)测定的准确度。陈秀琴和张红菊[149]报道 Fe(Ⅲ)离子的共存会显著降低 Cr(Ⅵ)的回收率，一般可采用磷酸作为掩蔽剂或者用 5%试铜铁灵氯仿溶液萃取去除 Fe(Ⅲ)。

(4)固相萃取法

水中Cr(Ⅵ)的固相萃取原理与 3.3.2 节相似，只是吸附剂会替换成可以特异性吸附 Cr(Ⅵ)或Cr(Ⅵ)络合物的材料，此处不再赘述。黄锋[150]向含铬废水中加入二苯碳酰二肼与Cr(Ⅵ)络合后，再通过 Sep-PakC18 固相萃取小柱，Cr(Ⅵ)络合物被截留在小柱内，而后用乙醇-硫酸混合溶液洗脱，用分光光度法测量络合物浓度。该方法可用于检测饮用水中痕量Cr(Ⅵ)，相对标准偏差为 3.5%。

3.3.4 铬形态转变

(1)螯合预处理法

因 Cr(Ⅲ)在水溶液中以阳离子形式存在，需要使用螯合剂与其形成阴离子化合物，才可以在阴离子色谱柱上和 $Cr_2O_7^{2-}$ 阴离子一样被保留下来。刘静晶等[103]在采用高效液相-电感耦合等离子体质谱法检测铬形态前，在水体样品中加入 pH 为 7.0 的 EDTA-2Na 溶液将样品置于热水浴中加热一段时间，Cr(Ⅲ)阳离子与 EDTA-2Na 螯合阴离子化合物 $Cr(EDTA)^{2-}$，冷却后经 0.45 μm 微孔滤膜过滤，待测。Shigeta 等[111]用 PDCA 螯合工业废水中的 Cr(Ⅲ)，以生成 Cr(Ⅲ)-PDCA 络合物。EDTA 及 EDTA-2Na 是高效液相-电感耦合等离子体质谱法测定铬形态中常见的螯合剂。值得注意的是，螯合剂性质、螯合温度和时间均对分离效果或络合效果影响较大，需要进行优化。张素静等[105]比较了螯合剂(75 mmol/L 硝酸和 0.6 mmol/L EDTA 的水溶液)的 pH 对铬形态分离的影响。当 pH 为 3

或 5 时，Cr(Ⅲ)和 Cr(Ⅵ)无法有效分离，Cr(Ⅲ)色谱峰出现在 Cr(Ⅵ)的色谱峰中；当 pH 为 7 或 8 时，Cr(Ⅲ)和 Cr(Ⅵ)有效分离且峰型较好。郑晨阳等[106]比较了螯合剂(商用复配络合剂)浓度、螯合温度、时间对提取效果的影响。当络合剂含量< 2% 时，Cr(Ⅲ)峰面积较小，随着络合剂浓度的增加至 2%，Cr(Ⅲ)色谱峰面积增加，且当> 2% 时，面积不再增加；当螯合温度< 45 ℃时，Cr(Ⅲ)峰面积较小，随着络合剂浓度的增加至 45 ℃，Cr(Ⅲ)色谱峰面积增加，且当> 45 ℃时，面积不再增加；色谱峰面积随着螯合时间的延长，先增加后减小，当时间为 10 min 时，色谱峰面积最大。

（2）氧化剂预氧化法

当需要使用 Cr(Ⅵ)的特异性检测方法检测废水中总铬或 Cr(Ⅲ)浓度时，可采用氧化剂对目标水体进行预氧化，将 Cr(Ⅲ)全部转化为 Cr(Ⅵ)。Feng 等[93]采用对 Cr(Ⅵ)具有特异性荧光淬灭反应的碳量子点荧光传感器检测水体(工业废水和湖水)中总铬或 Cr(Ⅲ)前，用 0.05 mmol/L 高锰酸钾溶液预先氧化 Cr(Ⅲ)为 Cr(Ⅵ)。薛斌等[150]采用可见分光光度法检测水样中痕量 Cr(Ⅲ)时，用过硫酸铵将 Cr(Ⅲ)预氧化成 Cr(Ⅵ)。

（3）还原剂预还原

当需要使用 Cr(Ⅲ)的特异性方法检测废水中总铬或 Cr(Ⅵ)浓度时，可对目标水体进行硼氢化钠/钾或抗坏血酸预还原，将 Cr(Ⅵ)全部转化为 Cr(Ⅲ)[83,152]。如 Elavarasi 等[83]采用对 Cr(Ⅲ)具有特异性荧光淬灭反应的金纳米荧光传感器检测水体(自来水和湖水)中 Cr(Ⅵ)前，用 1 mmol/L 硼氢化钠溶液预先还原 Cr(Ⅵ)为 Cr(Ⅲ)。

参考文献

[1] 缪英，朱建丰，石远，等.火焰原子吸收分光光度法测定饮用水中的钠[J].南通纺织职业技术学院学报，2010，10：21-23.

[2] 刘贺，王鹤，赵欣，等.火焰原子吸收分光光度法测定水中总铬的不确定度评定[J].皮革制作与环保科技，2021，2：107-110.

[3] 耿梦晗.电感耦合等离子体质谱(ICP-MS)在饮用水金属元素分析中的应用研究[D].北京：中国人民解放军军事医学科学院，2016.

[4] 袁玉琼，周灵.探究火焰原子吸收分光光度法在环境监测中的应用[J].皮革制作与环保科技，2022，3：176-178.

[5] 赖万豪.火焰原子吸收法的常见问题[J].区域治理，2019，19：70-74.

[6] 叶宪增，张新祥.仪器分析教程[M].2版.北京：北京大学出版社，2007.

[7] 夷增宝，胡江瑛，金乐，等.空气乙炔火焰原子吸收分光光度法总铬测定中火焰及共存金属影响探析[J].资源节约与环保，2016，5：43-44.

[8] 沈家欢.碱溶液提取-火焰原子吸收分光光度法测定土壤中六价铬[J]环境与发展，2020，32：111-112.

[9] 梁红.对空气-乙炔火焰原子吸收测定铬时锰镍钒对其干扰的探讨[J].江西地质，1995，9：160-166.

[10] 仇星泉，吴晓燕.火焰原子吸收法测定水中的总铬时金属离子干扰的影响分析[J].广东化工，2017，44：272+275.

[11] 陈竑，朱文君.火焰原子吸收分光光度法测定总铬的研究[J].中国环境监测，2000，2：29

- 31.

[12] 王妃，汤德能，王德淑. 空气-乙炔火焰原子吸收法测铬时的干扰及消除[J]. 环境监控与预警，2016，8：38-40.

[13] 张洋阳，杨存满，杨柳. 碱消解-火焰原子吸收分光光度法测定土壤和沉积物中六价铬的干扰因素研究[J]. 四川环境，2020，39：98-100.

[14] 王雪莹. 空气-乙炔火焰原子吸收法测定铬时铁的干扰及抑制方法[J]. 山东冶金，1997，19：45-48.

[15] 张九福，刘莲翠. 用高氯酸铵作干扰抑制剂火焰原子吸收法测定钒钛磁铁矿中的铬[J]. 光谱学与光谱分析，1985，2：63-65.

[16] 吴莉. 电感耦合等离子体—质谱/发射光谱法测定生物样品、中药及水样中的微痕量元素[D]. 成都：四川大学，2007.

[17] 孟翠莲. 电感耦合等离子体质谱法测定鸡组织中铬的含量[D]. 泰安：山东农业大学，2019.

[18] 黎艳红，王华建，杜仙梅，等. 电感耦合等离子体质谱法测定尿样中铬及其他七种微量元素[J]. 理化检验(化学分册)，2009，45：520-523.

[19] 董龙腾，刘才云，张彩霞，等. 电热板消解-电感耦合等离子体质谱法测定农用地土壤中铬、镍、铜、锌、镉、铅[J]. 化学分析计量，2022，31：36-40.

[20] 陈祝军，钱志荣，吴建兵. 碰撞池 ICP-MS 法测定全血中铬元素[J]. 微量元素与健康研究，2018，35：60-62.

[21] 王斌，柳映青，蒋小良，等. ICP-MS法测定酸性汗液可萃取铅、铬、铜和汞[J]. 印染，2014，40：41-43.

[22] 韩笑. 电感耦合等离子体发射光谱法测定锂离子电池电解液中的金属杂质元素[D]. 北京：北京化工大学，2019.

[23] 董爱俊，马彦斌，刘颖. 电感耦合等离子体发射光谱法测定土壤中六价铬的可行性研究[J]. 宁夏工程技术，2022，21：380-384.

[24] 陈文魁. X射线荧光光谱法、电感耦合等离子体质谱法与电感耦合等离子体发射光谱法对土壤中重金属元素的测定及比较[J]. 低碳世界，2017，16：10-11.

[25] 安朴英. 电感耦合等离子体原子发射光谱法测定微量元素的应用研究[D]. 保定：河北大学，2004.

[26] 刘兆，李伟，王云跃，等. 分光光度法检测污水中重金属六价铬的改进研究[J]. 安徽化工，2022，48：88-91.

[27] BISWAS P, KARN A K, BALASUBRAMANIAN P, et al. Biosensor for detection of dissolved chromium in potable water: A review[J]. Biosens Bioelectron, 2017, 94: 589-604.

[28] 徐义邦，樊孝俊，龚娴. 二苯碳酰二肼分光光度法测定水中六价铬方法的改进[J]. 中国给水排水，2015，31：106-108.

[29] 李彦. 二苯碳酰二肼分光光度法测定六价铬过程中使用无水乙醇代替丙酮问题的探讨[J]. 山东化工，2020，49：68-69.

[30] 段博，袁斌，吕松. 试纸法快速检测水中重金属铬[J]. 工业水处理，2008，28：68-70+2-4.

[31] 陈银烨，陈红，姚海娜，等. 二苯碳酰二肼铬试纸在环境水体中的应用[J]. 广东化工，2019，46：58-61.

[32] 杨芳. 二苯碳酰二肼分光光度法测定土壤中的铬[J]. 黑龙江环境通报，2021，34：40-41.

[33] 韩超，孙国娟. 二苯碳酰二肼分光光度法测定 PCB 废水中六价铬[J]. 中国无机分析化学，

2019，9：16-18.

[34]李阳. 水质六价铬的测定方法[J]. 现代农业科技，2017，703：185+187.

[35]宋兴伟，梁宵，吴寒. 采用碱液消解-离子色谱柱后衍生分光光度法测定土壤中六价铬[J]. 四川环境，2022，41：288-292.

[36]王晓雯，李艳，王炜. 柱后衍生离子色谱法与现行国标方法测定水环境中六价铬的比对研究[J]. 干旱环境监测，2022，36：145-149.

[37]容晓文. 电导-柱后衍生光度法双检测器串联离子色谱分析水中 Cr(Ⅵ)[C]//第十二届全国离子色谱学术报告会，中国福建厦门，2008.

[38]余心田. 直接电导离子色谱法测定水和废水中的铬(Ⅵ)[J]. 分析试验室，2004，23：70-71.

[39]吴杰，方黎，戚惠良，等. 大体积进样离子色谱法检测饮用水中六价铬[J]. 广东微量元素科学，2008，15：50-53.

[40]严利民，胡文武. 离子色谱法测定水中六价铬[J]. 中国热带医学，2007，7：87-88+98-99.

[41]张涛，蔡五田，刘金巍，等. 超声辅助提取/离子色谱法测定铬污染土壤中的六价铬[J]. 分析测试学报，2013，32：1384-1387.

[42]鲁蕴甜，王力春. 离子色谱-电导检测器测定废水中的铬(Ⅵ)[J]. 重庆工商大学学报(自然科学版)，2014，31：88-91.

[43]王晓雯，王炜. 柱后衍生离子色谱法测定海水中的六价铬[J]. 环境保护与循环经济，2022，42：84-86.

[44]吴小龙，陈琴放，符式锦，等. 柱后衍生-离子色谱法测定土壤和沉积物中的六价铬[J]. 中国无机分析化学，2022，12：13-19.

[45]刘琼，陈纪文，冯艳，等. 离子色谱-柱后衍生-紫外可见检测法测定涂料中六价铬含量[J]. 广东化工，2021，48：157-159.

[46]朱培培. 纺织工业印染废水中六价铬含量的离子色谱法测定[J]. 纺织检测与标准，2022，8：27-29+35.

[47]邓宇杰. 基于柱后衍生-离子色谱法分析地表水和地下水中六价铬的方法研究[J]. 化学与粘合，2022，44：454-457.

[48]徐硕，周健楠，杨懂艳，等. 离子色谱-柱后衍生-紫外可见检测法测定地下水中痕量六价铬[J]. 分析仪器，2016，6：37-41.

[49]HILALI N，MOHAMMADI H，AMINE A，et al. Recent advances in electrochemical monitoring of chromium[J]. Sensors，2020，20：51-53.

[50]陈少华，王义华，胡强飞，等. 电化学修饰电极在检测 Cr(Ⅵ)中的研究进展[J]. 化工进展，2023，42：2429-2438.

[51]SINGH S，KUMAR NAIK T S S，CHAUHAN V，et al. Ecological effects，remediation，distribution，and sensing techniques of chromium[J]. Chemosphere，2022，307：135804.

[52]王元昊. 金属镀膜/纳米碳材料修饰电极差分脉冲溶出伏安法测定水中六价铬 [D]，武汉：武汉科技大学，2022.

[53]安文婷，吴昕瑶，牛佳祺，等. 沙漏型磷钼酸盐的合成表征及其电检测 Cr(Ⅵ)性能研究[J]. 河北师范大学学报(自然科学版)，2021，45：275-282.

[54]ZHAO K，GE L，WONG T I，et al. Gold-silver nanoparticles modified electrochemical sensor array for simultaneous determination of chromium(Ⅲ) and chromium(Ⅵ) in wastewater samples[J]. Chemosphere，2021，281：130880.

[55]HUSSEIN M A，GANASH A A，ALQARNI S A. Electrochemical sensor-based gold nanop-

article/poly（aniline-co-o-toluidine）/graphene oxide nanocomposite modified electrode for hexavalent chromium detection: a real test sample[J]. Polymer-Plastics Technology and Materials, 2019, 58: 1423 - 1436.

[56]SANCHAYANUKUN P, MUNCHAROEN S. Chitosan coated magnetite nanoparticle as a working electrode for determination of Cr(Ⅵ) using square wave adsorptive cathodic stripping voltammetry [J]. Talanta, 2020, 217: 121027.

[57]SAHOO S, SATPATI A K. Fabrication of rGO/NiS/AuNCs ternary nanocomposite modified electrode for electrochemical sensing of Cr(Ⅵ) at utra-trace level[J]. Surfaces and Interfaces, 2021, 24: 101096.

[58]NARESH V, LEE N. A Review on Biosensors and Recent Development of Nanostructured Materials-Enabled Biosensors[J]. Sensors, 2021, 21: 1109.

[59]王玥. 基于核酸功能材料的新型生物传感器构建及在金属离子快速分析中的应用研究[D]. 镇江: 江苏大学, 2022.

[60]NARESH V, LEE N. A review on biosensors and recent development of nanostructured materials-enabled biosensors[J]. Sensors, 2021, 21: 1109.

[61]王蓉, 孔丹丹, 杨世海, 等. 电化学生物传感器技术在重金属快速检测领域中的研究进展[J]. 分析试验室, 2019, 38: 1366 - 1373.

[62]刘兰君子. 新型酶电极研究及其在生物传感和环境检测中的应用[D]. 长沙: 湖南师范大学, 2017.

[63]ATTAR A, EMILIA GHICA M, AMINE A, et al. Poly(neutral red) based hydrogen peroxide biosensor for chromium determination by inhibition measurements[J]. Journal of Hazardous Materials, 2014, 279: 348 - 355.

[64]NEPOMUSCENE N J, DANIEL D, KRASTANOV A. Biosensor to detect chromium in wastewater[J]. Biotechnology & Biotechnological Equipment, 2007, 21: 377 - 381.

[65]FOPASE R, NAYAK S, MOHANTA M, et al. Inhibition assays of free and immobilized urease for detecting hexavalent chromium in water samples[J]. 3 Biotech, 2019, 9: 124.

[66]CALVO-PEREZ A, DOMINGUEZ-RENEDO O, ALONSO-LOMILLO M, et al. Speciation of chromium using chronoamperometric biosensors based on screen-printed electrodes[J]. Analytica Chimica Acta, 2014, 833: 15 - 21.

[67]RENEDO O D, LOMILLO M A A, MARTINEZ M J A. Optimisation procedure for the inhibitive determination of chromium(Ⅲ) using an amperometric tyrosinase biosensor[J]. Analytica Chimica Acta, 2004, 521: 215 - 221.

[68]LIU L, KANGX, CHEN C, et al. L-tyrosine polymerization-based ultrasensitive multi-analyte enzymatic biosensor[J]. Talanta, 2018, 179: 803 - 809.

[69]KHALIDI S A M, SABULLAH M K, SANI S A, et al. Acetylcholine receptor-based biosensor derived from asian swamp eel, monopterus albus for heavy metals biomonitoring[J]. Pertanika Journal Of Science And Technology, 2020, 28: 83 - 94.

[70]秦伟彤, 田健, 伍宁丰. 全细胞生物传感器的设计及其在环境监测中的应用[J]. 生物技术进展, 2018, 8: 369 - 375.

[71]PRUDKIN-SILVA C, LANZAROTTI E, áLVAREZ L, et al. A cost-effective algae-based biosensor for water quality analysis: Development and testing in collaboration with peasant communities[J]. Environmental Technology & Innovation, 2021, 22: 101479.

[72]CHAUHAN S, DAHIYA D, SHARMA V, et al. Advances from conventional to real time de-

tection of heavy metal(loid)s for water monitoring：An overview of biosensing applications[J]. Chemosphere，2022，307：136124.

[73]ASAL M，ÖZEM Ö，SAHINLER M，et al. Recent developments in enzyme，DNA and Immuno-based biosensors[J]. Sensors，2018，18：1924.

[74]LIU X，XIANG J J，TANG Y，et al. Colloidal gold nanoparticle probe-based immunochromatographic assay for the rapid detection of chromium ions in water and serum samples[J]. Analytica Chimica Acta，2012，745：99－105.

[75]李斐. 高灵敏度聚芴类重铬酸根离子荧光传感器的制备及农业应用[D]. 南昌：江西科技师范大学，2022.

[76]ALGETHAMI J S. A review on recent progress in organic fluorimetric and colorimetric chemosensors for the detection of Cr3＋/6＋ ions[J]. Critical Reviews in Analytical Chemistry，2022，1－21，DOI：10. 1080/10408347. 2022. 2082242.

[77]阮波. 金属有机骨架材料作为比率荧光传感器用于重金属离子检测[D]. 武汉：湖北大学，2021.

[78]王杰. 基于碳点的新型荧光材料的合成及对金属铬的检测研究[D]. 镇江：江苏大学，2017.

[79]杜妍晔. 基于 PET 原理的铬荧光探针的设计与合成 [D]. 广州：广东工业大学，2011.

[80]王一新. 一类新型的铬(Ⅵ)离子荧光化学传感器的设计、合成与性能研究[D]. 南京：南京理工大学，2014.

[81]LI X M，ZHAO R R，YANG Y，et al. A Rhodamine-based fluorescent sensor for chromium ions and its application in bioimaging[J]. Chinese Chemical Letters，2017，28：1258－1261.

[82]WEERASINGHE A J，SCHMIESING C，SINN E. Highly sensitive and selective reversible sensor for the detection of Cr³⁺[J]. Tetrahedron Letters，2009，50：6407－6410.

[83]ELAVARASI M，ALEX S A，CHANDRASEKARAN N，et al. Simple fluorescence-based detection of Cr(Ⅲ) and Cr(Ⅵ) using unmodified gold nanoparticles[J]. Analytical Methods，2014，6：9554－9560.

[84]KHAN J，SADIA M，SHAH S W A，et al. 2，6-bis(E)-4-methylbenzylidine)-cyclohexan-1-one as a Fluorescent-on Sensor for Ultra Selective Detection of Chromium Ion in Aqueous Media[J]. Journal of Fluorescence，2021，31：1759－1770.

[85]ZHANG D，JIA B，LI M，et al. A ratiometric fluorescent probe for sensitive and selective detection of chromium(Ⅵ) in aqueous solutions[J]. Microchemical Journal，2020，159：105337.

[86]GUPTA V K，MERGU N，SINGH A K. Rhodamine-derived highly sensitive and selective colorimetric and off－on optical chemosensors for Cr³⁺[J]. Sensors and Actuators B：Chemical，2015，220：420－432.

[87]WANG D P，SHIRAISHI Y，HIRAI T. A distyryl BODIPY derivative as a fluorescent probe for selective detection of chromium(Ⅲ)[J]. Tetrahedron Letters，2010，51：2545－2549.

[88]LIANG X，JIA Y，ZHAN Z，et al. A highly selective multifunctional Zn-coordination polymer sensor for detection of Cr(Ⅲ)，Cr(Ⅵ) ion，and TNP molecule[J]. Applied Organometallic Chemistry，2019，33：e4988.

[89]KAMALI S R，CHEN C N，AGRAWAL D C，et al. Sulfur-doped carbon dots synthesis under microwave irradiation as turn-off fluorescent sensor for Cr(Ⅲ)[J]. Journal of Analytical Science and Technology，2021，12：48.

[90]KARAK D，BANERJEE A，SAHANA A，et al. 9-Acridone-4-carboxylic acid as an efficient Cr

（Ⅲ）fluorescent sensor: trace level detection, estimation and speciation studies[J]. Journal of Hazardous Materials, 2011, 188: 274-280.

[91]HU X J. A series of water soluble RE(Ⅲ) complexes: Synthesis, characterization, photophysical property and sensing activity towards Cr(Ⅲ)[J]. Synthetic Metals, 2011, 161: 1022-1028.

[92] 任姝环. 银纳米簇的制备、表征及其荧光探针的应用研究[D]. 重庆：西南大学, 2019.

[93]FENG S, GAO Z, LIU H, et al. Feasibility of detection valence speciation of Cr(Ⅲ) and Cr(Ⅵ) in environmental samples by spectrofluorimetric method with fluorescent carbon quantum dots[J]. Spectrochimica Acta Part A: Molecular and Biomolecular Spectroscopy, 2019, 212: 286-292.

[94]XIANG G, REN Y, ZHANG H, et al. Carbon dots based dual-emission silica nanoparticles as ratiometric fluorescent probe for chromium speciation analysis in water samples[J]. Canadian Journal of Chemistry, 2017, 96: 72-77.

[95]WANG S H, NIU H Y, HE S J, et al. One-step fabrication of high quantum yield sulfur- and nitrogen-doped carbon dots for sensitive and selective detection of Cr(Ⅵ)[J]. RSC Advances, 2016, 6: 107717-107722.

[96]WANG S, HUO X, ZHAO H, et al. One-pot green synthesis of N, S co-doped biomass carbon dots from natural grapefruit juice for selective sensing of Cr(Ⅵ)[J]. Chemical Physics Impact, 2022, 5: 100112.

[97] 张文豪, 张欣烨, 张洁, 等. CdSe量子点荧光探针检测生活饮用水中的痕量六价铬[J]. 化学研究与应用, 2015, 27: 726-729.

[98]CAO X, BAI Y, LIU F, et al. 'Turn-off' fluorescence strategy for determination of hexavalent chromium ions based on copper nanoclusters[J]. Luminescence, 2021, 36: 229-236.

[99]CHEN Y, CUI H, WANG M, et al. N and S doped carbon dots as novel probes with fluorescence enhancement for fast and sensitive detection of Cr(Ⅵ)[J]. Colloids and Surfaces A: Physicochemical and Engineering Aspects, 2022, 638: 128164.

[100] 陈光, 林立, 钱聪, 等. 离子色谱-电感耦合等离子体质谱联用测定饮用水中的三价铬和六价铬[J]. 2: 127-130.

[101] 李莎, 崔鹤, 尹秀贞, 等. 离子色谱(IC)和电感耦合等离子体质谱(ICP-QQQ-MS)联用同时测定海洋沉积物中Cr(Ⅲ)和Cr(Ⅵ)[C]//中国环境科学学会2021年科学技术年会——环境工程技术创新与应用分会场. 中国天津, 2021, pp. 5.

[102] 张晨, 李冰, 刘崴, 等. 高效液相色谱-电感耦合等离子体质谱法测定土壤和沉积物中Cr(Ⅲ)与Cr(Ⅵ)[J]. 分析试验室, 2023, 42: 671-676.

[103] 刘静晶, 邹春苗, 马可佳, 等. LC-ICP-MS测定饮用水中铬形态[J]. 环境卫生学杂志, 2022, 12: 70-74.

[104] 张建伟, 李沛镡, 金红. HPLC-ICP-MS联用技术检测饮用水中铬形态的方法研究[J]. 城镇供水, 2021, 5: 69-72.

[105] 张素静, 骆如欣, 马栋. HPLC-ICP-MS法检测水中Cr(Ⅲ)和Cr(Ⅵ)[J]. 中国司法鉴定, 2016, 2: 31-35.

[106] 郑晨阳, 俞莎, 汤鋆, 等. 液相色谱-电感耦合等离子体质谱法测定水中铬形态[J]. 中国卫生检验杂志, 2019, 29: 2707-2710+2714.

[107] 洪锦清, 陈明, 李敬, 等. 离子色谱-电感耦合等离子体质谱法检测玩具中六价铬[J]. 检验检疫学刊, 2013, 23: 7-9+76.

[108]POSTA J, BERNDT H, LUO S K, et al. High-performance flow flame atomic absorption

spectrometry for automated on-line separation and determination of chromium(Ⅲ)/chromium(Ⅵ) and pre-concentration of chromium(Ⅵ)[J]. Analytical Chemistry, 1993, 65: 2590 - 2595.

[109]ERARPAT S, DEMIR C, ÖNER M, et al. Chromium speciation by the combination of high-performance liquid chromatography and inductively coupled plasma-optical emission spectrometry[J]. Environmental Monitoring and Assessment, 2022, 194: 690.

[110]SEL S, ERULAS F A, TURAK F, et al. Simultaneous determination of chromium species in water and plant samples at trace levels by ion chromatography - inductively coupled plasma-mass spectrometry[J]. Analytical Letters, 2019, 52: 761 - 771.

[111]SHIGETA K, FUJITA A, NAKAZATO T, et al. A Robust Method for the Determination of Cr(Ⅵ) and Cr(Ⅲ) in Industrial Wastewaters by Liquid Chromatography-Inductively Coupled Plasma Mass Spectrometry Combined with a Chelating Pretreatment with 2, 6-Pyridinedicarboxylic Acid[J]. Analytical Sciences, 2018, 34: 925 - 932.

[112] 巢静波, 史乃捷, 陈扬, 等. 衍生液注入控制-离子色谱法同时测定环境水样中的三价铬和六价铬[J]. 环境化学, 2016, 35: 67 - 74.

[113] 虞锐鹏, 胡忠阳, 叶明立, 等. 快速溶剂萃取-离子色谱法同时测定塑料中的三价铬和六价铬[J]. 色谱, 2012, 30: 409 - 413.

[114] 李淑敏, 李静, 应波. 离子色谱法同时测定饮用水中三价铬与六价铬分析方法验证[J]. 中国卫生检验杂志, 2011, 21: 2403 - 2405.

[115] 应丽艳. 室温离子液体—高效液相色谱法分析水中铬形态[D]. 杭州: 浙江大学, 2012.

[116] 郑志侠, 巫建光, 汪家权, 等. 浊点萃取-高效液相色谱法测定巢湖表层沉积物中铬的形态[J]. 分析测试学报, 2010, 29: 1125 - 1129.

[117]HAMILTON E M, LARK R M, YOUNG S D, et al. Reconnaissance sampling and determination of hexavalent chromium in potentially-contaminated agricultural soils in Copperbelt Province, Zambia [J]. Chemosphere, 2020, 247: 125984.

[118] 刘建军, 王玉功, 倪能, 等. 电感耦合等离子体质谱(ICP-MS)法测定农产品地土壤中铅、镉、铬消解方法的改进[J]. 中国无机分析化学, 2016, 6: 10 - 13.

[119] 董海锋, 刘娇. 两种消解方法测定土壤总铬的准确度比较[J]. 皮革制作与环保科技, 2022, 3: 4.

[120] 范磊, 朱建丰, 陈军. 环形聚焦单模微波消解—火焰原子吸收光谱法测定土壤中的铬[J]. 环境保护与循环经济, 2020, 40: 65 - 67.

[121] 李云环. 自动消解仪-火焰原子吸收分光光度法测定土壤中的总铬[J]. 北方环境, 2011, 23: 134 - 135.

[122] 张琪, 刘琳娟. 高压密闭消解-原子吸收光度法同时测定土壤中的铜、锌、铅、镉、镍、铬[J]. 化学分析计量, 2007, 58: 48 - 50.

[123] 李红叶, 梁祖顺, 许海娥, 等. 高压密闭消解 ICP-AES 法测土壤中的 10 种重金属元素[J]. 中国新技术新产品, 2018, 3: 141 - 142.

[124] 汪丹, 胡子文, 路星峰. 高压密闭消解-电感耦合等离子体发射光谱法测定土壤样品中 20 种元素[J]. 化学工程与装备, 2016, 10: 204 - 207+215.

[125] 李国刚. 土壤和固体废物污染物分析测试方法[M]. 北京: 化学工业出版社, 2013.

[126] 李洪刚. 分光光度法测定土壤中铬含量的研究[D]. 北京: 中国地质大学(北京), 2011.

[127]SACMACI S, KARTAL S. Speciation, separation and enrichment of Cr(Ⅲ) and Cr(Ⅵ) in environmental samples by ion-pair solvent extraction using a beta-diketone ligand[J]. International Journal of

Environmental Analytical Chemistry，2011，91：448-461.

[128] 吕旭，韩建. 碱消解-火焰原子吸收光谱法检测土壤中的六价铬方法改进[J]. 山东化工，2022，51：89-91+97.

[129] 张伟琦，谢涛，孙稚菁，等. 微波消解火焰原子吸收光谱法测定土壤中六价铬[J]. 环境科学研究，2023，36：44-53.

[130] 姚江. 水浴振荡碱消解-火焰原子吸收法测定土壤中六价铬[J]. 云南化工，2022，49：44-47.

[132] 阳辉伟，丁纯淇. 土壤和沉积物六价铬提取方法的优化研究[J]. 江西化工，2021，37：40-43.

[133] 马琳娜，李政红，张胜，等. 土壤中六价铬提取方法试验研究[J]. 水文，2010，30：11-13.

[134] 陈泽成，庄清雅. 分光光度法测定土壤中六价铬方法优化[J]. 中国环保产业，2018，4：66-68.

[135] 崔桂贤，刘赫男，张瑞芝，等. 土壤总铬测定方法的改进[J]. 城市环境与城市生态，2001，14：46-47，50.

[135] 张晨，李冰，刘崴，等. 高效液相色谱-电感耦合等离子体质谱法测定土壤和沉积物中 Cr(Ⅲ) 与 Cr(Ⅵ)[J]. 分析试验室，2023，42(05)：671-676.

[136] 刘畅. 火焰原子吸收分光光度法测定废水中总铬前处理方法比较[J]. 环境保护与循环经济，2019，39：63-65.

[137] 林大泉，陈季英. 原子吸收分光光度法分别测定水中的三价铬和六价铬[J]. 分析化学，1982，10：36-39.

[138] HERRERO-LATORRE C，BARCIELA-GARCíA J，GARCíA-MARTíN S，et al. Graphene and carbon nanotubes as solid phase extraction sorbents for the speciation of chromium：A review[J]. Analytica Chimica Acta，2018，1002：1-17.

[139] NETO J A D S，OLIVEIRA J D A N，SIQUEIRA L M C，et al. Selective extraction and determination of chromium concentration using luffa cylindrica fibers as sorbent and detection by FAAS[J]. Journal of Chemistry，2019，2019：1679419.

[140] GHORBANI M，AGHAMOHAMMADHASSAN M，CHAMSAZ M，et al. Dispersive solid phase microextraction[J]. TrAC Trends in Analytical Chemistry，2019，118：793-809.

[141] FILIK H，AVAN A A. Magnetic nanostructures for preconcentration, speciation and determination of chromium ions：A review[J]. Talanta，2019，203：168-177.

[142] HUANG Y F，LI Y，JIANG Y，et al. Magnetic immobilization of amine-functionalized magnetite microspheres in a knotted reactor for on-line solid-phase extraction coupled with ICP-MS for speciation analysis of trace chromium[J]. Journal of Analytical Atomic Spectrometry，2010，25：1467-1474.

[143] 王泗萍. 水环境监测中六价铬的检测方法及可靠性分析[J]. 低碳世界，2017：27-28.

[144] 肖明波，黄卓尔，周树杰，等. 火焰原子吸收法测定高色度含铬废水中的六价铬[J]. 仪器仪表与分析监测，2008，3：37-39.

[145] 王红玲，潘月亮，李军. 火焰原子吸收光谱法测定水及饮料中不同价态铬[J]. 职业与健康，2002，18：51-53.

[146] 莫曦明，彭寨玉，徐淑暖，等. 电感耦合等离子体质谱法(ICP-MS)测定饮用水中六价铬[J]. 中国卫生检验杂志，2009，19：1784-1785.

[147] 梁慧贞，李学莲，雷占昌. 电感耦合等离子体质谱法测定地下水中的六价铬[J]. 分析仪器，2017，6：59-61.

［148］杨锦秀. 废水中 Cr^{6+} 的离子树脂交换-电感耦合等离子体质谱法测定［J］. 西部皮革，2012，34：36 - 38.

［149］陈秀琴，张红菊. 工业废水中测定六价铬的预处理技术［J］. 环境监测管理与技术，2001，13：33 - 34.

［150］黄锋. 固相萃取光度法测定饮用水中痕量铬［J］. 供水技术，2009，3：55 - 57.

［151］薛斌，李月华，白晓琳，等. 可见分光光度法对水样中痕量 Cr（Ⅲ）和 Cr（Ⅵ）的同时测定［J］. 沈阳工业大学学报，2004，26：117 - 120.

［152］杨远莲. 双金属金银纳米簇荧光探针检测离子和小分子的研究［D］. 长沙：湖南大学，2017.

第四章 铬污染废水修复技术

4.1 铬污染废水的典型修复技术效能及机制

4.1.1 物理化学修复法

（1）混凝絮凝

混凝絮凝工艺是一种传统的水处理技术，可以有效去除含铬废水中的 Cr(Ⅲ)、Cr(Ⅵ)及有机铬络合物。对于 Cr(Ⅲ)，可以直接调节废水的 pH 为碱性，使其在碱性条件下生成氢氧化铬沉淀，属于化学沉淀过程。刘存海和朱玉凤[1]用 3 mol/L 的氢氧化钠溶液调节 Cr(Ⅲ)废水的 pH，发现其沉淀效果最佳时的 pH 为 8.0，最终 Cr(Ⅲ)的浓度降低至 38 mg/L 左右。对于络合态 Cr(Ⅲ)，王晴[2]加入 FeSO_4 进行混凝沉淀，制革复鞣废水中络合态 Cr(Ⅲ)的去除率高达 99.9%，但是总有机碳的去除效果不佳。为保证总有机碳和络合态铬的去除效果，一般将氧化工艺如光催化氧化、（类）芬顿氧化、臭氧氧化和电化学氧化等与混凝工艺相结合[2]。

对于 Cr(Ⅵ)，由于其在任何 pH 条件下均可以溶解态的形式存在于水体中，一般需要先将 Cr(Ⅵ)还原为 Cr(Ⅲ)，再通过调节 pH 的方式形成氢氧化铬沉淀[3]。董亚玲等[4]以 FeSO_4 为还原剂，将 Cr(Ⅵ)还原为 Cr(Ⅲ)，然后加碱将 pH 调节至碱性。此时，Cr(Ⅲ)会形成氢氧化铬，氧化生成的 Fe(Ⅲ)也形成氢氧化铁沉淀。结果显示，当 FeSO_4 与 Cr(Ⅵ)的物质的量之比为 2:1，曝气并调节 pH 至 6～8 时，Cr(Ⅵ)的浓度从原始的 50 mg/L 降低至低于 0.1 mg/L，总铬浓度低于 0.5 mg/L。此外，焦亚硫酸盐和亚硫酸盐作为常见的还原剂也常用于还原 Cr(Ⅵ)[5,6]。除了连续还原-混凝过程外，也有研究将混凝剂如十六水合硫酸铝[7]、聚合硫酸铝铁[8]、聚磷氯化铝铁[9]和生物高聚物[10]等，加入 Cr(Ⅵ)废水中，通过混凝作用直接将 Cr(Ⅵ)从废水中分离。虽然混凝絮凝工艺具有操作简单、成本低等优点，但铬转移到固相中，会产生大量的污泥，需要进一步分离，且可能造成二次污染。

（2）电絮凝

电絮凝本质上是一种改进的混凝/絮凝技术，是一种将混凝/浮选技术与电化学结合形成的新型水处理技术，与传统的化学混凝/絮凝技术相比，其产生的污泥量更少。电絮凝去除污染物的原理如图 4-1 所示。电絮凝技术的主体包括电解池、稳定直流电源以及与其相连接的阴阳极，其中阴阳极的电极材料可相同亦可不同。在直流电源的作用下，阳极电解产生金属阳离子(以铁电极为例,$4Fe_{(s)} \rightarrow 4Fe_{(aq)}^{2+} + 8e^-$),阴极水解产生氢气和氢氧根离子($2H_2O + 2e^- \rightarrow H_{2(g)} + 2OH_{(aq)}^-$)[11]。在电场的作用下,金属阳离子和氢氧根离子分别向阴极和阳极移动,在溶液中形成氢氧化物絮凝体($Fe_{(aq)}^{2+} + 2OH_{(aq)}^- \rightarrow Fe(OH)_{2(s)}$)[11]。而后,絮凝体通过网捕卷扫、吸附等作用净化含铬废水[12]。Golder[13]等首次采用电絮凝技术处理铬鞣废水,他们以软钢片作为电极,比较了单电极体系和双电极体系对Cr(Ⅲ)的去除效果。研究结果显示,双电极体系对Cr(Ⅲ)的去除效果更快速、更高效。通电20 min后,单电极体系对Cr(Ⅲ)的去除效率为18.8%,而双电极体系在通电8.5 min后即可达到此效果。通电50 min后,双电极体系对Cr(Ⅲ)的去除效率为99.9%,而单电极体系仅为81.5%。对于Cr(Ⅵ)的去除,Aber等[14]采用了典型的铁电极和铝电极两种体系,研究结果发现,铁电极体系可以去除98%的Cr(Ⅵ),而铝电极体系仅能去除15%。值得注意的是,在电絮凝去除Cr(Ⅵ)的过程中,Cr(Ⅵ)先还原成Cr(Ⅲ)($Cr_2O_7^{2-} + 6e^- + 14H^+ \rightarrow 2Cr^{3+} + 7H_2O$;$Cr_2O_7^{2-} + 6Fe^{2+} + 14H^+ \rightarrow 2Cr^{3+} + 6Fe^{3+} + 7H_2O$),而后通过絮凝作用或者化学沉淀[$Cr^{3+} + 3OH^- \rightarrow Cr(OH)_3$]去除还原产物Cr(Ⅲ)。

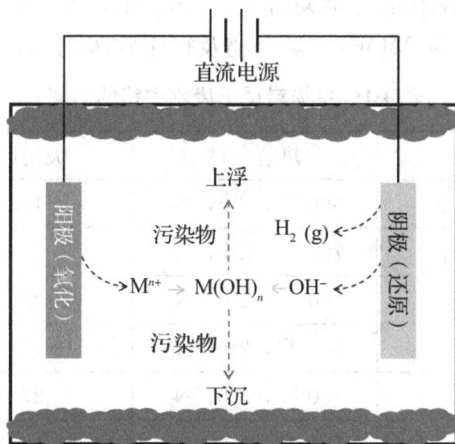

图4-1 电絮凝去除污染物的原理

(3)吸附

吸附技术是指吸附剂表面的活性吸附位点通过物理或/和化学作用力吸附铬离子,其本质是一种液体中的原子、离子或分子通过化学或物理相互作用吸附在固体表面上的传质过程[15]。常见的用于吸附铬的吸附剂有活性炭、生物炭、黏土矿物、金属氧化物、金属有机框架材料(metal-organic frameworks,MOFs)等[16]。Wang等[17]通过后修饰方法制备了EDTA功能化凹凸棒石,用于吸附含铬废水中的Cr(Ⅲ)。该功能材料对Cr(Ⅲ)的最大吸附量为131.37 mg/g,而且HCl溶液再生后的吸附剂仍然保有优异的吸附性能。Zhang等[18]制备了一种聚(邻苯三酚-四乙烯-五胺)微球(PPTA),并将其应用于模拟Cr(Ⅵ)废水的净化。Cr(Ⅵ)在PPTA上的最大吸附量高达714.29 mg/g。Li等[19]将纳米FeOOH负载在活性炭表面,用于吸附废水中的Cr(Ⅵ)。活性炭负载纳米FeOOH后,Cr(Ⅵ)的去除率由19.9%显著提升至93.4%。

近年来,生物炭由于价格低廉、制作工艺简单、来源丰富、比表面积高等优点,被广泛应用于污染废水的净化,包括含铬废水的高效处理。表 4-1 罗列了部分已报道的生物炭作为吸附剂净化含铬废水的研究结果。由表 4-1 所见,热解方式、热解温度、改性条件等均会显著影响生物炭吸附剂对 Cr(Ⅲ)或 Cr(Ⅵ)的吸附性能。如 Wan 等[20]比较了 300 ℃ 和 700 ℃ 热解合成的两种生物炭对 Cr(Ⅵ)的吸附性能,其中 700 ℃ 合成的生物炭对 Cr(Ⅵ)的吸附量显著高于 300 ℃ 合成的生物炭,而且以不同的生物质为原料亦表现出相同的规律,即热解温度越高,合成的生物炭对 Cr(Ⅵ)的吸附性能越好,这与表 4-1 中所列举的 Wang 等[21],Qu 等[22],Gope 等[23],Singh 等[24]研究中的结果一致。然而与这些研究相悖的结论也有报道,如 Shakya 等[25]则发现以花生壳为原料合成的生物炭吸附 Cr(Ⅵ)的研究中,热解温度从 350 ℃ 上升至 650 ℃ 时,吸附容量从 142.87 mg/g 下降至 31.25 mg/g。热解温度与效能之间的关系尚未有明确的结论,仍需深入研究。

与生物炭一同引发强烈关注的吸附剂还有金属有机框架材料(MOFs),其具有高比表面积、丰富的孔隙及易调控的结构等优点,被称为 21 世纪的"明星材料",已广泛应用于各领域。在环境领域中,MOFs 可作为吸附剂高效分离废水中的多种重金属离子(包括铬)。表 4-2 列举了 MOFs 吸附铬的相关研究。2013 年,Fei 等[26]首次使用 MOFs 吸附废水中 Cr(Ⅵ),而后带动了各种 MOFs、复合物及衍生物吸附 Cr(Ⅵ)的研究。

表 4-1 生物炭用于废水中铬的吸附

生物炭	原材料	热解条件	吸附性能/(mg/g)	参考文献
CB300	棉花秸秆	300 ℃,2 h,N_2	15.56 Cr(Ⅵ)	[20]
CB700	棉花秸秆	700 ℃,2 h,N_2	20.14 Cr(Ⅵ)	[20]
WB300	核桃壳	300 ℃,2 h,N_2	8.47 Cr(Ⅵ)	[20]
WB700	核桃壳	700 ℃,2 h,N_2	17.72 Cr(Ⅵ)	[20]
BC400	浒苔	400 ℃,2 h,N_2	27.01 Cr(Ⅵ)	[21]
BC800	浒苔	800 ℃,2 h,N_2	12.85 Cr(Ⅵ)	[21]
BCF400	$FeCl_3$/浒苔	400 ℃,2 h,N_2	45.30 Cr(Ⅵ)	[21]
BCF800	$FeCl_3$/浒苔	800 ℃,2 h,N_2	53.08 Cr(Ⅵ)	[21]
MBC$_{BM500}$	K_2FeO_4/玉米秸秆	500 ℃,2 h	82.51 Cr(Ⅵ)	[22]
MBC$_{BM700}$	K_2FeO_4/玉米秸秆	700 ℃,2 h	104.98 Cr(Ⅵ)	[22]
SWB450	污泥	450 ℃,1 h,N_2	8.33 Cr(Ⅲ)/2.73 Cr(Ⅵ)	[23]
SWB550	污泥	550 ℃,1 h,N_2	8.98 Cr(Ⅲ)/3.36 Cr(Ⅵ)	[23]
1A-200	弗氏柠檬酸杆菌	200 ℃,空气	19.43 Cr(Ⅵ)	[24]
2A-400	弗氏柠檬酸杆菌	400 ℃,空气	29.73 Cr(Ⅵ)	[24]
GNSB/350	花生壳	350 ℃,1 h,N_2	142.87 Cr(Ⅵ)	[25]
GNSB/450	花生壳	450 ℃,1 h,N_2	66.67 Cr(Ⅵ)	[25]
GNSB/550	花生壳	550 ℃,1 h,N_2	35.71 Cr(Ⅵ)	[25]
GNSB/650	花生壳	650 ℃,1 h,N_2	31.25 Cr(Ⅵ)	[25]

生物炭	原材料	热解条件	吸附性能/(mg/g)	参考文献
TWB	茶叶残渣	450 ℃，2 h	197.5 Cr(Ⅵ)	[27]
RHB	稻壳	450 ℃，2 h	195.24 Cr(Ⅵ)	[27]
MPBC	含羞草	350 ℃，2 h	62% Cr(Ⅵ)	[28]
氨基改性 MPBC	含羞草	350 ℃，2 h	76% Cr(Ⅵ)	[28]
SBT 生物炭	甜菜根	300 ℃，2 h，N_2	123 Cr(Ⅵ)	[29]
WSB	小麦秸秆	450 ℃，2 h	215 Cr(Ⅵ)	[30]
PMB	小麦秸秆压滤渣	450 ℃，2 h	190 Cr(Ⅵ)	[30]
NMSH	硝酸/烟酰胺/木屑	180 ℃，10 h(水热)	107.29 Cr(Ⅵ)	[31]
SH	原始木屑	180 ℃，10 h(水热)	32.63 Cr(Ⅵ)	[31]
PFB	$FeSO_4$/膨润土/黑胡杨	450 ℃，无氧	91.13 Cr(Ⅵ)	[32]
PB	黑胡杨	450 ℃，无氧	38.92 Cr(Ⅵ)	[32]
DFBC	花旗松木屑	900～1000 ℃	52% Cr(Ⅵ)	[33]
KOH 活化 DFBC	花旗松木屑	900～1000 ℃	98% Cr(Ⅵ)	[33]
DEMBC	$FeCl_3$/纤维	电磁热解，干热解	17.85 Cr(Ⅵ)	[34]
WEMBC	$FeCl_3$/纤维	电磁热解，湿热解	19.83 Cr(Ⅵ)	[34]
DEBC	纤维	电磁热解，干热解	10.07 Cr(Ⅵ)	[34]
WEBC	纤维	电磁热解，湿热解	7.28 Cr(Ⅵ)	[34]
CBB300	樟树枝	300 ℃，2 h	～93% Cr(Ⅵ)	[35]
CBB350	樟树枝	350 ℃，2 h	100% Cr(Ⅵ)	[35]
CBB400	樟树枝	400 ℃，2 h	～89% Cr(Ⅵ)	[35]
CBB450	樟树枝	450 ℃，2 h	～72% Cr(Ⅵ)	[35]
CBB500	樟树枝	500 ℃，2 h	～69% Cr(Ⅵ)	[35]
BC900	污泥	900 ℃，20 min，N_2	25.27 Cr(Ⅲ)/<7 Cr(Ⅵ)	[36]
生物炭	甘蔗渣	500 ℃，2～3 h，N_2	15.85 Cr(Ⅲ)	[37]
SB300	稻壳	300 ℃，2 h	94.31 Cr(Ⅵ)/36.4 Cr(Ⅲ)	[38]
零价铁改性 SDBC	污泥	600 ℃，2 h，N_2	64.16% Cr(Ⅵ)/28.89% Cr(Ⅲ)	[39]

表 4-2　MOFs 吸附废水中 Cr(Ⅵ)的研究

MOFs 类型	吸附容量(mg/g)	参考文献
$Zn_{0.5}Co_{0.5}$-SLUG-35	68.5	[26]
TMU-4	127	[40]
TMU-5	123	[40]
TMU-6	118	[40]
ZIF-67	15.4	[41]
MMCs	18.0	[42]
FIR-53	35.7	[43]
FIR-54	50.0	[43]
TMU-60	145	[44]
MOF-5	78.12	[45]
Cu-BTC	48	[46]
MIL-100(Fe)	30.45	[47]
BMOF	23.69	[48]
V_2O_5@Ch/Cu-TMA	14.42	[49]
UiO-66-PRAA	333.67	[50]
GO-CS@MOF[Zn(BDC)(DMF)]	144.92	[51]
W-MIL	97.60%	[52]
Zr-BDPO	555.6	[53]
AgNP-NCs@ZIF-8	7.9	[54]
UiO-66@ABs	20.0	[55]
Cu@MIL-53(Fe)碳化衍生材料	724.6	[56]
Form-UiO-66-NH_2	338.98	[57]
氨基改性 MIL-101(铬)	60	[58]
NiCo(BDC)@MnO_2	111.22	[59]
Fe-MOFs 碳化衍生物 $Fe_{0.72}^{(0)}Fe_{2.28}^{(Ⅱ)}$C	354.6	[60]

(4)离子交换

离子交换技术，是将含铬废水中的铬离子与离子交换剂中的离子交换，使铬离子从废水中剥离出来并进入离子交换剂中，而离子交换剂中环境友好的离子进入水体中。离子交换技术可以有效处理含 Cr(Ⅲ)或 Cr(Ⅵ)废水，由于 Cr(Ⅲ)与 Cr(Ⅵ)在废水中存在的形态不同，所用离子交换剂的类型也不同。

针对含 Cr(Ⅲ)废水，陈旭[61]以阳离子交换树脂作为交换剂，当废水 pH 为 4，废水流量为 6 BV/h 时，净化效果最佳，可达 100%，且树脂的累积交换体积为床体积的 25～30 倍。针对含 Cr(Ⅵ) 废水，李建博等[62]以强碱阴离子交换纤维作为交换剂，处理电镀厂含铬废水。废水处理量可达 20 t/h，电镀废水经强碱阴离子交换纤维处理后，出水中铬浓度低于 4 μg/L，远低于国家规定的排放标准。为提高离子交换树脂对 Cr(Ⅵ) 的去除性能，Zang 等[63]在苯乙烯大孔弱碱性阴离子交换树脂 D301 的网状孔中浸渍阳离子聚电解质聚环氧氯丙烷-二甲胺（EPIDMA），制备了一种对 Cr(Ⅵ) 具有较高吸附能力和特殊亲和力的新型复合树脂 EPIDMA/D301。研究结果表明，该复合树脂对 Cr(Ⅵ) 的去除具有优异的效能，这得益于 D301 对 Cr(Ⅵ) 的非特异性吸附、D301 表面的氨基及阳离子聚合物 EPID-MA 与 Cr(Ⅵ) 之间的静电引力，以及 EPIDMA 上 Cl⁻ 与 Cr(Ⅵ) 的离子交换作用。

离子交换法因其去除效率高、去除速率快、可回收铬、无二次污染等优点，被认为是一种在含铬废水净化领域的有效技术。然而，该技术设备复杂，前期投入巨大、成本高，且废水中有机物的共存会污染离子交换剂，大大降低技术的有效性，限制了该技术的广泛应用[64]。

（5）膜处理

膜处理技术是指选择性透过膜两侧存在动力差，如压力差、浓度差、电位差等，废水中的铬离子通过选择性透过膜而从废水中分离。目前，常用的选择性透过膜包括陶瓷膜[65]、聚砜酰胺膜[66]、壳聚糖纳米纤维膜[67,68]等。如 Adam 等[65]采用反相挤压和高温煅烧技术制备了一种中空纤维陶瓷膜，并将其应用于处理 Cr(Ⅵ) 废水。研究结果表明，该材料的透水性和机械强度分别为 29.14 L/(m²·h) 和 50.92 MPa，最佳烧结温度为 1050 ℃。当 Cr(Ⅵ) 浓度为 40 mg/L，pH 为 4 时，该中空纤维陶瓷膜对 Cr(Ⅵ) 的吸附/过滤性能为 44%。Gebru 和 Das[69]用氨基化二氧化钛纳米颗粒改性乙酸纤维膜，氨基改性可以显著提高 Cr(Ⅵ) 的去除效率，其中以四乙基五胺作为氨基改性试剂所获得的改性乙酸纤维膜对 Cr(Ⅵ) 的去除效率高达 99.8%，而改性前仅为 47.2%。Li 等[67]采用静电纺丝技术合成平均直径为 75 nm 的壳聚糖纤维，并整合在聚酯棉布上，形成复合纳米纤维膜，其对 Cr(Ⅵ) 的动态吸附容量为 16.5 mg/g。

膜处理技术具有占地面积小、高效快速、无需化学试剂、产生污泥量少等显著优点，然而其成本高、膜污染严重、流速慢等缺点严重限制了其广泛应用。

（6）电容去离子

电容去离子技术是基于双电层理论的一种新型重金属污染废水处理方法，主要包括吸附过程和脱附过程，原理见图 4-2。在吸附过程中，含铬废水由泵牵引并通过与电源相连的电极对，废水中的铬离子被静电力吸引并与多孔电极材料之间发生静电吸附作用。此过程亦被称为电吸附方法，溶液与电极的界面会形成双电层，由于持续施加的电流，含铬废水中的铬离子浓度不断下降，直至多孔电极材料达到吸附饱和。此时，继续施加电流，溶液中的铬离子浓度不再变化。而后需要通过脱附作用，将吸附饱和的多孔电极材料上的铬离子释放，使多孔电极有效重生。在脱附过程中，将两个电极短路或者反接，铬离子由于失去静电吸引力而被释放到冲洗水中，随着冲洗水通过电极对，电极得以重生。

电容去离子技术可以细分为传统电容去离子技术、流动电极电容去离子技术和膜电容去离子技术。在传统电容去离子技术中，多由黏结剂将多孔碳材料与导电剂混合涂覆在集电极上而形成固定平板式电极。其中，黏结剂没有导电性，不但会降低电极的亲水性，且会堵塞孔道，从而降低电极电容性能。此外，固定平板式电极的吸附能力有限，一旦达到饱和，需要通过将两个电极短路或反接，释放已吸附的污染物后，才能继续使用。为了解决上述缺点，Jeon 等[70]提出用悬浮在电解液中流动的粒子材料代替传统电容去离子技术中固定于集电极上的电极材料，形成流动电极电容去离子技术，简易原理图见图 4-2。在流动电极电容去离子技术中，一旦通电，悬浮分散于电解液中的粒子电极材料与集电极之间碰撞从而获得电荷，并通过静电吸附作用捕获废水中的带电粒子。同时，在导流管的引导下离开由两极电极形成的电场。随后，由于静电吸引力的消失，吸附在流动电极上的污染物离子脱附进入电解液中。重生后的流动电极又回到电场中，重复上述吸附-脱附过程，实现污染物的持续去除。

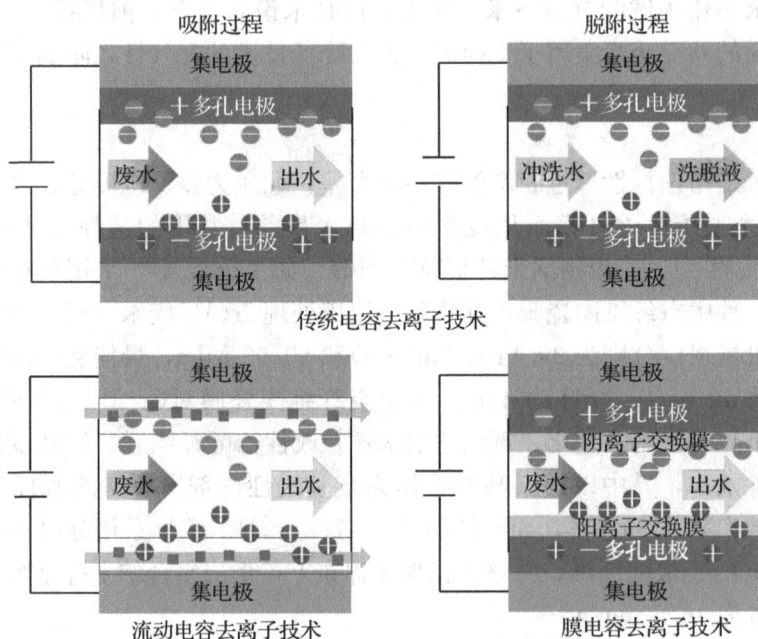

图 4-2　电容去离子技术去除污染物的原理

同时，在传统的电容去离子技术中，已通过静电引力吸附到多孔电极上的铬离子会被附近溶液中带相反电荷的其他离子吸引，造成脱附，最终导致处理效果不佳。为保证已被吸附的铬离子在此电吸附过程中不脱附，膜电容去离子技术由此被提出。在膜电容去离子技术中，阳离子交换膜和阴离子交换膜分别整合于负极和正极之前。通电时，废水中的正离子向阴极移动，被阳离子交换膜捕获，发生离子交换作用，而被交换下来的离子交换膜中的原始阳离子则通过静电引力被多孔电极吸附，可以高效抑制共离子效应，从而提高去除效能。

目前，电容去离子技术处理含铬废水的应用相对较少，基于 Web of Science 及中国知网所检索到的文献见表 4-3。

表 4-3　电容去离子技术处理含铬废水文献总结

电极材料	铬形态	去除率或吸附量	初始浓度 /(mg/L)	电压 /V	参考 文献
活性炭	Cr(Ⅲ)	99.6%	11.2	25	[71]
活性炭布	Cr(Ⅲ)	78%	2.6	1.2	[72]
活性炭	Cr(Ⅵ)	97.1%	10	1.2	[73]
茶叶生物质活性炭	Cr(Ⅵ)	2.83 mg/g	100	1.2	[74]
玉米芯多孔碳	Cr(Ⅵ)	91.58%	30	1.0	[75]
木苹果壳多孔碳	Cr(Ⅵ)	3.23 mg/g	100	1.2	[76]
Fe_3O_4/花生壳生物炭复合材料	Cr(Ⅵ)	24.4 mg/g	50	1.2	[77]
活性炭纤维毡(膜电极)	Cr(Ⅵ)	155.7 mg/g	88	1.2	[78]
聚乙烯醇/印度枳果壳活性炭复合材料	Cr(Ⅵ)	100%	10	15	[79]
枣核生物炭(阳极)/Ti_3AlC_2(阴极)	Cr(Ⅵ)	38.6 mg/g	120	1.2	[80]
红橡木生物炭	Cr(Ⅲ)	100%	2.03	1.8	[81]
酸处理稻壳生物质活性炭	Cr(Ⅵ)	2.8 mg/g	100	1.2	[82]
活性炭(流动电极)	Cr(Ⅵ)	90%	3	0.5	[83]
板栗壳生物炭	Cr(Ⅵ)	90.5%	30	1.0	[84]
CNT@20TiO_2膜	总铬	92.1%	-	1.6	[85]
CNT@20TiO_2膜	Cr(Ⅵ)	93.3%	9.56	1.6	[85]
AC@SiO_2-NH_2	Cr(Ⅲ)-EDTA	17.7 mg/g	300	1.2	[86]
无黏结剂多孔碳	Cr(Ⅲ)	20.1 mg/g	16.5	1.2	[87]
MoS_2/CoS_2@TiO_2纳米管复合电极	Cr(Ⅲ)	91.9%	100	1.2	[88]
氨基化活性炭	Cr(Ⅲ)-EDTA	7.5 mg/g	250	1.2	[89]

（7）光催化还原

由于具有性能高效、成本低廉、不会产生其他的污染物等显著优点，光催化还原技术在Cr(Ⅵ)废水的处理方面引起越来越多的关注。Cr(Ⅵ)光还原为Cr(Ⅲ)的过程分为三个阶段：Cr(Ⅵ)在光催化剂表面吸附，光生电子将吸附的Cr(Ⅵ)还原为Cr(Ⅲ)，以及Cr(Ⅲ)从光催化剂表面的解吸或者吸附在光催化剂表面。通常情况下，在空气气氛下的光催化体系中，Cr(Ⅵ)被还原为Cr(Ⅲ)，并使用各种光催化剂作为电子供体，机理如表4-4所示[90]。光催化还原Cr(Ⅵ)所采用的催化剂一般包括单体催化剂和复合催化剂(异质结催化剂和Z型催化剂)(图4-3)。其中，复合催化剂可以大大提升单体催化剂的光催化性能，使"1+1>2"。由p型和n型半导体组合而成的p-n异质结在抑制电子和空穴的复合方面有很大的优势，分离的电子和空穴聚集在p-n异质结的界面处，形成内电场，促进光生电子与空穴的有效分离。为了深入提高太阳能利用效率，加快界面电荷转移，最终提高Cr(Ⅵ)

还原效率，构建了一种进一步提高光催化活性的 Z 型纳米结构。Z 型结构能有效地促进光生电子-空穴对的分离，使光催化性能显著增强。表 4-4 列举了近年来采用光催化还原 Cr(Ⅵ)的光催化剂和其去除效果。

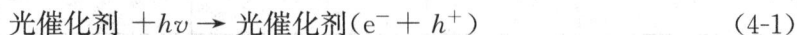

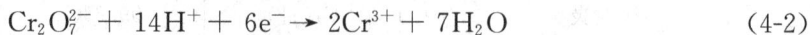

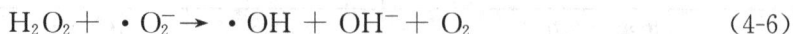

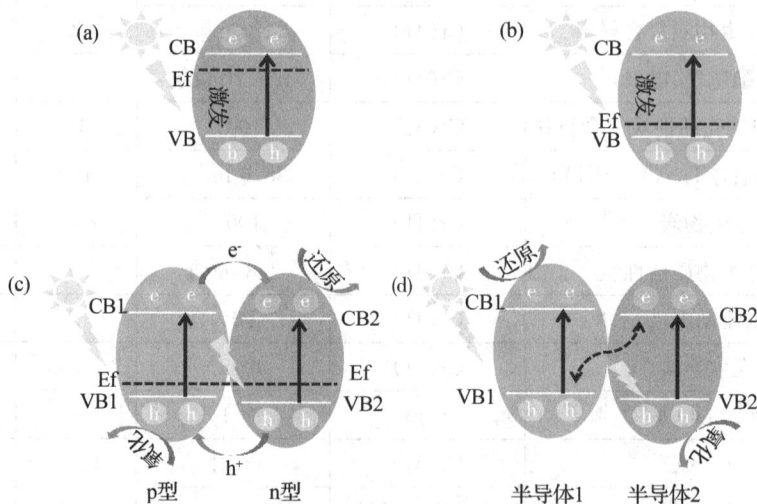

$$光催化剂 + h\upsilon \rightarrow 光催化剂(e^- + h^+) \tag{4-1}$$

$$Cr_2O_7^{2-} + 14H^+ + 6e^- \rightarrow 2Cr^{3+} + 7H_2O \tag{4-2}$$

$$4h^+ + 2H_2O \rightarrow 2O_2 + 4H^+ \tag{4-3}$$

$$O_2 + e^- \rightarrow O_2^- \tag{4-4}$$

$$O_2^- + e^- + 2H^+ \rightarrow H_2O_2 \tag{4-5}$$

$$H_2O_2 + \cdot O_2^- \rightarrow \cdot OH + OH^- + O_2 \tag{4-6}$$

$$CrO_4^{2-} + 4H_2O + 3\cdot O_2^- \rightarrow Cr(OH)_3 + 5OH^- + 3O_2 \tag{4-7}$$

图 4-3 不同类型光催化剂的原理图

(a)和(b)单体光催化剂；(c)异质结光催化剂；(d)Z 型光催化剂

表 4-4 光催化还原Cr(Ⅵ)的研究

光催化剂	去除性能	初始浓度 /(mg/L)	光源	文献
$TiO_{2-x}/TiN@ACB$	可见光 89.7% 红外光 92.8%	10	可见光/红外光	[91]
An-TATB	97.8%	9	可见光	[92]
$BiVO_4/PANI$	99.6%	50	可见光	[93]
Co 掺杂 V_2O_5	90.5%	20	可见光	[94]
$Cd_{0.5}Zn_{0.5}S/Bi_2WO_6$	95.8%	20	可见光	[95]
$WO_3@ZIS$	100%	25	可见光	[96]
CeO_2/CdS	99.96%	20	可见光	[97]
$UNiMOF/BiVO_4/S-C_3N_4$	93.6%	17.69	可见光	[98]

续表

光催化剂	去除性能	初始浓度 /(mg/L)	光源	文献
CoS_x/CdS	100%	10	可见光	[99]
WO_3/In_2S_3	99.4%	10	可见光	[100]
$BiVO_4@Bi_2S_3$	100%	50	可见光	[101]
$CN75/NH_2$-MIL-53(Fe)	100%	4.2	可见光	[102]
g-$C_3N_4/ZnIn_2S_4$	95%	100	可见光	[103]
UiO-66-NH_2/PhC_2Cu	96.2%	10	可见光	[104]
g-YZr	83.6%	60	可见光	[105]
Ag-g-C_3N_4/AC	99.9%	20	可见光	[106]
UIO-66-NH_2@TSPAN	93%	10	可见光	[107]
CG-3	98%	50	可见光	[108]
TiO_2/MIL-125	100%	5	可见光	[109]
NH_2-UiO-66(Zr)	99.5%	20	可见光	[110]

4.1.2　生物修复法

利用生物净化含铬废水具有成本低廉、操作方便等优点，是一种具有广大前景的环境友好型修复策略。

(1)生物还原

生物还原是指利用生物(如细菌、真菌、藻类等)将废水中的Cr(Ⅵ)还原为低毒性Cr(Ⅲ)。Das 等[111]从印度苏达达铬铁矿土壤中分离出一种解淀粉芽孢杆菌，其对Cr(Ⅵ)具有较高的耐受性($\leqslant$ 900 mg/L)。在 pH 为7、温度为 35 ℃、Cr(Ⅵ)初始为 100 mg/L的优化条件下，其对Cr(Ⅵ)的还原速率为 2.22 mg/(L·h)。Huang 等[112]报道了一种新的兼性厌氧Cr(Ⅵ)还原菌 Sporosarcina saromensis W5，并研究了其还原Cr(Ⅵ)的性能和机理。菌株 W5 在好氧和无氧环境下均能生长和还原Cr(Ⅵ)，在较宽的 pH(8.0~13.0)、温度(20~40 ℃)和初始Cr(Ⅵ)浓度(50~800 mg/L)条件下均表现出较好的还原Cr(Ⅵ)的能力，这得益于菌株 W5 可以利用各种电子供体和介质加速Cr(Ⅵ)的还原。Cr(Ⅵ)的好氧还原主要发生在细胞质中，最终产物为可溶性有机-Cr(Ⅲ)络合物。厌氧Cr(Ⅵ)的还原发生在细胞质和膜中，还原产物为可溶性有机-Cr(Ⅲ)配合物和 Cr(Ⅲ)沉淀。细胞表面的羟基、羧基和磷酸化官能团参与了与 Cr(Ⅲ)的结合。由于其兼性厌氧特性，S. saromensis W5 为Cr(Ⅵ)污染地区(特别是在缺氧环境下)的生物修复提供了一个有前途的工程菌株。

王保军等[113]通过从活性污泥、污水和土壤中分离出 7 株真菌，首次研究了真菌对Cr(Ⅵ)的还原特性。研究结果表明青霉菌 BS-1 对Cr(Ⅵ)的耐受性高达 318 mg/L，且青霉菌 BS-1 和 BS-3、黑曲霉 BR-4 和黄曲霉 BX-1 在含 71 mg/L Cr(Ⅵ)培养基中生长4~6天后，Cr(Ⅵ)的还原率为100%，由此证实了真菌对Cr(Ⅵ)亦具有优异的还原作用。

Ociński 等[114]为了认识藻类对Cr(Ⅵ)的主要解毒机制，研究了在历史遗留的铬垃圾填埋场附近Cr(Ⅵ)污染水生水库中发育的天然巨藻群落。研究发现丝状藻类由 T. vulgare，T. microchloron 和 T. viride 混合组成，它们可以高效将Cr(Ⅵ)还原为 Cr(Ⅲ)。图 4-4 为典型的生物还原Cr(Ⅵ)机理图。在厌氧条件下，可溶性酶和膜相关酶都介导了Cr(Ⅵ)的还原过程，其中细胞色素 b 和 c 参与细胞内电子的运输，导致酶催化厌氧Cr(Ⅵ)还原。在厌氧条件下，Cr(Ⅵ)在膜电子运输呼吸通路中充当终端电子受体。这一过程为生长和细胞维持提供能量，还原型辅酶 I(NADH)、碳水化合物、蛋白质、脂肪、氢和内源性电子储备为Cr(Ⅵ)提供电子。在好氧反应中，Cr(Ⅵ)与氧结合，是细胞内形成不同活性氧的唯一电子供体系统。活性氧的形成催化Cr(Ⅵ)的还原，形成一系列不同的 Cr(Ⅳ) 和 Cr(Ⅴ) 的中间产物，直到最终还原为 Cr(Ⅲ)[115]。

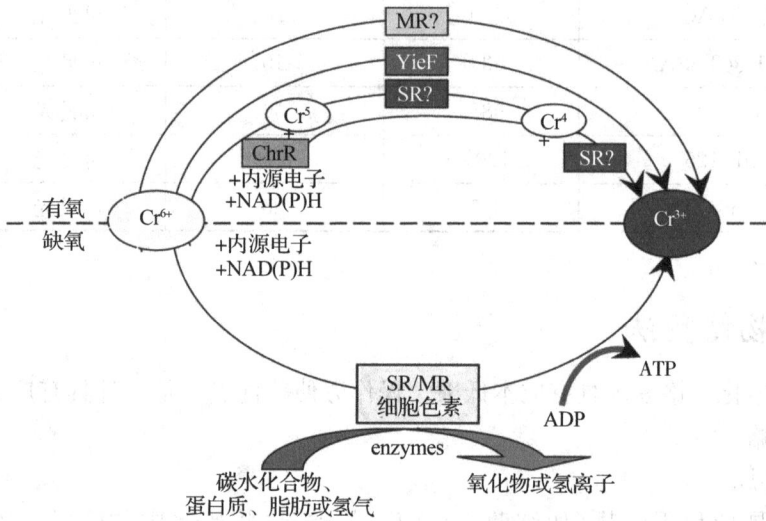

图 4-4　生物还原Cr(Ⅵ)机理图[116]

(2)微生物燃料电池

微生物燃料电池技术是一种处理Cr(Ⅵ)的先进方法，其通过细菌活性将Cr(Ⅵ)还原，从而产生电能，由此产生的"绿色能源"补偿了处理过程的成本，机制如图 4-5 所示。不同的微生物通过生化反应分解废水中的能源物质，并产生电子。产生的电子通过外加电阻转移到阴极上，Cr(Ⅵ)被还原且产生电。存在于阳极中的基质作为能源物质被微生物降解，以维持其代谢过程。Cr(Ⅵ)的还原电位较高($E_0 = +1.33V$)，通过从阴极获得电子，使Cr(Ⅵ)转化为 Cr(Ⅲ)，提高了微生物燃料电池中的功率密度[116]。影响微生物燃料电池还原Cr(Ⅵ)效率的重要因素有 pH、操作方式、曝气、电池温度、阳极中底物的存在、阳极和阴极之间离子交换的连接介质、微生物、阳极和阴极的材料、阳极和阴极表面积、电极间距、废水中Cr(Ⅵ)浓度、其他阳离子和阴离子的存在以及反应器的大小[116]。Wu 等[117]用 HNO_3 预处理的 NaX 沸石改性石墨毡作为微生物燃料电池中的阴极电极，使得Cr(Ⅵ)的去除速率达到 10.39 mg/(L·h)，远远超过石墨板[0.5 mg/(L·h)]、石墨纤维[6.67 mg/(L·h)]以及粒状石墨[0.82 mg/(L·h)]对Cr(Ⅵ)的去除速率。

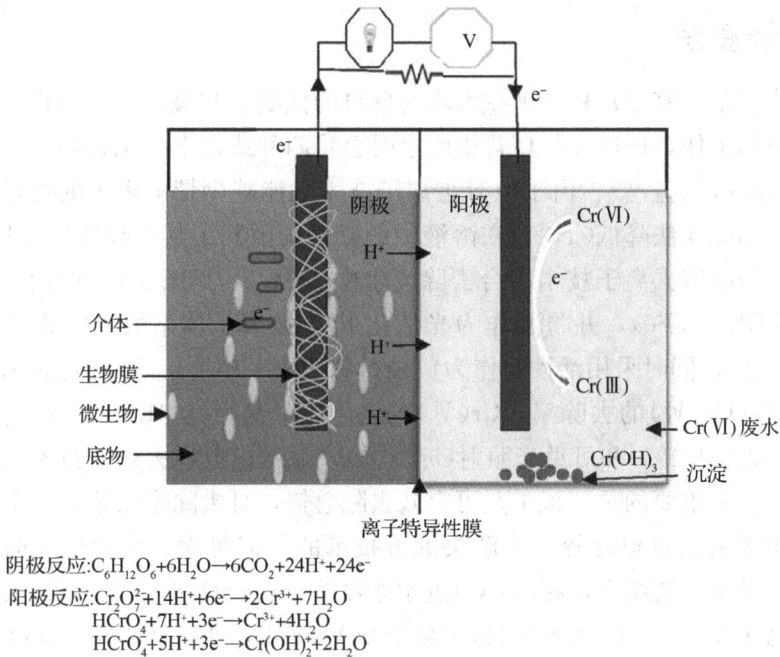

阴极反应: $C_6H_{12}O_6+6H_2O \rightarrow 6CO_2+24H^++24e^-$

阳极反应: $Cr_2O_7^{2-}+14H^++6e^- \rightarrow 2Cr^{3+}+7H_2O$
$HCrO_4^-+7H^++3e^- \rightarrow Cr^{3+}+4H_2O$
$HCrO_4^-+5H^++3e^- \rightarrow Cr(OH)_2^++2H_2O$

图 4-5　微生物燃料电池去除废水中Cr(Ⅵ)的机理[117]

（3）生物吸附

某些特定生物，如细菌、真菌、植物等可以在高浓度含铬废水中生长，其细胞可以大量吸附铬。葸玉琴等[118]探究了普通小球藻对废水中Cr(Ⅲ)的吸附性能，研究结果表明其对Cr(Ⅲ)的吸附率高达81.6%，优异的吸附效果得益于普通小球藻细胞壁及一些胞外产物中多糖、蛋白质和糖醛酸等聚复合体的大量存在为Cr(Ⅲ)的吸附提供了丰富的羧基、羟基和氨基官能团。Ociński等[114]在研究铬垃圾填埋场附近的水生水库中天然巨藻群落对Cr(Ⅵ)的去除作用时，发现这些丝状藻不仅可以高效还原Cr(Ⅵ)，还可以高效吸附Cr(Ⅵ)和其还原产物Cr(Ⅲ)（图4-6）。使用生物吸附含铬废水中的铬是一种环境友好、成本低廉、具有应用前景的技术，然而环境因素如pH、温度等对生物吸附过程影响较大[119]。

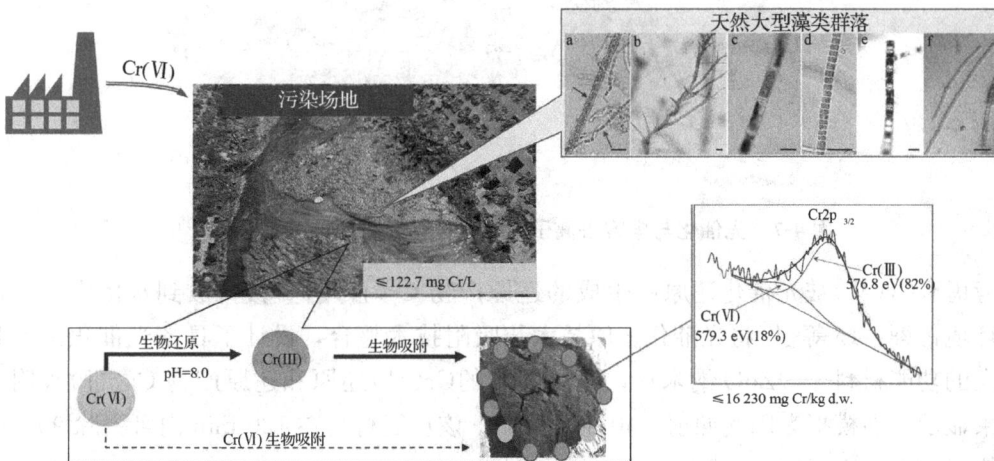

图 4-6　天然藻去除Cr(Ⅵ)机理[114]

4.1.3 组合修复法

含铬废水组成复杂，鉴于每种处理技术均有各自的优缺点和最佳工艺条件，为规避缺点，发扬优点，协同工作，往往在处理含铬废水时会将两种或以上的工艺组合，以求达到理想的净化效果和经济效益[119]。由于电容去离子技术只能减少带电离子的数量，而不能改变离子的价态，因此无法降低Cr(Ⅵ)在溶液中的毒性，限制了其实际应用。Hou 等[120]首次将光催化还原与电容去离子技术组合去除废水中Cr(Ⅵ)，见图 4-7。他们采用简单的溶剂热法制备了 MIL-53(Fe)，并将其作为光催化-电容去离子体系的光电正电极材料将Cr(Ⅵ)转化为Cr(Ⅲ)，同时采用活性炭作为负极材料吸附Cr(Ⅲ)。可见光和1.3 V 直流电压同时施加可增强Cr(Ⅵ)的去除率，Cr(Ⅵ)的去除率最高可达 81.6%，远高于单独的1.3 V 直流电压施加(39.4%)和可见光照射(54.2%)，显示出电容去离子技术与光催化还原技术的协同作用。更重要的是，该工艺可有效去除总铬，且去除率高达 72.2%，这是目前其他工艺难以实现的。董亚玲等[4]为解决混凝技术的污泥量大、水力停留时间长等缺点，将混凝技术与微滤工艺结合，在Cr(Ⅵ)进水浓度为 50 mg/L 时，该组合工艺处理后，出水中总铬浓度低于 0.5 mg/L，Cr(Ⅵ)浓度低于 0.1 mg/L，浊度低于 0.5 NTU。整个工艺流程简单、停留时间短、处理效率高。

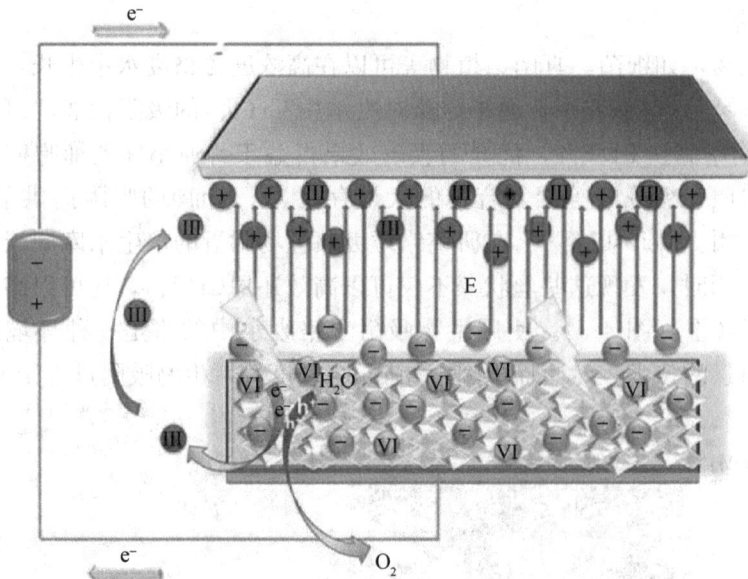

图 4-7 光催化与电容去离子技术结合修复Cr(Ⅵ)污染水体[121]

考虑到Cr(Ⅵ)被光催化还原后生成的还原产物 Cr(Ⅲ)若直接排放到水体中，会再次造成环境污染，Li 等[121]将光催化还原技术与吸附技术整合，设计了具备光催化位点和吸附位点的功能材料——ZnO 纳米片，实现同步的Cr(Ⅵ)还原和还原产物 Cr(Ⅲ)吸附。研究结果显示，在模拟太阳光照射、中性条件下，该功能材料在 120 min 内可去除 90% 以上的总铬[Cr(Ⅵ) $C_0 = 10$ mg/L]。

考虑到含铬废水中 Cr(Ⅲ)常与废水中的有机物络合，并且 Cr(Ⅲ)络合物具有较高的稳定性，难以通过电絮凝技术有效去除，Durante 等[122]将电絮凝和高级氧化技术结合，预先氧化 Cr(Ⅲ)络合物。其中，Cr(Ⅲ)被氧化成 Cr(Ⅵ)，络合的有机物部分则被氧化成水和二氧化碳，而后再通过电絮凝过程去除Cr(Ⅵ)，机理如图 4-8 所示。

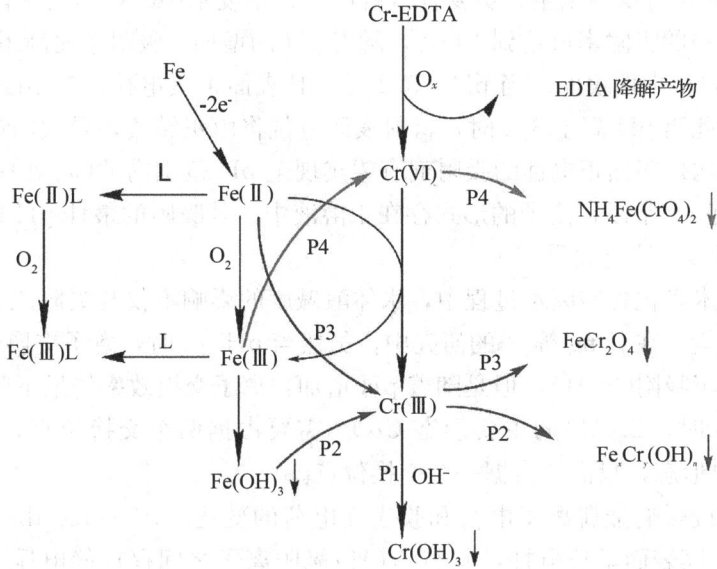

图 4-8　电絮凝结合高级氧化技术去除 Cr(Ⅲ)络合物的机理[122]

4.2　影响因素

4.2.1　水体酸碱度

在混凝絮凝技术去除废水中Cr(Ⅵ)离子时，当工艺中不涉及 Cr(Ⅵ)的还原时，Luz 等[10]发现以生物聚合物为絮凝剂处理含Cr(Ⅵ)废水时，最佳 pH 的范围为 3～4。然而，当涉及 Cr(Ⅵ)还原时，采用二价铁盐为絮凝剂的反应最佳 pH≤7.5。当 pH>7.5 时会加快 Fe(Ⅱ)与溶解氧之间的反应，从而降低 Cr(Ⅵ)的还原效率[2]。但含铬废水中的 Cr(Ⅲ)离子需要较高的 pH(8～9)才能将其沉淀[1]。因此，在处理同时含有 Cr(Ⅲ)和 Cr(Ⅵ)废水时，往往先将 pH 控制在较低的范围内(2～3)采用还原剂将Cr(Ⅵ)完全还原，然后将 pH 调整至碱性(8～9)以沉淀 Cr(Ⅲ)[123]。

在电絮凝技术中，pH 在电凝过程中起着重要的作用，所涉及的电化学和化学反应的性质和效率与系统中的 pH 密切相关，pH 会影响阳极金属离子的溶出率和絮体种类[124,125]。当 pH 偏酸时，阴极室会产生大量氢气，有利于 Cr(Ⅵ)的还原，而当 pH 偏碱时，大量的氢氧根离子不利于电极板的电解和氢气的产生，因此抑制Cr(Ⅵ)的还原[126]。

然而，这并不意味着 pH 越低越好，当 pH 较低时（<6），体系中氢离子浓度较高，阴极水解产生的氢氧根被消耗，从而减少絮凝剂——金属氢氧化物的生成量，抑制 Cr(Ⅵ) 的去除，因此常见的电絮凝最佳 pH 范围为 6～7。

在吸附技术中，pH 主要通过影响铬离子的存在形态和吸附剂表面电荷正负性来影响吸附性能。Zhou 等[32]将铁黏土生物炭复合材料用于含铬废水中 Cr(Ⅵ) 的吸附，当 pH=2 时，该材料对 Cr(Ⅵ) 的吸附率可达到 100%，随着 pH 的增加，吸附率逐渐下降。在 pH=3.2 时，该复合材料呈中性表面；当 pH>3.2 时，其表面带负电荷；当 pH<3.2 时，其表面带正电荷。因此当 pH 高于 3.2 时，材料表面电位将由正转负，导致 Cr(Ⅵ) 的吸附率下降。因此，合理构建表面正电性的吸附剂有望实现全 pH 范围内的 Cr(Ⅵ) 高效吸附。与 Cr(Ⅵ) 相反，Cr(Ⅲ) 常常以正离子的形式存在于溶液中，其吸附的最佳 pH 往往偏高，与高 pH 有利于 Cr(Ⅲ) 沉淀有关[23]。

在离子交换技术净化含铬废水过程中，水体酸碱度的影响不仅与吸附工艺中一致，还涉及交换位点的数量。在 Zang 等[63]的研究中，虽然当 pH>2 时，离子交换树脂表面保持正电性的特征有利于吸附 Cr(Ⅵ)，但是随着 pH 增加，离子交换效率仍呈下降趋势[127,128]。这是因为当 pH>6 时，Cr(Ⅵ) 的主要形态 CrO_4^{2-} 需要占据两个交换位点，而在 pH<6 时，$HCrO_4^-$ 为主要形态，只需要占据一个交换位点。

废水酸碱度直接影响金属离子电荷和膜表面电荷的变化。在 Sangeetha 等[129]的研究中，当 pH=5 时，膜表面呈负电性，其与 Cr(Ⅵ) 氧阴离子之间存在静电斥力，Cr(Ⅵ) 难以通过膜；当 pH=9 时，废水中存在的大量氢氧根与 Cr(Ⅵ) 氧阴离子之间会相互排斥；当 pH=7 时，不存在排斥作用，Cr(Ⅵ) 的去除效率最高。

电容去离子技术本质上是利用静电引力去除铬，进水酸碱度会强烈影响工艺效能。以 Cr(Ⅵ) 为例[83]，当 pH 较低（<2）时，Cr(Ⅵ) 主要以 H_2CrO_4 存在，静电引力不存在，导致 Cr(Ⅵ) 难以去除；当 pH 升高至弱酸性（<6）时，Cr(Ⅵ) 以氧阴离子存在，虽然有利于静电引力作用，但是 H^+ 较多，与 H^+ 组合的阴离子（如 Cl^-）浓度也较高，高浓度阴离子会与 Cr(Ⅵ) 发生竞争效应，从而难以有效去除 Cr(Ⅵ)；当 pH 继续升高至碱性（≥7）时，废水中氢氧根离子浓度高，也与 Cr(Ⅵ) 形成强烈的竞争作用，从而削弱对 Cr(Ⅵ) 的去除效率。因此，在电容去离子技术中，应当重点关注进水的酸碱度。

废水酸碱度不仅会影响光催化剂表面电位和 Cr(Ⅵ) 的存在形式，还会影响 Cr(Ⅵ) 的氧化还原电位和还原产物 Cr(Ⅲ) 的存在形式。在 Gu 等[98]的研究中，Cr(Ⅵ) 的光催化还原率在 pH=3 时最高，在 pH=11 时最低，这主要是因为 pH=3 时 $HCrO_4^-$ 的氧化还原电位比 pH=11 时的 CrO_4^{2-} 高。同时，当 pH 大于 6 时，增加的 $Cr(OH)_3$ 会沉积在光催化剂表面，掩盖其活性位点，导致光催化还原 Cr(Ⅵ) 性能下降[130]。

大部分文献指出，酸性环境有利于 Cr(Ⅵ) 的还原，氢离子浓度越高，Cr(Ⅵ) 还原过程越容易发生（$Cr_2O_7^{2-}+14H^++6e^- \rightarrow 2Cr^{3+}+7H_2O$）[131,132]。然而，过低或者过高的 pH 会对微生物的生长不利，因此温和的 pH 有利于生物修复法的高效进行[116]。在掷孢酵母对含铬废水的生物吸附中，最佳 pH 为 3.5～5.3[133]；在 Beretta 等[134]的研究中，中性环境更有利于微生物活性，当 pH=7 时，Cr(Ⅵ) 还原率最高，可达 90%，酸性碱性均不利于 Cr(Ⅵ) 还原。

4.2.2 温度

温度对每种技术的影响效能及原理不尽相同,需要分别进行讨论。

在混凝絮凝/电絮凝技术中,温度过高会加快混凝剂的水解过程,增强絮凝体的水合作用,从而降低铬的去除效果,因此在采用混凝絮凝工艺修复铬污染废水时需要优化温度范围。在李秀玲等[9]的研究中,混凝温度从 20 ℃ 上升至 50 ℃ 时,Cr(Ⅵ)的混凝效率从 90% 增加至 94%,当温度超过 50 ℃,混凝效率下降。

在吸附过程中,温度对吸附性能的影响取决于该吸附过程是吸热还是放热。一般而言,放热过程中,温度高不利于吸附过程的进行;反之,吸热过程,温度越高,吸附性能越好。如 Najafi 等[135]的研究中,温度从 25 ℃ 上升至 45 ℃,吸附量从 10.25 mg/L 下降到 8.23 mg/L,整个吸附过程属于放热反应。而在 Mathai 等[136]的研究中,吸附量随着温度的升高而增加,整个吸附过程属于吸热反应。

离子交换树脂上的羟基与 Cr(Ⅵ)氧阴离子之间的交换属于吸热过程,因此一般情况下,温度越高,离子交换性能越好[137],但是过高的温度会破坏、分解离子交换树脂的交换基团[138]。对于膜处理工艺来说,温度升高有利于膜材料的热膨胀、溶液黏度的降低和渗透通量的增加。温度升高有利于膜材料的热膨胀、溶液黏度的降低和渗透通量的增加[139]。温度会显著影响电容去离子工艺中双电层的稳定性。温度升高会降低电极电位,减弱电场力,而且会降低溶液的黏度,导致溶液中离子的运动速率加快,电极表面对离子的黏附力减小,离子有从电极表面向溶液移动的趋势[140]。上述是温度对三种工艺去除污染物效能的影响,由于在含铬废水中没有相应实例,此处只介绍,不举例。

温度升高有利于加快 Cr(Ⅵ)向光催化剂表面位点的扩散,而且温度越高,体系中暴露的活性位点越多。因此,在光催化还原工艺中,温度越高,Cr(Ⅵ)的去除效果越好。在 Liu 等[141]的研究中,随着光催化还原工艺的操作温度从 5 ℃ 上升至 40 ℃,Cr(Ⅵ)的还原效率从约 80% 提高至约 90%。

温度与微生物的生长息息相关,在生物还原、生物吸附与微生物燃料电池工艺中,微生物生长的最适温度为 25~30 ℃,过高或者过低都不利于微生物生长,导致 Cr(Ⅵ)的还原效果不佳[116,118,142,143]。当培养温度为 30 ℃ 时,Microbacterium sp. M5 菌对 Cr(Ⅵ)的还原率高达 99.83%,显著高于培养温度为 20 ℃(< 30%)和 25 ℃(约为 30%)时 Cr(Ⅵ)的还原率;当培养温度继续上升至 35 ℃、40 ℃、45 ℃ 和 50 ℃ 时,Cr(Ⅵ)还原率分别下降至 75.59%、72.09%、52.24% 和 27.35%[143]。

4.2.3 共存阴阳离子

一般而言,阴(阳)离子共存会与 Cr(Ⅵ)氧阴离子[Cr(Ⅲ)阳离子]竞争絮凝体[83]、吸附剂[144]、离子交换树脂[63]、光催化剂[145]、微生物[146]的活性位点,从而降低铬去除效能[147,148],但是这种影响结果及机理并不是绝对的。在电絮凝技术中,磷酸根的抑制作用不是来自竞争作用,而是其存在可以增强溶解氧氧化 Fe(Ⅱ)速率,从而导致可以还原 Cr(Ⅵ)的 Fe(Ⅱ)含量减少[149]。在电容去离子技术中,相较于其他的阴离子,碳酸根离子的共存会大大降低Cr(Ⅵ)的去除率，这主要是因为碳酸根离子的引入提高了废水的碱度，使Cr(Ⅵ)的主要存在形式由带一个电荷的 $HCrO_4^-$ 转变为带两个负电荷的 CrO_4^{2-}，从而降低去除效率[83]。在光催化还原中，电荷数越多，水合离子半径越大，对Cr(Ⅵ)氧阴离子扩散的抑制作用越明显，Cr(Ⅵ)的还原效率越低[141]。如硫酸根离子的负电荷数(−2)和水合离子半径(0.379 nm)均大于硝酸根离子(−1, 0.335 nm)，因此硫酸根离子的抑制作用更强；低浓度氯离子(如0.05 M)会表现出积极作用，是因为其会淬灭光催化过程中形成的羟基自由基，抑制还原产物[包括Cr(Ⅴ)、Cr(Ⅳ)和Cr(Ⅲ)]的氧化；高浓度氯离子则会表现出抑制作用，且浓度越高，抑制作用越强[141]。

4.2.4 天然有机物

一般来说，天然有机物具有大量的羟基、羧基、醌基等官能团，表面带负电荷[150]，容易附着在絮凝体、吸附剂、离子交换树脂、膜、光催化剂等表面，阻止它们与铬离子的有效接触，从而降低各工艺的效能。当然，这种影响及机理也不是绝对的。在电絮凝工艺中，腐殖酸的存在降低了Cr(Ⅵ)的去除率，这是由于腐殖酸与Fe(Ⅱ)形成的配合物比未配合的Fe(Ⅱ)更容易被溶解氧氧化，减少了用于还原Cr(Ⅵ)的Fe(Ⅱ)[151]。在膜处理工艺中，腐殖酸会与Cr(Ⅵ)络合，形成尺寸较大的络合物，通过筛分效应，反而提升了Cr(Ⅵ)的去除效率[152]。在光催化工艺中，天然有机物的影响与Cr(Ⅵ)的还原机理和有机物的种类息息相关。作为空穴淬灭剂的有机物，如酒石酸、柠檬酸和草酸[153,154]，可以消耗光致空穴，有效地抑制空穴与电子的复合，提供更多的电子来还原Cr(Ⅵ)。如果Cr(Ⅵ)的还原是由超氧自由基和电子共同作用产生的，共存的有机物会淬灭超氧自由基从而抑制Cr(Ⅵ)的光催化还原[148]。

在生物还原和微生物燃料电池工艺中，天然有机物可以作为电子供体或穿梭体被微生物利用，促进Cr(Ⅵ)的还原过程[112,155,156]。Meng 等[157]发现蒽醌-2,6-二磺酸盐共存可以显著增强 Shewanella oneidensis MR-1 对Cr(Ⅵ)的还原效应，将Cr(Ⅵ)还原速率提高2倍。值得注意的是，并不是所有的天然有机物都可以促进所有微生物对Cr(Ⅵ)的还原，只有当这种有机物可以被微生物利用时才能增强。

4.3 基于金属有机框架的铬污染废水修复技术研究案例

4.3.1 碳酸钠辅助合成的 MIL-100(Fe)对水中六价铬的去除研究

2018 年，我们团队首次用碳酸钠替换以往研究中常见的矿化剂——氢氟酸和四甲基氢氧化铵制备了环境友好、水稳定性强的 MIL-100(Fe)。相较于未添加矿化剂和添加传统矿化剂生成的 MIL-100(Fe)，以碳酸钠为矿化剂制备的 MIL-100(Fe)对水体中Cr(Ⅵ)的吸附容量有显著提升。下面将分别从吸附剂表征、吸附性能、吸附机理及环境因素的影响等方面详细介绍本研究实例。

(1)吸附剂表征

如图 4-9 所示，将添加不同矿化剂和未添加矿化剂制备的四种 MIL-100(Fe) 材料的 XRD 图谱与标准 MIL-100(Fe) 的 XRD 图谱对比，发现该四种 MIL-100(Fe) 材料均含有标准 XRD 特征峰，说明这四种材料成功制备[158,159]。四种材料的衍射峰都是尖锐而强烈的，表明它们具有高结晶度，而且，合成过程中矿化剂的添加有助于提高 MIL-100(Fe) 的结晶度。在 MIL-100(Fe) _ TMAOH 和 MIL-100(Fe) _ Na$_2$CO$_3$ 的衍射峰中没有杂峰，说明这两种材料具有较高的纯度。与之形成对比的是，MIL-100(Fe) _ no 和 MIL-100(Fe) _ HF 的衍射峰具有很多杂峰，说明在这两种材料的合成过程中也伴随了一些其他物质的生成。另一方面，将四种 MIL-100(Fe) 材料的衍射峰与 H$_3$BTC 进行比较，发现 MIL-100(Fe) _ TMAOH 和 MIL-100(Fe) _ Na$_2$CO$_3$ 中不含有 H$_3$BTC 的特征峰，而 MIL-100(Fe) _ HF 和 MIL-100(Fe) _ no 则仍含有 H$_3$BTC 的特征峰，此现象表明在 MIL-100(Fe) _ HF 和 MIL-100(Fe) _ no 的合成过程中 H$_3$BTC 未反应完全。这些结果表明，H$_3$BTC 晶体在酸性溶液或水中不能完全溶解，而碱性矿化剂(TMAOH 和 Na$_2$CO$_3$)则在进一步的合成反应中促进其溶解和转变。

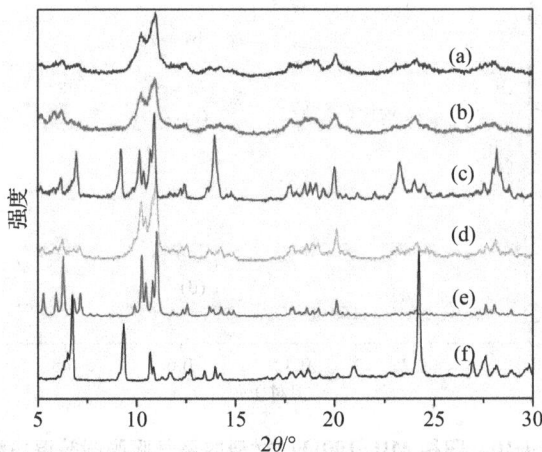

图 4-9 四种 MIL-100(Fe) 材料的 XRD 衍射图
(a)MIL-100(Fe) _ Na$_2$CO$_3$；(b)MIL-100(Fe) _ TMAOH；(c)MIL-100(Fe) _ HF；
(d)MIL-100(Fe) _ no；(e)simulated MIL-100(Fe)；(f)H$_3$BTC

对四种 MIL-100(Fe) 材料进行了 BET 表征，氮气吸脱附和孔径分布结果如表 4-5 和图 4-10 所示。MIL-100(Fe) _ Na$_2$CO$_3$，MIL-100(Fe) _ TMAOH 和 MIL-100(Fe) _ no 的吸脱附平衡曲线符合(Ⅳ)型平衡曲线，而且三者均具有明显的滞回环线，表明这些材料为典型的微孔或介孔材料[160]。孔径的测试结果则表明这些材料是微孔材料，因为三者的平均孔径都小于 2 nm。MIL-100(Fe) _ HF 的氮气吸脱附平衡曲线符合(Ⅲ)型。同时结合 BET 比表面积和孔容结果分析可推断其可能为无孔材料。四种材料的孔容和比表面积顺序为 $PV_{[MIL-100(Fe) \_ Na_2CO_3]} > PV_{[MIL-100(Fe) \_ TMAOH]} > PV_{[MIL-100(Fe) \_ no]} > PV_{[MIL-100(Fe) \_ HF]}$ 和

$S_{BET[MIL-100(Fe)\_Na_2CO_3]} > S_{BET[MIL-100(Fe)\_TMAOH]} > S_{BET[MIL-100(Fe)\_no]} > S_{BET[MIL-100(Fe)\_HF]}$（$PV$ 和 S_{BET} 分别表示孔容和比表面积）。MIL-100(Fe)_Na$_2$CO$_3$ 和 MIL-100(Fe)_TMAOH 比其他两种方法具有更高的比表面积和较大的孔容，这可能是因为碱性 Na$_2$CO$_3$ 和 TMAOH 容易溶解 H$_3$BTC 并能有效清洗它们的孔道。

表 4-5 MIL-100(Fe)的比表面积、孔容和孔径

MIL-100(Fe)材料	比表面积/(m²/g)	孔容/(cm³/g)	孔径/nm
MIL-100(Fe)_Na₂CO₃	1327	0.75	1.51
MIL-100(Fe)_TMAOH	1030	0.61	1.53
MIL-100(Fe)_no	896	0.51	1.76
MIL-100(Fe)_HF	34	0.05	2.69

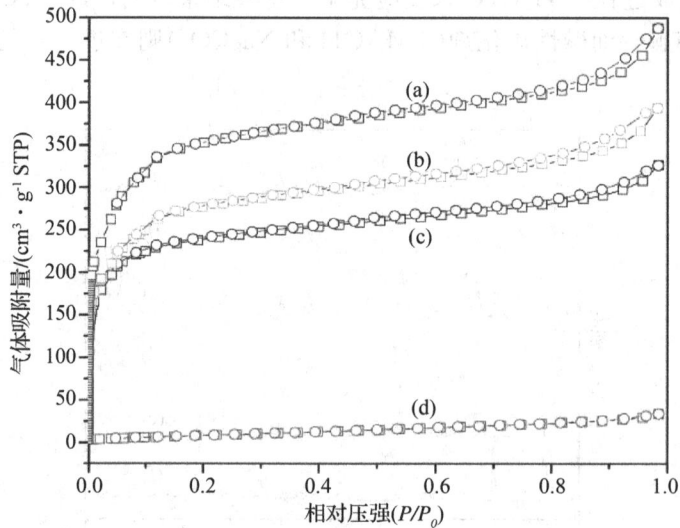

图 4-10 四种 MIL-100(Fe)材料的氮气吸脱附等温曲线
(a)MIL-100(Fe)_Na₂CO₃；(b)MIL-100(Fe)_TMAOH；
(c)MIL-100(Fe)_no；(d)MIL-100(Fe)_HF

四种材料的热重分析结果如图 4-11 所示。MIL-100(Fe)_Na₂CO₃、MIL-100(Fe)_TMAOH 和 MIL-100(Fe)_no 的热重分析结果表明这三种材料在 30 ℃到 600 ℃之间经过了两阶段失重过程。第一阶段是从 30 ℃到 200 ℃，主要是由于材料孔道内的失水作用。第二阶段是从 200 ℃到 500 ℃，主要是由于 H$_3$BTC 的分解[161]。MIL-100(Fe)_Na₂CO₃ 稳定在 334 ℃，而 MIL-100(Fe)_TMAOH 和 MIL-100(Fe)_no 则稳定在 340 ℃，这个热重分析结果与此前的其他研究中的结果一致[158,162,163]。MIL-100(Fe)_HF 在第一阶段表现出不太明显的失水现象，直到 488 ℃才分解。这主要是由于根据 BET 分析结果得知 MIL-100(Fe)_HF 缺乏多孔结构，从而导致失水现象不存在。

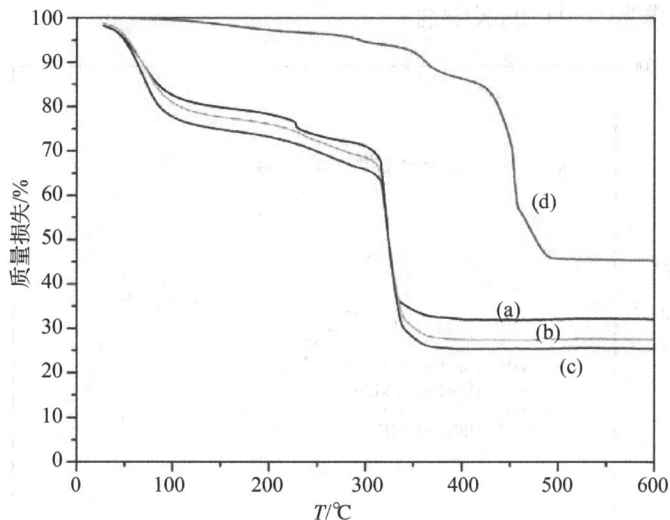

图 4-11　各 MIL-100(Fe)材料的热重分析图

(a)MIL-100(Fe)_Na₂CO₃；(b)MIL-100(Fe)_TMAOH；(c)MIL-100(Fe)_no；(d)MIL-100(Fe)_HF

用扫描电镜观察 MIL-100(Fe)样品的形貌和粒径，结果如图 4-12 所示，4 种 MIL-100(Fe)样品的颗粒直径均在 500 nm～1 μm，形貌与前人观测结果一致[161,164]。添加了三种不同矿化剂的 MIL-100(Fe)样品的结晶性能均优于 MIL-100(Fe)_no，这也与 XRD 的结果相一致，这种现象的出现可能与矿化剂能够稳定铁聚体的作用相关[161]。对于 MIL-100(Fe)中的三聚体 Fe(Ⅲ)，氟元素对 Fe(Ⅲ)离子的热键起着至关重要的作用，氟元素的缺失限制了 MIL-100(Fe)的形成，从而使 MIL-100(Fe)具有较大的晶体。同样值得注意的是，与含氟的 MIL-100(Fe)相比，不含氟的 MIL-100(Fe)样品具有明显的聚集性[161]。

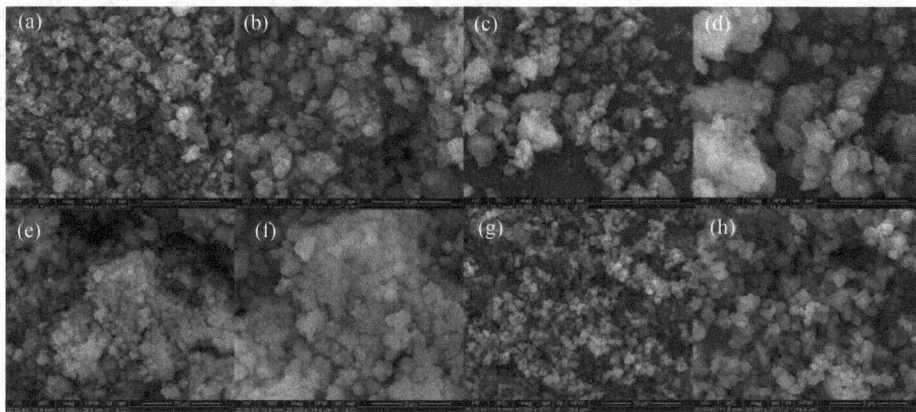

图 4-12　四种 MIL-100(Fe)材料的扫描电镜图

(a, b)MIL-100(Fe)_Na₂CO₃；(c, d)MIL-100(Fe)_TMAOH；

(e, f)MIL-100(Fe)_no；(g, h)MIL-100(Fe)_HF

四种 MIL-100(Fe)材料的表面电位变化如图 4-13 所示。MIL-100(Fe)_HF 的零点电位 pH 为 6.5 左右，当 pH<6.5 时，其表面带正电荷，对溶液中 Cr(Ⅵ)的吸附具有优势。其他三种 MIL-100(Fe)材料的零点电位则在 pH=11 左右，在 pH=2～11 的范围内，材料表面均带正电荷，有利于吸附 Cr(Ⅵ)，可以认为这三种 MIL-100(Fe)材料在酸性、中性及

弱碱性条件下均可作为Cr(Ⅵ)的吸附剂。

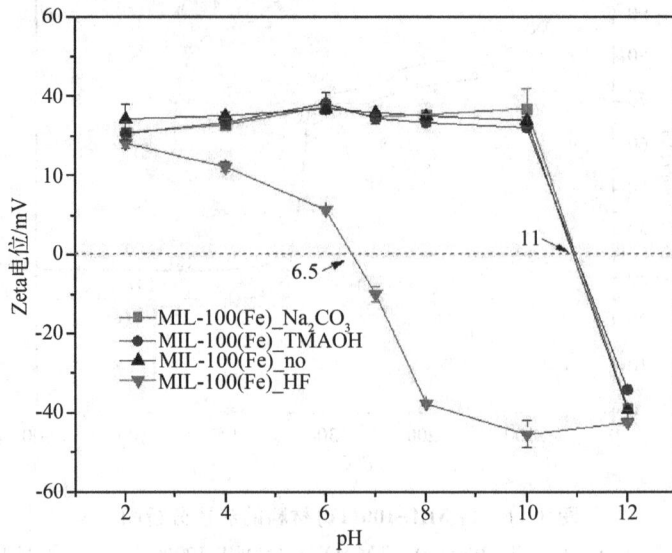

图 4-13 四种 MIL-100(Fe)材料的表面电性

　　水稳定性是决定吸附剂在水环境中去除污染物的可行性的重要指标。水处理过程中一般需要水稳定性好的材料。水稳定性测试实验结果如表 4-6 所示，四种 MIL-100(Fe)材料的 Fe 浸出量均很低，表明四种材料具有很好的水稳定性。对于 MIL-100(Fe)_Na$_2$CO$_3$ 材料，我们进一步考察了其在不同酸碱条件下的结构稳定性，测试结果如图 4-14 所示。MIL-100(Fe)_Na$_2$CO$_3$ 在 pH=2~12 范围内的 XRD 图谱与原始制备的材料没有明显差别，表明该材料可在广泛的 pH 条件下应用，且不会在酸或碱性条件下发生结构崩塌的现象。

表 4-6 MIL-100(Fe)材料在水中的 Fe 浸出量

MIL-100(Fe)s	MIL-100（Fe）_Na$_2$CO$_3$	MIL-100（Fe）_TMAOH	MIL-100(Fe)_no	MIL-100(Fe)_HF
Fe 浸出量/%	3.262	2.890	3.553	0.07379

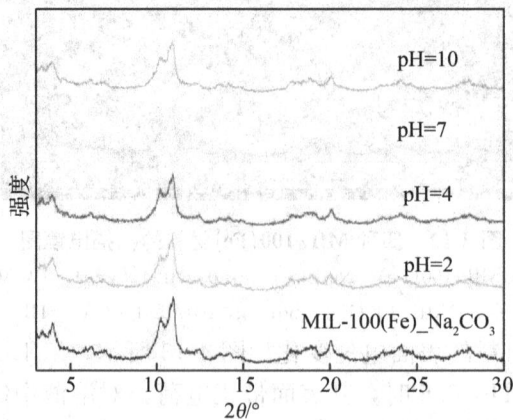

图 4-14 不同 pH 处理下 MIL-100(Fe)_Na$_2$CO$_3$ 的 XRD 图谱

（2）吸附性能研究

不同矿化剂制备的 MIL-100(Fe) 材料对 Cr(Ⅵ) 具有不同的吸附性能，如图 4-15 所示。ANOVA 分析结果显示四种 MIL-100(Fe) 材料对 Cr(Ⅵ) 的吸附性能具有明显的差异性，且吸附容量的顺序是 MIL-100(Fe) _ Na_2CO_3 > MIL-100(Fe) _ TMAOH > MIL-100(Fe) _ no > MIL-100(Fe) _ HF。吸附性能的大小排序结果与各材料的比表面积和孔容大小结果相一致。因此，MIL-100(Fe) _ Na_2CO_3 对 Cr(Ⅵ) 的吸附性能比其他三种材料好。MIL-100(Fe) _ Na_2CO_3 对 Cr(Ⅵ) 的吸附量远远高于已经报道的 MOFs 材料，对比结果见表 4-7。

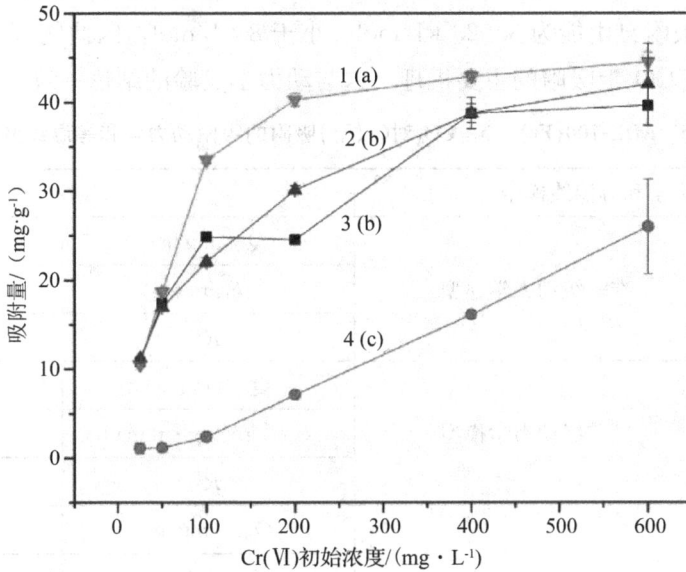

图 4-15　不同材料对 Cr(Ⅵ) 的吸附性能研究

(a)MIL-100(Fe) _ Na_2CO_3；(b)MIL-100(Fe) _ TMAOH；(c)MIL-100(Fe) _ no；
(d)MIL-100(Fe) _HF(100mg MIL-100(Fe)，50 mL 400 mg/L Cr(Ⅵ)，pH＝4，25 ℃，24 h)
不同的字母表示之间存在明显差异性

表 4-7　不同 MOFs 材料对 Cr(Ⅵ) 的吸附量对比

MOFs	初始浓度/(mg/L)	吸附量/(mg/g)	参考文献
MMCs	50	13	[42]
ZIF-67	15	13	[165]
$Zn_{0.5}Co_{0.5}$-SLUG-35	272	31	[166]
FIR－53	312	36	[167]
Thiol-functionalized $[Cu_4O(BDC)]n$	400	44	[168]
MIL-100(Fe) _ HF	400	26	本书
MIL-100(Fe) _ no	400	40	本书
MIL-100(Fe) _ TMAOH	400	42	本书
MIL-100(Fe) _ Na_2CO_3	400	45	本书

吸附动力学实验数据利用准一级和准二级动力学模型模拟，结果如表 4-8 和图 4-16 (a)所示。准一级动力学模型的相关系数($R^2 = 0.9822$)明显高于准二级动力学模型($R^2 = 0.9697$)，表明该动力学实验结果符合准一级动力学，该吸附过程可能为物理吸附。

吸附等温实验数据利用 Langmuir、Freundlich 和 D-R 吸附等温模型进行非线性拟合，结果如表 4-8 和图 4-16(b)所示。R_L 和 $1/n$ 均小于 1，说明Cr(Ⅵ)和 MIL-100(Fe) _ Na$_2$CO$_3$ 之间存在良好的吸附。Langmuir 的相关系数大于 Freundlich，说明Cr(Ⅵ)在 MIL-100(Fe) _ Na$_2$CO$_3$上的吸附更符合 Langmuir 模型，属于单分子层吸附。D-R 模型的拟合结果如表 4-8所示，平均吸附自由能为 3.623 kJ/mol，小于 8 kJ/mol，因此物理吸附是Cr(Ⅵ)在 MIL-100(Fe) _ Na$_2$CO$_3$上吸附的主要机理。这与动力学实验的结论一致。

表 4-8　MIL-100(Fe) _ Na$_2$CO$_3$对Cr(Ⅵ)吸附的吸附动力学和等温线参数

吸附动力学和等温线模型		参数	
吸附动力学模型	准一级动力学模型	$Q_e/(mg/g)$	44.75
		k_1/min	0.02452
		R^2	0.9822
	准二级动力学模型	$Q_e/(mg/g)$	54.14
		$k_2/[g/(mg \cdot min)]$	4.696×10^{-4}
		R^2	0.9697
等温吸附模型	Langmuir 等温吸附模型	$Q_m/(mg/g)$	46.02
		$K_L/(L/mg)$	0.06402
		R_L	0.02537
		R^2	0.9831
	Freundlich 等温吸附模型	$K_F/(mg/g)$	2.293
		$1/n$	0.03784
		R^2	0.9255
	D-R 等温吸附模型	$Q_{D-R}/(mg/g)$	28.31
		$K/(mol^2/kJ^2)$	0.0381
		$E/(kJ/mol)$	3.623
		R^2	0.8037

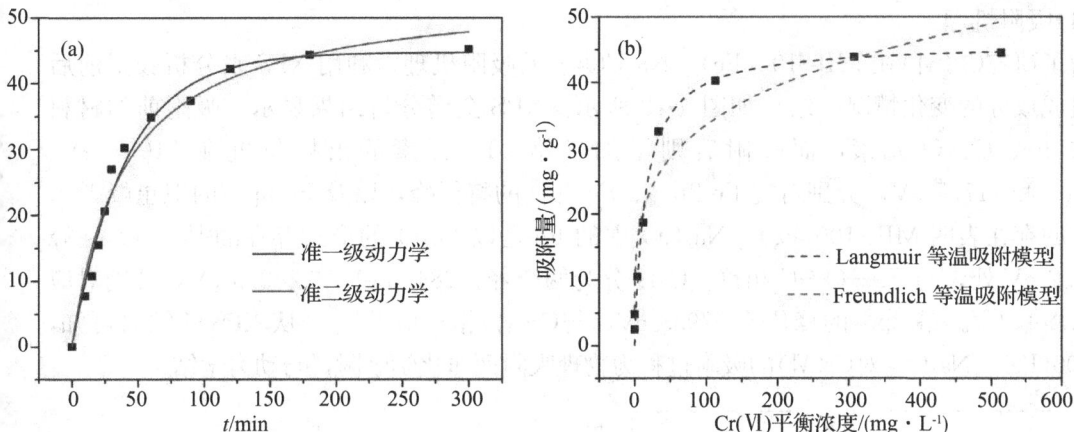

图 4-16　MIL-100(Fe)_Na₂CO₃ 材料对于 Cr(Ⅵ)的
（a）吸附动力学和（b）等温吸附拟合［2 g/L MIL-100(Fe)_Na₂CO₃，pH=4，25 ℃］

（3）pH 的影响

在大多数情况下，pH 不仅影响吸附剂的表面电性，还会影响重金属离子在溶液中的存在形态[169]。本实验研究了 pH 从 2～12 范围内，MIL-100(Fe)_Na₂CO₃ 对 Cr(Ⅵ)吸附性能的变化。该 pH 范围内，Cr(Ⅵ)在溶液中主要以 $Cr_2O_7^{2-}$、$HCrO_4^-$ 或 CrO_4^{2-} 等阴离子形态存在[170]。实验结果如图 4-17 所示，该材料对 Cr(Ⅵ)的吸附量随着 pH 的增大而减小；并且，当 pH 增大到 12 时，吸附量急剧下降，接近于 0。结合材料的表面电位测试结果（图 4-13），MIL-100(Fe)_Na₂CO₃ 的零点电位在 pH=11 左右。当 pH<11 时，材料表面带正电荷，故在 pH=2～10 时，材料与 Cr(Ⅵ)之间存在强烈的静电吸引作用。当 pH 继续增大至高于 11，材料表面带负电荷，与 Cr(Ⅵ)之间存在静电排斥作用，不利于吸附 Cr(Ⅵ)。pH 对材料吸附性能影响的实验结果和材料表面电位的测定结果均说明 MIL-100(Fe)_Na₂CO₃ 可以在广泛的 pH 范围内有效吸附 Cr(Ⅵ)。

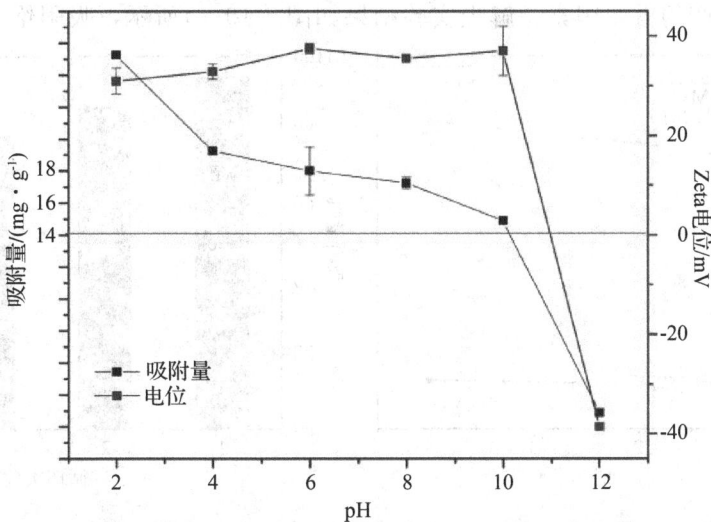

图 4-17　pH 对 MIL-100(Fe)_Na₂CO₃ 材料吸附性能及其表面电位的影响
［2 g/L MIL-100(Fe)_Na₂CO₃，50 mL 400 mg/L Cr(Ⅵ)，25 ℃，24 h］

（4）吸附机理

为了研究Cr(Ⅵ)在 MIL-100(Fe)_Na₂CO₃上的吸附机理，利用 XPS 来分析吸附前后材料组成成分的变化情况，结果如图 4-18 所示。XPS 全谱分析结果显示，吸附前的材料中存在 Fe、C、O 元素，而吸附后则增加了铬。Fe 元素的出峰位置在 710.7 eV、725.5 eV 和 717.7 eV，分别对应 Fe $2p_{3/2}$、Fe $2p_{1/2}$ 的特征峰，以及 Fe $2p_{3/2}$ 的卫星峰[162]。这些峰的存在表明 MIL-100(Fe)_Na₂CO₃中的 Fe 是以 Fe_2O_3 的形式存在的[164]。O 1s 峰在 532.2 eV 处，与 Fe—O—C 相符。C 1s 分为两个峰，284.8 eV 和 288.9 eV，分别对应苯环和羧基[162]。铬 $2p_{3/2}$ 的峰位于 579.3 eV，与Cr(Ⅵ)相对应[44,171]。从 XPS 的结果可知，MIL-100(Fe)_Na₂CO₃对Cr(Ⅵ)的吸附过程为物理吸附而非化学吸附，与动力学结果一致。

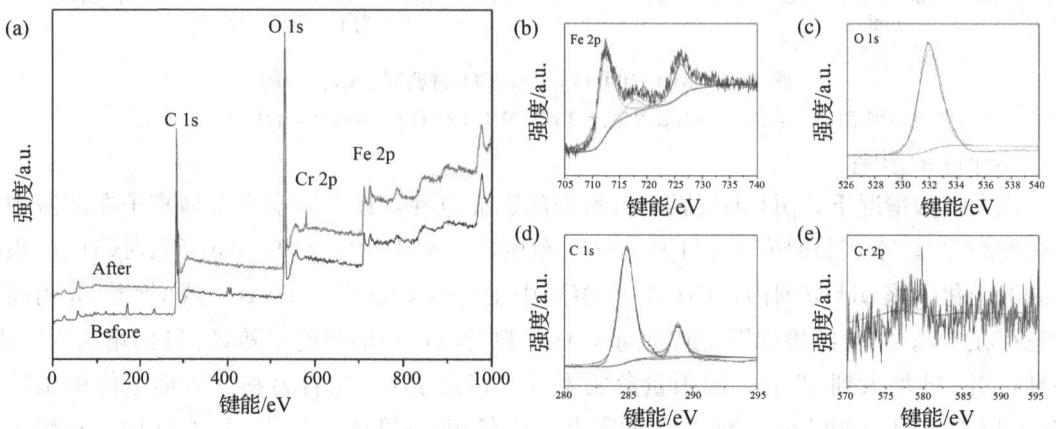

图 4-18　MIL-100(Fe)_Na₂CO₃ 的 XPS 光谱图

(a)吸附前后全谱图；(b)Fe 2p；(c)O 1s；(d)C 1s；(e)铬 2p

（5）重复利用性

从能源节约角度看，吸附Cr(Ⅵ)的 MIL-100(Fe)_Na₂CO₃ 的解吸与循环再生是其能否运用于工业生产的重要因素。解吸实验结果如图 4-19(a)所示，吸附饱和后的 MIL-100

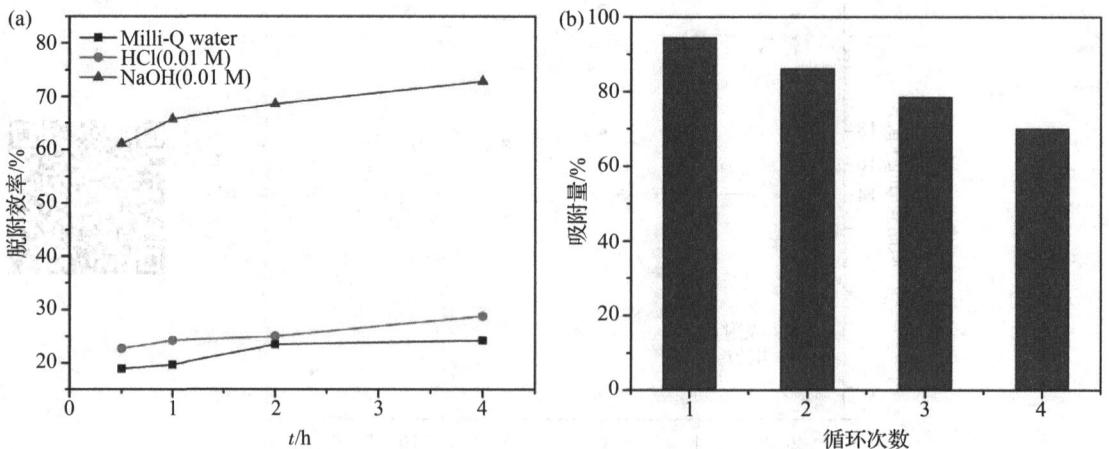

图 4-19　MIL-100(Fe)_Na₂CO₃ 材料的解吸再生能力

(a)洗脱液和解吸时间对解吸率的影响；(b)MIL-100(Fe)_Na₂CO₃吸附Cr(Ⅵ)的再生能力

（Fe）_ Na$_2$CO$_3$可用 0.01 M NaOH 溶液解吸，且 4 h 后解吸率高达 73%。然而，用 0.01 M HCl 或者纯水作为洗脱剂，材料的解吸率很低。表明以物理吸附的方式吸附在 MIL-100（Fe）_ Na$_2$CO$_3$表面的 Cr（Ⅵ）能够在酸性或中性条件下保持足够稳定，脱附过程主要是基于氢氧根与铬氧阴离子之间的交换反应。循环再生实验结果如图 4-19（b）所示，MIL-100（Fe）_ Na$_2$CO$_3$在四次循环实验后还能保有 70% 的吸附量，显示出优秀的循环再生能力。总之，Cr（Ⅵ）在 MIL-100（Fe）_ Na$_2$CO$_3$上的物理吸附保证了其在酸性或中性条件下的稳定，同时在碱性条件下能轻松实现其解吸。因此，使用 MIL-100（Fe）_ Na$_2$CO$_3$在处理含 Cr（Ⅵ）废水的实际工业应用中具有重要意义。

4.3.2 纳米零价铁@ZIF-67 衍生核壳材料水中六价铬的去除研究

在治理含 Cr（Ⅵ）的废水时，将高毒性的 Cr（Ⅵ）转化为低毒性的 Cr（Ⅲ）是一个值得引起关注的方法[172-176]。由于其纳米零价铁（nZVI）独特的性质，如易分离性能、高比表面积、强还原性、优良的吸附性能和磁性，而被广泛应用于各种介质中 Cr（Ⅵ）的去除[177]。由于 nZVI 尺度超小，导致其易发生团聚作用，无法真正物尽其用。同时，裸露的 nZVI 容易被氧化，继而失活，导致活性位点大量减少，还原能力下降[178-181]。将 nZVI 负载在合适的载体材料上可以很好的解决这些问题。各种各样的多孔材料，如碳、生物炭和树脂等，都被用作负载材料来固定 nZVI，结果表明这种方法可以有效减轻 nZVI 的团聚和氧化效应[181-184]。因此，寻求合适的载体材料成为发挥 nZVI 最大性能的关键所在，MOFs 材料的独特性质使其成为具有巨大潜力的载体。已有相关研究利用 MOFs 材料作为 nZVI 的载体[185]。2017 年，Zhou 等人[186]首次将 MOFs 材料（MIL-101（Cr））与 nZVI 混合，得到 nZVI@MIL-101（Cr）复合材料。2019 年，Li 等人[187]以 Zn-MOF-74 为载体来固定 nZVI，得到 nZVI@Zn-MOF-74 复合材料，并且对铀离子（Ur（Ⅳ））具有高达 348 mg/g 的优异吸附量。然而，目前还没有相关报道将 nZVI 和 MOFs 的复合材料应用于 Cr（Ⅵ）的吸附。因此，设计一种 nZVI@MOFs 复合材料，旨在通过提高两种材料的活性来有效地去除 Cr（Ⅵ），仍然需要进一步的研究。

近年来，将纳米粒子（nanoscale particles，NPs）可控地封装到 MOFs 中，在提高材料性能的同时，集合这两种组分的独特性能，已经引起了越来越多的研究关注[188]。NPs@MOFs 核-壳结构被认为是实现无机纳米粒子和多功能 MOFs 性能协同效应最方便、最有效的方法之一。NPs@MOFs 核-壳结构具有两个显著的优点：由于 MOF 涂层（即外壳）的存在，使得粒径小、表面能高的 NPs（即核）的迁移和聚集受到极大的限制，从而保持了纳米粒子的稳定性和化学活性；NPs 和 MOFs 的优点可以有效地结合起来[188]。坚韧的核壳结构可以解决 nZVI 氧化和聚集的问题，以提高对 Cr（Ⅵ）等污染物的还原性能，然而复合物的吸附性能仍取决于壳 MOFs 的孔径大小[189]。这是因为大多数报道的 MOFs 都具有微尺度的孔（孔径 < 2 nm），阻碍了大分子的扩散，限制了它们与 MOFs 结构中活性中心的相互作用[190,191]。例如，钴基沸石咪唑骨架-67（ZIF-67）是适合捕获有毒金属离子的钠沸石型孔结构，但 ZIF-67 的小孔径（11.6 Å×3.4 Å）可能会限制重金属离子（水合半径 6.62 Å-9.6 Å）向其内部孔结构的扩散[192-194]。炭化是一种既能扩大孔径又能保持 MOFs 独特性能的有效方法[195-196]。为此，本研究中采用包封法合成了一种基于 nZVI 和 ZIF-67（ZD）衍生

物的新型核-壳材料。选择这种磁性核壳材料作为吸附Cr(Ⅵ)的新型吸附剂，其原因如下：首先，nZVI纳米粒子被吸附在壳层内部，保护nZVI不氧化，增强其分散性；其次，衍生物ZIF-67的高孔隙率和大孔径促进Cr(Ⅵ)向核壳材料内部扩散，随后nZVI将Cr(Ⅵ)还原为Cr(Ⅲ)。下面将分别从吸附剂表征、吸附性能、吸附机理及环境因素的影响等方面详细介绍本研究实例。

（1）表征

图4-20是三种材料的XRD图。本实验中所制备的ZIF-67的XRD衍射峰与标准卡片上ZIF-67（CCDC 671073）基本一致，表明ZIF-67被成功制备。衍射角7.4°、10.4°、12.7°、14.8°、16.5°、18.0°、22.1°、24.4°、26.7°、29.5°、31.6°和32.5°分别对应了晶面(011)、(002)、(112)、(022)、(013)、(222)、(114)、(233)、(134)、(044)、(244)和(235)[192]。封装nZVI后形成的nZVI@ZIF-67核壳材料的XRD衍射峰与ZIF-67无明显差别，说明该核壳结构中ZIF-67仍可保持其晶型。然而，该核壳材料的XRD衍射峰中没有明显的nZVI特征峰，可能是由于核壳材料中nZVI的含量过低。有意思的是，nZVI@ZIF-67核壳材料经过800℃炭化后得到的nZVI@ZD的XRD衍射峰中不存在ZIF-67的相关特征峰。衍射角为44.2°和51.6°分别对应(111)和(200)，代表了Co原子典型的面心立方结构，表明在炭化过程中ZIF-67结构中的Co离子被还原成Co粒子[41]。衍射角在25°左右则是典型的石墨化碳晶面，说明nZVI@ZIF-67结构在高温炭化的作用下转化为碳结构[194,197,198]。根据以前的报道，在ZIF-67炭化过程中，还原得到的Co粒子可充当催化剂的作用，促进石墨化碳的形成。同时，也有报道[199]指出，在炭化过程中，Fe元素的存在也可以促进石墨化碳的形成。nZVI@ZD衍射图中出现明显的Fe⁰的特征峰，并且没有其他铁氧化物的特征峰存在，这说明在炭化过程中，ZIF-67壳层很好地保护着nZVI，以免其被氧化[200]。

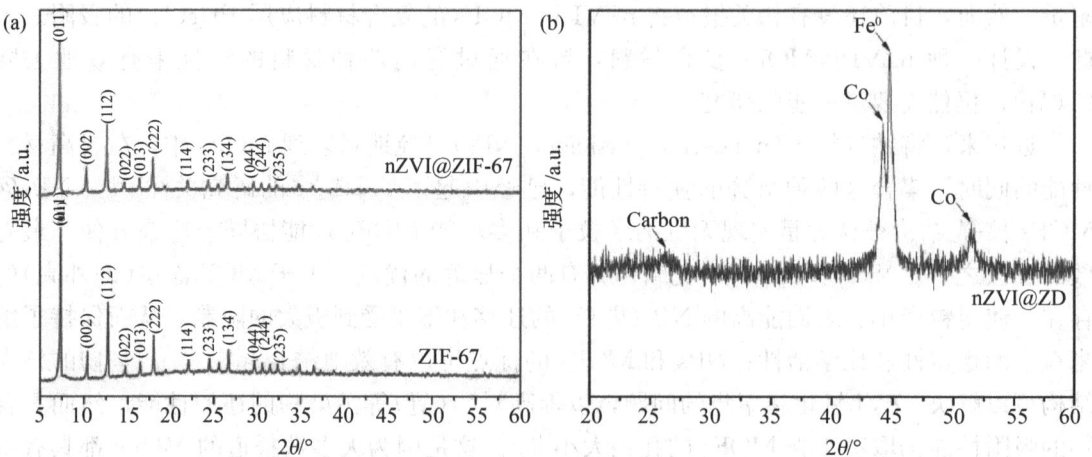

图4-20 （a）ZIF-67，nZVI@ZIF-67和（b）nZVI@ZD的XRD衍射图

用扫描电镜（SEM）和透射电镜（TEM）对三种样品的形貌进行了较好的表征（图4-21），同时计算了各材料的粒径分布（图4-22）。对于原始的ZIF-67，图4-21(a)中清晰地观察到具有(110)晶面的菱形十二面体形态，其平均粒径约为1 μm。掺杂nZVI后，nZVI@ZIF-

67 保持与 ZIF-67 相同的形貌，但由于负载了 nZVI 颗粒，导致其表面粗糙。nZVI@ZIF-67 的透射电镜照片显示，nZVI 纳米粒子在 ZIF-67 中得到了成功的分布。炭化后，ZIF-67 的整体形貌仍然保持不变，但是十二面体结构发生了变形和收缩，尺寸减小到 0.7 μm[图 4-21(g)]。从 TEM 图 4-21(h) 和图 4-21(i)可以看出，nZVI@ZD 具有高度多孔结构。此外，Co 纳米粒子和被包覆的 nZVI 在碳基体中的分散良好，不存在严重的聚集现象。

图 4-21 (a)ZIF-67，(d)nZVI@ZIF-67 和(g)nZVI@ZD 的 SEM 图；
(b，c)ZIF-67，(e，f)nZVI@ZIF-67 和(h，i)nZVI@ZD 的 TEM 图

考虑到吸附剂的比表面积和孔道特性直接与其吸附性能或活性位点相关，测量了三种材料的 N_2 吸脱附平衡曲线，如图 4-23 所示，由此所得的各材料的比表面积和孔道特性数据如表 4-9 所示。ZIF-67 的比表面积为 2006 m^2/g，封装 nZVI 后得到的 nZVI@ZIF-67 核壳材料的比表面积则下降为 1652 m^2/g，结合 SEM 结果，可以推断是由于部分 nZVI 覆盖在 ZIF-67 表面导致封装后比表面积下降。然而，炭化则使比表面积急剧下降至 254.4 m^2/g。nZVI@ZD 的低比表面积可能是由于在石墨化过程中，ZIF-67 壳层结构的收缩变形所导致。尽管如此，和其他碳与 nZVI 的复合材料相比，nZVI@ZD 仍然具有较高的比表面积（表 4-10）。同时，炭化也导致核壳材料的孔容由 0.5924 cm^3/g 下降至 0.1454 cm^3/g。有趣的是，炭化后，材料由 ZIF-67 和 nZVI@ZIF-67 孔径分布的微孔范围转化为 nZVI@ZD

孔径分布的微孔与介孔范围，nZVI@ZD 的平均孔径从 ZIF-67 的 1.410 nm 和 nZVI@ZIF-67 的 1.434 nm 显著增大到 2.285 nm。nZVI@ZD 的微孔比表面积占比表面积的比例 (S_{micro}/S_{BET}) 为 92.02%，低于 nZVI@ZD(98.18%) 和 ZIF-67(98.64%)，证实了 nZVI@ZD 不但具有丰富的微孔结构，同时高温炭化过程将微孔结构转化为了介孔结构。

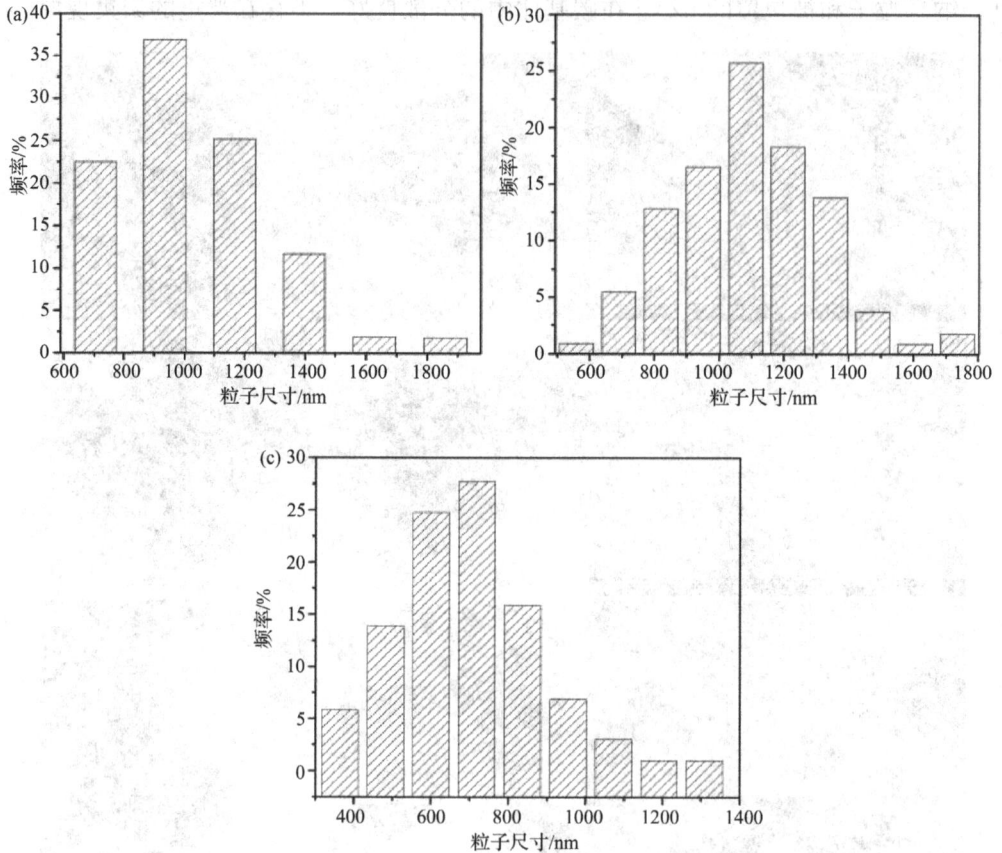

图 4-22　(a)ZIF-67，(b)nZVI@ZIF-67 和(c)nZVI@ZD 的粒径分布图

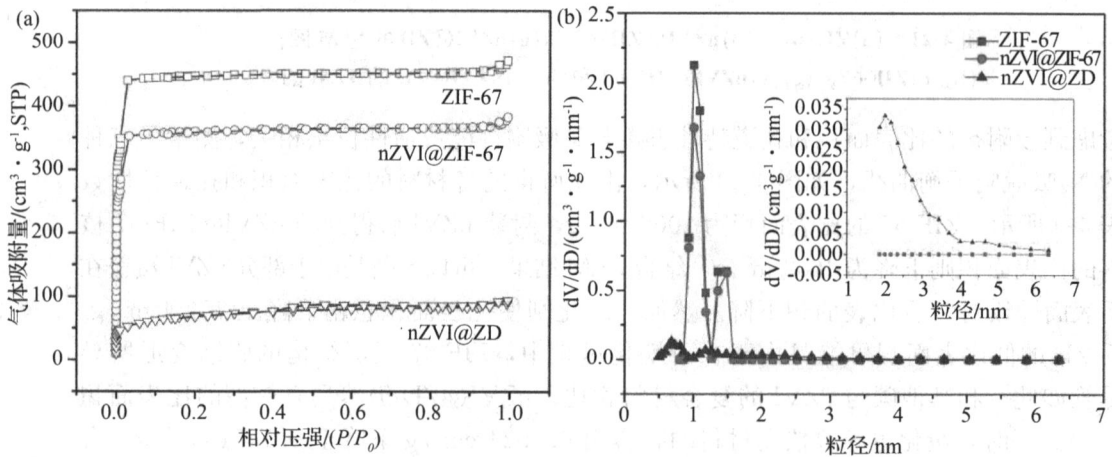

图 4-23　三种吸附剂的(a)N₂ 吸脱附平衡曲线和(b)孔径分布

表 4-9　三种吸附剂的比表面积，孔容和孔径

吸附剂	ZIF-67	nZVI@ZIF-67	nZVI@ZD
BET 比表面积（S_{BET}，m^2/g）	2066	1652	254.4
微孔比表面积（S_{mic}，m^2/g）	2038	1622	234.2
S_{mic}/S_{BET}/%	98.64	98.18	92.02
外比表面积/(m^2/g)	28.26	29.91	20.32
孔容/(cm^3/g)	0.7284	0.5924	0.1454
微孔容/(cm^3/g)	0.6788	0.5430	0.1074
平均孔径/nm	1.410	1.434	2.285

表 4-10　碳/nZVI 复合材料的比表面积、孔容和Cr(Ⅵ)吸附量比较

碳/nZVI 复合材料	S_{BET}/(m^2/g)	孔容/(cm^2/g)	吸附量/(mg/g)	参考文献
Biochar-0.1CMC-nZVI	11.1	0.03	112.5	[201]
nZVI@GNS	25.9	—	21.72	[202]
nZVI/BC	10.79	—	25.00	[203]
Fe@PC	378.71	0.17	10.07	[204]
H-nZVI	174.48	—	40.4	[205]
nZVI@ZD	254.4	0.1454	226.5	本书

利用 DLS 方法测定三种材料的表面电性，结果如图 4-24 所示，pH 在 2~9 范围内，三种材料都呈现正电性，表明该范围内三种材料表面都带正电。而在此 pH 范围内Cr(Ⅵ)以阴离子的形式存在于溶液中，说明此时材料对Cr(Ⅵ)具有静电吸引作用。

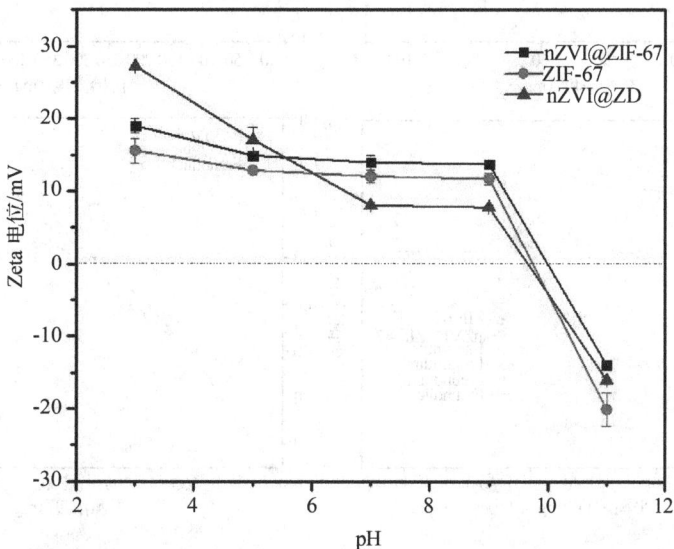

图 4-24　ZIF-67，nZVI@ZIF-67 和 nZVI@ZD 的表面电性

（2）吸附性能研究

为了研究三种吸附剂对Cr(Ⅵ)的吸附性能，三种材料在一系列浓度的Cr(Ⅵ)溶液中进行吸附实验，所得实验结果如图 4-25 所示。ZIF-67 和 nZVI@ZIF-67 的吸附量随着 Cr(Ⅵ)初始浓度增大而增大，而且均在初始浓度为 100 mg/L 达到吸附饱和状态。经过 ANOVA 单因素差异性分析，nZVI@ZIF-67 的吸附量明显高于 ZIF-67($P<0.05$)，这可能是由于部分具有强还原性的 nZVI 附着在壳层表面而导致 nZVI@ZIF-67 的吸附量偏高。令人惊喜的是，nZVI@ZD 的吸附量在 Cr(Ⅵ)初始浓度为 50 mg/L 后仍然持续增加，当初始浓度为 600 mg/L 时，吸附量竟然高达 122.0 mg/g，且仍然没有达到饱和吸附量[4-25(b)]。典型的吸附等温模型，Langmuir 模型和 Freundlich 模型被用于拟合三种材料的吸附实验数据，拟合结果见图 4-25(c)(d)和表 4-11。经过 Langmuir 模型拟合得到 nZVI@ZD 的最大吸附量高达 226.5 mg/g，远高于 ZIF-67 的 29.35 mg/g 和 nZVI@ZIF-67 的 36.53 mg/g。而且，本研究中 nZVI@ZD 的最大吸附量也优于其他碳/nZVI 复合材料的最大吸附量（表 4-10）。有趣的是，ZIF-67 和 nZVI@ZD 的吸附等温线符合 Langmuir 模型，相关系数(R^2)分别为 0.8953 和 0.9929，而 nZVI@ZIF-67 的吸附等温线与 Freundlich 模型吻合较好($R^2=0.9755$)，说明活性中心在 ZIF-67 或 nZVI@ZD 表面的分布均匀，而 Cr(Ⅵ)在 nZVI@ZIF-67 上的吸附表现为均匀的多层吸附过程[187,206]。此外，三种材料拟合曲线的 R_L 和 $1/n$ 均在 0~1 之间，表明 Cr(Ⅵ)与吸附剂之间有良好的吸附作用。

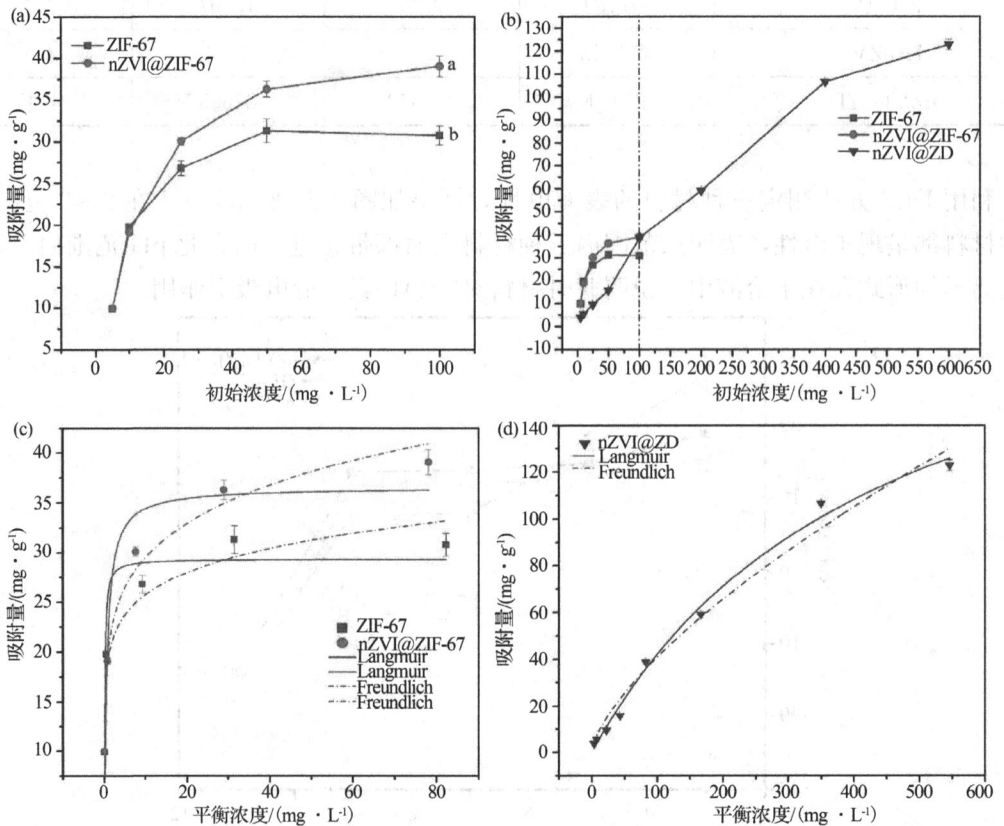

图 4-25 (a)ZIF-67，nZVI@ZIF-67 和(b)nZVI@ZD 的吸附量；
(c)ZIF-67，nZVI@ZIF-67 和(d)nZVI@ZD 的吸附等温曲线

表 4-11　等温吸附模型的拟合参数

吸附剂	Langmuir 等温吸附模型				Freundlich 等温吸附模型		
	$Q_{m,cal}$ /(mg/g)	K_L /(L/mg)	R_L	R^2	K_F /(mg/g)	$1/n$	R^2
ZIF-67	29.35	8.204	0.001	0.8953	19.51	0.1204	0.8892
nZVI@ZIF-67	36.53	1.616	0.006	0.7904	20.45	0.1592	0.9755
nZVI@ZD	226.5	0.020	0.077	0.9929	1.781	0.6807	0.9805

　　吸附动力学实验数据通过典型的动力学模型,即准一级和准二级动力学模型拟合,结果如表 4-12 和图 4-26 所示。准二级动力学的相关系数为 0.9841,略大于准一级动力学($R^2 = 0.9720$);准二级动力学模型拟合得到的平衡吸附量($Q_{e,cal} = 46.78$ mg/g)也与实验所得的平衡吸附量($Q_{e,exp} = 41.00$ mg/g)相近,符合准二级动力学,说明化学吸附在吸附过程中占据主导地位[207]。

表 4-12　吸附动力学模型拟合所得参数

动力学模型	准一级动力学模型			准二级动力学模型		
$Q_{e,exp}$ /(mg/g)	k_1/min	$Q_{e,cal}$ /(mg/g)	R^2	k_2/(g/(mg·min))	$Q_{e,cal}$ /(mg/g)	R^2
41.00	0.02167	40.52	0.9720	5.877×10^{-4}	46.78	0.9841

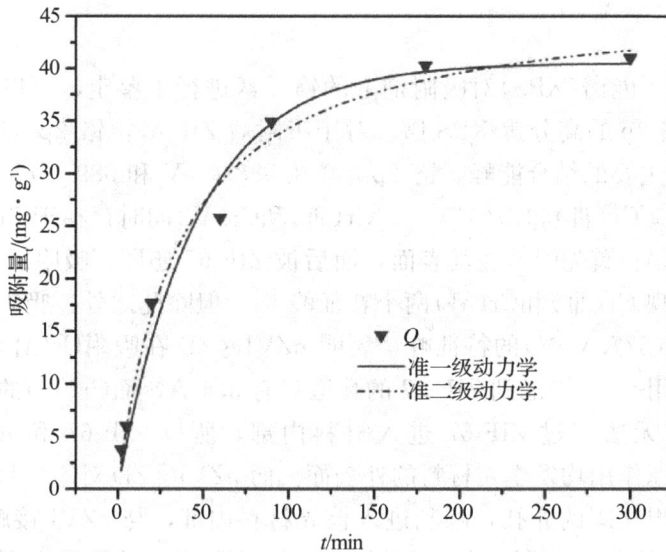

图 4-26　Cr(Ⅵ)的吸附动力学曲线

（3）pH 的影响

如图 4-27(a)所示，pH 对 nZVI@ZD 的吸附量有很大影响，在酸性条件下对 Cr(Ⅵ)的吸附量大于在碱性条件。Cr(Ⅵ)吸附主要取决于不同 pH 条件下 Cr(Ⅵ)的形态和 nZVI@ZD 的表面电性。如图 4-27(b)所示，Cr(Ⅵ)始终是以阴离子的状态在溶液中存在，区别于在酸性条件下主要是以 $Cr_2O_7^{2-}$ 存在，而碱性条件下则是以 CrO_4^{2-} 存在。在 pH＝3~9.6 范围内，nZVI@ZD 表面电势为正，说明在这个 pH 区间内 nZVI@ZD 表面带正电，因此 nZVI@ZD 对 Cr(Ⅵ)有强烈的吸附作用。并且，$Cr_2O_7^{2-}$ 有强氧化性，极易被还原[208]。推测，当 $Cr_2O_7^{2-}$ 被 nZVI@ZD 表面吸引后，进入到核壳材料内部，立即被内部的 nZVI 还原，导致 Cr(Ⅵ)还原成 Cr(Ⅲ)。值得注意的是，当 pH＝9 时，吸附量急剧下降，我们推测发生这种现象的原因可能是 Cr(Ⅵ)被还原生成的 Cr(Ⅲ)在 nZVI@ZD 表面或者孔道内发生沉淀，占据了活性位点。结合 N_2 吸脱附结果和吸附动力学拟合结果，可认为 nZVI@ZD 吸附 Cr(Ⅵ)的过程既包含化学吸附过程，也包含物理吸附过程[209]。

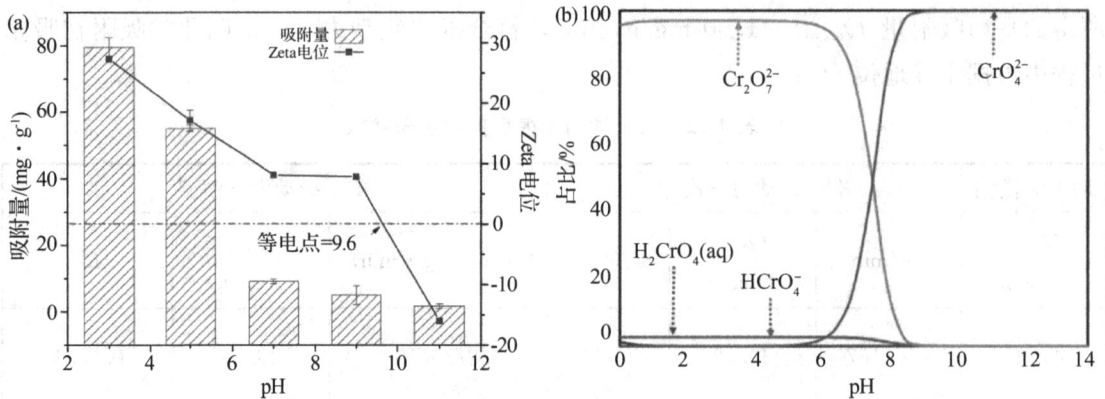

图 4-27　(a)pH 对吸附量和 nZVI@ZD 表面电势的影响；(b)Cr(Ⅵ)的形态分布

（4）吸附机理

用 X-射线光电子能谱(XPS)对吸附剂上的铬元素进行了鉴定，可以帮助确定吸附机理。图 4-28(a)是铬 2p 的高分辨 XPS 谱。对于吸附后 ZIF-67，铬 $2p_{3/2}$ 峰在 578.9 eV 和 580.3 eV 处有两个主要的结合能峰，铬 $2p_{1/2}$ 峰在 588.0 eV 和 589.2 eV 处有两个主要的结合能峰，分别对应 Cr(Ⅲ)和 Cr(Ⅵ)[41]。Cr(Ⅲ)和 Cr(Ⅵ)同时存在于 ZIF-67 表面，说明在吸附过程中，Cr(Ⅵ)首先附着在其表面，而后被 ZIF-67 还原。吸附后的 nZVI@ZIF-67 表面的铬也同样出现 Cr(Ⅲ)和 Cr(Ⅵ)两个特征峰[41]。但除此之外，吸附后 nZVI@ZD 表面还存在 $Cr(OH)_3$(577.3 eV)的特征峰，表明 nZVI@ZD 在吸附 Cr(Ⅵ)的过程中，还原和沉淀发挥主导作用[210]。考虑到 ZIF-67 的孔道只有 3.4 Å，而 Cr(Ⅵ)的水合离子半径为 7.5 Å[192]，Cr(Ⅵ)无法穿过 ZIF-67 进入材料内部，所以 ZIF-67 和 nZVI@ZIF-67 对 Cr(Ⅵ)的吸附和还原作用均发生在材料的外表面。而 nZVI@ZD 对 Cr(Ⅵ)的吸附作用则是 Cr(Ⅵ)通过表面石墨化碳的介孔，顺利进入核壳材料内部，与 nZVI 接触发生还原反应，随后生成 $Cr(OH)_3$ 沉淀，机理见图 4-28(b)。此外，ZD 丰富的孔道也可以促进 Cr(Ⅵ)通过 nZVI@ZD 的传质，从而相应地提高了还原效率。

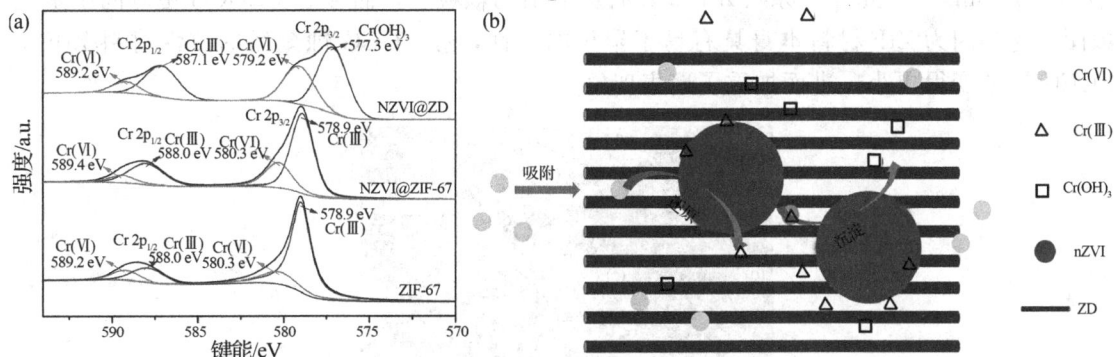

图 4-28　(a)吸附Cr(Ⅵ)后 ZIF-67、nZVI@ZIF-67 和 nZVI@ZD 的铬 2p XPS 能谱图;
(b)nZVI@ZD 对Cr(Ⅵ)的吸附机理图

4.3.3　茶多酚改性 ZIF-8 对水中六价铬的去除研究

多酚是自然界中无处不在的化合物,基本结构中具有大量酚环,性质极为多样,约占绿茶干重的 30%[211,212]。表现最突出的多酚种类是儿茶素,其中包含诸如表儿茶素(EC),表没食子儿茶素(EGC),表儿茶素没食子酸酯(ECG)和表没食子儿茶素没食子酸酯(EGCG)等成分[212,213]。EGCG 作为茶多酚组分中含量占比最大的儿茶素,占茶多酚制品的 $40\%\sim50\%$,占绿茶总重量的 $9\%\sim13\%$[211]。多酚卓越的抗氧化能力来自其结构中的酚羟基[212,214]。EGCG 具有六个邻酚羟基,因其独特的三维化学结构在抗菌、抗病毒、抗氧化和生物活性方面优于许多其他儿茶素。

沸石咪唑骨架-8(ZIF-8)是 MOFs 中的一员,因其具良好水、热和化学稳定性,高度多孔结构和大比表面积,长期以来一直在环保领域用于处理废水中各种有机或无机污染物[215]。ZIF-8 结构中由于具有富电子的 N,因此对高价态的铬具有一定的还原作用[216,217]。本实例参考现有 ZIF-8 的合成方法,合成 EGCG 改性 ZIF-8 材料(ZIF-8-EGCG),探讨其对Cr(Ⅵ)吸附、还原的效率和稳定性,并对外界环境影响因素的干扰程度进行研究。

(1)EGCG 改性 ZIF-8 材料制备和表征

分别称取 1.125 g 六水硝酸锌[Zn(NO₃)₂·6H₂O]溶于 75 mL 甲醇(MeOH)中,称取 3.11 g 2-甲基咪唑(2-MeIM)溶于 75 mL MeOH 中;然后,后者在超声均匀的情况下,缓慢混入前者,待两者充分混合后,停止超声(5 min,40 kHz);再将所得的乳白色悬浮液在室温(25 ℃)下静置 24 h,经离心(8000 rpm,15 min)收集沉淀后,用 MeOH 清洗至少 3 次,最后于 60 ℃真空下干燥 24 h,经玛瑙研钵研磨之后得到白色粉末状的 ZIF-8 材料。

称取一定质量的 EGCG 溶于 6.25 mL pH=8 的磷酸缓冲溶液(PBS)中,加入 5 mg 合成的 ZIF-8,于室温下搅拌 8 h,离心(8000 rpm,6 min)后取得固体。最后用 PBS 缓冲液和去离子水分别清洗固体产物 3 次,并于 30 ℃真空下干燥 24 h,得到 ZIF-8-EGCG 材料。

由上述方法合成的 ZIF-8 是一种规则的金刚石十二面体形颗粒,颗粒直径约为62 nm。经 EGCG 改性后,ZIF-8 的形状接近不规则球体状(图 4-29),由于 EGCG 的蚀刻其直径减小至约 31 nm[211]。此外，原始 ZIF-8 具有更清晰的颗粒感，而 ZIF-8-EGCG 更倾向于聚集成团。这是因为 ZIF 材料本身具有易于聚集的特性，经 EGCG 蚀刻后的改性材料 ZIF-8-EGCG 尺寸变得更小，进而加重了聚集现象。

图 4-29 实验合成 ZIF-8 的(a)SEM 和(b~c)TEM 图；
实验合成 ZIF-8-EGCG 的(d)SEM 和(e~f)TEM 图

从 XRD 光谱线图[图 4-30(a)]可见，ZIF-8-EGCG 虽在峰强和峰形上受到了 EGCG 引入的影响，但依然具有以上 ZIF-8 的全部特征峰，表明 ZIF-8-EGCG 的结构和结晶度没有因为 EGCG 的蚀刻而被完全损坏，ZIF-8-EGCG 保有基体 ZIF-8 的晶体结构特征。由原始材料 ZIF-8 的光谱图可知[图 4-30(b)]，在 421 cm^{-1} 处有一个属于 Zn—N 键的峰。1306 cm^{-1} 和 759 cm^{-1} 处的两个峰，均指示咪唑环的振动拉伸。在 1440~1675 cm^{-1} 附近的峰，指定为咪唑环上的 C═N 和 C—N 键。位于 3300~2200 cm^{-1} 的峰指示咪唑环上的 N—H 键的能量。虽然 ZIF-8-EGCG 的 FT-IR 光谱图上的大多数峰位与 ZIF-8 的光谱图相似，但显然存在与 ZIF-8 不同的峰特点，即在 ZIF-8-EGCG 的光谱中，我们发现了一个典型的酚羟基峰(—OH)出现在 3381 cm^{-1} 处。此外，从图中明显可见咪唑环(600~1500 cm^{-1})的一些强能量振动峰变为了弱振动峰(即分别对应于 C—O 和 C═O 键的~1080 cm^{-1} 和~1631 cm^{-1})，这可能是由于在修饰过程中，EGCG 取代了一些 ZIF-8 上原有的咪唑有机配体造成的。

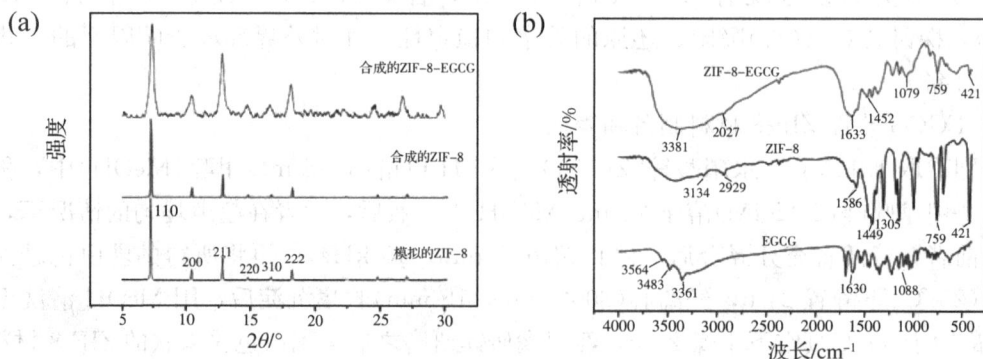

图 4-30 (a)模拟 ZIF-8、实验合成的 ZIF-8 和 ZIF-8-EGCG 的 XRD 图谱；
(b)ZIF-8、EGCG 以及 ZIF-8-EGCG 的红外光谱图

从材料上进行 N₂ 吸脱附获得的 BET 数据来看(表 4-13)，ZIF-8 的比表面积(1668.56 m^2/g)和孔体积(0.95 cm^3/g)都比 ZIF-8-EGCG 的比表面积(113.02 m^2/g)和孔体积(0.20

cm³/g)大；而与此相反的是，ZIF-8-EGCG 的平均孔径(7.12 nm)是 ZIF-8 的平均孔径的 (2.29 nm)3.11 倍。这主要是由于 EGCG 对 ZIF-8 结构的刻蚀，导致原本微孔为主的 ZIF-8 变成了体积较小但介孔主导的 ZIF-8-EGCG。

表 4-13　ZIF-8 和 ZIF-8-EGCG 的比表面积、孔体积以及孔径尺寸数据

样品	BET 比表面积/(m²/g)	孔体积/(cm³/g)	平均孔径/nm
ZIF-8	1668.56	0.95	2.29
ZIF-8-EGCG	113.02	0.20	7.12

此外，我们测定了 ZIF-8-EGCG 和 ZIF-8 的表面 Zeta 电位随 pH 的变化[图 4-31(a)]。在 pH=4~10 之间，ZIF-8 表面电荷几乎是正的，这有助于 ZIF-8-EGCG 通过静电引力吸附铬阴离子。相反，ZIF-8-EGCG 的表面电荷在此范围内保持为负且恒定，并不利于 Cr(Ⅵ)向材料迁移；当 pH 降至 2 时，其表面电势也迅速增加，导致 ZIF-8-EGCG 对 Cr(Ⅵ)呈现较弱的静电排斥，这可能有助于提升 Cr(Ⅵ)的去除率。然而，必须注意的是，在这样极酸的 pH 下，ZIF-8-EGCG 的材料结构不完整。具体体现为，在 4~10 的 pH 范围内都表现出了极好的酸碱稳定性，最大的 Zn 浸出率不超过 7%，但是在 pH=2 的环境下两者几乎被完全分解，Zn 的浸出率接近 100%，提示材料的结构稳定性被破坏[图 4-31(b)]。

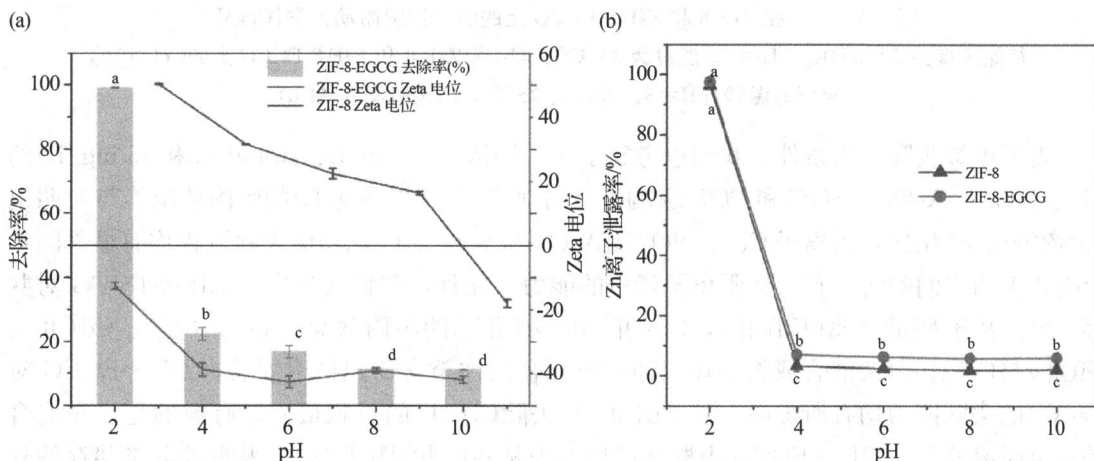

图 4-31　不同 pH 下 ZIF-8-EGCG 对 Cr(Ⅵ)的(a)去除效果和表面电位以及(b)Zn 离子释出量
[初始 Cr(Ⅵ)浓度为 30 mg/L，温度为 25 ℃，振荡时间为 24 h；图中字母表示差异显著性($P<0.05$)]

(2)ZIF-8-EGCG 对废水中 Cr(Ⅵ)的去除效果

对 Cr(Ⅵ)在 ZIF-8-EGCG 上的吸附采用伪一级、伪二级动力学模型拟合[图 4-32(a)]，发现其伪一级、伪二级动力学模型数据分别是 0.9617 和 0.9647，表明 ZIF-8-EGCG 上 Cr(Ⅵ)的吸附过程存在混合物理化学吸附机制。ZIF-8-EGCG 大约在 2 h 时对 Cr(Ⅵ)的吸附达到吸附平衡状态，而在 ZIF-8 上吸附进行 3 h 后才达到平衡。使用 Langmuir 和 Freundlich 两种模型来研究分析 ZIF-8-EGCG 对 Cr(Ⅵ)的吸附等温行为[图 4-32(b)]，结果发现 Langmuir 模型的相关系数($R^2=0.9653$)优于 Freundlich 模型($R^2=0.9071$)，表明 Cr(Ⅵ)在 ZIF-8-EGCG 上的吸附偏向于均匀单分子层类型。ZIF-8-EGCG 的 Langmuir 理

论最大吸附量(136.96 mg/g)高于 ZIF-8 的最大吸附量(106.86 mg/g),ZIF-8-EGCG 对铬的还原率(96%)也显著高于 ZIF-8 的还原率(37%)。ZIF-8-EGCG 对 Cr(Ⅵ)吸附量的增加,主要是由以下原因造成:一方面,ZIF-8-EGCG 较大的尺寸选择性倾向于促进铬阴离子进入材料孔隙[8];另一方面,材料表面丰富的酚羟基既可以增强材料的还原性,也可与还原后的 Cr(Ⅲ)形成螯合物。

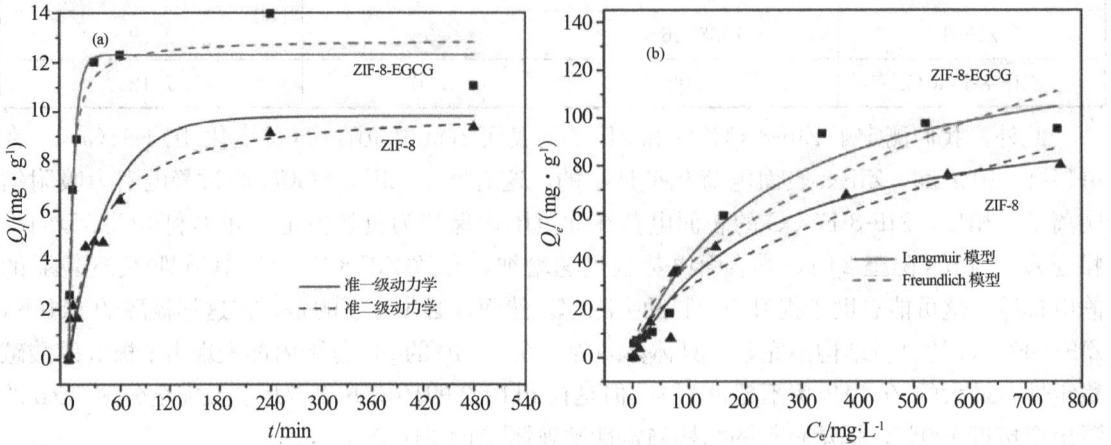

图 4-32 (a)在 ZIF-8 和 ZIF-8-EGCG 上的 Cr(Ⅵ)吸附动力学(Cr(Ⅵ)
初始浓度为 30 mg/L,pH=5,温度为 25 ℃);(b)在 ZIF-8 和 ZIF-8-EGCG 上的 Cr(Ⅵ)的
吸附等温线(pH=5,温度为 25 ℃,振荡时间为 24 h)

为了模拟实际应用条件,我们也考察了在不同浓度(1 mg/L、10 mg/L 和 25 mg/L)的 Cl^-、NO_3^-、AsO_2^-、SO_4^{2-} 和 PO_4^{3-} 影响下材料对 Cr(Ⅵ)(25 mg/L)的吸附情况。与对照组(无竞争离子)相比,阴离子 Cl^-、NO_3^-、AsO_2^- 和 SO_4^{2-} 对 Cr(Ⅵ)的去除过程均有显著的负影响,表明它们确实具有与铬阴离子竞争的能力。此外,我们还研究了 ZIF-8-EGCG 对共存二价阳离子型重金属[Cd(Ⅱ),Cu(Ⅱ)和 Ni(Ⅱ)]的吸附效果。在 Cu(Ⅱ)、Cd(Ⅱ)、Ni(Ⅱ)与 Cr(Ⅵ)两两混合或将上述三种金属混合添加至含 Cr(Ⅵ)溶液后,ZIF-8-EGCG 对 Cr(Ⅵ)的去除能力均有所提高,且 Cu(Ⅱ)对去除 Cr(Ⅵ)的贡献最大。有趣的是,在混合的重金属溶液中,ZIF-8-EGCG 由椭圆球形变为枯萎叶状(图 4-33),表明重金属共存的外部环境引起了 ZIF-8-EGCG 的形貌变化。Zhang 等[218]报道,Cu^{2+} 和 Zn^{2+} 之间的离子交换,可引起 ZIF-8 在吸附 Cu^{2+} 后,发生结构上的变化。同时,Zhou 等[219]发现 ZIF-8 在暴露于污染物混合物(即 Cu 和诺氟沙星)后,表面变得更圆滑,并指出这可能是由于离子交换、π-π 堆积和静电相互作用所致。因此,ZIF-8-EGCG 的形貌变化,可以归因于 Zn 与上述重金属之间的离子交换,以及金属离子与 ZIF-8-EGCG 上活性部位的络合反应(即—NH—和—OH)所导致[218-221]。

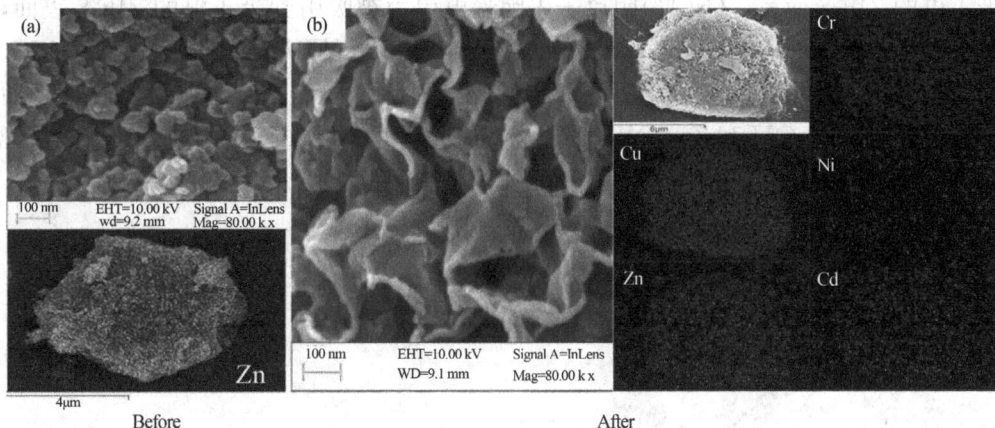

图 4-33　ZIF-8-EGCG 的形貌以及在吸附发生(a)前(b)后，Cu、Zn、铬、Ni 和 Cd 在 ZIF-8-EGCG 上的 SEM-EDS 分布图

采用吸附选择性(α_B^A)[222]评估重金属对 ZIF-8-EGCG 的亲和力，其表达式如下：

$$\alpha_B^A = \frac{100 - R_A}{100 - R_B} \tag{4-8}$$

其中，R_A 和 R_B 分别是离子 A 和 B 的去除率。在本书中，选择 Cr(Ⅵ)作为离子 A，以研究其他重金属离子(离子 B)对 ZIF-8-EGCG 选择吸附 Cr(Ⅵ)的干扰。将单一溶液(仅含一种重金属)和二元混合物(铬 ＋ Cd/Cu/Ni)分别作为理想状态和混合状态，ZIF-8-EGCG 对 Cr(Ⅵ)的吸附选择性已在表 4-14 列出。显然，Cu(Ⅱ)对 ZIF-8-EGCG 吸附 Cr(Ⅵ)的影响远大于 Cd(Ⅱ)和 Ni(Ⅱ)，表明 ZIF-8-EGCG 对 Cu(Ⅱ)的特异性亲和力。

表 4-14　在不同重金属影响下，ZIF-8-EGCG 对 Cr(Ⅵ)的选择性

α_B^A(A/B)	理想环境下的选择性(单一金属离子)	混合液中的选择性(混合金属离子)
Cr(Ⅵ)/Cu(Ⅱ)	12.33±0.60	5.03± 0.48
Cr(Ⅵ)/Cd(Ⅱ)	1.70± 0.00	1.45± 0.01
Cr(Ⅵ)/Ni(Ⅱ)	1.20± 0.01	1.08± 0.00

(3)修复机理

我们通过研究材料吸附 Cr(Ⅵ)后的 XPS 变化，进一步解析了 Cr(Ⅵ)在 ZIF-8 和 ZIF-8-EGCG 上的吸附机理。从每种元素的光谱峰可知，ZIF-8 上的 Zn 和 O 峰，与 ZIF-8-EGCG 材料上的 Zn 和 O 峰一致，表明这两种元素的化学状态没有明显改变。位于 530.99 eV 处有 Zn—O—Cr 的峰信号，表明 ZIF-8-EGCG 与铬之间存在接触。原本在 ZIF-8 图谱中存在于 580.13 eV 和 589.50 eV 处的 Cr(Ⅵ)特征峰[223,224]，消失于 ZIF-8-EGCG 图谱中。但在 ZIF-8-EGCG 的图谱中，存在更为明显的 Cr(Ⅲ)(577.15 eV，587.25 eV)特征峰强度[224]，再次有力证明 ZIF-8-EGCG 对 Cr(Ⅵ)具有很强的还原性。

ZIF-8-EGCG 和 ZIF-8 上可能存在的 Cr(Ⅵ)吸附、还原机理如图 4-34 所示。水合直径为 7.5 Å 的 Cr(Ⅵ)可能因为太大，而无法扩散到孔径为 3.4 Å 的 ZIF-8 内部[216,225]。因此，对于带正电的 ZIF-8 而言，Cr(Ⅵ)阴离子先因静电引力被吸引到带正电的 ZIF-8 表面，然后再被诸如 Zn—OH 和 Zn—NH$_2$ 等表面活性位点进一步还原为 Cr(Ⅲ)[216]。用 EGCG 改性后，带负电荷且以介孔为主的 ZIF-8-EGCG 先通过尺寸控制选择性吸附Cr(Ⅵ)；而后，一部分Cr(Ⅵ)被 Zn—OH 和 Zn—NH$_2$ 还原为 Cr(Ⅲ)，大部分Cr(Ⅵ)被 EGCG 在自身氧化生成醌的同时，通过电子转移机制将其还原为 Cr(Ⅲ)[226]。

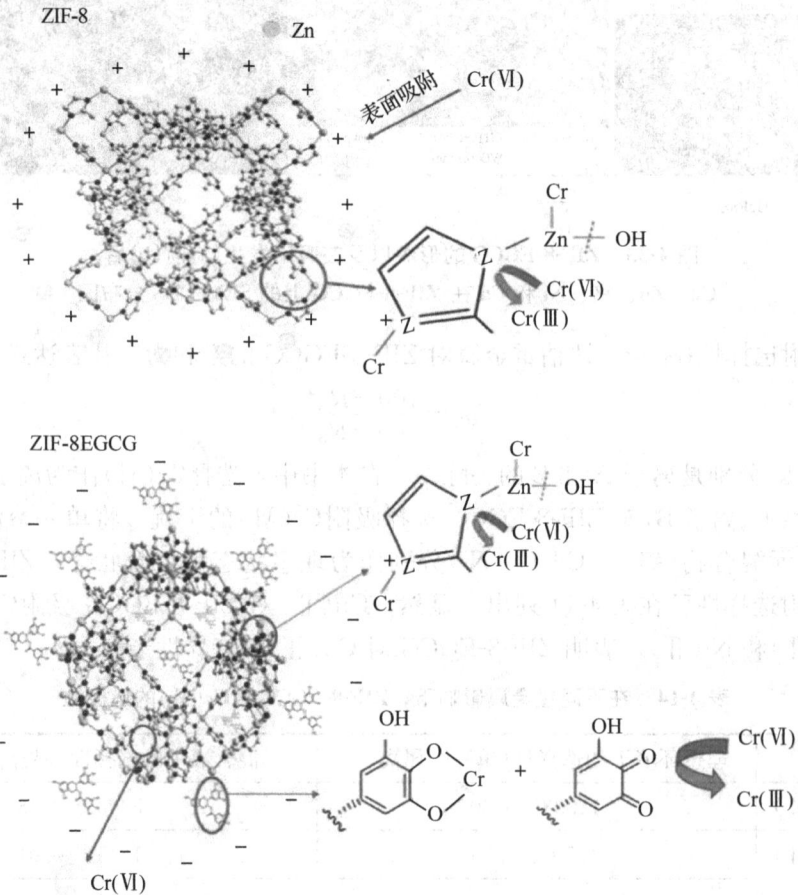

图 4-34　ZIF-8 和 ZIF-8-EGCG 上Cr(Ⅵ)的吸附还原机制

4.4　基于生物炭的铬污染废水修复技术研究案例

目前，生物炭因其含氧官能团和孔隙结构丰富、价格低廉、容易获取而得到广泛应用，是一种潜力巨大的重金属吸附剂。但原始生物炭去除重金属的能力有限，因此常对生物炭进行改性以增强其吸附特性。

4.4.1　硝酸改性生物炭对水中六价铬的去除研究

（1）硝酸改性生物炭的表征

在此研究中，我们以玉米秸秆生物炭为对象，考察了酸改性过程对其吸附还原溶液中 Cr(VI) 的影响和内在机制。图 4-35 为原始玉米秸秆生物炭（BC）和经硝酸改性后生物炭（NBC）的扫描电镜图，该图展现了改性前后生物炭的表面形态特征。BC 呈管束状结构，这是由于生物质在热解过程中保留了植物纤维的初始形貌[227]。BC 整体无塌陷无断层，表面也无可见孔隙，但存在大量炭化后残余的矿物成分或灰分等颗粒。但经硝酸改性后，NBC 的表面形态发生显著变化，表面呈现被剥离状[图 4-35（b）]。这可能是由于硝酸对生物炭的腐蚀作用使得 NBC 结构层次更加鲜明，表面孔隙和通道更为丰富[228]。此外，由图中数据可知，硝酸改性后生物炭中氧元素含量从 15.75％增加到 16.58％，氮元素含量从 2.39％增加到 5.92％，进一步证实了硝酸的氧化作用。

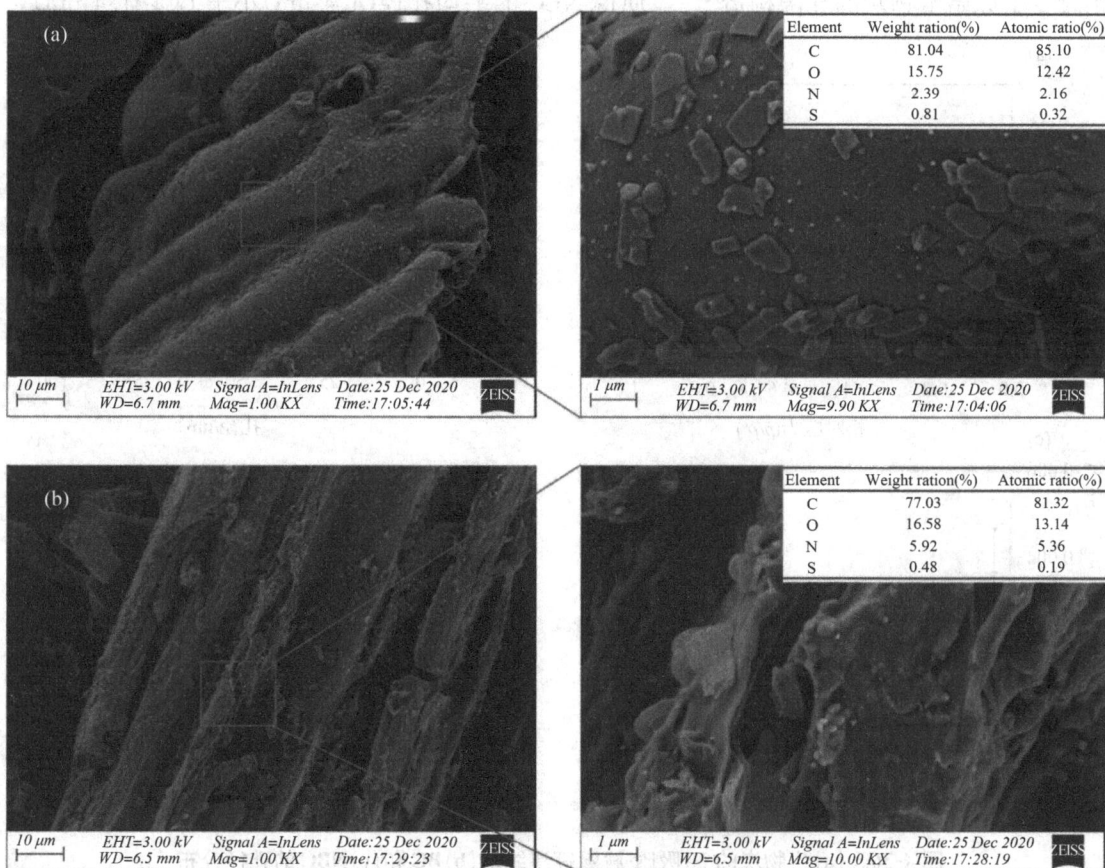

图 4-35　生物炭扫描电镜图

（a）原始生物炭；（b）硝酸改性生物炭

生物炭的体积一定时，生物炭表面及内部存在的孔隙的孔径越小，其比表面积越大[229]。利用生物炭的氮吸附-解吸等温线和孔径分布进一步了解其孔隙构造。根据国际纯化学和应用化学联合会(IUPAC)的分类，BC 和 NBC 的吸附等温线符合类型 IV[图 4-36 (a)]。其中 BC 的磁滞回线属于 H3 型[230]，在低相对压力区曲线上升速度慢，吸附量极低且无拐点，表明生物炭和介质间存在的作用力较弱，生物炭的微孔数量少或者不存在微孔。而 NBC 的磁滞回线属于 H4 型，在低相对压力区的吸附量较 BC 显著提高，并且吸附量与相对压力呈正相关，说明生物炭和介质之间的相互作用较强，这与材料的微孔有关[231]，表明 NBC 的微孔数量较 BC 增多。另外，采用密度泛函理论模型(DFT)对生物炭孔径大小进行分析[图 4-36(b)和(c)]。BC 与 NBC 的比表面积、总孔体积和孔径大小均存在差别(表 4-15)。BC 的比表面积和总孔体积分别为 $4.86\ \mathrm{m^2/g}$ 和 $9.8 \times 10^{-3}\ \mathrm{cm^3/g}$，远低于 NBC 的比表面积和总孔体积($27.07\ \mathrm{m^2/g}$ 和 $2.27 \times 10^{-2}\ \mathrm{cm^3/g}$)，这与上文中 SEM 的表征分析一致，说明硝酸改性增加了生物炭的比表面积和孔容。但由于硝酸的氧化腐蚀作用改变了原始生物炭的孔隙构造[223]，使得 NBC 的平均孔径(4.4 nm)小于 BC(21.4 nm)，

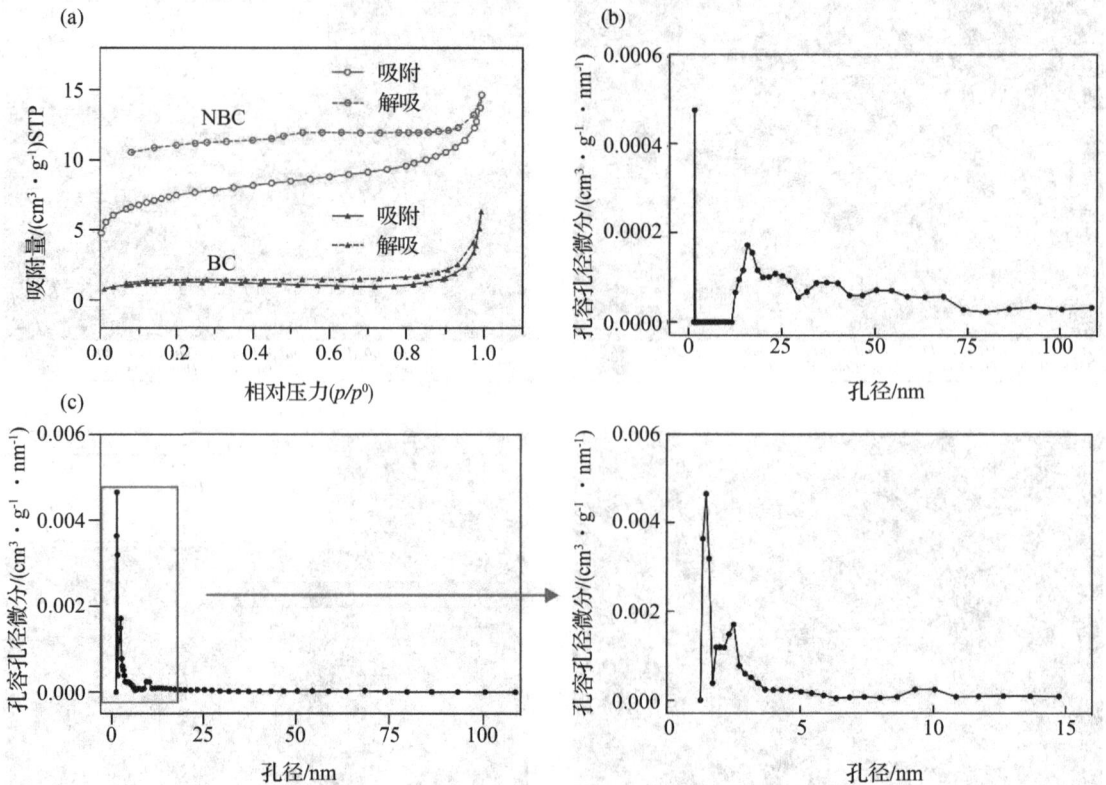

图 4-36　(a)生物炭的 N_2 吸附-解吸等温线及(b)BC 和(c)NBC 的孔径分布

表 4-15　生物炭的比表面积和孔径分布

样品	比表面积/(m²/g)	总孔体积/(cm³/g)	平均孔径/nm
BC	4.86	0.0098	21.4
NBC	27.07	0.0227	4.4

证实了 BC 以中孔为主，而 NBC 存在微孔和中孔，微孔的存在有利于活性位点的分布。因此，硝酸改性的过程增大了生物炭的比表面积和总孔体积，减小了平均孔径，这些物理性质的改变均有利于 Cr(Ⅵ)的吸附与还原。

图 4-37(a)给出了生物炭在改性前后的 FTIR 谱图，硝酸改性不仅改变生物炭的表面形态和孔隙构造，还影响了表面官能团的种类和含量。如图所示，在波数 3407～3430 cm^{-1} 的位置对应于羟基(—OH)的伸缩振动峰[232]。1380 cm^{-1} 和 790 cm^{-1} 附近的峰值振动分别代表芳香结构的甲基(—CH$_3$)和次甲基(—CH)的面外弯曲振动，而 1086 cm^{-1} 的位置则对应醇键或醚的振动峰(C—O—C)[233-235]。波数在 1596～1612 cm^{-1} 的峰来自碳碳双键(C=C)和共轭酮或醌的碳氧双键(羧基或羰基的 C=O)的振动[235,236]。对比原始生物炭的谱图可知，硝酸改性后，—CH$_3$ 振动峰吸收率下降，显示生物炭的非极性官能团减少。而—OH、C—O—C、C=O 等极性官能团强度增加，这表明改性过程强化了生物炭含氧官能团的含量。研究表明这些极性官能团具有氧化还原性，在 Cr(Ⅵ)还原以及 Cr(Ⅲ)络合过程中起关键作用[237]，因此 NBC 比 BC 具有更强的 Cr(Ⅵ)还原能力以及表面络合 Cr(Ⅲ)的能力。

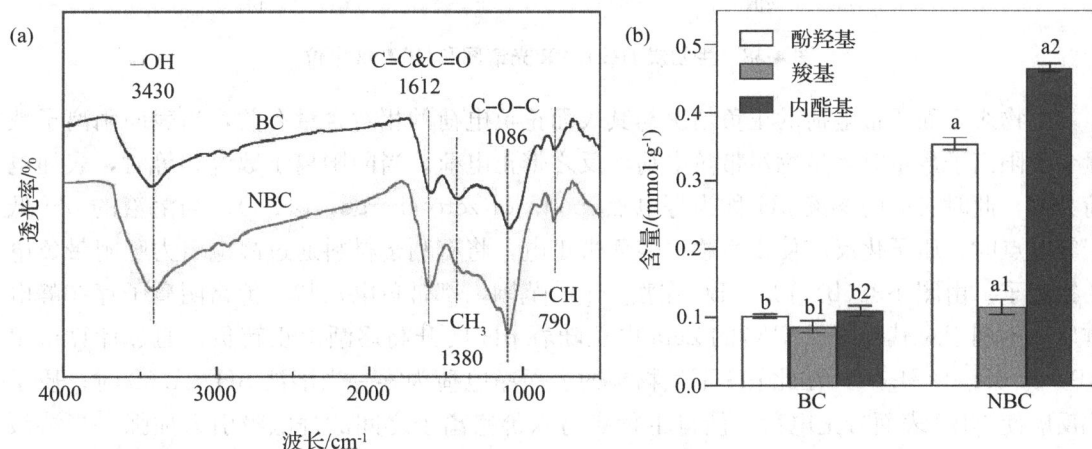

图 4-37　生物炭的(a)红外光谱图和(b)酸性官能团含量
[不同小写字母表示处理间差异显著($P < 0.05$)]

由于生物炭表面官能团的相似性，FTIR 很难区分具有类似结构的官能团(例如 C=C 和 C=O)，因此采用 Boehm 滴定对生物炭的酸性官能团进行定量分析。由图 4-37(b)可知，NBC 经过强酸的作用，表面酸性基团含量均有所增加。与 BC 相比，NBC 的酚羟基含量从 0.102 mmol/g 增加到 0.355 mmol/g，羧基含量从 0.086 mmol/g 增加到 0.116 mmol/g，内酯基含量从 0.110 mmol/g 增加到 0.466 mmol/g。这与张越[238]的实验结果一致，再次证明硝酸改性可以增加生物炭表面酸性官能团的含量，有利于对 Cr(Ⅵ)的还原作用。

电子顺磁共振法(EPR)可以利用自由基的顺磁稳定性对其种类和浓度进行检测。波普分裂因子(g 值)可以反应物质的分子内局部磁场的特性，是 EPR 测定自由基的重要参数之一。目前根据 g 值的大小将自由基分为以下三类[239]：g 值小于 2.0030 为以碳为中心的自由基(如环戊二烯基)；g 值在 2.0030 和 2.0040 之间为具有相邻氧原子的以碳为中心的自由基(如苯氧基衍生物)；g 值大于 2.0040 为以氧为中心的自由基(如半醌型自由基)。

经过检测可知 BC 和 NBC 的 g 值分别为 2.0057 和 2.0054，属于以氧为中心的自由基，即半醌型自由基。半醌型环境持久性自由基(EPFRs)具有氧化还原性，既能作为电子受体氧化 As(Ⅲ)，也能作为电子供体还原 Cr(Ⅵ)。因此可以推测，本研究中使用的生物炭表面的 EPFRs 可以参与 Cr(Ⅵ)的还原。图 4-38(a)为 BC 和 NBC 的 EPR 光谱图，NBC 的自由基信号强度远高于 BC，即 NBC 表面的 EPFRs 浓度高于 BC，说明硝酸改性不仅可以增加生物炭的含氧官能团含量，还可以增加 EPFRs 的含量，提高 Cr(Ⅵ)的还原能力。

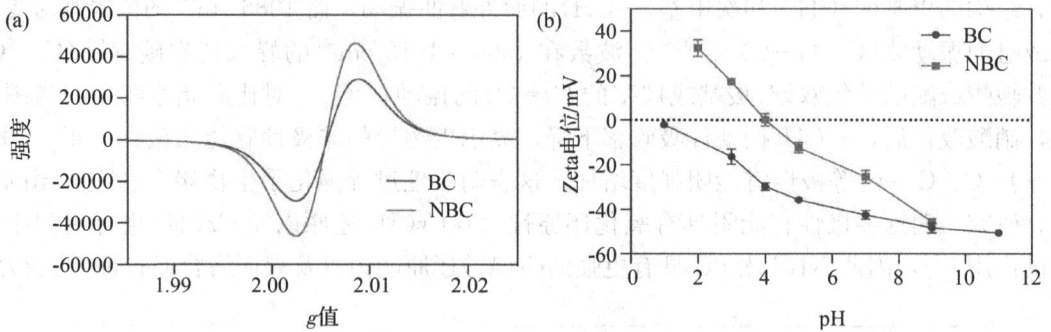

图 4-38　生物炭的(a)EPR 光谱图和(b)Zeta 电位

生物炭表面所带电荷的正负情况与其表面正负电荷的相对含量有关，当表面阴离子数量少于阳离子数量时，生物炭带负电荷，反之带正电荷。当阴阳离子数量相等时，表面电荷为零，此时对应的溶液 pH 称为等电点(point of zero charge, pH_{pzc})。当溶液的 pH 低于等电点时，质子化反应使得生物炭表面带正电，将有利于材料通过静电引力吸附带负电的铬离子。由图 4-38(b)可知，BC 在整个 pH 范围内都带负电，与六价铬阴离子存在静电排斥，不利于对其吸附。NBC 的 Zeta 电位随着 pH 的升高逐渐由正转负，通过计算得出 NBC 的 $pH_{pzc}=4.02$，在此 pH 下生物炭的表面净电荷为零。当溶液 pH<4.02 时，质子化反应使 NBC 表面带正电荷，使得生物炭与六价铬离子之间的静电吸引力加强。当溶液 pH>4.02 时，去质子化反应使 NBC 的表面带负电荷，并且去质子化程度随着溶液 pH 的升高而增强，但其表面电负性都小于 BC。通过对两种生物炭 Zeta 电位的比较可知，硝酸改性会通过增加生物炭表面的电正性改变其电荷分布，在低 pH 下加强了生物炭与六价铬阴离子之间的静电吸引力，在高 pH 下减弱了生物炭与六价铬阴离子之间的静电排斥力。

(2)改性条件对生物炭去除性能的影响

我们对生物炭在不同温度、改性硝酸浓度和 pH 对 Cr(Ⅵ)的去除能力进行了研究。在生物炭制备过程中，我们分别将热解最终温度调节至 300 ℃、400 ℃、500 ℃和 600 ℃。如图 4-39(a)所示，当热解温度从 300 ℃升高至 600 ℃时，生物炭对 Cr(Ⅵ)的去除能力先升后降，在 400 ℃时去除率达到 60.5%。进一步，本研究以 400 ℃热解制备的生物炭为基础制备 NBC，考察了不同硝酸浓度对生物炭去除 Cr(Ⅵ)性能的影响[图 4-39(b)]。经浓度为 0.8 mol/L 硝酸改性后的生物炭对总铬和 Cr(Ⅵ)的去除效果最佳，去除率分别达 97.50%和 100%。随着硝酸浓度升高，去除率逐渐下降，这可能是高浓度硝酸氧化生物炭后的生成物堵塞了微孔[240]。我们还考察了 BC 和 NBC 在不同 pH 溶液中(pH=2.0、5.0、7.0)对 Cr(Ⅵ)的去除效率。如图 4-39(c)所示，在三种 pH 下，BC 对 Cr(Ⅵ)的去除率均显著低于 NBC。其中，BC 在 pH＝2.0 时可去除 60.45％的 Cr(Ⅵ)，但在 pH＝5.0 和 pH＝7.0 时无法去除 Cr(Ⅵ)；而 NBC 在 pH 为 2.0、5.0 和 7.0 时的去除率分别达到 97.52％、50.53％、23.83％。因此，硝酸改性不仅提高了生物炭去除 Cr(Ⅵ)的效能，还扩大了生物炭与 Cr(Ⅵ)作用的 pH 范围。一方面是因为 NBC 的 pH_{pzc}＝4.02，因此当溶液 pH< 4.02 时，质子化反应使 NBC 表面带正电荷，加强了生物炭与六价铬离子之间的静电吸引力；当溶液 pH>4.02 时，去质子化反应使 NBC 的表面带负电荷，使得生物炭与六价铬阴离子之间产生静电排斥，此时溶液中的 OH⁻ 可以与 Cr(Ⅵ)阴离子竞争生物炭表面的活性位点[241]。另一方面，较低的 pH 下 Cr(Ⅵ)/Cr(Ⅲ)氧化还原电位较高[67]，这有利于 NBC 还原 Cr(Ⅵ)。

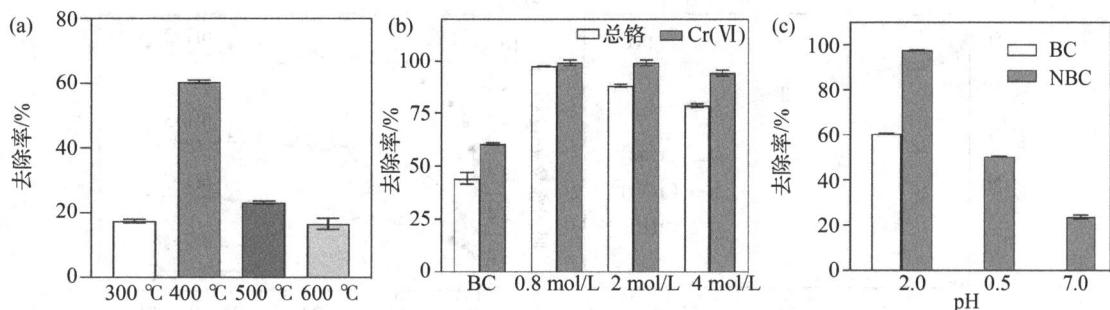

图 4-39 (a)不同热解温度的 BC 和(b)硝酸改性前后 BC 对 Cr(Ⅵ)的去除率

(3)有氧厌氧条件下生物炭对 Cr(Ⅵ)的去除行为

有氧气存在的 Cr(Ⅵ)还原体系中，还原剂可以直接将电子转移到 Cr(Ⅵ)(直接还原途径)，也可以先将电子转移到 O_2，生成的 ·O_2^- 再将电子转移到 Cr(Ⅵ)(间接还原途径)[242]。图 4-40(a)～(c)是有氧条件下 NBC 去除 Cr(Ⅵ)期间水溶液中铬物种变化的时间曲线。在有氧条件下，溶液 pH 为 2.0 时，溶液剩余 Cr(Ⅵ)浓度在 2 h 内从 50 mg/L 急剧下降到 18.48 mg/L，最终去除率达到 100％。相应地，溶液中的 Cr(Ⅲ)随着反应时间的增加而增加，最终浓度为 7.24 mg/L。溶液 pH 为 5.0 时，总铬和 Cr(Ⅵ)的浓度分别下降至 24.43 mg/L 和 19.94 mg/L，Cr(Ⅲ)增加到 4.49 mg/L。溶液 pH 为 7.0 时，总铬和 Cr(Ⅵ)的浓度缓慢下降至 35.4 mg/L 和 34.39 mg/L，Cr(Ⅲ)增加到 1.01 mg/L。这些结果表明在 NBC 去除 Cr(Ⅵ)的过程中，去除效率随 pH 增加而减弱，且去除过程既有吸附反应也有还原反应。

吸附动力学研究可以用来描述生物炭吸附 Cr(Ⅵ)的速率快慢及吸附限速步骤。采用准一级动力学方程和准二级动力学方程对动力学实验结果进行拟合，模型拟合参数见表 4-16，对应的模拟曲线如图 4-40(d)。由表可知，在有氧条件下，NBC 对 Cr(Ⅵ)的吸附过程更符合准二级动力学方程(pH 为 2.0、5.0、7.0 时，R^2 分别为 0.922、0.945、0.989)。这说明化学吸附是 NBC 吸附 Cr(Ⅵ)过程的主要限速步骤，其中可能涉及离子交换或表面螯合等化学反应。

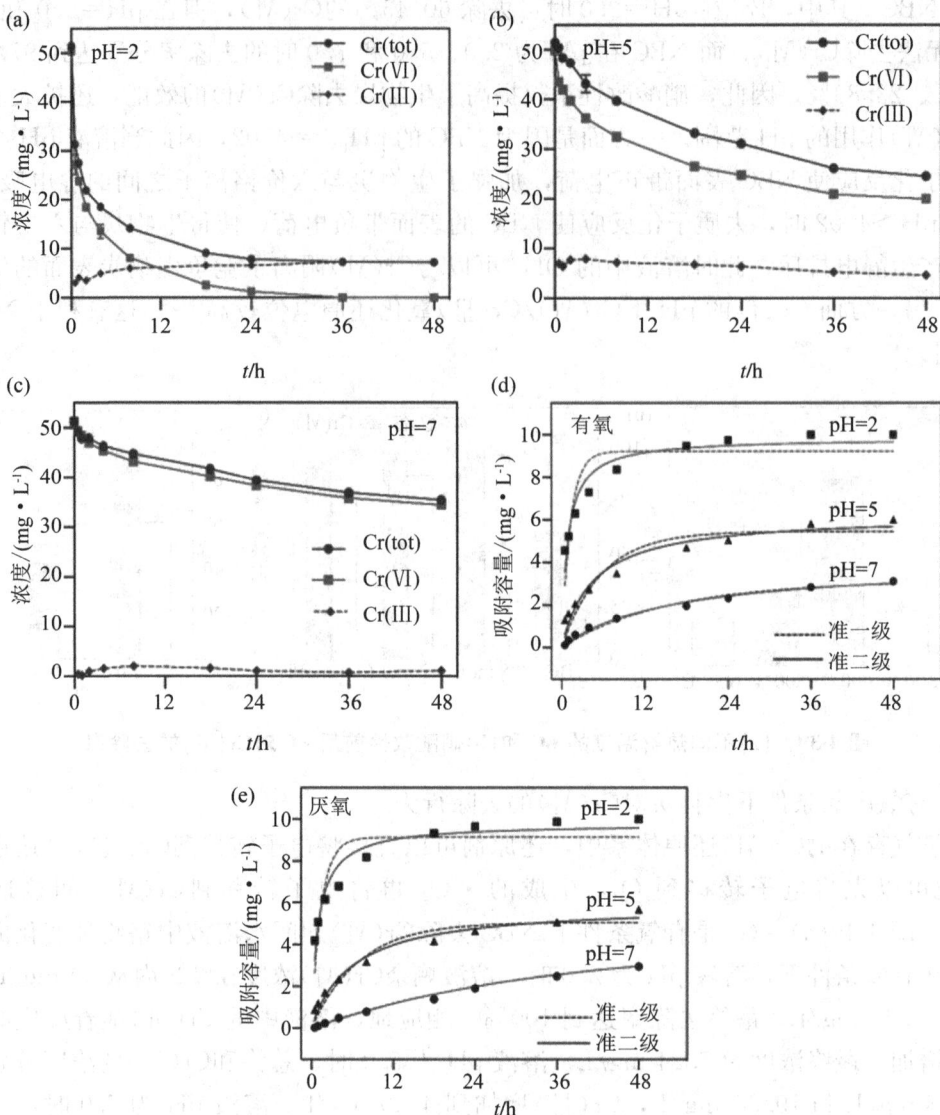

图 4-40 (a—c)不同 pH 下 Cr(Ⅵ)的浓度变化；(d，e)动力学模型

表 4-16 有氧无氧条件下吸附动力学模型拟合参数

条件		准一级动力学方程			准二级动力学方程		
		k_1/h	Q_e/(mg/g)	R^2	k_2/$[g/(mg \cdot h)]$	Q_e/(mg/g)	R^2
有氧	pH=2	0.763	9.231	0.744	0.114	9.848	0.922
	pH=5	0.174	5.456	0.886	0.0353	6.227	0.945
	pH=7	0.066	3.117	0.977	0.0158	4.012	0.989

条件		准一级动力学方程			准二级动力学方程		
		k_1/h	$Q_e/(mg/g)$	R^2	$k_2/$ $[g/(mg \cdot h)]$	$Q_e/(mg/g)$	R^2
厌氧	pH=2	0.685	9.128	0.751	0.101	9.778	0.921
	pH=5	0.145	5.055	0.939	0.0289	5.913	0.970
	pH=7	0.030	3.882	0.997	0.0358	5.907	0.997

尽管在反应溶液中检测到了 Cr(Ⅲ) 的存在，但是并不知道吸附在生物炭上的 Cr(Ⅲ) 的含量。因此，确定 NBC 固相中 Cr(Ⅵ) 的还原程度也很重要。通过 X 射线光电子能谱 (XPS) 进一步表征了 NBC 与 Cr(Ⅵ) 反应 24 h 后吸附在生物炭上铬的种类（图 4-41）。在 579.5、588.2 eV 处出现的峰对应于 Cr(Ⅵ)，在 576.9、586.5 eV 处的峰则为 Cr(Ⅲ)。在 pH 为 2.0、5.0 和 7.0 时，分别有 89.12%、73.73% 和 72.4% 的铬以 Cr(Ⅲ) 的形式吸附在生物炭的表面。这些结果表明，NBC 吸附的大部分 Cr(Ⅵ) 与之相互作用后转化为 Cr(Ⅲ)，并且 pH 越低，还原程度越高。

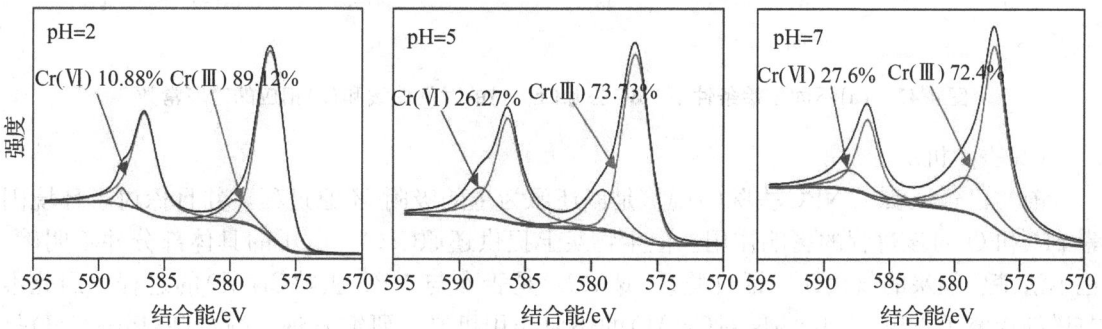

图 4-41　不同 pH 下 NBC 去除 Cr(Ⅵ) 后的铬 2p XPS 分析光谱

类似地，我们也进行了以上三种 pH 条件下 NBC 对 Cr(Ⅵ) 的动力学吸附实验。对厌氧条件下 Cr(Ⅵ) 在材料上的吸附动力学实验结果进行拟合，模型拟合参数见表 4-16，相应的模拟曲线如图 4-40(e)。由表可知，在厌氧条件下，准二级动力学方程的相关系数也较高（pH 为 2.0、5.0、7.0 时，R^2 分别为 0.921、0.970、0.997），这说明厌氧条件与有氧条件时 NBC 吸附 Cr(Ⅵ) 都是以化学作用为主。与有氧条件相比，厌氧条件下溶液 pH 为 2.0 时去除率不变，pH 为 5.0 和 pH 为 7.0 时去除率分别下降了 5.74% 和 8.97%[图 4-42(a)]。虽然去除率有所降低，但降低的比例较小，说明在不同的 pH 下，NBC 还原 Cr(Ⅵ) 仍以直接还原途径为主，存在部分间接还原的过程。由于 pH 越高，去除率下降越多，说明 pH 越高间接还原途径所占 Cr(Ⅵ) 总体还原比例越高。这是因为 pH 升高会使 NBC 的表面电荷由正变负[图 4-38(b)]，削弱了 NBC 与 Cr(Ⅵ) 离子之间的静电吸附，而此时 NBC 表面存在 O_2 和 Cr(Ⅵ) 的竞争吸附，当 pH 升高时，O_2 会优先接受 NBC 表面的电子，从而产生用于间接还原 Cr(Ⅵ) 的 $\cdot O_2^-$，所以溶液 pH 越高，间接还原途径的贡献率越高。

O_2 的存在除了会影响 Cr(Ⅵ) 的去除率外，还会影响吸附过程的快慢。吸附速率常数

k_2 反映吸附达到平衡所需时间，k_2 越大，表明吸附过程越快。图 4-42(b)显示，NBC 吸附 Cr(Ⅵ)的吸附速率常数 k_2 在有氧条件下比厌氧条件下分别高 1.12 倍(pH＝2.0)、1.22 倍 (pH＝5.0)和 4.46 倍(pH＝7.0)，表明溶液 pH 越高，厌氧条件对 Cr(Ⅵ)的吸附速率的抑制作用越明显，增加的吸附反应平衡时间越长。这一结果再次证明溶液 pH 越高，间接还原途径的贡献率越高。综上所述，NBC 还原 Cr(Ⅵ)的过程以直接还原途径为主，而间接还原途径占 Cr(Ⅵ)总体还原比例随着初始 pH 的升高而增加。

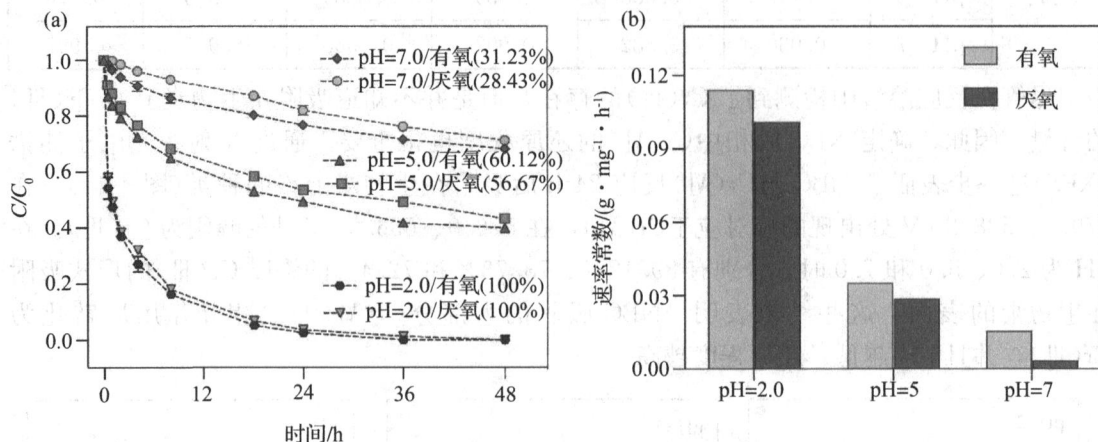

图 4-42　(a)不同初始条件下 NBC 去除 Cr(Ⅵ)的时间曲线和(b)相应的速率常数

(4)去除机理

前文已经证实了 NBC 去除 Cr(Ⅵ)是以还原为主的吸附-还原过程，并且探讨了环境因素 pH 和 O_2 对该过程的影响作用。但生物炭上提供还原 Cr(Ⅵ)电子的具体部分并不明确，也不清楚生物炭的氧化还原活性物质(RAMs)是否参与 NBC 去除 Cr(Ⅵ)的过程。因此本节详细探究了 NBC 上 RAMs 对 Cr(Ⅵ)的还原作用机制。研究发现，酚羟基(Ph—OH)是生物炭的强供电子基团，内酯基和醚则是弱供电子基团，它们都有可能参与 Cr(Ⅵ)的还原。图 4-43 是 NBC 在不同初始 pH 下与 Cr(Ⅵ)反应前后生物炭的红外光谱图。在波数 $3407 \sim 3430 \ cm^{-1}$ 的位置对应于羟基(—OH)的伸缩振动峰[232]。$1380 \ cm^{-1}$ 和 $790 \ cm^{-1}$ 附近的峰值振动分别代表芳香结构的甲基(—CH_3)和次甲基(—CH)的面外弯曲振动[83]，而 $1086 \ cm^{-1}$ 的位置则代表键醚或醇的振动峰(C—O—C)[233-235]。波数在 $1596 \sim 1612 \ cm^{-1}$ 的峰代表碳碳双键(C=C)和共轭酮或醌的碳氧双键(即羧基或羰基的 C=O)振动[235,236]。

观察图 4-43 可知，NBC 与 Cr(Ⅵ)反应后，—OH 和 C—O—C 基团的振动峰减弱，表明它们参与了 Cr(Ⅵ)的还原。C=C/C=O 的轻微红移主要是由于羧基(—COOH)与铬的络合[243]。由于生物炭与 Cr(Ⅵ)的络合反应也会影响峰的强弱和位置，所以仅根据 FTIR 表征结果无法确定 Cr(Ⅵ)还原过程中含氧官能团的参与情况，但可以肯定的是，—OH、C—O—C 和 C=O 在一定程度上参与了 Cr(Ⅵ)的还原与固定。利用 Boehm 滴定和 XPS 表征结果进一步探讨含氧官能团参与 Cr(Ⅵ)的还原过程。图 4-44 是 NBC 在不同初始 pH 下与 Cr(Ⅵ)反应前后生物炭表面酸性官能团含量的变化。与 Cr(Ⅵ)反应后，Ph—OH 和内酯基含量急剧下降，—COOH 含量相应增加，这说明 Ph—OH 和内酯基参与了 Cr(Ⅵ)还原，并且 pH 为 2.0 和 5.0 时，Ph—OH 的消耗大于 pH＝7.0 时的消耗，表明在酸性条件下更多的 Ph—OH 参与了 Cr(Ⅵ)还原。

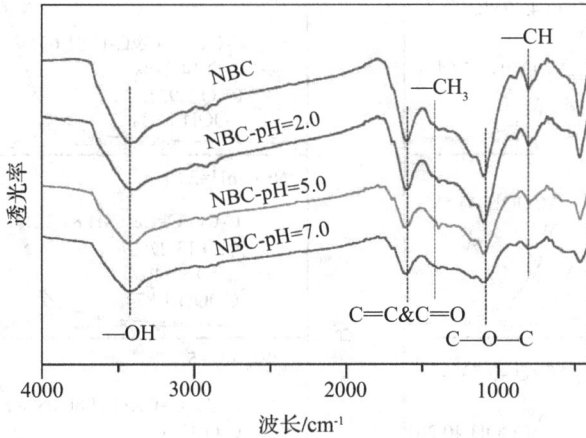

图 4-43　NBC 与 Cr(Ⅵ)反应前后红外光谱图

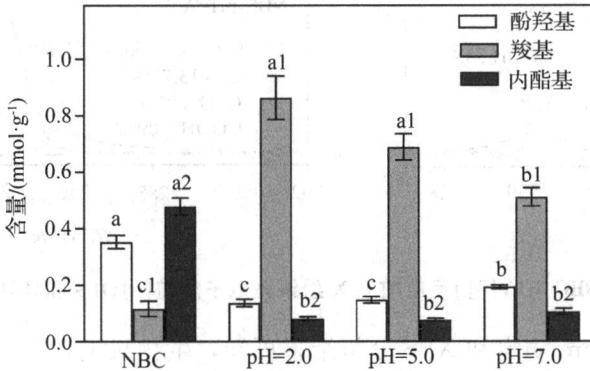

图 4-44　NBC 与 Cr(Ⅵ)反应前后的酸性官能团含量
[不同小写字母表示处理间差异显著($P < 0.05$)]

图 4-45 是 NBC 在不同初始 pH 下与 Cr(Ⅵ)反应前后的 XPS 分峰结果。在 O 1s 光谱[图 4-45(a)]中，531 eV、532 eV、532.9 eV 和 533.5 eV 处的峰分别对应—COOH、C═O、C—O—C 和 C—OH & O−H[237]。与 Cr(Ⅵ)反应后，生物炭中 C—OH 和 C—O—C 官能团峰面积所占比例降低，—COOH 和 C═O 的比例增加，这是因为 C—OH 和 C—O—C 向 Cr(Ⅵ)提供电子，同时被氧化形成 COOH 和 C═O 官能团。这一结果可以通过 C 1s 光谱[图 3.7(b)]进一步验证。图 4-45(b) 中 284.2 eV、285.6 eV、287.9 eV 和 289 eV 处的峰分别对应于 C—C、C—O(苯酚和醇)、C═O 和—COOH 基团[237]。在与 Cr(Ⅵ)反应后，观察到生物炭表面的 C—O 含量减少，—COOH 和 C═O 含量增加。另外，根据 O 1s 光谱[图 4-45(a)]不同峰对应的面积变化可知，反应初始 pH 越低，参与反应消耗的 C—OH 和 C—O—C 越多，氧化形成—COOH 和 C═O 官能团也就越多，该结论与 Boehm 滴定结果(图 4-44)一致。因此 XPS 分析结果表明苯酚、醇形式的 C—OH 或醚形式的 C—O—C 向 Cr(Ⅵ)提供电子，同时被氧化成—COOH 和 C═O 基团[237]。

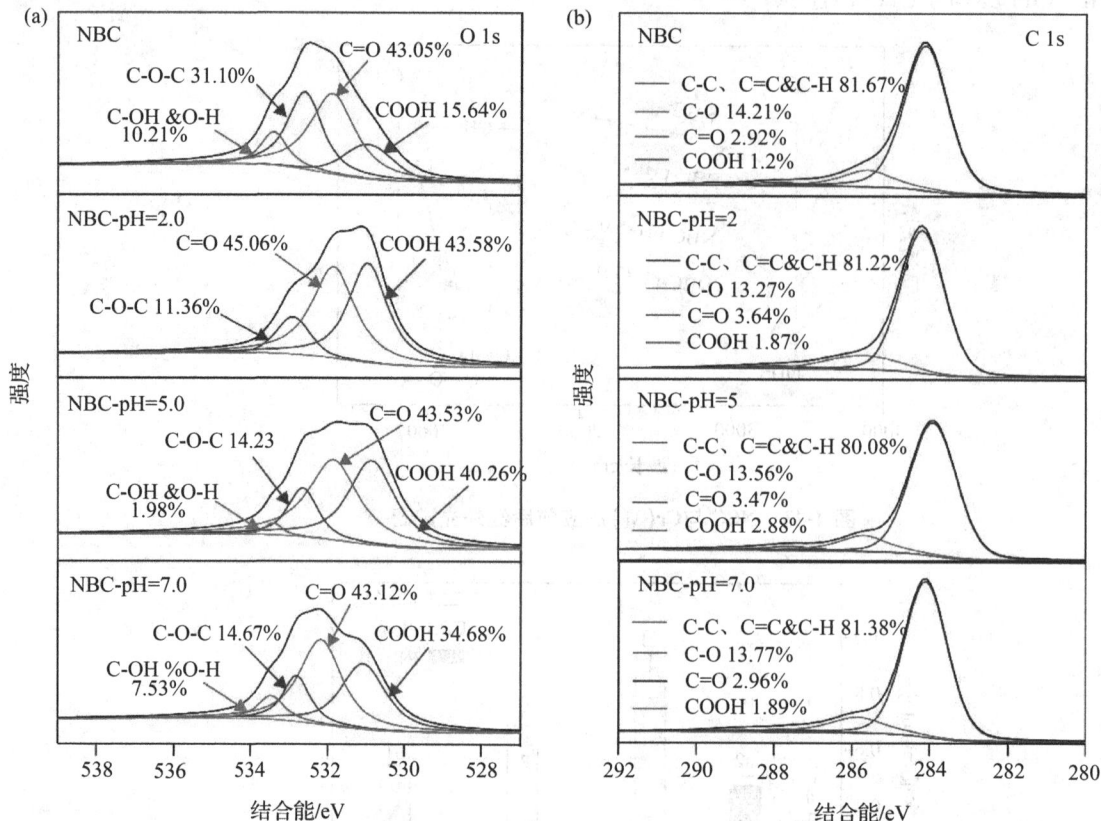

图 4-45　NBC 与 Cr(Ⅵ)反应前后 X-射线光电子能谱(a)O1 s 和(b)C1 s 谱图

结合 FTIR、Boehm 滴定和 XPS 分析结果可知，生物炭上含有—OH 和 C—O—C 的官能团是 NBC 还原 Cr(Ⅵ)过程中的主要供电子基团，并在反应过程中被氧化为—COOH 和 C＝O。此外，反应结束后生物炭表面 Cr(Ⅲ)的含量随 pH 的升高而降低[pH 为 2.0、5.0 和 7.0 时分别有 89.12%、73.73%和 72.4%的 Cr(Ⅲ)]，这与—COOH 和 C＝O 含量变化一致[图 4-44 和 4-45(a)]，因此可以推断生物炭表面的—OH 和 C—O—C 基团参与Cr(Ⅵ)的还原随 pH 升高而降低。

有研究表明半醌型 EPFRs 具有氧化还原性，可以作为电子供体还原 Cr(Ⅵ)[242-244]。因此可以推测，NBC 表面的半醌型 EPFRs 与含氧官能团具有相同的作用，都可以参与水体 Cr(Ⅵ)的还原。图 4-46 为 NBC 在不同初始 pH(即 2.0、5.0 和 7.0)下与 Cr(Ⅵ)反应前后的 EPR 光谱图，信号强弱代表 EPFRs 的浓度高低。结果显示，未与 Cr(Ⅵ)反应前生物炭的 EPR 的信号最强，即表面的 EPFRs 浓度最高。与 Cr(Ⅵ)反应后生物炭的 EPR 信号的强度改变，并随着溶液 pH 的降低而降低，这表明 pH 越低，NBC 还原 Cr(Ⅵ)过程中消耗的 EPFRs 越多。由此可以证明，NBC 的 EPFRs 可以参与 Cr(Ⅵ)的还原，并且溶液初始 pH 越低，还原 Cr(Ⅵ)就会消耗更多的 EPFRs。

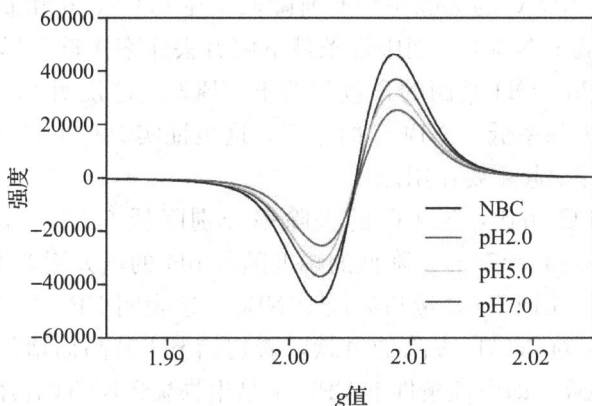

图 4-46　NBC 在不同 pH 下与 Cr(Ⅵ)反应前后 EPR 光谱图

上述实验结论已经证明硝酸改性生物炭去除 Cr(Ⅵ)是以还原为主的吸附-还原过程，其中 RAMs(含氧官能团和 EPFRs)是还原 Cr(Ⅵ)的电子供体，并且溶液初始 pH 越低，Cr(Ⅵ)的还原效果越好。但是，含氧官能团和 EPFRs 在相同 pH 下对 Cr(Ⅵ)的还原占生物炭对 Cr(Ⅵ)还原的贡献率未知，即不清楚两者中谁是主要的电子供体。鉴于 Ph—OH 是生物炭的强供电子基团，内酯基和醚是弱供电子基团，因此以 Ph—OH 代表生物的的含氧官能团。通过 H_2O_2 和 CH_3OH 调节 NBC 的 Ph—OH 和 EPFRs 含量并进行 Cr(Ⅵ)还原实验来探讨生物炭还原 Cr(Ⅵ)的电子转移机理，其中 H_2O_2 和 CH_3OH 处理后的 NBC 分别记为 NBCH 和 NBCC。

如图 4-47(a)所示，经过 H_2O_2 调节，NBCH 的 Ph—OH 含量降低，—COOH 含量增加，这是 H_2O_2 氧化 Ph—OH 的结果。NBCC 的 Ph—OH 和 —COOH 官能团含量则变化不大。图 4-47(b)显示 NBCH 和 NBCC 的 EPFRs 都较 NBC 有所下降，但 NBCC 下降幅度更大，这是由于 H_2O_2 仅能氧化部分 EPFRs[246]，而 CH_3OH 可以猝灭更多的 EPFRs[247]。

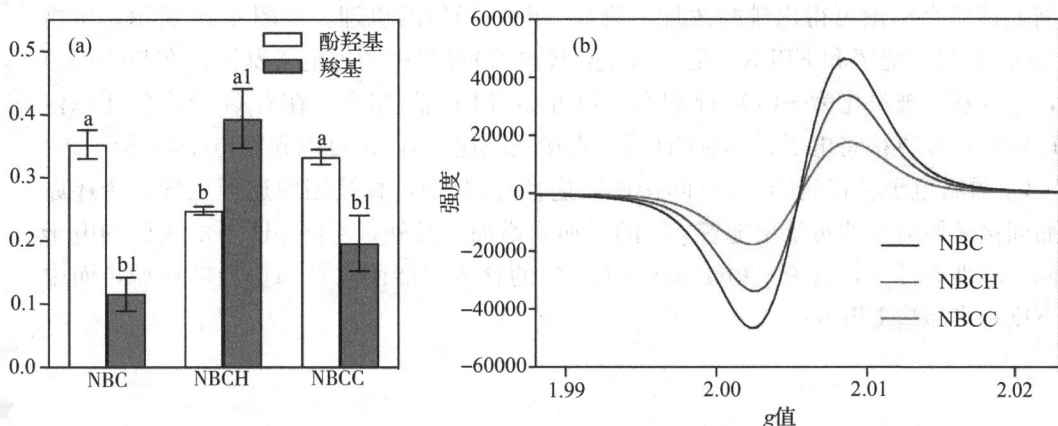

图 4-47　(a)3 种生物炭滴定结果和(b)EPR 光谱图
[不同小写字母表示处理间差异显著(P<0.05)]

将 NBC、NBCH 和 NBCC 在不同 pH 下与 Cr(Ⅵ)反应 24 h，结果如图 4-48 所示。与

NBC 相比，NBCH 和 NBCC 的去除率均有所降低。在 pH=2.0 和 pH=5.0 的酸性条件下，NBCH 的去除率低于 NBCC，而中性条件下两者去除率接近。尽管 NBCH 的 EPFRs 含量高于 NBCC，但 Ph—OH 基团的含量却低于 NBCC，这说明 Ph—OH 含量的减少是 NBCH 在酸性条件下去除率低于 NBCC 的原因，这也证实 Ph—OH 等含氧官能团在酸性条件下还原Cr(VI)过程中起主要作用。

另一方面，与 NBC 相比，NBCC 的去除率分别降低 5.83%（pH=2.0）、13.06%（pH=5.0）和 43.26%（pH=7.0），降低的幅度随着 pH 的增大逐渐增大。由于 NBCC 的 Ph—OH 与 NBC 近似，EPFRs 含量却远低于 NBC，这表明 EPFRs 含量降低是Cr(VI)去除率降低的原因，并且对Cr(VI)去除的贡献随着初始 pH 升高而增加。这一结果与 Zhao 等人[244]的研究结果一致，即中性条件下 EPFRs 是生物炭还原Cr(VI)的主要电子供体，而不是含氧官能团。

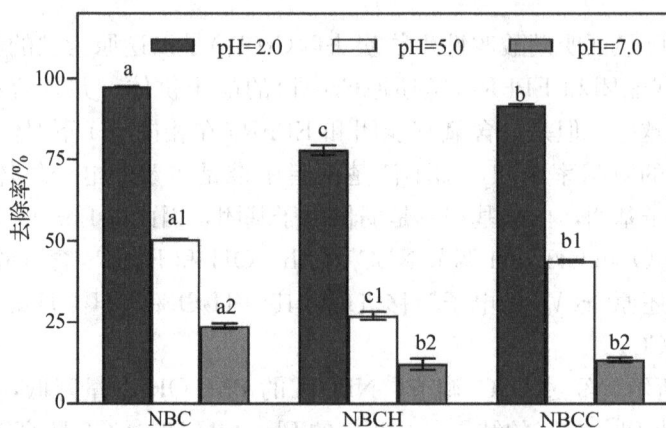

图 4-48   不同材料对Cr(VI)的去除率
[不同小写字母表示处理间差异显著（$P<0.05$）]

根据上述研究结论可得出硝酸改性生物炭去除Cr(VI)的机理。如图 4-49 所示，生物炭的 RAMs（含氧官能团和 EPFRs）是 NBC 还原Cr(VI)过程中的供电子基团，在与Cr(VI)反应后，这些基团被氧化为—COOH 和 C＝O 并参与 Cr(III)络合。在有 O_2 存在的还原体系中，RAMs 可以直接将电子转移到Cr(VI)（直接还原途径），也可以先将电子转移到 O_2，生成的 $\cdot O_2^-$ 再将电子转移到Cr(VI)（间接还原途径）。其中，直接还原途径主导整个还原过程，而间接还原途径的贡献率随着 pH 的增加而增加。另外，不同 pH 下的主要的电子供体不同。酸性条件下，含有—OH 和 C—O—C 的含氧官能团主导Cr(VI)的还原，而中性条件下则是半醌型 EPFRs。

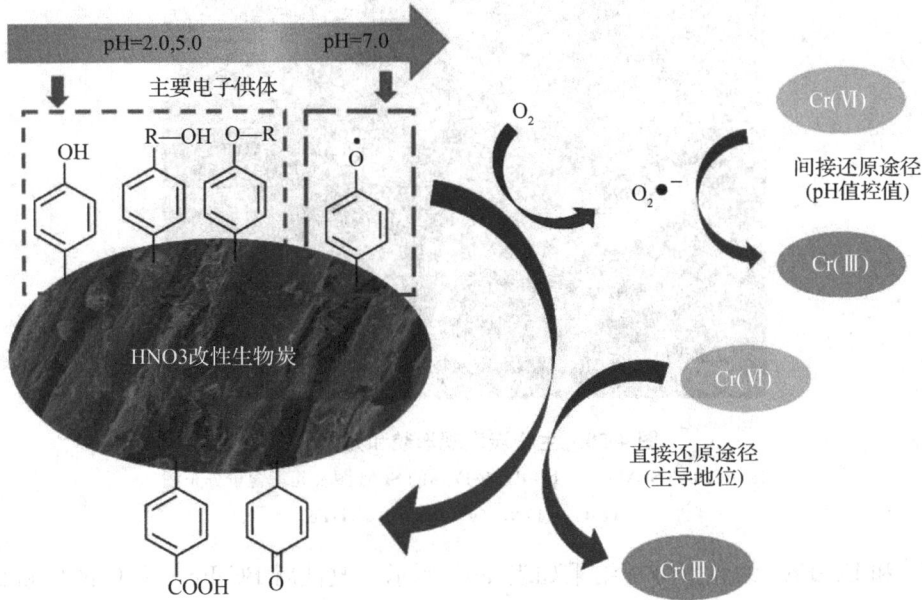

图 4-49　硝酸改性生物炭还原Cr(Ⅵ)的机理

4.4.2　铁改性生物炭对水中六价铬的去除研究

生物炭负载 Fe 可以增加生物炭的比表面积并降低水中的 pH，相比其他的金属改性剂，Fe 具有廉价、安全等特性；相比 Fe(Ⅱ)，Fe(Ⅲ)更容易保存和运输。故本书在热解温度为 600 ℃条件下制备玉米秸秆生物炭(BC_{600})，再利用 $FeCl_3$ 对其改性制成铁改性生物炭 $BC\text{-}Fe_{600}$，并通过研究富里酸和乳酸对 Cr(Ⅵ)在两种材料上吸附过程和吸附量的影响，探究在含有此类物质的水体中该吸附剂利用的可行性。

(1)铁改性生物炭的表征

原始生物炭 BC_{600} 和铁改性生物炭 $BC\text{-}Fe_{600}$ 的扫描电镜图如图 4-50 所示。由图可以看出，改性前生物炭[图 4-50(a)]的孔道规则，表面光滑但附着一些杂质颗粒，这可能是生物炭内还存有一定比例的灰分[248]。图 4-50(b)～(d)为而改性后 $BC\text{-}Fe_{600}$ 的 SEM 图。由图 4-50(b)可以看出，改性后生物炭的表面变得粗糙，且孔道遭到了不同程度的破坏，但这反而为生物炭的吸附提供更多的接触位点；从图 4-50(c)可以看出，改性后生物炭中的铁以类似针铁矿的形式附着在生物炭上，针铁矿的出现常伴随着聚集现象[249]。由此可知，改性后的 BC-Fe 不仅增大了比表面积与接触面积，同时这些孔隙与附着其上的 Fe 对 Cr(Ⅵ)的吸附还原起到协同作用。

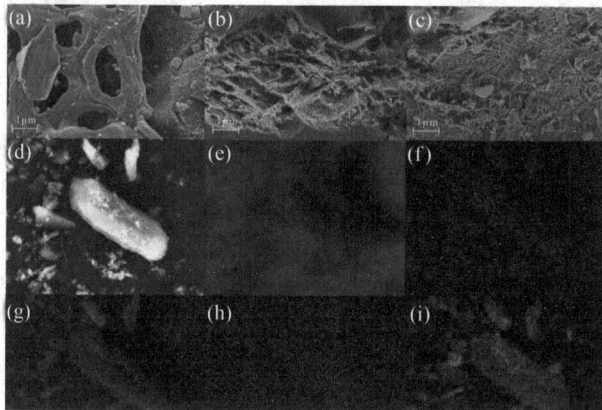

图 4-50　生物炭表观形貌和元素分布

(a)BC$_{600}$的 SEM 图，(b~d)BC-Fe$_{600}$的 SEM 图及元素含量分布图

(e)C，(f)N，(g)O，(h)S，(i)Fe

BC$_{600}$ 和 BC-Fe$_{600}$ 的元素分析结果如表 4-17 所示。改性后 BC-Fe$_{600}$ 中 C 的质量比（原子百分比）分别减少 17.72%(6.7%)，而 N 和 O 的质量比（原子百分比）分别增加 1.71% (2.07%)和 2%(4%)，改性后 Fe 的质量比（原子百分比）增加了 13.95%(3.62%)，足以说明铁改性成功，同时图 4-50(e)~(i)的元素分布图也表明了 Fe 元素的存在，并且各元素均匀地分散在 BC-Fe$_{600}$ 表面。

表 4-17　BC$_{600}$ 和 BC-Fe$_{600}$ 元素分析

元素	BC$_{600}$		BC-Fe$_{600}$	
	质量比/%	原子百分比/%	质量比/%	原子百分比/%
C	77.79	82.22	60.07	75.52
N	2.33	2.11	4.04	4.18
O	19.46	15.46	21.46	19.46
S	0.51	0.20	0.48	0.22
Fe	—	—	13.95	3.62

BC$_{600}$ 和 BC-Fe$_{600}$ 的 XRD 分析如图 4-51 所示。在 $2\theta = 21.81°$、$38.17°$、$41.60°$、$50.95°$处、$2\theta = 30.19°$、$34.28°$、$57.61°$处、$2\theta = 30.48°$、$41.67°$、$55.54°$、$59.51°$处出现的衍射峰分别对应 $\alpha\text{-FeOOH}$、Fe_3O_4 和 Fe_2O_3。$\alpha\text{-FeOOH}$ 衍射峰的出现进一步印证了前文 SEM 中观察到针铁矿的结果，Fe_3O_4 衍射峰的出现印证了磁性结果。在 $2\theta = 44.67°$未出现衍射峰，说明 BC-Fe$_{600}$ 上并未出现零价铁（Fe^0），这一点符合之前的研究[250]。同时，可观察到 BC$_{600}$ 在 $26.61°$处出现一个较宽的衍射峰，这归结于 BC$_{600}$ 的非晶碳性质[251,252]。

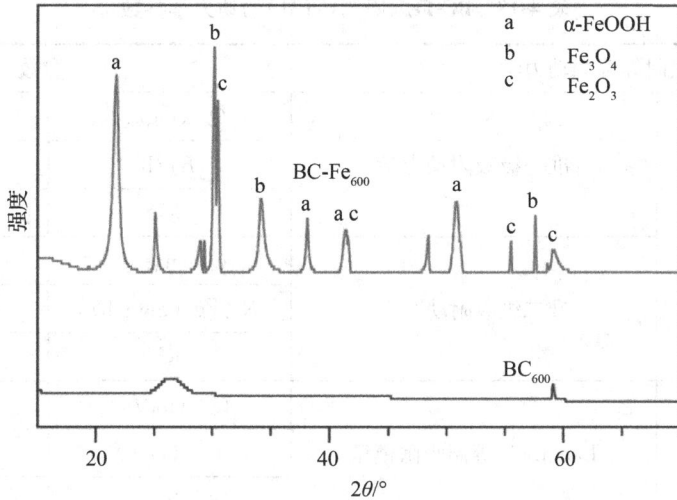

图 4-51 铁改性前后生物炭(BC_{600} 和 $BC\text{-}Fe_{600}$)的 XRD 图谱

(2)铁改性生物炭对 Cr(Ⅵ)的去除行为

采用准一级和准二级动力学模型对 $BC\text{-}Fe_{600}$ 吸附 Cr(Ⅵ)的动力学数据进行拟合。由图 4-52(a)和表 4-18 可知,准二级动力学模型相关系数 $R^2=0.95692$,大于准一级动力学模型相关系数。实验过程中测得的平衡吸附量 Q_e 为 18.9 mg/g,与准二级反应动力学模型拟合的 Q_e(19.04 mg/g)非常接近。由此表明,准二级动力学模型更适合拟合 $BC\text{-}Fe_{600}$ 吸附 Cr(Ⅵ)的动力学过程,因此吸附过程中的吸附速率主要取决于化学吸附。Saha 等[253] 表明,Cr(Ⅵ)主要的吸附机制是 Cr(Ⅵ)还原为 Cr(Ⅲ)的过程,因此可知,Cr(Ⅵ)还原为 Cr(Ⅲ)是 $BC\text{-}Fe_{600}$ 吸附 Cr(Ⅵ)的主要化学反应。描述 Cr(Ⅵ)在 $BC\text{-}Fe_{600}$ 上吸附的 Langmuir 和 Freundlich 等温线如图 4-52(b)所示。根据等温拟合常数(表 4-18),Langmuir 等温模型($R^2=0.9483$)比 Freundlich 模型($R^2=0.5443$)更好地拟合了数据,表明 Cr(Ⅵ)吸附过程是单层吸附,吸附剂结构均匀,吸附能力有限。$BC\text{-}Fe_{600}$ 的 Langmuir 最大吸附量(Q_m)为 97.43 mg/g。

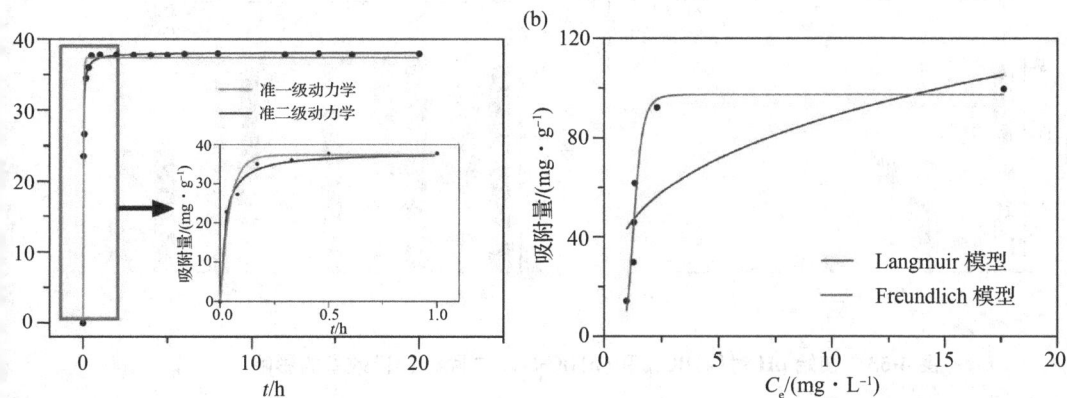

图 4-52 $BC\text{-}Fe_{600}$ 吸附 Cr(Ⅵ)的(a)动力学拟合图和(b)等温吸附拟合图。

表 4-18　BC-Fe₆₀₀ 吸附Cr(Ⅵ)的动力学参数

吸附等温和动力学		参数	
吸附动力学模型	准一级吸附动力学	Q_e/(mg/g)	37.38
		K_1/h	23.27
		R^2	0.8496
	准二级吸附动力学	Q_e/(mg/g)	38.12
		K_2/[g/(mg·h)]	0.2478
		R^2	0.9569
吸附等温模型	Langmuir 等温吸附模型	Q_m/(mg/g)	97.43
		K_L/(/mg)	0.1588
		R^2	0.9483
	Freundlich 等温吸附模型	K_F/(mg/g)	43.72
		$1/n$	0.3071
		R^2	0.5443

（2）初始 pH 对去除性能的影响

图 4-53(a)显示 BC 对Cr(Ⅵ)的去除效率随 pH 的增大而降低，甚至 pH 在 9～11 范围内降到负值。Cr(Ⅵ)在水溶液中的存在形式通常有三种：$Cr_2O_7^{2-}$、$HCrO_4^-$、CrO_4^{2-}。当 pH 较低时，溶液中Cr(Ⅵ)主要以 $HCrO_4^-$ 和 $Cr_2O_7^{2-}$ 存在；随着 pH 的增加，主要形式转移为以 CrO_4^{2-} 存在。$HCrO_4^-$ 与另外两种形式相比，只需要一个吸附位点[254]，因此吸附效率会更高。BC-Fe₆₀₀在很大 pH 范围内均具有良好的吸附效率，图 4-53(b)显示 pH 在 3～9 范围内 BC-Fe₆₀₀对Cr(Ⅵ)的去除效率均达到 95% 左右，在 pH＝11 时吸附率下降约一半到 54.9%，但与同 pH 下的 BC 相比去除率依然提高 60%。改性前后生物炭对总铬和Cr(Ⅵ)的去除效率基本一致，溶液中残留 Cr(Ⅲ)很少。

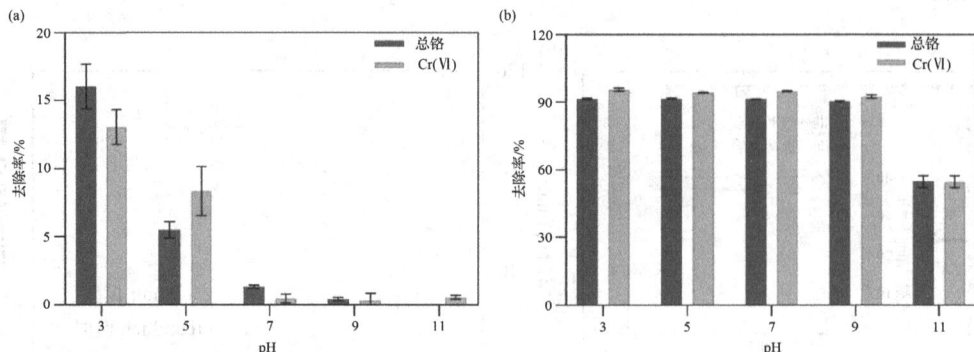

图 4-53　初始 pH 对(a)BC₆₀₀和(b)BC-Fe₆₀₀去除Cr(Ⅵ)效率的影响

（3）有机酸对去除性能的影响

富里酸(FA)浓度和初始 pH 对 BC₆₀₀和 BC-Fe₆₀₀吸附Cr(Ⅵ)效率的影响如图 4-54 所

示。由图 4-54(a)～(c)可知，富里酸浓度变化对 BC_{600} 吸附 $Cr(Ⅵ)$ 效率的影响不具备一定的规律性；但值得注意的是，在相同富里酸浓度的条件下，BC_{600} 对 $Cr(Ⅵ)$ 的去除率随 pH 的增高而降低。$BC\text{-}Fe_{600}$ 对 $Cr(Ⅵ)$ 的去除效率在不同 pH 和富里酸浓度下都能保持较高水平[90%，图 4-54(d)～(f)]。在 pH=3 时，富里酸对 $BC\text{-}Fe_{600}$ 去除 $Cr(Ⅵ)$ 效率的抑制作用不明显。但在弱酸和中性(pH=5 和 7)的条件下，随着富里酸浓度的升高，$BC\text{-}Fe_{600}$ 吸附 $Cr(Ⅵ)$ 效率随之下降。在 pH=5 时，去除率从 94.31% 下降到 92.22%；pH=7 时，去除率从 94.92% 下降到 91.53%。

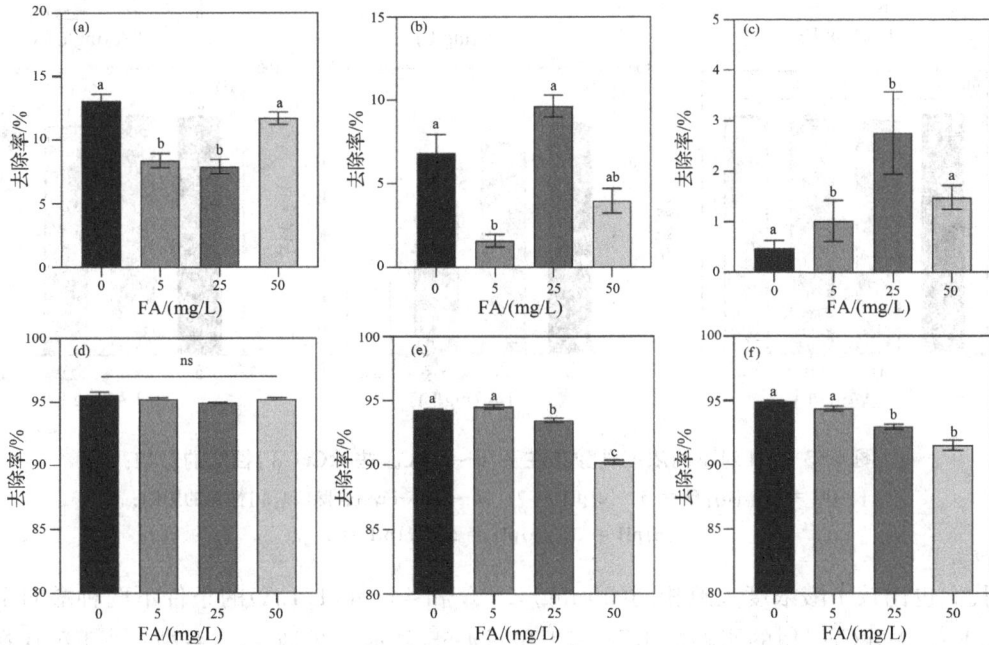

图 4-54 pH 对不同浓度富里酸存在下(a～c)BC_{600} 去除 $Cr(Ⅵ)$ 性能的影响
(a)pH=3，(b)pH=5，(c)pH=7；(d～f)$BC\text{-}Fe_{600}$ 去除 $Cr(Ⅵ)$ 性能的影响：
(d)pH=3，(e)pH=5，(f)pH=7

乳酸(LA)浓度和初始 pH 对 BC_{600} 和 $BC\text{-}Fe_{600}$ 吸附 $Cr(Ⅵ)$ 效率则具有明显影响(图 4-55)。乳酸对 BC_{600} 的去除效率整体有促进趋势，在 pH=3 时，吸附效率提高 21.73%；在 pH=7 时，吸附效率提高 36.27%。即在相同 pH 条件下，乳酸的浓度越大，生物炭对 $Cr(Ⅵ)$ 的吸附效率越高。乳酸造成 $Cr(Ⅵ)$ 浓度降低的原因是乳酸作为低分子量有机酸的一种，可在各种环境条件下作还原剂，已有研究发现柠檬酸、酒石酸、苹果酸等低分子量有机酸对 $Cr(Ⅵ)$ 有还原作用[255-259]。在 pH=3 和 pH=5 时，BC_{600} 依旧作为电子供体发挥作用，但其对 $Cr(Ⅵ)$ 的去除率随 pH 增加而降低[图 4-53(a)]；而在 pH=7 时，生物炭本身的吸附量几乎为零，不再作为主要的吸附剂对 $Cr(Ⅵ)$ 发挥作用，而此时乳酸作为主要电子供体，通过 BC_{600} 作为电子穿梭体将电子传递给 $Cr(Ⅵ)$[260]。因而在乳酸浓度达 450 mg/L 时，去除率上升到 36.27%。但同富里酸的效果类似，乳酸对 $BC\text{-}Fe_{600}$ 吸附 $Cr(Ⅵ)$ 效率有抑制趋势，该趋势在 pH=5 时尤为明显。pH=5 时，随着乳酸浓度的升高，$BC\text{-}Fe_{600}$ 吸附 $Cr(Ⅵ)$ 效率随之下降，去除率从 94.31% 下降到 78.22%。

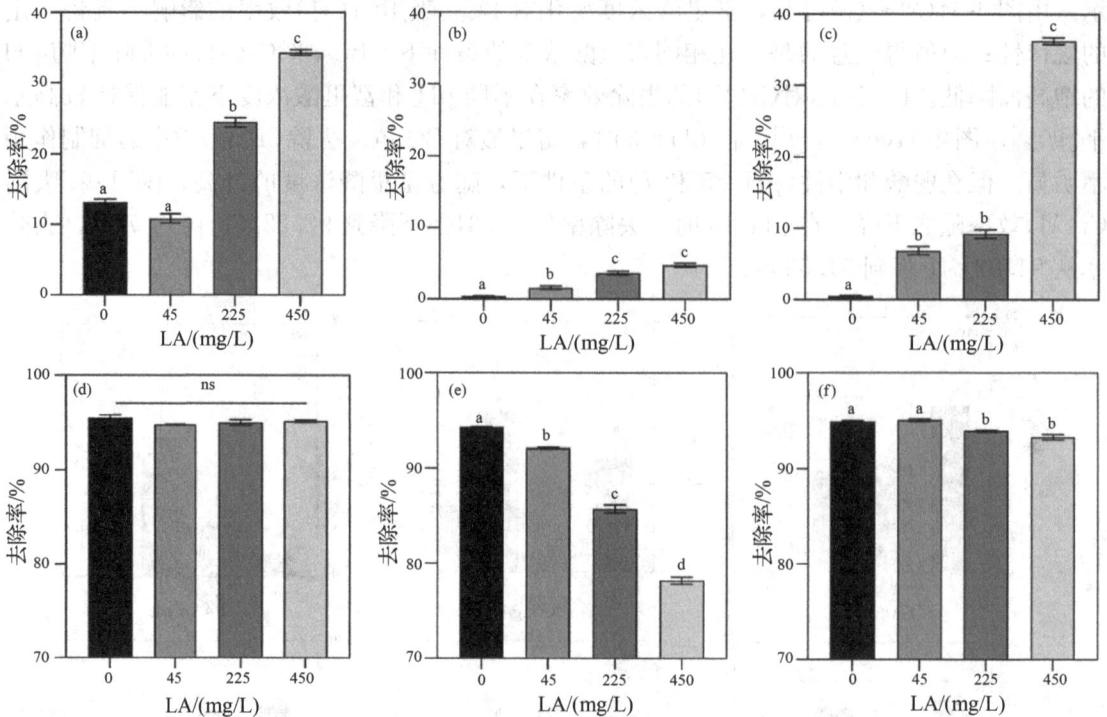

图4-55　pH对不同浓度乳酸存在下(a～c)BC$_{600}$去除Cr(Ⅵ)性能的影响：
(a)pH = 3，(b)pH = 5，(c)pH = 7；(d～f)BC-Fe$_{600}$去除Cr(Ⅵ)性能的影响：
(d)pH = 3，(e)pH = 5，(f)pH = 7

我们也比较了酸浓度大致相同(50 mg/L FA 和 45 mg/L LA)的条件下两种酸对 BC$_{600}$ 和 BC-Fe$_{600}$ 去除Cr(Ⅵ)的影响。由图4-54 和图4-55 显示，在BC$_{600}$体系中，当FA 存在时，Cr(Ⅵ)的去除率随着 pH 的增加而减小，而在相同酸浓度 LA 的存在下，Cr(Ⅵ)的去除率与 pH 之间则没有任何规律。此外，在酸性条件下，FA 存在时Cr(Ⅵ)的去除率明显高于LA 存在时，而中性条件下则表现出相反的规律。在BC-Fe$_{600}$体系中，pH 对Cr(Ⅵ)去除率的影响在 FA 和 LA 的存在系统中表现出相同的规律，即 pH 从 3 上升至 5 时，Cr(Ⅵ)去除率显著降低，pH 从 5 继续上升至 7 时，去除率显著提高。此外，在 pH 从 5 升至 7 的条件下，添加 LA 对 Cr(Ⅵ)的去除率(92.15%～95.06%)优于添加 FA(90.21%～91.53%)。

(4)有机酸对Cr(Ⅵ)去除性能影响的机理

如图 4-56 所示，有机酸的添加会不同程度上影响生物炭的表面电位。当 pH 从 2 上升至 4 时，BC$_{600}$ 可能由于表面官能团的去质子化，其表面电位从 52.3 mV 变为 -23.4 mV，在 pH 为 4～10 范围内始终为负值。相比之下，BC-Fe$_{600}$ 的表面电荷在 pH 为 2～10 范围内均为正值，有利于对 Cr(Ⅵ)阴离子的吸附，也导致了 Cr(Ⅵ)阴离子较高的去除率。在 BC$_{600}$ 体系中添加 FA 后，在 pH=2 时，生物炭表面电性由正变为负，但其后表面电位保持不变[图 4-56(a)]。然而，在 pH 为 2～6 添加 FA 时显著降低了 BC-Fe$_{600}$ 的表面电位。类似地，LA 的加入也降低了 BC$_{600}$ 和 BC-Fe$_{600}$ 在 pH 为 2～6 范围内的表面电位。BC-Fe$_{600}$

表面电位的降低导致Cr(Ⅵ)向材料的附着力降低,导致Cr(Ⅵ)去除率降低。

此外,Zeta电位还能反映生物炭在溶液中的分散性,其绝对值越大,分散性越好。如图4-56所示,BC-Fe$_{600}$的Zeta电位绝对值保持在较高的水平(40~50 mV),这有助于颗粒的分散和与污染物的接触。而随着FA和LA的加入,BC-Fe$_{600}$的绝对值有明显的下降趋势。这说明FA和LA的加入会使带正电荷的BC-Fe$_{600}$与表面的负电荷结合而产生电中和[261]。因此,胶体双层被压缩,导致BC聚集,进而降低Cr(Ⅵ)的去除效率。

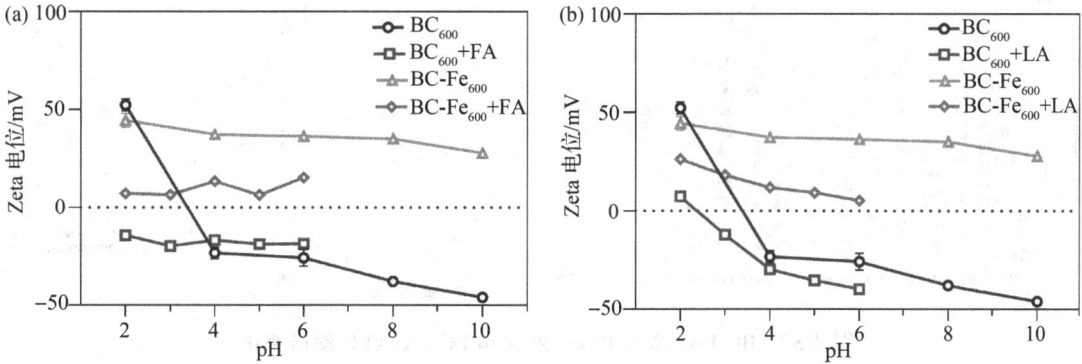

图4-56 (a)富里酸和(b)乳酸对生物炭Zeta电位的影响

本研究实例发现,改性后的BC-Fe$_{600}$由于Fe的存在有利于Cr(Ⅵ)的去除,而有机酸FA和LA的存在则在不同程度抑制了BC-Fe$_{600}$对Cr(Ⅵ)的去除。此结果与Xu等[262]报道一致,却与Xu等[255]研究结果相反,其报道Fe的存在对Cr(Ⅵ)具有抑制作用,乳酸盐的存在具有促进作用。结果的不一致性可能与Fe物种的差异有关。在Xu等[255]的研究中,Fe是作为外源加入的,其新形成的氢氧化铁矿物覆盖在生物炭表面,削弱了Cr(Ⅵ)的氧化还原反应。而在本研究中,Fe作为BC-Fe$_{600}$的固有成分存在。由于高温下(>650 ℃)生成的生物炭具有芳香族结构相关的共轭π-电子体系,其主导了生物炭的给电子能力[263],因此在以超纯水为背景介质的空白样品中,从BC-Fe$_{600}$溶出的Fe(Ⅲ)可以被生物炭还原,使得空白样品中存在Fe(Ⅱ)。

有机酸(即FA和LA)的存在,显著增加了生物炭与Cr(Ⅵ)反应前溶液中总铁和Fe(Ⅱ)的含量,说明FA和LA都有助于Fe从生物炭中溶解[图4-57(a)]。由于有机酸被广泛认为是电子供体[264],FA和LA也加速了体系中Fe(Ⅲ)向Fe(Ⅱ)的转化。BC-Fe$_{600}$与溶液中的Cr(Ⅵ)反应时,不管是何种有机酸存在,Fe(Ⅱ)的浓度均降低,进一步证实了Fe(Ⅱ)对Cr(Ⅵ)的还原作用[262]。在含有机酸的体系(即图中BC+Cr+FA和BC+Cr+LA)中,水溶液中Fe(Ⅱ)、Fe(Ⅲ)和总铁浓度差异不大,说明在含有机酸体系中Cr(Ⅵ)的还原去除不是以Fe(Ⅱ)和Fe(Ⅲ)的氧化还原转化为主。此外,所有体系的最终pH从反应前的5.0下降到反应后的2.51~3.76,这与Lu等[265]的研究结果类似,且LA存在下体系的pH下降程度较低。这是因为在pH=5时,生物炭表面Cr(Ⅵ)的吸附和还原一般是一个消耗羟基的过程,如式(4-9)至(4-11)所示:

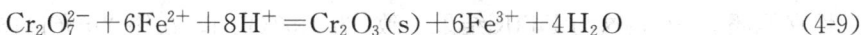

$$Cr_2O_7^{2-} + 6Fe^{2+} + 8H^+ = Cr_2O_3(s) + 6Fe^{3+} + 4H_2O \tag{4-9}$$

$$Fe^{3+} + 3OH^- = Fe(OH)_3 \tag{4-10}$$

$$Cr_2O_7^{2-} + 6Fe^{2+} + 4H_2O + 10OH^- = Cr_2O_3(s) + 6Fe(OH)_3 \tag{4-11}$$

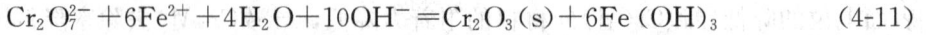

而在有机酸存在的情况下，游离配体会取代部分羟基而形成 Fe(Ⅲ)-有机络合物，从而减少羟基的消耗。因此，在含 LA 体系中 pH 降低程度较低，其氧化还原过程可用公式 (4-12) 解释[266]。

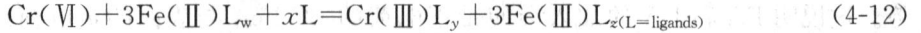

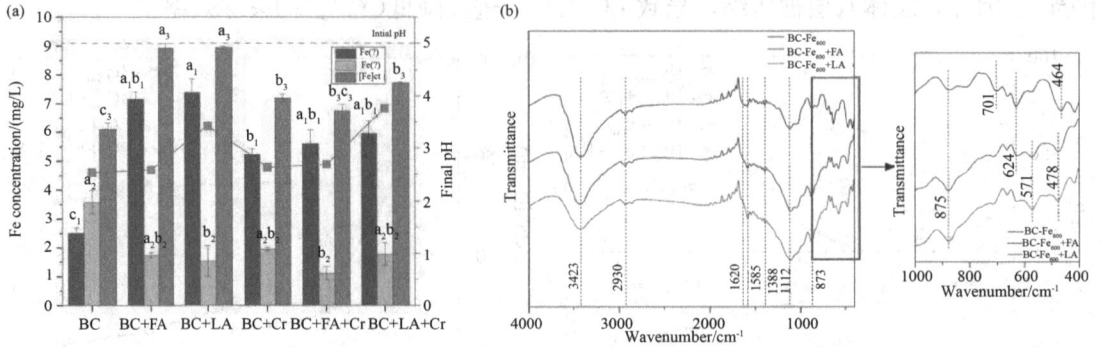

$$Cr(Ⅵ) + 3Fe(Ⅱ)L_w + xL = Cr(Ⅲ)L_y + 3Fe(Ⅲ)L_{z(L=ligands)} \tag{4-12}$$

图 4-57 BC-Fe$_{600}$体系中铁盐变化和 BC-Fe$_{600}$红外图谱变化

(a)不同 BC-Fe$_{600}$体系中溶解性 Fe(Ⅱ)、Fe(Ⅲ)和总铁的变化(BC 代表 BC-Fe$_{600}$)；

(b)存在或不存在 FA 和 LA 的情况下，吸附后的 BC-Fe$_{600}$的 FT-IR 光谱图

如图 4-57(b)所示，在有机酸不存在的体系中，吸附 Cr(Ⅵ)后的 BC-Fe$_{600}$表面的还原性官能团如 C—O—C 和—CH 吸收峰强度明显降低，而氧化性官能团如 C═O 吸收峰强度明显增强，这意味着在没有 FA 和 LA 的情况下，C—O—C 和—CH 基团的消耗直接导致了这些官能团的氧化和 Cr(Ⅵ)还原和去除。然而，在含有机酸体系中，C—O—C 和—CH 基团的减少和 C═O 基团的生成都不明显。

为了进一步探究在 FA 和 LA 存在与否情况下 BC-Fe$_{600}$对 Cr(Ⅵ)的吸附和还原行为，采用 XPS 光谱对 BC-Fe$_{600}$吸附反应前后的 C、O、Fe、铬的表面元素形态进行表征，如图 4-58 所示。在 O 1s[图 4-58(a)]光谱中，反应前的 BC-Fe$_{600}$中存在 C═O(530.76 eV)[267]、Fe—O(531.12 eV)[268]和 C—OH(532.43 eV)[269]键等。从 O 1s 光谱图中可以看出，反应前 BC-Fe$_{600}$中 32.14% 的 O 与 Fe 结合形成 α-FeOOH、Fe$_3$O$_4$ 和 Fe$_2$O$_3$。在 Fe 2p XPS 光谱图中，711.22 eV 和 724.42 eV 处的两个特征峰代表 Fe(Ⅱ)，713.16 eV 和 726.31 eV 处的两个特征峰代表 Fe(Ⅲ)[262]。在不存在有机酸的体系中，反应前 BC-Fe$_{600}$上的 Fe(Ⅱ)和 Fe(Ⅲ)形态几乎各持一半，分别为 48.35% 和 51.56%[图 4-58(b)]，与 Fe 在溶液中的形态相吻合[图 4-57(a)]。

BC-Fe$_{600}$与 Cr(Ⅵ)反应后，铬被吸附在材料上与含氧基团反应。因此，O 1s 光谱图中出现新键 Cr—O(532.23 eV)[270]，占含氧基团的 28.96%。同时，反应后还原官能团以酚、醇或醚的形式出现的 C—OH 由原来的 39.34% 减少至 15.79%。在 C 1s 光谱图中，位于 284.40 eV、285.12 eV 和 286.20 eV 的特征峰分别对应 C—C/C—H、C═O 和 C—O 键[267,271]。反应后，C—O 键占比从 20.66% 轻微下降至 19.25%，说明反应过程会消耗还原性官能团 C—O，这与 FTIR 结果一致[图 4-57(b)]。在铬 2p 光谱图中，Cr(Ⅵ)特征峰位于 579.44 eV 和 588.34 eV 处，Cr(Ⅲ)特征峰位于 577.31 eV 和 586.63 eV 处[230]。

Cr(Ⅲ)的出现也证明了Cr(Ⅵ)被BC-Fe$_{600}$还原。此外，Fe(Ⅱ)的含量显著增加，占总铁的82.83%[图4-58(d)]，55.45%的Cr(Ⅵ)转化为Cr(Ⅲ)[图4-58(e)]，进一步证明Cr(Ⅵ)在BC-Fe$_{600}$上的还原主要是含氧官能团主导的氧化还原反应。

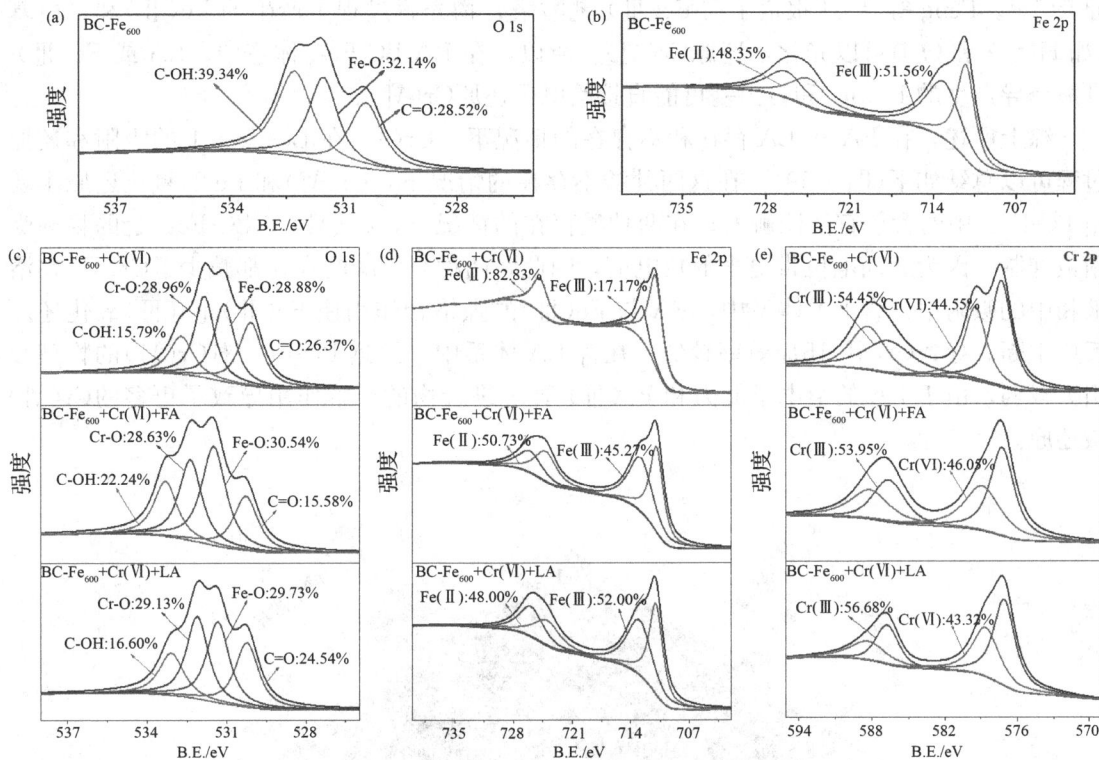

图 4-58 BC-Fe$_{600}$的 XPS 光谱图

（a）使用前 BC-Fe$_{600}$的 O 1s 和（b）Fe 2p；在 FA 或 LA 存在或不存在的情况下，
使用后 BC-Fe$_{600}$的（c）O 1s，（d）Fe 2p 和（e）铬 2p

在存在 FA 时，Cr(Ⅲ)的占比从 55.45% 下降至 53.95%，而 LA 的存在则使 Cr(Ⅲ)的占比上升至 56.68%[图 4-58(e)]。虽然 FA 和 LA 的存在都导致了铬吸附效率的降低，但 Cr(Ⅲ)比例的差异进一步揭示了 FA 和 LA 在铬转化中的不同作用。FA 存在时，还原性基团 C—OH 的含量（22.24%）比无有机酸体系高，而氧化基团 C═O 的含量（18.58%）则比无有机酸体系低，这意味着 FA 的存在阻碍了含氧基团对Cr(Ⅵ)的还原过程。值得注意的是，Fe(Ⅱ)的含量从 82.83% 下降至 50.73%，而 Fe(Ⅲ)的含量由 17.17% 上升至 49.27%[图 4-58(d)]。同时，Fe—O 键含量从 28.88% 上升至 30.54%，Cr—O 键则下降了 0.33%[图 4-58(c)]，Cr(Ⅲ)含量下降了 1.5%[图 4-58(e)]。这些现象都表明 Fe(Ⅲ)与 FA 发生了络合，阻碍了含氧基团对Cr(Ⅵ)的还原。实际上，Fe 和 FA 之间的络合作用相对稳定，稳定常数为 5.64~7.55[272]。虽然 FA 被认为是一种还原剂，其标准氧化还原电位为 0.5 V，但是其还原性并不稳定[273]。此外，FA 的化学结构比 LA 更复杂，其氧化产物可能包括二羧酸、苯代羧酸及其甲氧基衍生物的混合物（15 种化合物）[274]。因此，可以推断 Fe(Ⅲ)-FA 络合作用限制了 BC-Fe$_{600}$表面 Fe(Ⅲ)还原为 Fe(Ⅱ)以及 Cr(Ⅵ)转化为

Cr(Ⅲ)过程。同样地，LA 的加入也导致了 Fe—O 和 Fe(Ⅲ)含量的上升。然而，Cr(Ⅲ)含量从 55.45% 增加到 56.68%，Cr(Ⅵ)含量从 44.45% 减少到 43.32%[图 4-58(e)]。有报道表明，无论是否使用生物炭作为电子穿梭器，乳酸都能直接提供电子用于 Cr(Ⅵ)的还原[255,275]。Feng 等[276]还报道了在 Fe(Ⅲ)-乳酸络合物光解过程中产生的 Fe(Ⅱ)和自由基（如 $HO_2 \cdot$ 和 O_2^-）可以光化学还原 Cr(Ⅵ)。所以，在 LA-BC-Fe$_{600}$ 体系中，LA 或 Fe(Ⅲ)-乳酸诱导产生的 Fe(Ⅱ)和自由基可能直接给电子还原 Cr(Ⅵ)。

综上所述，在 FA 和 LA 存在和不存在的情况下，Cr(Ⅵ)在 BC-Fe$_{600}$ 上的吸附和还原过程可以总结如下（图 4-59）：在这两种酸不存在的情况下，Cr(Ⅵ)和 Fe 的氧化还原主要由 BC-Fe$_{600}$ 中的含氧官能团触发；在两种酸存在的情况下，Cr(Ⅵ)在 BC-Fe$_{600}$ 上的物理吸附被抑制，因为表面电位带更多的负电荷，因此，两种有机酸的存在都减少了 Cr(Ⅵ)在溶液相中的吸附率；含 FA 体系中，FA 与 Fe(Ⅲ)的强络合作用使 Fe(Ⅱ)-Fe(Ⅲ)氧化还原反应中断，导致 Cr(Ⅵ)还原效率较低；在含 LA 体系中，虽然 BC-Fe$_{600}$ 对 Cr(Ⅵ)的物理吸引力减弱，由于 LA 的给电子能力和 Fe(Ⅲ)-乳酸络合物的光解作用导致了更多的 Cr(Ⅵ)被还原。

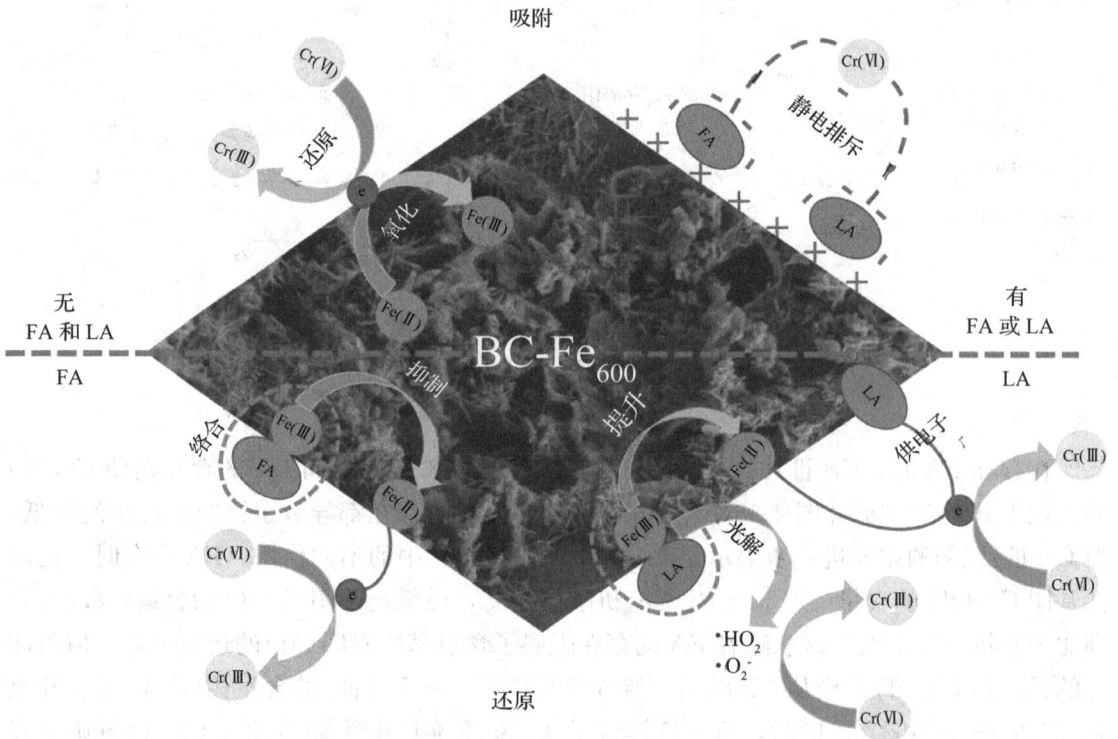

图 4-59　FA 和 LA 存在和不存在时 Cr(Ⅵ)在 BC-Fe$_{600}$ 上的去除和还原机理

4.5 小结与展望

Cr(Ⅵ)是强致癌物质,工业生产过程中产生的含铬废水和废渣必须得到妥善处理才能排放进入环境水体。运用于铬污染废水的修复方法诸多,主要为物理化学修复、生物修复和以上方法的组合修复。在这一章中,我们探究了在不同环境因素(如水体酸碱度、温度、共存例子、天然有机物等)的影响下,在以废水为代表的地表水体系中应用金属有机框架材料和生物炭材料修复水体铬污染的效果。

金属有机框架材料(MOFs)因其高比表面积、高孔隙率和优良的吸附性能被广泛研究于对污染物的吸附去除中。在本章中,我们首先通过改变 MIL-100(Fe)合成中的矿化剂制备四种了不同的 MIL-100(Fe)材料,通过材料表征方法,发现以 Na_2CO_3 作为矿化剂所制备的 MIL-100(Fe)具有更高的结晶度、更好的纯度、更大的比表面积。因此,研究 MOFs 材料去除污染物的过程应不局限于设计新材料,亦可从制备工艺上进行改进以满足绿色生产和低碳生产的目标。此外,采用负载或修饰的方式,可以使原有 MOFs 材料产生更大的修复效益。例如,在本章中我们探索了将茶多酚成分之一表儿茶素儿食子酸酯(EGCG)修饰至 ZIF-8 型 MOF 材料上,ZIF-8-EGCG 对Cr(Ⅵ)的还原能力在已有 MOF 基系列材料中表现突出,其还原率高达 97%,是未改性 ZIF-8 的 2.6 倍;同时,其吸附能力也为 ZIF-8 的 1.6 倍。ZIF-8-EGCG 对Cr(Ⅵ)去除效率的大幅提升,归因于 EGCG 所引入的酚羟基官能团既能起到螯合的作用,同时 EGCG 配体本身氧化形成醌的电子转移过程可完成对Cr(Ⅵ)的吸附提升和高效还原。再者,我们将 nZVI 与 ZIF-67 或其炭化后的衍生物 ZD 进行结合,所获得的 nZVI@ZIF-67 和 nZVI@ZD 在吸附容量上都较原 ZIF-67 有明显提升,特别是 nZVI@ZD 的最大吸附量比 ZIF-67 和 nZVI@ZIF-67 的最大吸附量分别高出 6.7 倍和 5.2 倍。ZIF-67 和 nZVI@ZIF-67 对于Cr(Ⅵ)的吸附方式主要是通过静电引力和还原作用,而 nZVI@ZD 除了静电吸引和还原作用,最主要的是通过增大介孔扩散提升Cr(Ⅵ)与 nZVI 反应效率,最终形成 $Cr(OH)_3$ 沉淀。Cr(Ⅵ)在 nZVI@ZD 体系中同步实现了吸附、还原及沉淀,大大降低了Cr(Ⅵ)的毒性,并且降低了 Cr(Ⅲ)的潜在毒性风险。

生物炭材料是一类更为经济环保的修复材料,在"碳达峰、碳中和"的美好愿景下也有重要的发展潜力和价值。在本章中,我们利用 HNO_3 改性增加了生物炭表面 EPFRs 的含量,改性过程还提高了生物炭表面正电势,有利于生物炭对Cr(Ⅵ)的吸附去除。溶液中存在 O_2 时,NBC 可以直接还原Cr(Ⅵ),也可以通过还原 O_2 产生的 $\cdot O_2^-$ 间接还原Cr(Ⅵ),其中直接还原途径为主要反应途径。厌氧条件下 NBC 对Cr(Ⅵ)的去除效率和吸附速率的抑制作用随着溶液 pH 的升高而升高。在相同 pH 下 NBC 还原Cr(Ⅵ)的主要电子供体不同:酸性条件下含氧官能团—OH 和 C—O—C 是主要的电子供体,而中性条件下是 EPFRs 主导Cr(Ⅵ)的还原。此外,铁改性生物炭也展现了较原有生物炭更优的吸附还原效果。但是,环境介质中的可溶性有机物可能会通过增加表面负电荷或络合/螯合 Fe 离子而减少Cr(Ⅵ)在生物炭表面的吸附。然而,低分子量的乳酸也可作为电子供体直接还原

Cr(Ⅵ)或通过 Fe(Ⅲ)-乳酸络合物的光解作用导致更多的Cr(Ⅵ)被还原。

参考文献

[1] 刘存海，朱玉凤. 5种絮凝剂复配及在电镀含铬废水中的应用[J]. 化工时刊，2009，23：27 - 29.

[2] 王晴. 制革复鞣废水中聚合物-Cr 的络合及去除行为研究[D]. 西安：陕西科技大学，2020.

[3] STYLIANOU S，SIMEONIDIS K，MITRAKAS M，et al. Reductive precipitation and removal of Cr(Ⅵ) from groundwaters by pipe flocculation-microfiltration[J]. Environmental Science And Pollution Research，2018，25：12256 - 12262.

[4] 董亚玲，顾平，陈卫文，等. 混凝-微滤膜工艺处理含铬废水[J]. 膜科学与技术，2004，4：17 - 20.

[5] ZHAO S，CHEN Z，SHEN J，et al. Response surface methodology investigation into optimization of the removal condition and mechanism of Cr(Ⅵ) by Na$_2$SO$_3$/CaO[J]. Journal of Environmental Management，2017，202：38 - 45.

[6] 骆丽君，沈澄英，纪李辉. 混凝法处理含铬废水的工艺条件研究[J]. 工业用水与废水，2015，46：37 - 39.

[7] DASGUPTA J，MONDAL D，CHAKRABORTY S，et al. Nanofiltration based water reclamation from tannery effluent following coagulation pretreatment[J]. Ecotoxicology And Environmental Safety，2015，121：22 - 30.

[8] Lan Z，Wan S，Chen R，et al. Fabrication of polyaluminium ferric sulfate from bauxite residue for efficient removal of Cr(Ⅵ) from simulated wastewater[J]. Bulletin of Environmental Contamination and Toxicology，2022，109：142 - 148.

[9] 李秀玲，梁艳玲，邓丽霞，等. 聚磷氯化铝铁混凝剂处理含 Cr(Ⅵ)废水的研究[J]. 工业水处理，2021，41：101 - 105.

[10] LUZ T G D，SALES V，ROCHA R D C D. Evaluation of technology potential of Aloe arborescens biopolymer in galvanic effluent treatment[J]. Water Science And Technology，2017，2017：48 - 57.

[11] VIVEK NARAYANAN N，GANESAN M. Use of adsorption using granular activated carbon (GAC) for the enhancement of removal of chromium from synthetic wastewater by electrocoagulation[J]. Journal of Hazardous Materials，2009，161：575 - 580.

[12] 刘玉玲，陆君，马晓云，等. 电絮凝过程处理含铬废水的工艺及机理[J]. 环境工程学报，2014，8：3640 - 3644.

[13] GOLDER A K，SAMANTA A N，RAY S. Removal of Cr^{3+} by electrocoagulation with multiple electrodes：bipolar and monopolar configurations[J]. Journal of Hazardous Materials，2007，141：653 - 661.

[14] ABER S，AMANI-GHADIM A R，MIRZAJANI V. Removal of Cr(Ⅵ) from polluted solutions by electrocoagulation：Modeling of experimental results using artificial neural network[J]. Journal of Hazardous Materials，2009，171：484 - 490.

[15] CHAI W S，CHEUN J Y，KUMAR P S，et al. A review on conventional and novel materials towards heavy metal adsorption in wastewater treatment application[J]. Journal Of Cleaner Production，2021，296：126589.

［16］XING X，ALHARBI N S，REN X，et al. A comprehensive review on emerging natural and tailored materials for chromium-contaminated water treatment and environmental remediation［J］. Journal of Environmental Chemical Engineering，2022，10：107325.

［17］WANG J，ZHANG D，LIU S，et al. Enhanced removal of chromium（Ⅲ）for aqueous solution by EDTA modified attapulgite：Adsorption performance and mechanism［J］. Science of The Total Environment，2020，720：137391.

［18］ZHANG Y，LIU Q，MA W，et al. Insight into the synergistic adsorption-reduction character of chromium（Ⅵ）onto poly（pyrogallol-tetraethylene pentamine）microsphere in synthetic wastewater［J］. Journal of Colloid and Interface Science，2022，609：825－837.

［19］LI B，ZHANG L，YIN W，et al. Effective immobilization of hexavalent chromium from drinking water by nano-FeOOH coating activated carbon：Adsorption and reduction［J］. Journal of Environmental Management，2021，277：111386.

［20］WAN J，LIU F，WANG G，et al. Exploring different mechanisms of biochars in removing hexavalent chromium：Sorption［J］. reduction and electron shuttle，Bioresource Technology，2021，337：125382.

［21］WANG Y，YANG Q，CHEN J，et al. Adsorption behavior of Cr（Ⅵ）by magnetically modified Enteromorpha prolifera based biochar and the toxicity analysis［J］. Journal of Hazardous Materials，2020，395：122658.

［22］QU J，WU Z，LIU Y，et al. Ball milling potassium ferrate activated biochar for efficient chromium and tetracycline decontamination：Insights into activation and adsorption mechanisms［J］. Bioresource Technology，2022，360：127407.

［23］GOPE M，DAS A，MONDAL S，et al. Immobilization of Cr（Ⅲ）and Cr（Ⅵ）from contaminated aqueous solution by using sewage produced biochar：Affecting factors and mechanisms［J］. Energy Sources，Part A：Recovery，Utilization，and Environmental Effects，2022，44：5812－5828.

［24］SINGH S，ANIL A G，NAIK T S S K，et al. Mechanism and kinetics of Cr（Ⅵ）adsorption on biochar derived from Citrobacter freundii under different pyrolysis temperatures［J］. Journal of Water Process Engineering，2022，47：102723.

［25］SHAKYA A，VITHANAGE M，AGARWAL T. Influence of pyrolysis temperature on biochar properties and Cr（Ⅵ）adsorption from water with groundnut shell biochars：Mechanistic approach［J］. Environmental Research，2022，215：114243.

［26］FEI H，HAN C S，ROBINS J C，et al. A cationic metal-organic solid solution based on co（ii）and zn（ii）for chromate trapping［J］. Chemistry Of Materials，2013，25：647－652.

［27］KHALIL U，BILAL SHAKOOR M，ALI S，et al. Adsorption-reduction performance of tea waste and rice husk biochars for Cr（Ⅵ）elimination from wastewater［J］. Journal of Saudi Chemical Society，2020，24：799－810.

［28］Ekanayake A，Rajapaksha A U，Selvasembian R，et al. Amino-functionalized biochars for the detoxification and removal of hexavalent chromium in aqueous media［J］. Environmental Research，2022，211：113073.

［29］DONG X，MA L Q，LI Y. Characteristics and mechanisms of hexavalent chromium removal by biochar from sugar beet tailing［J］. Journal of Hazardous Materials，2011，190：909－915.

［30］ALI S，NOUREEN S，SHAKOOR M B，et al. Comparative evaluation of wheat straw and press mud biochars for Cr（Ⅵ）elimination from contaminated aqueous solution［J］. Environmental Technology & Innovation, 2020, 19: 101017.

[31]DENG J, LI X, WEI X, et al. Different adsorption behaviors and mechanisms of a novel amino-functionalized hydrothermal biochar for hexavalent chromium and pentavalent antimony[J]. Bioresource Technology, 2020, 310: 123438.

[32]ZHOU L, CHI T, ZHOU Y, et al. Efficient removal of hexavalent chromium through adsorption-reduction-adsorption pathway by iron-clay biochar composite prepared from Populus nigra[J]. Separation and Purification Technology, 2022, 285.

[33]HERATH A, LAYNE C A, PEREZ F, et al. KOH-activated high surface area Douglas Fir biochar for adsorbing aqueous Cr(Ⅵ), Pb(Ⅱ) and Cd(Ⅱ)[J]. Chemosphere, 2021, 269: 128409.

[34]ZHOU Y, LIU G, LIU J, et al. Magnetic biochar prepared by electromagnetic induction pyrolysis of cellulose: Biochar characterization, mechanism of magnetization and adsorption removal of chromium (Ⅵ) from aqueous solution[J]. Bioresource Technology, 2021, 337: 125429.

[35]XIAO Y, LIU L, HAN F, et al. Mechanism on Cr(Ⅵ) removal from aqueous solution by camphor branch biochar[J]. Heliyon, 2022, 8: e10328.

[36]CHEN T, ZHOU Z, XU S, et al. Adsorption behavior comparison of trivalent and hexavalent chromium on biochar derived from municipal sludge[J]. Bioresource Technology, 2015, 190: 388-394.

[37]YANG Z H, XIONG S, WANG B, et al. Cr(Ⅲ) adsorption by sugarcane pulp residue and biochar[J]. Journal of Central South University, 2013, 20: 1319-1325.

[38]CHAI Q, LU L, LIN Y, et al. Effects and mechanisms of anionic and nonionic surfactants on biochar removal of chromium[J]. Environmental Science And Pollution Research, 2018, 25: 18443-18450.

[39]QIU Y, ZHANG Q, GAO B, et al. Removal mechanisms of Cr(Ⅵ) and Cr(Ⅲ) by biochar supported nanosized zero-valent iron: Synergy of adsorption, reduction and transformation[J]. Environmental Pollution, 2020, 265.

[40]TAHMASEBI E, MASOOMI M Y, YAMINI Y, et al. Application of mechanosynthesized azine-decorated Zinc(Ⅱ) metal-organic frameworks for highly efficient removal and extraction of some heavymetal ions from aqueous samples: A comparative study[J]. Inorganic Chemistry, 2015, 54: 425-433.

[41]LI X, GAO X, AI L, et al. Mechanistic insight into the interaction and adsorption of Cr(Ⅵ) with zeolitic imidazolate framework-67 microcrystals from aqueous solution[J]. Chemical Engineering Journal, 2015, 274: 238-246.

[42]YANG Q, ZHAOQ, RENS, et al. Fabrication of core-shell Fe3O4@MIL-100(Fe) magnetic microspheres for the removal of Cr(Ⅵ) in aqueous solution[J]. Journal of Solid State Chemistry, 2016, 244: 25-30.

[43]FU H R, XU Z X, ZHANG J. Water-Stable Metal-Organic Frameworks for Fast and High Dichromate Trapping via Single-Crystal-to-Single-Crystal Ion Exchange[J]. Chemistry Of Materials, 2015, 27: 205-210.

[44]ABOUTORABI L, MORSALI A, TAHMASEBI E, et al. Metal-organic framework based on isonicotinate N-oxide for fast and highly efficient aqueous phase Cr(Ⅵ) adsorption[J]. Inorganic Chemistry, 2016, 55: 5507-5513.

[45]BABAPOUR M, HADI DEHGHANI M, ALIMOHAMMADI M, et al. Adsorption of Cr(Ⅵ) from aqueous solution using mesoporous metal-organic framework-5 functionalized with the amino acids: Characterization, optimization, linear and nonlinear kinetic models[J]. Journal of Molecular Liquids, 2022,

345.

[46]MALEKI A , HAYATI B , NAGHIZADEH M , et al. Adsorption of hexavalent chromium by metal organic frameworks from aqueous solution[J]. Journal of Industrial and Engineering Chemistry, 2015, 28: 211 – 216.

[47]FORGHANI M , AZIZI A , LIVANI M J , et al. Adsorption of lead(Ⅱ) and chromium(Ⅵ) from aqueous environment onto metal-organic framework MIL-100(Fe): Synthesis, kinetics, equilibrium and thermodynamics[J]. Journal of Solid State Chemistry, 2020, 291: 121636.

[48]SATHVIKA T , BALAJI S , CHANDRA M , et al. A co-operative endeavor by nitrifying bacteria nitrosomonas and zirconium based metal organic framework to remove hexavalent chromium[J]. Chemical Engineering Journal, 2019, 360: 879 – 889.

[49]E MAHMOUD M , AMIRA M F , AZAB M , et al. Effective removal of levofloxacin drug and Cr(Ⅵ) from water by a composed nanobiosorbent of vanadium pentoxide@chitosan@MOFs[J]. International Journal of Biological Macromolecules, 2021, 188 : 879 – 891.

[50]Wang H , Wang S , Wang S , et al. Efficient and selective removal of Cr(Ⅵ) by the modified UiO-66-NH₂ with phenothiazine-N-rhodanine from aqueous solution: Performance and mechanisms[J]. Microporous and Mesoporous Materials, 2022, 336.

[51]SAMUEL M S , SUBRAMANIYAN V , BHATTACHARYA J , et al. A GO-CS@MOF [Zn (BDC)(DMF)] material for the adsorption of chromium(Ⅵ) ions from aqueous solution[J]. Composites Part B: Engineering, 2018, 152: 116 – 125.

[52]LI G , LI J , ZHANG S , et al. In-situ growing of metal-organic frameworks on iron mesh as a recyclable remediation material for removing hexavalent chromium from groundwater[J]. Chemosphere, 2022, 303: 135187.

[53]DONG H , ZHANG L , SHAO P , et al. A metal-organic framework surrounded with conjugate acid-base pairs for the efficient capture of Cr(Ⅵ) via hydrogen bonding over a wide pH range[J]. Journal of Hazardous Materials, 2023, 441: 129945.

[54]YUAN H , ZHOU H , ZHAO Y , et al. Metal-organic frameworks encapsulated Ag nanoparticle-nanoclusters with enhanced luminescence for simultaneous detection and removal of chromium(Ⅵ)[J]. Microchemical Journal, 2022, 181.

[55]DARADMARE S , XIA M , LE V N , et al. Metal-organic frameworks/alginate composite beads as effective adsorbents for the removal of hexavalent chromium from aqueous solution[J]. Chemosphere, 2021, 270: 129487.

[56]YUAN D , SHANG C , CUI J , et al. Removal of Cr(Ⅵ) from aqueous solutions via simultaneous reduction and adsorption by modified bimetallic MOF-derived carbon material Cu@MIL-53(Fe): Performance, kinetics, and mechanism[J]. Environmental Research, 2023, 216 : 114616.

[57]CHEN P , WANG Y , ZHUANG X , et al. Selective removal of heavy metals by Zr-based MOFs in wastewater: New acid and amino functionalization strategy[J]. Journal of Environmental Sciences, 2023, 124: 268 – 280.

[58]JALAYERI H , APREA P , CAPUTO D , et al. Synthesis of amino-functionalized MIL-101 (Cr) MOF for hexavalent chromium adsorption from aqueous solutions, Environmental Nanotechnology[J]. Monitoring & Management, 2020, 14.

[59]KOPPULA S , JAGASIA P , PANCHANGAM M K , et al. Synthesis of bimetallic Metal-Organic Frameworks composite for the removal of Copper(Ⅱ), Chromium(Ⅵ), and Uranium(Ⅵ) from the a-

queous solution using fixed-bed column adsorption [J]. Journal of Solid State Chemistry, 2022, 312：123168.

[60]GAO G, NIE L, YANG S, et al. Well-defined strategy for development of adsorbent using metal organic frameworks (MOF) template for high performance removal of hexavalent chromium[J]. Applied Surface Science, 2018, 457：1208 - 1217.

[61]陈旭. 矿山废水中三价铬的处理实验研究[J]. 煤炭技术, 2012, 31：201 - 203.

[62]李建博, 刘雄, 梁春波, 等. 离子交换纤维用于含六价铬电镀废水的治理[C]//2012 中国环境科学学会学术年会. 中国广西南宁, 2012, pp. 860 - 866.

[63]ZANG Y, YUE Q, KANb Y, et al. Research on adsorption of Cr() by Poly-epichlorohydrin-dimethylamine (EPIDMA) modified weakly basic anion exchange resin D301[J]. Ecotoxicology And Environmental Safety, 2018, 161：467 - 473.

[64]熊珊, 熊道文. 皮革含铬废水处理技术分析[J]. 广州化工, 2014, 42：35 - 37.

[65]ADAM M R, SALLEH N M, OTHMAN M H D, et al. The adsorptive removal of chromium (VI) in aqueous solution by novel natural zeolite based hollow fibre ceramic membrane[J]. Journal of Environmental Management, 2018, 224：252 - 262.

[66]杭州市化工研究环保组. 用反渗透法(聚砜酰胺膜)处理含铬废水的初步探索试验[J]. 杭州化工, 1976, 92 - 99.

[67]LI L, LI Y, YANG C. Chemical filtration of Cr (VI) with electrospun chitosan nanofiber membranes[J]. Carbohydr Polym, 2016, 140：299 - 307.

[68]ZHAO G B, HAOY F, HEB Q, et al. A chitosan-separation-layer nanofiltration membrane prepared through homogeneous hybrid and copper ion enhancement[J]. Separation and Purification Technology, 2020, 234.

[69]GEBRU K A, DAS C. Removal of chromium (VI) ions from aqueous solutions using amine-impregnated TiO$_2$ nanoparticles modified cellulose acetate membranes[J]. Chemosphere, 2018, 191：673 - 684.

[70]JEON S I, PARK H R, YEO J G, et al. Desalination via a new membrane capacitive deionization process utilizing flow-electrodes[J]. Energy & Environmental Science, 2013, 6.

[71]XU P, ELSON B, DREWES J E. Electrosorption of Heavy Metals with Capacitive Deionization: Water Reuse, Desalination and Resources Recovery[M]. John Wiley & Sons, Ltd, 2014.

[72]HUANG Z, LU L, CAI Z, et al. Individual and competitive removal of heavy metals using capacitive deionization[J]. Journal of Hazardous Materials, 2016, 302：323 - 331.

[73]GAIKWAD M S, BALOMAJUMDER C. Simultaneous electrosorptive removal of chromium(VI) and fluoride ions by capacitive deionization (CDI)：Multicomponent isotherm modeling and kinetic study[J]. Separation and Purification Technology, 2017, 186：272 - 281.

[74]GAIKWAD M S, BALOMAJUMDER C. Tea waste biomass activated carbon electrode for simultaneous removal of Cr(VI) and fluoride by capacitive deionization[J]. Chemosphere, 2017, 184：1141 - 1149.

[75]ZHANG X F, WANGB, YUJ, et al. Three-dimensional honeycomb-like porous carbon derived from corncob for the removal of heavy metals from water by capacitive deionization[J]. RSC Advances, 2018, 8：1159 - 1167.

[76]GAIKWAD M S, BALOMAJUMDER C. Removal of Cr(VI) and fluoride by membrane capacitive deionization with nanoporous and microporous Limonia acidissima (wood apple) shell activated carbon e-

lectrode[J]. Separation and Purification Technology, 2018, 195: 305 - 313.

[77]BHARATH G, RAMBABU K, BANAT F, et al. Enhanced electrochemical performances of peanut shell derived activated carbon and its Fe3O4 nanocomposites for capacitive deionization of Cr(Ⅵ) ions [J]. Science of The Total Environment, 2019, 691: 713 - 726.

[78]CHEN L, WANG C, LIU S, et al. Investigation of adsorption/desorption behavior of Cr(Ⅵ) at the presence of inorganic and organic substance in membrane capacitive deionization (MCDI)[J]. Journal of Environmental Sciences, 2019, 78: 303 - 314.

[79] MOHANRAJ P, ALLWINEBINESAR J S S, AMALA J, et al. Biocomposite based electrode for effective removal of Cr (Ⅵ) heavy metal via capacitive deionization[J]. Chemical Engineering Communications, 2019, 207: 775 - 789.

[80]BHARATH G, HAI A, RAMBABU K, et al. The fabrication of activated carbon and metal-carbide 2D framework-based asymmetric electrodes for the capacitive deionization of Cr(Ⅵ) ions toward industrial wastewater remediation[J]. Environmental Science: Water Research & Technology, 2020, 6: 351 - 361.

[81]DU Z, TIAN W, QIAO K, et al. Improved chlorine and chromium ion removal from leather processing wastewater by biocharcoal-based capacitive deionization[J]. Separation and Purification Technology, 2020, 233.

[82]GAIKWAD M S, BALOMAJUMDER C, TIWARI A K. Acid treated RHWBAC electrode performance for Cr(Ⅵ) removal by capacitive deionization and CFD analysis study[J]. Chemosphere, 2020, 254: 126781.

[83]DONG Y, XING W, LUO K, et al. Effective and continuous removal of Cr(Ⅵ) from brackish wastewater by flow-electrode capacitive deionization (FCDI) [J]. Journal Of Cleaner Production, 2021, 326.

[84]ZHANG X, REN B, WU X, et al. Efficient removal of chromium(Ⅵ) using a novel waste biomass chestnut shell-based carbon electrode by electrosorption[J]. ACS Omega, 2021, 6: 25389 - 25396.

[85]FENG J, XIONG S, REN L, et al. Atomic layer deposition of TiO_2 on carbon-nanotubes membrane for capacitive deionization removal of chromium from water[J]. Chinese Journal of Chemical Engineering, 2022, 45: 15 - 21.

[86]FENG T, LIU Q, YANG C, et al. Membrane capacitive deionization (MCDI) for removal of chromium complexes with? $AC@SiO_2$-NH_2 electrode[J]. Journal of Environmental Chemical Engineering, 2022, 10: 108363.

[87]HE R, NEUPANE M, ZIA A, et al. Binder-free wood converted carbon for enhanced water desalination performance[J]. Advanced Functional Materials, 2022.

[88]ZHAO Z, ZHAO J, SUN Y, et al. In-situ construction of 3D hierarchical MoS_2/CoS_2@TiO_2 nanotube hybrid electrodes with superior capacitive performance toward water treatment[J]. Chemical Engineering Journal, 2022, 429.

[89]杨灿. 氨基功能化电极材料的制备及除络合态铬的研究[D]. 天津: 天津科技大学, 2020.

[90]YUAN G, LI F, LI K, et al. Research progress on photocatalytic reduction of Cr(Ⅵ) in polluted water[J]. Bulletin of the Chemical Society of Japan, 2020, 94: 1142 - 1155.

[91]ZAKARIA H, LI Y, FATHY M M, et al. A novel TiO_{2-x}/TiN@ACB composite for synchronous photocatalytic Cr(Ⅵ) reduction and water photothermal evaporation under visible/infrared light illumination[J]. Chemosphere, 2023, 311: 137137.

[92]GENG W Y，GUO S F，ZHANG H，et al. Assembly of anthracene-based donor-acceptor conjugated organic polymers for efficient photocatalytic aqueous Cr(Ⅵ) reduction and organic pollution degradation under visible light[J]. Journal of Solid State Chemistry，2022，310：123004.

[93]WANG L H，ZENG H Y，XIONG J，et al. BiVO4/PANI composite with p-n heterostructure for enhanced photocatalytic activity towards Cr(Ⅵ) reduction[J]. Vacuum，2022，202：111203.

[94]WANG R，VENKATA REDDY C，TALLURI B，et al. Cobalt-doped V_2O_5 hexagonal nanosheets for superior photocatalytic toxic pollutants degradation，Cr(Ⅵ) reduction，and photoelectrochemical water oxidation performance[J]. Environmental Research，2023，217：114923.

[95]LI S，CAI M，LIU Y，et al. Constructing Cd0. 5Zn0. 5S/Bi_2WO_6 S-scheme heterojunction for boosted photocatalytic antibiotic oxidation and Cr(Ⅵ) reduction[J]. Advanced Powder Materials，2023，2：100073.

[96]LIAN X，HUANG Z，ZHANG Y，et al. Constructing Z-scheme 1D/2D heterojunction of ZnIn2S4 nanosheets decorated WO_3 nanorods to enhance Cr(Ⅵ) photocatalytic reduction and rhodamine B degradation[J]. Chemosphere，2023，313：137351.

[97]YIN H，YUAN C，LV H，et al. Construction of 0D/2D CeO_2/CdS direct Z-scheme heterostructures for effective photocatalytic H2 evolution and Cr(Ⅵ) reduction[J]. Separation and Purification Technology，2022，295：121294.

[98]GU J，BAN C，MENG J，et al. Construction of dual Z-scheme UNiMOF/$BiVO_4$/S-C_3N_4 photocatalyst for visible-light photocatalytic tetracycline degradation and Cr(Ⅵ) reduction[J]. Applied Surface Science，2023，611：155575.

[99]ZHANG L，LI P，FENG L，et al. Controllable fabrication of visible-light-driven CoS_x/CdS photocatalysts with direct Z-scheme heterojunctions for photocatalytic Cr(Ⅵ) reduction with high efficiency [J]. Chemical Engineering Journal，2020，397：125464.

[100]HUA Y，HU C，ARIF M，et al. Direct Z-scheme WO_3/In_2S_3 heterostructures for enhanced photocatalytic reduction Cr(Ⅵ)[J]. Journal of Alloys and Compounds，2022，908：164488.

[101]LIAN X，ZHANG J，ZHAN Y，et al. Engineering $BiVO_4$@Bi_2S_3 heterojunction by cosharing bismuth atoms toward boosted photocatalytic Cr(Ⅵ) reduction[J]. Journal of Hazardous Materials，2021，406：124705.

[102]ZHANG K，FU Y，HAO D，et al. Fabrication of CN_{75}/NH_2-MIL-53(Fe) p-n heterojunction with wide spectral response for efficiently photocatalytic Cr(Ⅵ) reduction[J]. Journal of Alloys and Compounds，2022，891：161994.

[103]YANG L，ZHAO J，WANG Z，et al. Facile construction of g-C_3N_4/$ZnIn_2S_4$ nanocomposites for enhance Cr(Ⅵ) photocatalytic reduction[J]. Spectrochimica Acta Part A：Molecular and Biomolecular Spectroscopy，2022，276：121184.

[104]LIN Z，WW Y，JIN X，et al. Facile synthesis of direct Z-scheme UiO-66-NH_2/PhC_2Cu heterojunction with ultrahigh redox potential for enhanced photocatalytic Cr(Ⅵ) reduction and NOR degradation[J]. Journal of Hazardous Materials，2023，443：130195.

[105]REDDY C V，REDDY K R，ZAIROV R R，et al. g-C_3N_4 nanosheets functionalized yttrium-doped ZrO_2 nanoparticles for efficient photocatalytic Cr(Ⅵ) reduction and energy storage applications[J]. Journal of Environmental Management，2022，315：115120.

[106]LIU S，ZHANG W，ZHU P，et al. Highly efficient and stable Ag-g-C_3N_4/AC photocatalyst for photocatalytic degradation，Cr(Ⅵ) reduction and bacteriostasis under visible light irradiation[J]. Jour-

nal of Environmental Chemical Engineering，2021，9：105879.

[107]ZHOU M，ZOU W，ZHU X，et al. In situ growth of UIO-66-NH$_2$ on thermally stabilized electrospun polyacrylonitrile nanofibers for visible-light driven Cr（Ⅵ）photocatalytic reduction[J]. Journal of Solid State Chemistry，2022，307：122836.

[108]HAO D，LIU J，SUN H，et al. Integration of g-C$_3$N$_4$ into cellulose/graphene oxide foams for efficient photocatalytic Cr（Ⅵ）reduction[J]. Journal of Physics and Chemistry of Solids，2022，169：110813.

[109]LI Y X，WANG C C，FU H，et al. Marigold-flower-like TiO$_2$/MIL-125 core-shell composite for enhanced photocatalytic Cr（Ⅵ）reduction[J]. Journal of Environmental Chemical Engineering，2021，9：105451.

[110]REN J，MENG Y，ZHANG X，et al. Self-assembled perylene diimide modified NH$_2$-UiO-66（Zr）construct n-n heterojunction catalysts for enhanced Cr（Ⅵ）photocatalytic reduction[J]. Separation and Purification Technology，2022，296：121423.

[111]DAS S，MISHRA J，DAS S K，et al. Investigation on mechanism of Cr（Ⅵ）reduction and removal by Bacillus amyloliquefaciens，a novel chromate tolerant bacterium isolated from chromite mine soil[J]. Chemosphere，2014，96：112－121.

[112]HUANG Y，ZENG Q，HU L，et al. Bioreduction performances and mechanisms of Cr（Ⅵ）by Sporosarcina saromensis W5，a novel Cr（Ⅵ）-reducing facultative anaerobic bacteria[J]. Journal of Hazardous Materials，2021，413：125411.

[113] 王保军，杨惠芳，李文忠. 真菌还原Cr（Ⅵ）的研究[J]. 微生物学报，1998，38：108－113.

[114] OCINSKI D，AUGUSTYNOWICZ J，WOLOWSKI K，et al. Natural community of macroalgae from chromium-contaminated site for effective remediation of Cr（Ⅵ）-containing leachates[J]. Science of The Total Environment，2021，786：147501.

[115]PRADHAN D，SUKLA L B，SAWYER M，et al. Recent bioreduction of hexavalent chromium in wastewater treatment：A review[J]. Journal of Industrial and Engineering Chemistry，2017，55：1－20.

[116]UDDIN M J，JEONG Y K，LEE W. Microbial fuel cells for bioelectricity generation through reduction of hexavalent chromium in wastewater：A review[J]. International Journal of Hydrogen Energy，2021，46：11458－11481.

[117]WU X，TONG F，YONG X，et al. Effect of NaX zeolite-modified graphite felts on hexavalent chromium removal in biocathode microbial fuel cells[J]. Journal of Hazardous Materials，2016，308：303－311.

[118] 蒽玉琴，赖金霞，雷赟，等. 普通小球藻对复合重金属镉和铬的生物吸附及影响因素[J]. 微生物学通报，2022，49：39－48.

[119] 韩明君，孙伟，岳彤，等. 含铬电镀废水处理技术研究进展[J]. 中南大学学报（自然科学版），2022，53：2819－2832.

[120]HOU S，XU X，WANG M，et al. Synergistic conversion and removal of total Cr from aqueous solution by photocatalysis and capacitive deionization[J]. Chemical Engineering Journal，2018，337：398－404.

[121]LI X，LIU J，FENG J，et al. High-ratio {100} plane-exposed ZnO nanosheets with dual-active centers for simultaneous photocatalytic Cr（Ⅵ）reduction and Cr（Ⅲ）adsorption from water[J]. Journal of Hazardous Materials，2023，445：130400.

[122]DURANTE C，CUSCOV M，ISSE A A，et al. Advanced oxidation processes coupled with electrocoagulation for the exhaustive abatement of Cr-EDTA[J]. Water Research，2011，45：2122 - 2130.

[123] 刘利萍，张淑蓉. 电镀含铬废水的处理和利用[J]. 重庆环境科学，1999，21(3)：39 - 40＋43 ＋41.

[124]MOUEDHEN G，FEKI M，DE PETRIS-WERY M，et al. Electrochemical removal of Cr(Ⅵ) from aqueous media using iron and aluminum as electrode materials：towards a better understanding of the involved phenomena[J]. Journal of Hazardous Materials，2009，168：983 - 991.

[125] 高晨，陈萍，包准，等. 电絮凝废水中 Cr(Ⅵ)高效去除工艺条件及机理研究[J]. 有色金属(冶炼部分)，2021，2：106 - 113.

[126] 张彦，徐祺辉，白晓龙，等. 电絮凝法处理含铬电镀废水的研究[J]. 电镀与环保，2017，37：59 - 61.

[127]SHI T，WANG Z，LIU Y，et al. Removal of hexavalent chromium from aqueous solutions by D301，D314 and D354 anion-exchange resins[J]. Journal of Hazardous Materials，2009，161：900 - 906.

[128]HUA M，YANG B，SHAN C，et al. Simultaneous removal of As(V) and Cr(Ⅵ) from water by macroporous anion exchanger supported nanoscale hydrous ferric oxide composite[J]. Chemosphere，2017，171：126 - 133.

[129] SANGEETHA K，VINODHINI P A，SUDHA P N，et al. Novel chitosan based thin sheet nanofiltration membrane for rejection of heavy metal chromium[J]. International Journal of Biological Macromolecules，2019，132：939 - 953.

[130]ZHAO Q，YI X H，WANG C C，et al. Photocatalytic Cr(Ⅵ) reduction over MIL-101(Fe) - NH2 immobilized on alumina substrate：From batch test to continuous operation[J]. Chemical Engineering Journal，2022，429：132497.

[131] 王刚. 以六价铬为阴极电子受体的微生物燃料电池的研究[D]大连：大连理工大学，2008.

[132] 梁柱元. 微生物燃料电池还原废水中六价铬与回收氧化铬的效能[D]. 哈尔滨：哈尔滨工业大学，2018.

[133] 叶锦韶，尹华，彭辉，等. 掷孢酵母对含铬废水的生物吸附[J]. 暨南大学学报：自然科学与医学版，2005，26：5.

[134]BERETTA G，DAGHIO M，ESPINOZA TOFALOS A，et al. Microbial assisted hexavalent chromium removal in bioelectrochemical systems[J]. Water，2020，12：466.

[135]NAJAFI H，ASASIAN-KOLUR N，SHARIFIAN S. Adsorption of chromium(Ⅵ) and crystal violet onto granular biopolymer-silica pillared clay composites from aqueous solutions[J]. Journal of Molecular Liquids，2021：344.

[136]MATHAI R V，MITRA J C，SAR S K，et al. Adsorption of Chromium (Ⅵ) from aqueous phase using Aegle marmelos leaves：Kinetics，isotherm and thermodynamic studies[J]. Chemical Data Collections，2022，39：100871.

[137] 曾婧. 离子交换法处理含铬废水的研究[J]. 江西化工，2019，3：3.

[138] 唐树和，徐芳，王京平. 离子交换法处理含 Cr(Ⅵ)废水的研究[J]. 应用化工，2007，36：22 - 24，28.

[139]MUNGRAY A，KULKARNI S，MUNGRAY A. Removal of heavy metals from wastewater using micellar enhanced ultrafiltration technique：a review[J]. Open Chemistry，2012，10：27 - 46.

[140]CHE N，LIU L，LIU Y，et al. Application and influence factors of capacitive deionization method for removing inorganic contaminated ions[J]. Environmental Pollutants and Bioavailability，2021，

33：365 – 376.

[141]LIU Y，YANG D，XU T，et al. Continuous photocatalytic removal of chromium（Ⅵ）with structurally stable and porous Ag/Ag3PO4/reduced graphene oxide microspheres[J]. Chemical Engineering Journal，2020，379：122200.

[142] 何则强，张蕊，龙秋萍，等. 双室微生物燃料电池对电解锰废水中Cr(Ⅵ)的去除及其产电性能研究[J]. 中国有色金属学报，2018，28：1937 – 1947.

[143]KUMAR M，SAINI H S. Reduction of hexavalent chromium（Ⅵ）by indigenous alkaliphilic and halotolerant Microbacterium sp. M5：comparative studies under growth and nongrowth conditions[J]. Journal of Applied Microbiology，2019，127：1057 – 1068.

[144]MEHMOOD S，MAHMOOD M，NUNEZ-DELGADO A，et al. A green method for removing chromium（Ⅵ）from aqueous systems using novel silicon nanoparticles：Adsorption and interaction mechanisms[J]. Environmental Research，2022，213：113614.

[145]LI Y X，FU H，WANG P，et al. Porous tube-like ZnS derived from rod-like ZIF-L for photocatalytic Cr（Ⅵ）reduction and organic pollutants degradation[J]. Environmental Pollution，2020，256：113417.

[146] 王会霞. 解脂假丝酵母(Candida lipolytica)处理含铬废水的研究[D]. 广州：暨南大学，2005.

[147]ZHAO Z，AN H，LIN J，et al. Progress on the photocatalytic reduction removal of chromium contamination[J]. Chemical Record，2019，19：873 – 882.

[148]WANG C C，REN X，WANG P，et al. The state of the art review on photocatalytic Cr(Ⅵ) reduction over MOFs-based photocatalysts：From batch experiment to continuous operation[J]. Chemosphere，2022，303：134949.

[149]PAN C，TROYER L D，CATALANO J G，et al. Dynamics of chromium(Ⅵ) removal from drinking water by iron electrocoagulation[J]. Environ. Sci. Technol.，2016，50：13502 – 13510.

[150]HU P，LONG M. Cobalt-catalyzed sulfate radical-based advanced oxidation：a review on heterogeneous catalysts and applications[J]. Applied Catalysis B：Environmental，2016，181：103 – 117.

[151]PAN C，TROYER L D，LIAO P，et al. Effect of humic acid on the removal of chromium(Ⅵ) and the production of solids in iron electrocoagulation[J]. Environ. Sci. Technol.，2017，51：6308 – 6318.

[152]NAMDAR H，AKBARI A，YEGANI R，et al. Influence of aspartic acid functionalized graphene oxide presence in polyvinylchloride mixed matrix membranes on chromium removal from aqueous feed containing humic acid[J]. Journal of Environmental Chemical Engineering，2021，9：104685.

[153]YI X H，WANG F X，DU X D，et al. Facile fabrication of BUC-21/g-C₃N₄ composites and their enhanced photocatalytic Cr(Ⅵ) reduction performances under simulated sunlight[J]. Applied Organometallic Chemistry，2019，33：e4621.

[154]YI X H，MA S Q，DU X D，et al. The facile fabrication of 2D/3D Z-scheme g-C₃N₄/UiO-66 heterojunction with enhanced photocatalytic Cr(Ⅵ) reduction performance under white light[J]. Chemical Engineering Journal，2019，375：121944.

[155]HE C，GU L，XU Z，et al. Cleaning chromium pollution in aquatic environments by bioremediation，photocatalytic remediation，electrochemical remediation and coupled remediation systems[J]. Environmental Chemistry Letters，2020，18：561 – 576.

[156]HABIBUL N，HU Y，WANG Y K，et al. Bioelectrochemical Chromium（Ⅵ）Removal in Plant-Microbial Fuel Cells[J]. Environ. Sci. Technol.，2016，50：3882 – 3889.

[157]MENG Y，ZHAO Z，BURGOS W D，et al. Iron(Ⅲ) minerals and anthraquinone-2，6-disul-

fonate (AQDS) synergistically enhance bioreduction of hexavalent chromium by Shewanella oneidensis MR-1 [J]. Science of The Total Environment, 2018, 640 – 641: 591 – 598.

[158]HUO S H, YAN X P. Metal-organic framework MIL-100(Fe) for the adsorption of malachite green from aqueous solution[J]. Journal of Materials Chemistry, 2012, 22: 7449 – 7455.

[159]YANG C X, LIU C, CAO Y M, et al. Metal-organic framework MIL-100(Fe) for artificial kidney application[J]. RSC Advances, 2014, 4: 40824 – 40827.

[160]SHEN T, LUO J, ZHANG S, et al. Hierarchically mesostructured MIL-101 metal – organic frameworks with different mineralizing agents for adsorptive removal of methyl orange and methylene blue from aqueous solution[J]. Journal of Environmental Chemical Engineering, 2015, 3: 1372 – 1383.

[161]SEO Y K, YOON J W, LEE J S, et al. Large scale fluorine-free synthesis of hierarchically porous iron(Ⅲ) trimesate MIL-100(Fe) with a zeolite MTN topology[J]. Microporous and Mesoporous Materials, 2012, 157: 137 – 145.

[162]ZHANG F M, SHI J, JIN Y, et al. Facile synthesis of MIL-100(Fe) under HF-free conditions and its application in the acetalization of aldehydes with diols[J]. Chemical Engineering Journal, 2015, 259: 183 – 190.

[163]BEZVERKHYY I, WEBERG, BELLAT J P. Degradation of fluoride-free MIL-100(Fe) and MIL-53(Fe) in water: Effect of temperature and pH[J]. Microporous and Mesoporous Materials, 2016, 219: 117 – 124.

[164]LI X H, GUO W L, LIU Z H, et al. Fe-based MOFs for efficient adsorption and degradation of acid orange 7 in aqueous solution via persulfate activation[J]. Applied Surface Science, 2016, 369: 130 – 136.

[165]LI X, GAO X, AI L, et al. Mechanistic insight into the interaction and adsorption of Cr(Ⅵ) with zeolitic imidazolate framework-67 microcrystals from aqueous solution[J]. Chemical Engineering Journal, 2015, 275: 238 – 246.

[166]FEI H, HAN C S, ROBINS J C, et al. A cationic metal – organic solid solution based on Co (Ⅱ) and Zn(Ⅱ) for chromate trapping[J]. Chemistry Of Materials, 2013, 25: 647 – 652.

[167]FU H R, XU Z X, ZHANG J. Water-stable metal – organic frameworks for fast and high dichromate trapping via single-crystal-to-single-crystal ion exchange[J]. Chemistry Of Materials, 2015, 27: 205 – 210.

[168]WU Y, XU G, LIU W, et al. Postsynthetic modification of copper terephthalate metal-organic frameworks and their new application in preparation of samples containing heavy metal ions[J]. Microporous and Mesoporous Materials, 2015, 210: 110 – 115.

[169] IHSANULLAH, ABBAS A, AL-AMER A M, et al. Heavy metal removal from aqueous solution by advanced carbon nanotubes: Critical review of adsorption applications[J]. Separation and Purification Technology, 2016, 157: 141 – 161.

[170]LI Q, QIAN Y, CUI H, et al. Preparation of poly(aniline-1, 8-diaminonaphthalene) and its application as adsorbent for selective removal of Cr(Ⅵ) ions[J]. Chemical Engineering Journal, 2011, 173: 715 – 721.

[171]RAPTI S, POURNARA A, SARMA D, et al. Selective capture of hexavalent chromium from an anion-exchange column of metal organic resin-alginic acid composite[J]. Chem Sci, 2016, 7: 2427 – 2436.

[172] HU L Y, CHEN L X, LIU M T, et al. Theophylline-assisted, eco-friendly synthesis of

PtAu nanospheres at reduced graphene oxide with enhanced catalytic activity towards Cr(Ⅵ) reduction[J]. Journal of Colloid and Interface Science, 2017, 493: 94 - 102.

[173]OWLAD M, AROUA M K, DAUD W A W, et al. Removal of Hexavalent Chromium-Contaminated Water and Wastewater: A Review[J]. Water Air And Soil Pollution, 2009, 200: 59 - 77.

[174]SHAO F Q, FENG J J, LIN X X, et al. Simple fabrication of AuPd@Pd core-shell nanocrystals for effective catalytic reduction of hexavalent chromium[J]. Applied Catalysis B: Environmental, 2017, 208: 128 - 134.

[175]WU J H, SHAO F Q, HAN S Y, et al. Shape-controlled synthesis of well-dispersed platinum nanocubes supported on graphitic carbon nitride as advanced visible-light-driven catalyst for efficient photoreduction of hexavalent chromium[J]. Journal of Colloid and Interface Science, 2019, 535: 41 - 49.

[176]WU J H, SHAO F Q, LUO X Q, et al. Pd nanocones supported on g-C_3N_4: An efficient photocatalyst for boosting catalytic reduction of hexavalent chromium under visible-light irradiation[J]. Applied Surface Science, 2019, 471: 935 - 942.

[177]LU H J, WANG J K, FERGUSON S, et al. Mechanism, synthesis and modification of nano zerovalent iron in water treatment[J]. Nanoscale, 2016, 8: 9962 - 9975.

[178]FANG Y, WEN J, ZENG G M, et al. From nZVI to SNCs: development of a better material for pollutant removal in water[J]. Environmental Science And Pollution Research, 2018, 25: 6175 - 6195.

[179]GUAN X H, SUN Y K, QIN H J, et al. The limitations of applying zero-valent iron technology in contaminants sequestration and the corresponding countermeasures: The development in zero-valent iron technology in the last two decades (1994 - 2014)[J]. Water Research, 2015, 75: 224 - 248.

[180]WANG J J, ZHANG W H, KANG X Y, et al. Rapid and efficient recovery of silver with nanoscale zerovalent iron supported on high performance activated carbon derived from straw biomass[J]. Environmental Pollution, 2019, 255.

[181]ZOU Y D, WANG X X, KHAN A, et al. Environmental remediation and application of nanoscale zero-valent iron and Its composites for the removal of heavy metal ions: A review[J]. Environ. Sci. Technol., 2016, 50: 7290 - 7304.

[182]AHMED M B, ZHOU J L, NGO H H, et al. Nano-Fe-0 immobilized onto functionalized biochar gaining excellent stability during sorption and reduction of chloramphenicol via transforming to reusable magnetic composite[J]. Chemical Engineering Journal, 2017, 322: 571 - 581.

[183]CRANE R A, SCOTT T B. Nanoscale zero-valent iron: Future prospects for an emerging water treatment technology[J]. Journal of Hazardous Materials, 2012, 211: 112 - 125.

[184]QIAN L B, ZHANG W Y, YAN J C, et al. Nanoscale zero-valent iron supported by biochars produced at different temperatures: Synthesis mechanism and effect on Cr(Ⅵ) removal[J]. Environmental Pollution, 2017, 223: 153 - 160.

[185]LU G, LI S Z, GUO Z, et al. Imparting functionality to a metal-organic framework material by controlled nanoparticle encapsulation[J]. Nature Chemistry, 2012, 4: 310 - 316.

[186]ZHOU Q X, LEI M, WU Y L, et al. Magnetic solid phase extraction of typical polycyclic aromatic hydrocarbons from environmental water samples with metal organic framework MIL-101 (Cr) modified zero valent iron nano-particles[J]. Journal of Chromatography A, 2017, 1487: 22 - 29.

[187]LI J H, YANG L X, LI J Q, et al. Anchoring nZVI on metal-organic framework for removal of uranium(Ⅵ) from aqueous solution[J]. Journal of Solid State Chemistry, 2019, 269: 16 - 23.

[188]LIU Y L, TANG Z Y. Multifunctional nanoparticle@MOF core-shell nanostructures[J]. Ad-

vanced Materials，2013，25：5819 - 5825.

[189]XUAN W M ，ZHUC F ，LIUY ，et al. Mesoporous metal-organic framework materials[J]. Chemical Society Reviews，2012，41：1677 - 1695.

[190]GUAN H Y ，LEBLANCR J ，XIE S Y ，et al. Recent progress in the syntheses of mesoporous metal-organic framework materials[J]. Coordination Chemistry Reviews，2018，369 ：76 - 90.

[191]SONG L F ，ZHANG J ，SUN L X ，et al. Mesoporous metal-organic frameworks：design and applications[J]. Energy & Environmental Science，2012，5：7508 - 7520.

[192]DU X D ，WANG C C ，LIU J G ，et al. Extensive and selective adsorption of ZIF-67 towards organic dyes：Performance and mechanism[J]. Journal of Colloid and Interface Science，2017，506 ：437 - 441.

[193]GUO X L ，XING T T ，LOU Y B ，et al. Controlling ZIF-67 crystals formation through various cobalt sources in aqueous solution[J]. Journal of Solid State Chemistry，2016，235：107 - 112.

[194]TORAD N L ，HU M ，ISHIHARA S ，et al. Direct synthesis of MOF-derived nanoporous carbon with magnetic Co nanoparticles toward efficient water treatment[J]. Small，2014，10：2096 - 2107.

[195]ABBASI Z ，SHAMSAEI E ，LEONG S K ，et al. Effect of carbonization temperature on adsorption property of ZIF-8 derived nanoporous carbon for water treatment[J]. Microporous and Mesoporous Materials，2016，236 ：28 - 37.

[196]CHAIKITTISILP W ，HU M ，WANG H J ，et al. Nanoporous carbons through direct carbonization of a zeolitic imidazolate framework for supercapacitor electrodes[J]. Chemical Communications，2012，48：7259 - 7261.

[197]GAO T ，ZHOU F ，MA W ，et al. Metal-organic-framework derived carbon polyhedron and carbon nanotube hybrids as electrode for electrochemical supercapacitor and capacitive deionization[J]. Electrochimica Acta，2018，263：85 - 93.

[198]GUO Y N ，TANG J ，SALUNKHE R R ，et al. Effect of various carbonization temperatures on ZIF-67 derived nanoporous carbons[J]. Bulletin of the Chemical Society of Japan，2017，90 ：939 - 942.

[199]Liang P ，Zhang C ，Duan X G ，et al. An insight into metal organic framework derived N-doped graphene for the oxidative degradation of persistent contaminants：formation mechanism and generation of singlet oxygen from peroxymonosulfate[J]. Environmental Science：Nano，2017，4：315 - 324.

[200]DONG H R ，AHMAD K ，ZENG G M ，et al. Influence of fulvic acid on the colloidal stability and reactivity of nanoscale zero-valent iron[J]. Environmental Pollution，2016，211：363 - 369.

[201]ZHANG S ，LYU H ，TANG J ，et al. A novel biochar supported CMC stabilized nano zerovalent iron composite for hexavalent chromium removal from water[J]. Chemosphere，2019，217：686 - 694.

[202]LI X ，AI L ，JIANG J. Nanoscale zerovalent iron decorated on graphene nanosheets for Cr(Ⅵ) removal from aqueous solution：Surface corrosion retard induced the enhanced performance[J]. Chemical Engineering Journal，2016，288：789 - 797.

[203]MORTAZAVIAN S ，AN H ，CHUN D ，et al. Activated carbon impregnated by zero-valent iron nanoparticles (AC/nZVI) optimized for simultaneous adsorption and reduction of aqueous hexavalent chromium：Material characterizations and kinetic studies[J]. Chemical Engineering Journal，2018，353：781 - 795.

[204]ZHUANG L ，LI Q ，CHEN J ，et al. Carbothermal preparation of porous carbon-encapsulated iron composite for the removal of trace hexavalent chromium[J]. Chemical Engineering Journal，2014，

253：24 – 33.

［205］FU R ，ZHANG X ，XU Z ，et al. Fast and highly efficient removal of chromium（Ⅵ）using humus-supported nanoscale zero-valent iron：Influencing factors，kinetics and mechanism［J］. Separation and Purification Technology，2017，174：362 – 371.

［206］HAMEED B H ，SALMAN J M ，AHMAD A L. Adsorption isotherm and kinetic modeling of 2，4-D pesticide on activated carbon derived from date stones［J］. Journal of Hazardous Materials，2009，163：121 – 126.

［207］REDDAD Z ，GERENTE C ，ANDRES Y ，et al. Adsorption of several metal ions onto a low-cost biosorbent：Kinetic and equilibrium studies［J］. Environ. Sci. Technol. ，2002，36：2067 – 2073.

［208］DAI Y ，HU Y C ，JIANG B J ，et al. Carbothermal synthesis of ordered mesoporous carbon-supported nano zero-valent iron with enhanced stability and activity for hexavalent chromium reduction［J］. Journal of Hazardous Materials，2016，309：249 – 258.

［209］LUO F ，CHEN J L ，DANG L L ，et al. High-performance Hg^{2+} removal from ultra-low-concentration aqueous solution using both acylamide- and hydroxyl-functionalized metal-organic framework［J］. Journal of Materials Chemistry A，2015，3：9616 – 9620.

［210］YANG X ，LIU L H ，ZHANG M Z ，et al. Improved removal capacity of magnetite for Cr（Ⅵ）by electrochemical reduction［J］. Journal of Hazardous Materials，2019，374：26 – 34.

［211］WANG H ，ZHU W ，PING Y ，et al. Controlled fabrication of functional capsules based on the synergistic interaction between polyphenols and MOFs under weak basic condition［J］. ACS applied materials & interfaces，2017，9：14258 – 14264.

［212］MUGURUMA H ，SATOSHITAKAHASHI，SHOTAOSAKABE，et al. Separationless and adsorptionless quantification of individual catechins in green tea with a carbon nanotube-carboxymethylcellulose electrode［J］. Journal of Agricultural and Food Chemistry，2019，67：943 – 954.

［213］FERDOSIAN F ，EBADI M ，MEHRABIAN R Z ，et al. Application of electrochemical techniques for determining and extracting natural product（EgCg）by the synthesized conductive polymer electrode（Ppy/Pan/rGO）impregnated with nano-particles of TiO_2［J］. Scientific Reports，2019，9.

［214］CHRYSOCHOOU M ，REEVES K. Reduction of Hexavalent Chromium by Green Tea Polyphenols and Green Tea Nano Zero-Valent Iron（GT-nZVI）［J］. Springer US，2017（3）. DOI：10. 1007/ s00128 – 016 – 1901 – 9.

［215］DING Y ，XU Y ，DING B ，et al. Structure induced selective adsorption performance of ZIF-8 nanocrystals in water［J］. Colloids & Surfaces A Physicochemical & Engineering Aspects，2017，520：661 – 667.

［216］ZHU K ，CHEN C ，XU H ，et al. Cr（Ⅵ）reduction and immobilization by core-double-shell structured magnetic polydopamine @ Zeolitic idazolate frameworks-8 microspheres［J］. Acs Sustainable Chemistry & Engineering，2017，5：6795 – 6802.

［217］PARK S J. Stabilization of dispersed CuPd bimetallic alloy nanoparticles on ZIF-8 for photoreduction of Cr（Ⅵ）in aqueous solution［J］. Chemical engineering journal，2019，369.

［218］ZHANG Y ，XIE Z ，WANG Z ，et al. Unveiling the adsorption mechanism of zeolitic imidazolate framework-8 with high efficiency for removal of copper ions from aqueous solutions［J］. Dalton Transactions，2016，45.

［219］ZHOU L ，LI N ，OWENS G ，et al. Simultaneous removal of mixed contaminants，copper and norfloxacin，from aqueous solution by ZIF-8［J］. Chemical Engineering Journal，2019，362：628 – 637.

[220]JUN B M，KIM S，KIM Y，et al. Comprehensive evaluation on removal of lead by graphene oxide and metal organic framework[J]. Chemosphere，2019，231：82 - 92.

[221]PU S，ZHANG X，YANG C，et al. The effects of NaCl on enzyme encapsulation by zeolitic imidazolate frameworks-8[J]. Enzyme and Microbial Technology，2019，122：1 - 6.

[222]JUN B M，KIM S，KIM Y，et al. Comprehensive evaluation on removal of lead by graphene oxide and metal organic framework[J]. Chemosphere，231（2019）82 - 92.

[223]YING，FANG，JIA，et al. Effect of mineralizing agents on the adsorption performance of metal - organic framework MIL-100（Fe）towards chromium（Ⅵ）[J]. Chemical Engineering Journal，2018. DOI：10. 1016/j. cej. 2017. 12. 136.

[224]LI X，GAO X，AI L，et al. Mechanistic insight into the interaction and adsorption of Cr（Ⅵ）with zeolitic imidazolate framework-67 microcrystals from aqueous solution[J]. Chemical Engineering Journal，2015，276：238 - 246.

[225]HOU Q，YING W，SHENG Z，et al. Ultra-tuning of the aperture size in stiffened ZIF-8 _ Cm frameworks with mixed-linker strategy for enhanced CO_2/CH_4 Separation[J]. Angewandte Chemie International Edition，2018，58.

[226]LIU K，SHI Z，ZHOU S. Reduction of hexavalent chromium using epigallocatechin gallate in aqueous solutions：kinetics and mechanism[J]. RSC Advances，2016，6：67196 - 67203.

[227] 董建华. 铁掺杂生物质炭对六价铬的还原-吸附去除行为机制研究[D]. 西安：西安建筑科技大学，2020.

[228]ZHU Y，LI H，ZHANG G，et al. Removal of hexavalent chromium from aqueous solution by different surface-modified biochars：Acid washing，nanoscale zero-valent iron and ferric iron loading[J]. Bioresource Technology，2018，261：142 - 150.

[229] 马艳茹. 生物炭改性及其对沼液中氮的吸附特性研究[D]. 大庆：黑龙江八一农垦大学，2018.

[230]HU X，WEN J，ZHANG H，et al. Can epicatechin gallate increase Cr（Ⅵ）adsorption and reduction on ZIF-8？[J]. Chemical Engineering Journal，2020，391：123501.

[231] 许冬倩. 玉米秸秆生物炭制备及结构特性分析[J]. 广西植物，2018，38 ：1125 - 1135.

[232]REDDY D H K，LEE S M. Magnetic biochar composite：Facile synthesis，characterization，and application for heavy metal removal[J]. Colloids And Surfaces a-Physicochemical And Engineering Aspects，2014，454：96 - 103.

[233]AHMED M B，ZHOU J L，NGO H H，et al. Progress in the preparation and application of modified biochar for improved contaminant removal from water and wastewater[J]. Bioresource Technology，2016，214：836 - 851.

[234]ZHANG G，ZHANG Q，SUN K，et al. Sorption of simazine to corn straw biochars prepared at different pyrolytic temperatures[J]. Environmental Pollution，2011，159：2594 - 2601.

[235]CHEN B，ZHOU D，ZHU L. Transitional adsorption and partition of nonpolar and polar aromatic contaminants by biochars of pine needles with different pyrolytic temperatures[J]. Environ. Sci. Technol. ，2008，42：5137 - 5143.

[236]CHEN B，CHEN Z，LV S. A novel magnetic biochar efficiently sorbs organic pollutants and phosphate[J]. Bioresource Technology，2011，102：716 - 723.

[237]LIU N，ZHANG Y，XU C，et al. Removal mechanisms of aqueous Cr（Ⅵ）using apple wood biochar：a spectroscopic study[J]. Journal of Hazardous Materials，2020，384：121371.

［238］张越. 功能化生物炭对溶液中重金属的增强吸附研究［D］. 武汉：武汉科技大学，2015.

［239］ODINGA E S，WAIGI M G，GUDDA F O，et al. Occurrence，formation，environmental fate and risks of environmentally persistent free radicals in biochars［J］. Environment International，2020，134.

［240］丁春生，贡飞，陈姗，等. 硝酸改性活性炭的制备及其对 Cr（Ⅵ）的吸附性能［J］. 化工环保，2013，33：344 - 348.

［241］AHMADI M，KOUHGARDI E，RAMAVANDI B. Physico-chemical study of dew melon peel biochar for chromium attenuation from simulated and actual wastewaters［J］. Korean Journal Of Chemical Engineering，2016，33：2589 - 2601.

［242］CHEN N，CAO S，ZHANG L，et al. Structural dependent Cr（Ⅵ）adsorption and reduction of biochar：hydrochar versus pyrochar［J］. Science of The Total Environment，2021，783：147084.

［243］XU J，DAI Y，SHI Y，et al. Mechanism of Cr（Ⅵ）reduction by humin：Role of environmentally persistent free radicals and reactive oxygen species［J］. Science of The Total Environment，2020，725.

［244］ZHAO N，YIN Z，LIU F，et al. Environmentally persistent free radicals mediated removal of Cr（Ⅵ）from highly saline water by corn straw biochars［J］. Bioresource Technology，2018，260 : 294 - 301.

［245］ZHONG D，ZHANG Y，WANG L，et al. Mechanistic insights into adsorption and reduction of hexavalent chromium from water using magnetic biochar composite：Key roles of Fe（3）O（4）and persistent free radicals［J］. Environmental Pollution，2018，243：1302 - 1309.

［246］ZHANG K，SUN P，ZHANG Y. Decontamination of Cr（Ⅵ）facilitated formation of persistent free radicals on rice husk derived biochar［J］. Frontiers Of Environmental Science & Engineering，2019，13.

［247］ZHU S，HUANG X，YANG X，et al. Enhanced transformation of Cr（Ⅵ）by heterocyclic-N within nitrogen-doped biochar：Impact of surface modulatory persistent free radicals（PFRs）［J］. Environ. Sci. Technol.，2020，54：8123 - 8132.

［248］陶梦佳. 秸秆生物炭的制备改性及对水体中氮磷的吸附效能研究［D］. 哈尔滨：哈尔滨工业大学，2018.

［249］王梓婷，邹家伟，周集体，等. 针铁矿改性生物炭的制备及对 Cr（Ⅵ）的吸附性能研究［J］. 环境工程，2022，40：1 - 10.

［250］YIN Z，XU S，LIU S，et al. A novel magnetic biochar prepared by K_2FeO_4-promoted oxidative pyrolysis of pomelo peel for adsorption of hexavalent chromium［J］. Bioresource Technology，2020，300：122680.

［251］ZHANG P，TAN X，LIU S，et al. Catalytic degradation of estrogen by persulfate activated with iron-doped graphitic biochar：Process variables effects and matrix effects［J］. Chemical Engineering Journal，2019，378.

［252］FANG Y，WEN J，ZHANG H B，et al. Enhancing Cr（Ⅵ）reduction and immobilization by magnetic core-shell structured nZVI@MOF derivative hybrids［J］. Environmental Pollution，2020，260.

［253］SAHA B，ORVIG C. Biosorbents for hexavalent chromium elimination from industrial and municipal effluents［J］. Coordination Chemistry Reviews，2010，254：2959 - 2972.

［254］KUPPUSAMY S，THAVAMANI P，MEGHARAJ M，et al. Oak（Quercus robur）Acorn Peel as a Low-Cost Adsorbent for Hexavalent Chromium Removal from Aquatic Ecosystems and Industrial Effluents［J］. Water Air And Soil Pollution，2016，227.

［255］XU Z B，XU X Y，TSANG D C W，et al. Participation of soil active components in the reduction of Cr(Ⅵ) by biochar: Differing effects of iron mineral alone and its combination with organic acid[J]. Journal of Hazardous Materials, 2020, 384: 121455.

[256]ZHANG Y L, YANG J W, DU J J, et al. Goethite catalyzed Cr(Ⅵ) reduction by tartaric acid via surface adsorption[J]. Ecotoxicology And Environmental Safety, 2019, 171: 594-599.

[257]LV X S, HU Y J, TANG J, et al. Effects of co-existing ions and natural organic matter on removal of chromium (Ⅵ) from aqueous solution by nanoscale zero valent iron (nZVI)-Fe_3O_4 nanocomposites[J]. Chemical Engineering Journal, 2013, 218: 55-64.

[258]KWAK S, YOO J C, BAEK K. Synergistic and inhibitory reduction of Cr(Ⅵ) by montmorillonite, citric acid, and Mn(Ⅱ)[J]. Journal Of Soils And Sediments, 2018, 18: 205-210.

[259]GAO W G, YAN J C, QIAN L B, et al. Surface catalyzing action of hematite (alpha-Fe_2O_3) on reduction of Cr(Ⅵ) to Cr(Ⅲ) by citrate[J]. Environmental Technology & Innovation, 2018, 9: 82-90.

[260] 黄煌. 生物炭介导还原 Cr(Ⅵ)过程中的电子传递机制研究[D]. 上海: 上海交通大学, 2018.

[261]GUI X Y, SONG B Q, CHEN M, et al. Soil colloids affect the aggregation and stability of biochar colloids[J]. Science of The Total Environment, 2021, 771: 145414.

[262]XU J W, YIN Y G, TAN Z Q, et al. Enhanced removal of Cr(Ⅵ) by biochar with Fe as electron shuttles[J]. Journal of Environmental Sciences, 2019, 78: 109-117.

[263]ZHANG Y, XU X Y, CAO L Z, et al. Characterization and quantification of electron donating capacity and its structure dependence in biochar derived from three waste biomasses[J]. Chemosphere, 2018, 211: 1073-1081.

[264]JIANG B, GONG Y F, GAO J N, et al. The reduction of Cr(Ⅵ) to Cr(Ⅲ) mediated by environmentally relevant carboxylic acids: State-of-the-art and perspectives[J]. Journal of Hazardous Materials, 2019, 365: 205-226.

[265]LU A H, ZHONG S J, CHEN J, et al. Removal of Cr(Ⅵ) and Cr(Ⅲ) from aqueous solutions and industrial wastewaters by natural clino-pyrrhotite[J]. Environ. Sci. Technol. , 2006, 40: 3064-3069.

[266]BUERGE I J, HUG S J. Influence of organic ligands on chromium(Ⅵ) reduction by iron(Ⅱ)[J]. Environ. Sci. Technol. , 1998, 32: 2092-2099.

[267]LYU H H, ZHAO H, TANG J C, et al. Immobilization of hexavalent chromium in contaminated soils using biochar supported nanoscale iron sulfide composite[J]. Chemosphere, 2018, 194: 360-369.

[268]ZANG T C, WANG H, LIU Y H, et al. Fe-doped biochar derived from waste sludge for degradation of rhodamine B via enhancing activation of peroxymonosulfate[J]. Chemosphere, 2020, 261.

[269]GOPALAKRISHNAN A, RAJU T D, BADHULIKA S. Green synthesis of nitrogen, sulfur-co-doped worm-like hierarchical porous carbon derived from ginger for outstanding supercapacitor performance[J]. Carbon, 2020, 168: 209-219.

[270]WANG Q, WEN J, HU X H, et al. Immobilization of Cr(Ⅵ) contaminated soil using green-tea impregnated attapulgite[J]. Journal Of Cleaner Production, 2021, 278.

[271]CHENG W C, DING C C, WANG X X, et al. Competitive sorption of As(V) and Cr(Ⅵ) on carbonaceous nanofibers[J]. Chemical Engineering Journal, 2016, 293: 311-318.

[272]PANDEYA S B, SINGH A K. Potentiometric measurement of stability constants of complexes between fulvic acid carboxylate and Fe^{3+}[J]. Plant And Soil, 2000, 223: 13-21.

[273]WITTBRODT P R , PALMER C D . Reduction of Cr(Ⅵ) in the presence of excess soil fulvic acid[J]. Environ. Sci. Technol., 1995, 29 : 255 - 263.

[274]OGNER G , GRONNEBERG T . Permanganate oxidation of methylated fulvic and humic acids in chloroform[J]. Geoderma, 1977, 19: 237 - 245.

[275]DENG B , STONE A T . Surface-catalyzed chromium(Ⅵ) reduction: \ Reactivity comparisons of different organic reductants and different oxide surfaces[J]. Environ. Sci. Technol., 1996, 30: 2484 - 2494.

[276]FENG X H , ZHENG X R , DING S M . Photoreduction of Cr(Ⅵ) in Fe(Ⅲ)-lactate System [C]//1st International Conference on Energy and Environmental Protection (ICEEP 2012), Hohhot. PEOPLES R CHINA, 2012, pp. 2317 - 2320.

第五章 铬污染地下水修复技术

5.1 地下水中铬的污染概况

铬是地下水和土壤中常见的污染物，主要来源于电镀、制革、印染、催化、高级合金材料、香料、陶瓷、防腐、医药行业排放的废水、废气、废渣[1]。铬是迁移性污染物，在进入地下水系统后会导致地下水的严重污染，对地下水质安全性造成威胁[2]。据统计我国先后曾有70多家铬盐生产厂点，近年来超六成相关企业关停、破产，遗留约450万t的铬渣，多数未得到治理，对环境污染有巨大的隐患[3]。据报道，青海海北铬盐厂及青岛红星化工厂地下水中Cr(Ⅵ)的检测浓度分别达到107 mg/L和150 mg/L，均远远超过地下水水质Ⅲ类标准（≤0.05 mg/L）的要求[4,5]。近年来，由铬引起的水污染事件在全国范围内呈现出逐年增加的趋势，而人口密度较大的沿海地区（青岛、上海等）和中部地区（湘潭、重庆等）铬水污染问题十分突出[2]。根据最新出台的《"十四五"土壤、地下水和农村生态环境保护规划》，相关部门要加强地下水污染防治，加快推进重点流域重污染企业搬迁改造，加强退出矿区、历史遗留矿山生态修复和尾矿库综合治理，到2025年使得全国地下水环境质量总体保持稳定，地下水国控点位Ⅴ类水比例保持在25%左右，而铬污染作为地下水重金属污染问题的典型代表被广泛关注。

铬在地下水中主要有Cr(Ⅲ)和Cr(Ⅵ)两种存在形态[6]。Cr(Ⅲ)只有在较高浓度下才表现出生物毒性，在pH为6～11的范围内，Cr(Ⅲ)能够形成氢氧化物，并以沉淀物的形式稳定地包裹在土壤团粒上，在土壤中迁移能力很弱[7,8]。Cr(Ⅵ)主要以CrO_4^{2-}、$Cr_2O_7^{2-}$、$HCrO_4^-$阴离子形态存在，土壤团粒对其吸附能力较差，在地下水中溶解度很高，从而容易迁移[9]。Cr(Ⅵ)进入土壤后，在淋溶作用下，在包气带中的迁移速率较快，很快迁移至含水层[1,10]。Cr(Ⅵ)迁移到含水层后，扩散范围会持续增大，造成大范围的地下水污染。河南焦作某电厂粉煤灰堆灰场中大量的Cr(Ⅵ)在长期雨水淋滤作用下污染浅层地下水，污染羽长度达到了4000 m[11]。

Cr(Ⅵ)在地下水中的化学价态比较稳定，不易被微生物降解，可在植被和生物体内富集，进而进入人体后可对人体器官造成损伤[12,13]。Cr(Ⅵ)对人主要是慢性毒害，它可以通过消化道、呼吸道、皮肤和黏膜侵入人体，主要蓄积在肝脏、肾脏和内分泌腺中等器官中[12,13]。此外，Cr(Ⅵ)已被确认为是致癌物，并能在人体内积蓄，对皮肤和黏膜有剧烈的腐蚀性，长期接触会出现全身中毒症，长期饮用受Cr(Ⅵ)污染的水可致癌[14]。

由于Cr(Ⅵ)在地下水中极强的迁移以及其对人体和环境的巨大危害，在当前地下水资源不断减少、地下水环境不断恶化的背景下，探索发展铬污染地下水修复技术至关重要[6]。从减毒、去除污染物的角度考虑，铬污染地下水的修复技术思路主要有以下两种：添加化学还原剂、固化剂、吸附剂或微生物等，将Cr(Ⅵ)还原为Cr(Ⅲ)，降低铬的毒性，降低其在环境中的迁移能力和生物可利用性[15]；采用植物提取，将铬从地下水和土壤中转移到地表的超富集植物中[16]。工程界按修复工艺的特色区分，也可分为抽出处理法和原位处理法等[6]。

5.2　铬污染地下水的典型修复技术效能及机制

5.2.1　抽出处理法

抽出处理法是地下水修复的传统技术。污染的地下水被抽到地面，采用各种处理技术将水净化后使用或重新输入地下，或者排放到地表水或污水处理厂中。受污染水体抽出地面后的处理方法和常规的水处理一致，包括物理法（如吸附）、化学法（如还原沉淀、电解）以及生物法（如生物吸附和生物絮凝）。

（1）吸附

吸附是吸附质从气相或液相中富集到固相吸附剂表面的过程，吸附法具有高效、低成本、环境友好和操作简单等优点，是一种去除水体中重金属的常规工艺。目前，多种天然与合成材料被用作Cr(Ⅵ)的吸附剂，包括碳基材料、聚合物和金属纳米颗粒等。

碳基材料主要包括活性炭、石墨烯和碳纳米管。活性炭是各种碳质材料经过活化处理的无定形碳，其表面官能团的数量和类型决定了表面电荷、电子密度、疏水性和表面酸碱度，从而影响其对目标污染物的吸附性能[17]。活性炭及其改性材料对Cr(Ⅵ)的吸附主要归因于静电引力，溶液中过量的氢离子（H^+）能够中和吸附剂表面的负电荷，从而促进Cr(Ⅵ)的扩散和吸附，因此在酸性条件下（pH＝1.5～4）具有最佳去除效果[18]。与活性炭类似，改性石墨烯主要通过静电引力吸附Cr(Ⅵ)，对Cr(Ⅵ)的吸附性能呈现pH相关性，在酸性条件下其吸附量可达666.7 mg/g[19]。在碳纳米管吸附重金属的过程中，π-π相互作用、静电作用、氢键和疏水相互作用等多种机制同时发挥作用[1]。Ahmed[20]等利用化学气相沉积技术合成高纯度碳纳米管用于去除Cr(Ⅵ)，实验结果显示，碳纳米管对Cr(Ⅵ)的吸附受pH、吸附剂投加量、Cr(Ⅵ)初始浓度和温度影响，其最大吸附量为333.3 mg/g。

纳米聚合物表面有许多链端用于实现特定的化学功能设计，具有良好的吸附能力、在较宽pH范围内的热稳定性以及对碱和酸水解的抗性[21,22]。与碳基材料类似，其吸附性能随pH升高而降低，在酸性条件下，对Cr(Ⅵ)的吸附量最高可达854.7 mg/g[23]。

金属氧化物纳米材料是一种低成本、高效率的吸附材料，并且在水环境中溶解度低，几乎没有二次污染风险。目前已经开发了多种金属氧化物纳米材料，包括铁氧化物（Fe_2O_3、Fe_3O_4）、氧化锌（ZnO）、二氧化钛（TiO_2）、氧化铈（CeO_2）和氧化铜（CuO）

等[24-27]。通过改性化学共沉淀技术制备的 Fe_3O_4 纳米颗粒对 $Cr(VI)$ 的吸附效率可达 96%，最大吸附量为 121.9 mg/g[28]。TiO_2 浸渍的 CeO_2 吸附剂对 $Cr(VI)$ 的去除涉及孔扩散、离子交换、还原、吸附和静电吸引等多个步骤，在 pH 为 2 时，对 $Cr(VI)$ 具有最大吸附量 142.26 mg/g[17]。

上述材料对 $Cr(VI)$ 的吸附性能均受 pH、吸附剂用量、接触时间等因素的影响。根据 Langmuir 模型测定各种纳米材料对 $Cr(VI)$ 的吸附容量，碳基纳米材料为 3.197~666.7 mg/g，纳米聚合物为 59.17~854.7 mg/g，金属和金属氧化物纳米材料为 8.67~1052.6 mg/g[18]。

（2）还原沉淀法

还原沉淀法是先在酸性条件下，通过添加还原剂将水体中的 $Cr(VI)$ 还原为 $Cr(III)$，然后在碱性条件下使 $Cr(III)$ 形成 $Cr(OH)_3$ 沉淀，从而将 $Cr(VI)$ 从水体中分离的过程。目前常用的还原剂主要有二氧化硫、水合肼、亚硫酸钠、硫酸亚铁等。研究表明，铁基还原剂在较低的 pH 下对 $Cr(VI)$ 的还原率更高[29-31]。但 $Cr(OH)_3$ 呈现两性，当 pH 高于 12 时，部分 $Cr(OH)_3$ 开始溶解导致除铬效率降低，因此在 $Cr(VI)$ 还原为 $Cr(III)$ 后，pH 不宜调得过高[32]。刘芳[33] 对比研究了单质 Fe、$FeSO_4$、$NaHSO_3$、Na_2SO_3 四种还原剂对 $Cr(VI)$ 的还原效能，实验结果表明，$NaHSO_3$ 的适用 pH 范围较广，还原 $Cr(VI)$ 速率快，对于初始浓度为 90~900 mg/L 的 $Cr(VI)$，在 pH＝1.5~6，$NaHSO_3/Cr(VI)$ 摩尔比＝3.6 时，$Cr(VI)$ 的去除率高于 99.5%；对于中性及弱碱性废水，采用 $FeSO_4$ 作为还原剂，可以避免在处理过程中反复调节 pH，简化处理工艺。颜家保[34] 等研究了 $FeSO_4$ 作为还原剂时，pH 对 $Cr(VI)$ 去除工艺的影响，结果显示，在 $Cr(VI)$ 的还原阶段应将 pH 控制在 2~3，$Cr(III)$ 沉淀阶段则应将 pH 控制在 8~9。

还原沉淀法运行费用低，设备简单，工艺成熟，操作简单且处理量大，产生的铬污泥可作为资源回收用于制作半导体等材料，是目前实际应用较为广泛的处理方法。但经处理后的溶液呈碱性，直接排放会导致环境二次污染，这也是实际应用中亟待解决的问题。

（3）电解法

电解法基于原电池反应原理，利用直流电的作用使重金属离子发生氧化还原反应，转化为无毒、低毒或难溶于水的物质，从而实现去除废水中污染物的目的[35]。根据去除 $Cr(VI)$ 的主要反应机理，可分为直接电解法和间接电解法。

直接电解法又称电化学还原法，主要采用碳基材料、煤渣或其他惰性导电材料等作为不溶性电极，使 $Cr(VI)$ 在阴极上直接发生还原反应转化为 $Cr(III)$。由于 $Cr(VI)$ 具有氧化性和腐蚀性，用于工业过程的不溶性电极通常由二氧化铅和贵金属氧化物涂层改性[36]。有研究证明，使用铅修饰的铜棒作为电极，尿素和草酸等有机物质作为电解质，有助于增强 $Cr(VI)$ 的还原[37,38]。Hu[39] 等使用低碳钢电极进行了 $Cr(VI)$ 的电化学还原研究，结果显示，在海水和合成废水中的 $Cr(VI)$ 均能被高效去除至 0.5 mg/L 以下。该方法不消耗阳极材料，还原产物较为单一，便于对产生的含 $Cr(OH)_3$ 泥渣进行回收利用。

间接电解法又称电凝法，通常采用铁、铝等金属板作为可溶性阳极，在直流电的作用下，阳极溶解释放金属阳离子，阴极产氢并释放阴离子，产生的金属阳离子与阴离子在体系中形成絮凝剂，通过吸附、混凝、电泳、静电吸引、共沉淀等多种作用机制促进污染物的去除[40]。在铁电极体系中，生成的 $Fe(OH)_n$ 为胶状悬浮物，可以通过静电吸引或络合作用将溶液中的Cr(Ⅵ)吸附，并通过快速凝结将其去除。此外，电极释放的亚铁离子可以将铬（Ⅵ）还原成铬（Ⅲ），并在碱性条件下形成Cr(Ⅲ)氢氧化物沉淀[41]。Das等[42]研究发现，在初始pH为4，电流密度为43.103 A/m²，电极距离为1 cm，NaCl剂量为0.33 g/L时，Fe/Fe电极中的Cr(Ⅵ)去除率可达到99.4%。Un等[41]研究发现，在溶液pH为2.4时，铁电极对浓度为1000 mg/L Cr(Ⅵ)的去除率可达100%。在铝电极体系中，电极溶解产生Al(OH)₃，Cr(Ⅵ)在阴极被还原为Cr(Ⅲ)并随后形成Cr(OH)₃，两者发生共沉淀从而加速Cr(Ⅵ)的去除。Elabbas等[43]研究发现铝电极能够同时高效降低溶液中的Cr(Ⅲ)含量和化学需氧量(COD)。Heidmann和Calmano[44]研究了多种共存重金属离子对铝电极絮凝去除Cr(Ⅵ)效能的影响，结果表明铝电极对Cr(Ⅵ)具有较高的去除效率，几乎不受共存重金属的影响。

（4）生物法

生物修复是指利用天然存在或特别培养的生物在可调控的环境条件下将有害污染物转化为低毒、无毒的物质或者从环境中去除的过程。微生物修复技术所使用的功能菌通常具有降解、转化或螯合各种有毒化学物质的能力，在修复铬污染水体时，可通过生物吸附、生物累积和还原作用改变Cr(Ⅵ)的价态和理化性质，降低Cr(Ⅵ)的迁移转化性能和毒性[40]。一般可分为生物吸附法和生物絮凝法。

生物吸附法是利用水中的藻类、细菌等微生物的生物化学反应将水中重金属离子富集或沉淀在细胞外、细胞表面和细胞内，从而达到去除水体中重金属的目的。生物吸附过程涉及表面结合、离子交换、酶促反应以及络合反应等机理[45]。溶液pH、温度、污染物的初始浓度和生物吸附剂的表面性质都是影响生物吸附效能的重要因素[40,46,47]。PULIMI等[48]利用琼氏不动杆菌生物吸附Cr(Ⅵ)，在最佳操作参数下，初始浓度为54 mg/L的Cr(Ⅵ)在12 h内的去除率达99.95%。王会霞[49]研究了解脂假丝酵母吸附Cr(Ⅵ)的影响因素，结果显示，在菌体投加量为12.5 g/L，pH为1~3，且Cr(Ⅵ)初始浓度为20 mg/L时，解脂假丝酵母可在2 h内去除94.4%的Cr(Ⅵ)。

生物絮凝法是利用具有高效絮凝作用的微生物及其代谢产物将重金属进行絮凝沉淀，从而将其去除的方法。细菌、藻类等微生物，纤维素、糖蛋白等代谢产物以及微生物细胞壁提取物都可作为微生物絮凝剂。生物絮凝过程涉及的机理复杂，一般认为该过程包括化学反应机理、吸附架桥、电性中和以及网捕卷扫。严忠纯[50]利用秸秆中的微生物发酵制得的生物絮凝剂处理低浓度含铬废水，在温度为30 ℃，pH为7.5，反应时间为40 min时，Cr(Ⅲ)的去除率可达98%以上。马军等[51]研究发现影响硫酸盐还原菌絮凝处理Cr(Ⅵ)的主要因素为pH、温度、停留时间、污染物浓度和活性菌投量，在最佳工况下，Cr(Ⅵ)的处理效率高达99%，出水稳定性好。

5.2.2　原位处理法

原位处理技术指不破坏土体和地下水自然环境，利用氧化还原试剂或微生物制剂与土壤及地下水中污染物发生反应从而降低污染物含量的一种工程技术手段[52,53]。铬污染地下水的原位处理技术主要是将Cr(Ⅵ)还原为毒性、溶解性和流动性更低的Cr(Ⅲ)。而在大多数自然地下水环境中，Cr(Ⅲ)不易再氧化为Cr(Ⅵ)，而是以Cr(Ⅲ)氧化物和氢氧化物在地下含水层的沉积物和土壤中以小浓度自然存在(地壳平均浓度＝102 ppm),进而分离出地下水中的溶解性的Cr(Ⅵ)[54,55]。铬污染地下水原位处理技术主要包括可渗透反应墙技术(permeable reactive barrier,PRB)、原位反应带技术等[56]。

(1)可渗透反应墙技术

美国环保局(USEPA)在20世纪末发行的《污染物修复的PRB技术》手册中,将可渗透反应墙技术定义为:在污染场地的地下安置填有活性反应介质材料的墙体,形成一个被动反应区域,以便拦截或者去除受污染的羽状体,当污染的羽状体靠自然水力传输通过渗透性反应墙时,溶解的有机物、金属、核素等污染物在反应墙中通过发生氧化还原、吸附、沉淀、生物降解等反应而被去除或转化[57]。总的来说就是通过截留地下水中的污染物或者使地下水中的污染物转化为环境可大量接受的物质或者一些其他的简单化合物,从而达到修复受污染地下水的目的。PRB与早期的一些处理方法相比,因具有能持续原位处理、运行稳定、易于监测、成本低、不因处理设施而干扰地上空间、可处理大量含有低浓度污染物的地下水以及可以同时处理多种污染物等优势,PRB技术已成为地下水修复领域中应用最为广泛、前景最为广阔的技术之一[58]。尽管PRB技术还存在着一些问题需要进一步研究改进,但是运用PRB技术取代传统的抽出处理法,经济上的节省潜能更为显著,一般可在30%以上。PRB技术在美国应用较为广泛,在2005~2008年有8个美国超级基金项目采用该技术进行相应的污染物去除,而PRB技术目前在国内尚处于小试和中试阶段,具有广阔的应用前景[59]。

PRB技术修复污染地下水的原理是:沿着地下水流方向,在污染场地的下游安置连续或非连续的渗透性反应墙,使含有污染物的地下水流经渗透墙的反应区,通过地下水与反应墙中添加剂的物理化学反应从而达到去除污染物质的目的,并利用PRB物理屏障阻止污染晕向下游进一步扩散[60],其概念模型如图5-1所示。可渗透反应墙的填充介质是该技术的核心,反应墙体中通常包含反应物(用于降解挥发的有机质)、螯合剂(用于滞留重金属)、营养及氧气(用于提高微生物的生物降解作用),以及其他组分。反应材料的选择是PRB设计和研究的重要内容。Blowes[61]等人研究指出:为了确保反应系统的有效性,反应材料必须满足以下三个基本条件:当污染地下水流经反应墙或反应器时,污染组分与反应材料之间应有一定的物理、化学或生物反应性,从而确保其流经系统时,污染组分能全部被清除;处理区的反应材料应能大量获得,以确保处理系统能长期有效地发挥功用;反应材料不应产生二次污染。综上,反应材料的总体要求可以概括为有效、经济和安全。反应材料的反应性大体上可以分成两类:一是反应材料可以和污染物发生化学反应(接触脱卤反应、去氮反应、氧化反应等),从而分解污染物使其转化为对人体和环境无害或危害较轻的组分;或是反应材料是通过将污染组分从溶液中转移到固体颗粒表面[62]。PRB技术一般会根据污染场地的特点,在反应墙中添加相应的化学试剂。针对污染物的不同和所采用的反应剂种类不同,PRB技术修复过程的控制机理也不尽相同。

(a)连续型反应墙　　　　　　　　　　　(b)非连续型反应墙

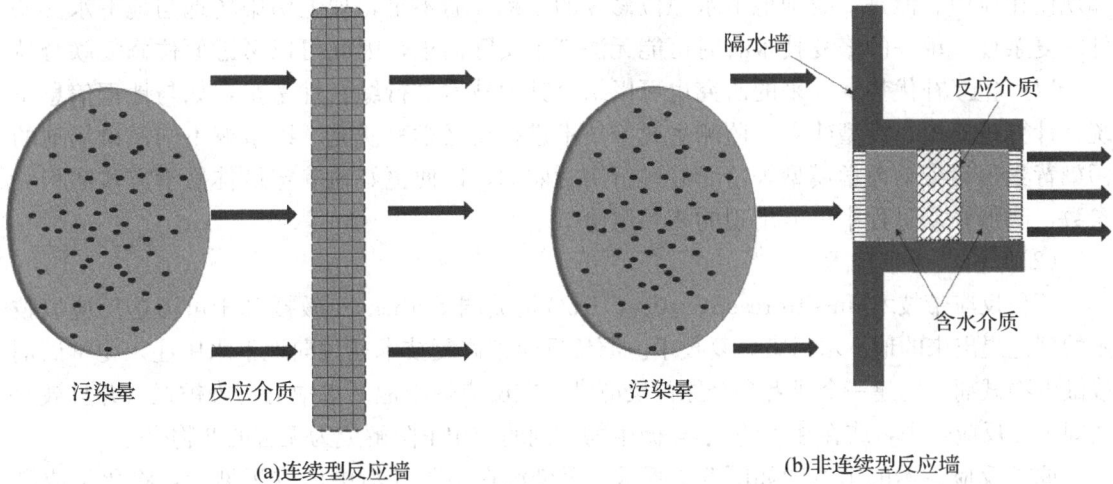

图 5-1　PRB 技术概念模型

通常情况下，Fe 是 PRB 技术中最为广泛应用的反应试剂，其对常见的有机污染物及无机污染物去除效果较好。由于零价铁还原能力强、反应速率快且廉价易得，以零价铁作为填料的可渗透反应墙(Fe^0-PRB)技术已被广泛应用于Cr(Ⅵ)污染地下水的修复。零价铁主要是通过发生氧化还原反应将高价的Cr(Ⅵ)还原为低价态，以不可溶的化合物沉淀去除，其化学反应式如式(5-1～5-2)所示[63]。

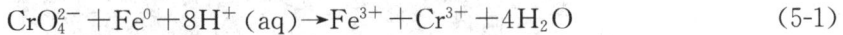

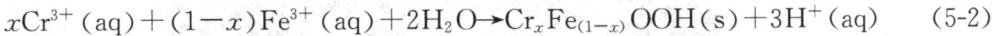

$$CrO_4^{2-} + Fe^0 + 8H^+(aq) \rightarrow Fe^{3+} + Cr^{3+} + 4H_2O \qquad (5\text{-}1)$$

$$xCr^{3+}(aq) + (1-x)Fe^{3+}(aq) + 2H_2O \rightarrow Cr_xFe_{(1-x)}OOH(s) + 3H^+(aq) \qquad (5\text{-}2)$$

然而，传统的Fe^0-PRB填料存在易钝化、易板结、Fe^0利用率低等问题，阻碍了该技术的应用和推广[64]。如何提高零价铁利用效率，并改善堵塞问题是Fe^0-PRB技术需要解决的难题。李思琪[64]以膨润土作为基本骨架，污泥作为造孔剂，添加零价铁粉高温焙烧得到无机焙烧型Fe^0-PRB填料，这种改性后的填料具有比表面积较大，表面粗糙多孔，内部多孔架构式结构等特点，极大地避免了铁粉的团聚，提高了零价铁还原Cr(Ⅵ)的效率；同时填料抗压与抗磨强度较大，有较好的抗板结能力。李雅等[65]将堆肥、零价铁混合后作为PRB的填料，利用堆肥中微生物对重金属的钝化作用和零价铁的还原作用来处理Cr(Ⅵ)污染地下水，取得了良好的效果。孟凡生[66]等人用活性炭和零价铁作为反应介质设计PRB，以铬污染地下水为研究对象进行了实验室烧杯试验研究。结果表明，活性炭对Cr(Ⅵ)有一定的吸附作用，零价铁对Cr(Ⅵ)有较强的还原作用。王兴润等[67]人用海藻酸钠将零价铁包裹起来，零价铁被充分分散开来，这不仅增大了零价铁和Cr(Ⅵ)的反应接触面积，同时还大大地提高了零价铁的利用效率。

PRB技术修复地下水污染是一种高效、新兴的修复技术，具有其他修复技术不可比拟的独特优势。当前，较大规模的PRB技术修复地下水污染的工程研究及商业应用已在北美和欧洲等发达国家中进行。目前，我国PRB技术处于技术研发和推广阶段，结合我国大部分地区水资源短缺和地下水污染严峻等情况，综合能源和经济因素，将PRB技术应用于地下水污染的治理与修复是可行的[63]。随着对PRB技术的不断深入研究，PRB技术及其长期运行的稳定性和有效性数据将得到进一步补充完善，进而促进PRB技术的实际和规模化应用。但是，我国地下水原位修复的工程经验不足，加上污染场地与地下水文条件的复杂性，单一的修复技术有时可能无法满足实际需求，因此可以考虑原位修复联合技术，以产生互补优势。未来的研究也可以结合其他技术进行综合性考量，如与地理信息系统、计算机模拟、模型建立、监测系统等技术进行交叉学科研究，以掌握不同污染场地的污染背景、污染动力学模型等情况并进行实时监测，以便更好地确定最佳修复方式和相关参数，降低修复过程中可能出现的相关风险[68]。

（2）原位反应带技术

原位反应带技术（In-situ reactive zone，IRZ）是美国 Suthersan 教授基于可渗透反应墙技术的理论提出来的地下水污染修复技术。原位反应带修复技术通过向地下水中注入化学试剂或微生物试剂，创建一个或者多个原位反应带，在反应带中地下水中的污染被拦截并且被永久固定在反应带中，或在注入的化学/微生物试剂的作用下降解成为无害的产物[69]。

原位反应技术的示意图如图 5-2 所示，污染源在地下环境中形成污染晕，将化学或微生物修复制剂通过高压注到污染含水层的污染晕中，形成原位反应带，在反应带中修复制剂与污染物相互作用，从而将污染物降解并去除[70,71]。原位反应带修复技术在试剂污染场地应用的过程中通常被设计成为一个帷幕或多个帷幕的形式，在地下环境中拦截污染晕的迁移，进而达到控制污染物扩散和治理污染的目的。如图 5-3 所示，污染晕的拦截帷幕根据实际情况设计主要有单拦截、双拦截和三拦截三种形式。

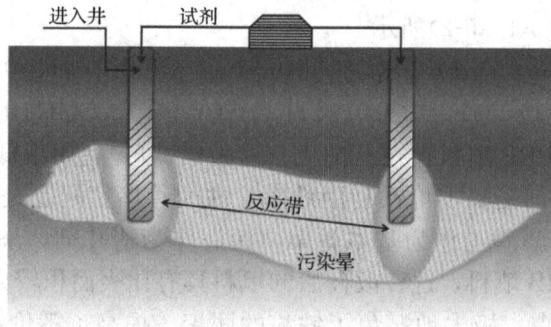

图 5-2 原位反应带技术示意图

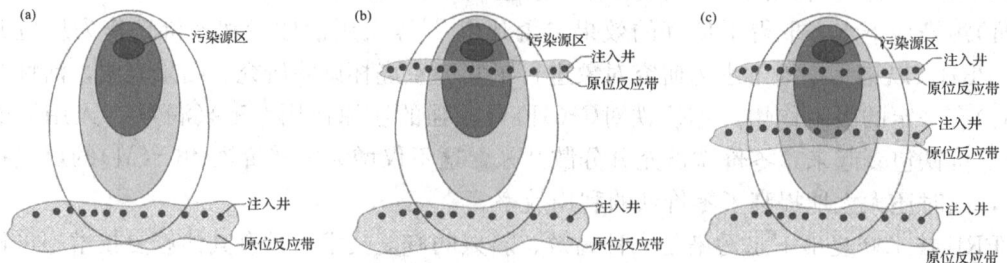

图 5-3 原位反应带技术设计模型

（a）单拦截帷幕；（b）双拦截帷幕；（c）三拦截帷幕

常见的用于铬污染地下水修复的原位反应带技术主要是将硫化物、二价铁、零价铁、微生物制剂等修复制剂注入污染区域，把Cr(Ⅵ)还原为低毒性 Cr(Ⅲ)，以降低环境风险[72-75]。1993 年，Suthersan 教授首次采用原位反应带技术用于地下水Cr(Ⅵ)的修复，通过向含水层中注入黑糖浆，在原位形成微生物反应区，利用微生物对地下水中的Cr(Ⅵ)进行去除。经过六个月的持续恢复，地下水中Cr(Ⅵ)的浓度降至 0.2 mg/L 以下[69]。

除使用传统微生还原剂以外，纳米零价铁(nZVI)因其具有生产成本低、环境友好和对Cr(Ⅵ)的高反应活性等特点，被越来越多的应用于Cr(Ⅵ)地下水污染的修复中，基于纳米零价铁的原位反应带技术(nZVI-IRZ)也被证实是一种高效的修复方法[75]。在 nZVI-IRZ 技术的实际工程应用中，根据实际处理污染场地中污染源的类型分类，nZVI 注入方法可用于处理固定型污染和移动型污染(图 5-4)。其中，对于移动污染物羽流的处理，低迁移率 nZVI 通常会形成静态原位反应带，nZVI 被依次注入并吸附到天然含水层材料中，形成物理化学过滤器拦截污染物。而高迁移率的 nZVI 通常用于静态污染物体的处理，通过在污染羽流附近或者上游注入修复制剂，随地下水流形成动态的原位反应[71,76]。

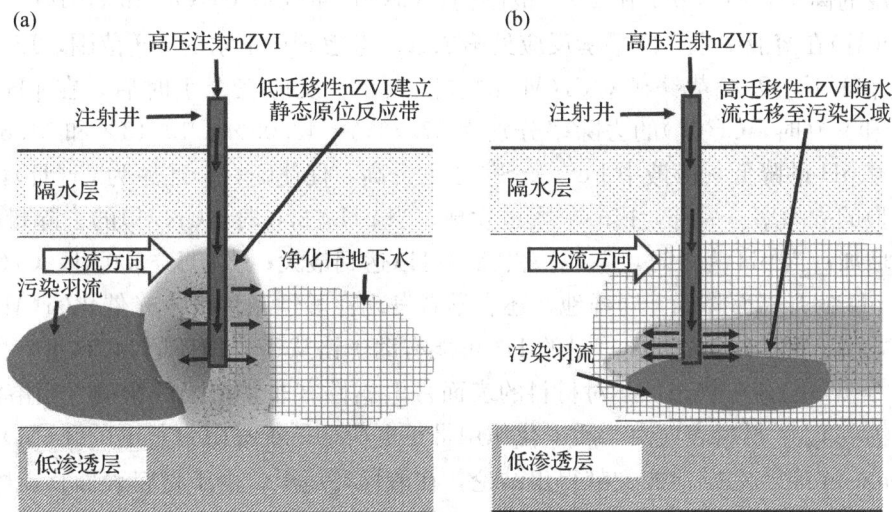

图 5-4 nZVI-IRZ 技术工程示意图

(a)固定型污染修复；(b)迁移型污染修复

Jan Němeček 等[77]将 nZVI-IRZ 技术应用于修复捷克共和国科尔坦的历史遗留铬污染地下水中。该场地地下水中Cr(Ⅵ)原始浓度最高约为 3 mg/L，注入 nZVI 后导致地下水中Cr(Ⅵ)和总铬浓度迅速下降至最终为 0.05 mg/L 以下，而且修复后 nZVI 材料对地下水中的微生物的毒性可忽略不计[77]。此外，我国学者王棣等[78]以北京某电镀厂搬迁后的遗留六价铬污染场地为对象，现场制备 nZVI 并通过原位注入对场地内Cr(Ⅵ)污染地下水进行原位修复现场中试研究。实验结果表明，选取实验场地地下水中六价铬污染浓度最高为 2 mg/L 的中心点注入 nZVI 药剂，修复后该实验场地范围内地下水中Cr(Ⅵ)浓度均低于地下水质量Ⅳ类标准 0.1 mg/L，注射井中Cr(Ⅵ)还原率达到 99%[78]。

5.3 影响铬污染去除的水环境因素

5.3.1 酸碱度的影响

pH 反映了溶液中氢离子和氢氧根离子的准确状态，这是水化学中相对基本的化学指标。在水溶液中，Cr(Ⅵ)可以形成 $Cr_2O_7^{2-}$、CrO_4^{2-}、$HCrO_4^-$ 和 H_2CrO_4 等多种形态。这种分布取决于溶液的 pH、总铬浓度、氧化/还原性化合物的存在，以及氧化还原电位和氧化还原反应的动力学[79,80]。如图 5-5 所示，当溶液 pH>7 时，CrO_4^{2-} 是唯一存在的不依赖于 Cr(Ⅵ)浓度的离子，而当 pH 在 1～6 范围内，Cr(Ⅵ)主要以 $Cr_2O_7^{2-}$ 和 $HCrO_4^-$ 的形式存在[81]。Cr(Ⅵ)在溶液中主要的平衡反应见第二章。考虑到地下水的 pH 范围，Liu 等[82]调查了不同 pH 下，天然黄铁矿对 Cr(Ⅵ)的去除效率。反应三个小时后，在 pH 为 5.5、6.5、7.3 和 9.0 时，Cr(Ⅵ)的去除率分别为 57.73%、43.09%、19.13% 和 11.88%，其原因是随着 pH 的降低，溶液中 Fe^{2+} 和 S^{2-} 浓度升高，促使 Cr(Ⅵ)还原为 Cr(Ⅲ)，进而提高了 Cr(Ⅵ)的去除率。另外，Lin 等[83]也发现，当 pH<3.0 时，Cr(Ⅵ)的去除量随着 pH 的增加而增加；当 pH 为 3 时，Cr(Ⅵ)去除率可以达到最大；当 pH>3.0 时，Cr(Ⅵ)的去除量随着 pH 的升高而降低。同样地，还有学者发现在酸性条件下，光催化 Cr(Ⅵ)还原反应遵循公式(5-3)和(5-4)，其中过量的 H^+ 可能有助于铬从 Cr(Ⅵ)还原为 Cr(Ⅲ)[84,85]。pH 除了影响 Cr(Ⅵ)的存在状态，还对材料的表面带电属性有非常重要的影响。当溶液的 pH 低于材料的 pH_{pzc}，材料表面由于质子化作用带正电荷，易于吸附带负电的 Cr(Ⅵ)污染物。例如，Shaheen 等[86]总结前人文献得出结论，在酸性环境下，由于材料表面官能团的质子化，带正电的生物炭显示出对 Cr(Ⅵ)的高吸附性能。

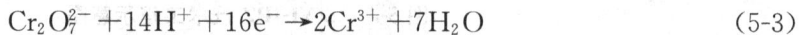

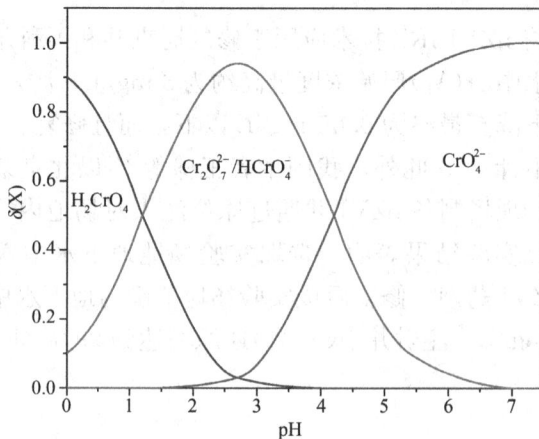

$$Cr_2O_7^{2-} + 14H^+ + 16e^- \rightarrow 2Cr^{3+} + 7H_2O \tag{5-3}$$

$$HCrO_4^- + 7H^+ + 3e^- \rightarrow Cr^{3+} + 4H_2O \tag{5-4}$$

图 5-5 水中不同 Cr(Ⅵ)种类的相对分布

5.3.2 共存离子的影响

在含有Cr(Ⅵ)污染物的水体中常常伴随着一些阴离子和阳离子的存在。由于这些共存离子具有不同的物理化学性质,所以对Cr(Ⅵ)的去除效率常常展现出不同的影响,即使是同种离子,在不同的反应体系中也可能表现出不同的效应。在主要通过吸附作用去除Cr(Ⅵ)的体系中,溶液中的阳离子(如 K^+、Na^+ 和 Ca^{2+})能够中和材料的带电表面,从而促进其与Cr(Ⅵ)的静电相互作用[87,88]。与之相反的是,溶液中的阴离子(如 Cl^-、NO_3^-、HPO_4^{2-}、HCO_3^- 和 F^-)常常与Cr(Ⅵ)竞争吸附位点,造成Cr(Ⅵ)去除效率不同程度地下降[88]。另外,多价阴离子(如 CO_3^{2-}、PO_4^{3-}、SO_4^{2-} 和 SeO_4^{2-})的竞争力强于单价阴离子(如 Cl^- 和 NO_3^-)[89,90]。此外,随着离子强度的升高,阴离子对Cr(Ⅵ)去除效率的抑制作用变得更加明显,这归因于Cr(Ⅵ)活性系数的降低[91]。但也有学者认为部分阴离子对于Cr(Ⅵ)的吸附并不会表现出抑制效果。例如,Zhao 等[92]研究发现,NO_3^- 和 SO_4^{2-} 的存在对秸秆衍生生物炭去除Cr(Ⅵ)的影响可以忽略不计。此外,共存阳离子污染物[如 Cd^{2+}、Cu^{2+}、Co^{2+}、Ni^{2+} 和 As(Ⅴ)]对Cr(Ⅵ)去除效率的影响也表现出较大的差异。Mak[93] 和Zeng[94] 等认为 Cd^{2+} 和 Cu^{2+} 对Cr(Ⅵ)的吸附表现出促进作用,Co^{2+} 和 Ni^{2+} 仅仅在低浓度时表现出促进,而 As(Ⅴ)则会与Cr(Ⅵ)竞争吸附位点。综上所述,我们得到启发,在研究新型反应材料时,除了表现出对目标金属离子的高选择性,还应考虑对共存离子的抗干扰能力。由于地下水中的共存离子复杂多变,还需要根据实验室中的分批或柱实验,分别研究多种共存离子对特定工艺的影响。

5.3.3 天然有机物的影响

显然,在各种反应体系中,有机物的影响与去除过程有非常明显的关系。例如,在高级氧化体系下,人们普遍认为,作为空穴清除剂的有机物可能会消耗空穴,有效抑制空穴和电子的复合,并提供更多的电子还原Cr(Ⅵ)。例如,Gao 等[95]发现,由于乙二胺四乙酸二钠(EDTA-2Na)作为空穴清除剂,可以促进光生电子-空穴对的分离,随着 EDTA-2Na 浓度从 0.2 增加到 2.0 mmol/L,Cr(Ⅵ)的还原速度加快。另外,Yi 等[96]研究了酒石酸、柠檬酸和草酸等有机物对 BUC-21/g-C$_3$N$_4$ 复合光催化剂去除Cr(Ⅵ)污染物性能的影响,表明具有两个 α-羟基的酒石酸倾向于消耗空穴以实现最佳Cr(Ⅵ)还原性能。然而,如果Cr(Ⅵ)的还原源于超氧自由基和电子,则共存的有机物可能会抑制光催化Cr(Ⅵ)还原活性[97,98]。在考察天然有机物对Cr(Ⅵ)去除性能的影响时,由于腐殖酸的普遍存在,人们一直将其作为一种典型的天然有机物进行研究,以了解在模拟实际环境中天然有机物对重金属去除效能的影响。Wang 等[99]选择腐殖酸作为模式物种,深入了解了聚合物支撑的nZVI复合材料处理重金属的影响因素。他们得出腐殖酸通过三种主要机制影响了反应过程:nZVI 表面上的腐殖酸之间存在络合作用;nZVI 的表面吸附了腐殖酸而形成了腐殖酸涂层;腐殖酸竞争 nZVI 颗粒表面的重金属吸附位点氧化铁。

总体而言,有机物的共存对Cr(Ⅵ)的去除反应有一个复杂的影响,并且所有的影响可以同时发生,对Cr(Ⅵ)的去除过程表现出积极或消极的响应。因此,有必要进行有机物共存实验,以调查天然或共存污染有机物对Cr(Ⅵ)去除过程的影响。

5.4 基于改性纳米零价铁的地下水铬污染修复技术研究案例

5.4.1 EDDS 协同 nZVI 去除 Cr(Ⅵ)的研究

$Cr(Ⅵ)$ 在水中主要以 $Cr_2O_7^{2-}$ 和 CrO_4^{2-} 存在，利用纳米零价铁技术修复含铬 $Cr(Ⅵ)$ 废水应用是基于零价铁作为活泼金属的性质。其修复机理为：零价铁利用其还原性将水中的 $Cr(Ⅵ)$ 降解为 $Cr(Ⅲ)$，降解其毒性。同时零价铁被腐蚀氧化为亚铁离子，Fe^{2+} 也具有还原作用，在酸性条件下与 $Cr(Ⅵ)$ 在零价铁表面发生氧化还原反应，$Cr(Ⅵ)$ 被 Fe^{2+} 还原为 $Cr(Ⅲ)$，产生的 $Cr(Ⅲ)$ 以 $Cr(OH)_3$ 沉淀被去除或生成铁铬氧化物/氢氧化物从而被去除。反应方程式如下：

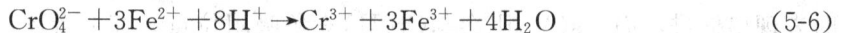

$$Cr_2O_7^{2-}+6Fe^{2+}+14H^+\rightarrow 2Cr^{3+}+6Fe^{3+}+7H_2O \tag{5-5}$$

$$CrO_4^{2-}+3Fe^{2+}+8H^+\rightarrow Cr^{3+}+3Fe^{3+}+4H_2O \tag{5-6}$$

$$Cr(Ⅲ)+3OH^-\rightarrow Cr(OH)_3 \tag{5-7}$$

$$(1-x)Fe(Ⅲ)+xC(Ⅵ)+3H_2O\rightarrow Cr_xFe_{1-x}(OH)_3+3H^+ \tag{5-8}$$

$$(1-x)Fe(Ⅲ)+xCr(Ⅵ)+2H_2O\rightarrow Cr_xFe_{1-x}(OOH)+3H^+ \tag{5-9}$$

反应生成的 $Cr(OH)_3$ 沉淀或铁铬水合物/铁铬氧化水合物会沉降包覆在 nZVI 粒子表面，形成一层氧化物保护膜，阻止了 nZVI 进一步与污染物相接触反应，导致了 nZVI 纳米粒子去除能力下降。为了避免钝化层在 nZVI 纳米粒子外表面的生成，一种有效的途径就是通过添加螯合剂[如乙二胺四乙酸(EDTA)、草酸等]，与 $Fe(Ⅱ)$、$Fe(Ⅲ)$ 形成金属螯合物，不让其转化为氧化物[100-102]。Zhang 等[103]使用 EDTA 大大提高了微米级零价铁对四氯化碳(CT)的去除速率与去除效率，其主要原因就是 EDTA 与 $Fe(Ⅲ)$ 通过螯合作用消除了微米零价铁表面的铁氧化物钝化层，使得微米零价铁的表面活性位暴露于四氯化碳充分反应。Fu 等[104]证实草酸加快二价铁离子的氧化，促进了羟基自由基的生成，因此明显提高了零价铁对六价铬与染料的去除率。在应用零价铁的同时，添加 EDTA 或草酸去除污染物使得效能提高且成本更低。

然而，EDTA、NTA、草酸等络合剂具有毒性，在环境中可以持久性存在，并可能发生迁移产生二次污染，从而对环境中的微生物与动植物造成不利影响。目前对纳米零价铁去除污染物体系中采用可生物降解型螯合剂的报道还比较少。故本研究选择环境友好型螯合剂乙二胺二琥珀酸(EDDS)与采用硼氢化物还原法自制合成的 nZVI 粒子共同作用去除废水中的六价铬，考察体系中不同因素(溶液初始 pH、EDDS 浓度、溶解氧 DO)对 nZVI 还原铬 $Cr(Ⅵ)$ 的影响。

(1)初始 pH 对 nZVI 去除 $Cr(Ⅵ)$ 的影响

在不同水体污染程度下，废水中可能存在较大浓度金属离子或多种离子污染等情况，引起水体 pH 环境有所不同。pH 是影响 $Cr(Ⅵ)$ 还原的一个重要因素，它不仅影响 nZVI 粒子在体系中的电性，还会对整个还原过程的反应进度与深度造成影响。本实验探讨了体系 pH 在水体常见 pH 为 5～9 的范围内制备的 nZVI 纳米粒子对 Cr(Ⅵ)的去除效果。具体实验操作如下：取 100 μL 已制备的 nZVI 悬浮液置于 500 mL 锥形瓶中，瓶内盛有 200 mL 浓度为 10 mg/L 的 Cr(Ⅵ)溶液，溶液中 nZVI 浓度为 0.1g/L；在加入 nZVI 悬浮液之前分别调节溶液 pH 为 5.6、7.0、9.0，记录初始 pH；将锥形瓶置于数显水浴恒温振荡器中进行恒温振荡处理，设置条件为 25 ℃，195 rpm，反应时间为 1 h，反应结束后测量并记录溶液 pH；在反应时间分别为 0、5、10、20、30、40、50、60 min 时取样，再经 0.45 μm 的水系滤头过滤后测其吸光度，探究 Cr(Ⅵ)去除率与 pH 之间的关系，结果如图 5-6 所示。

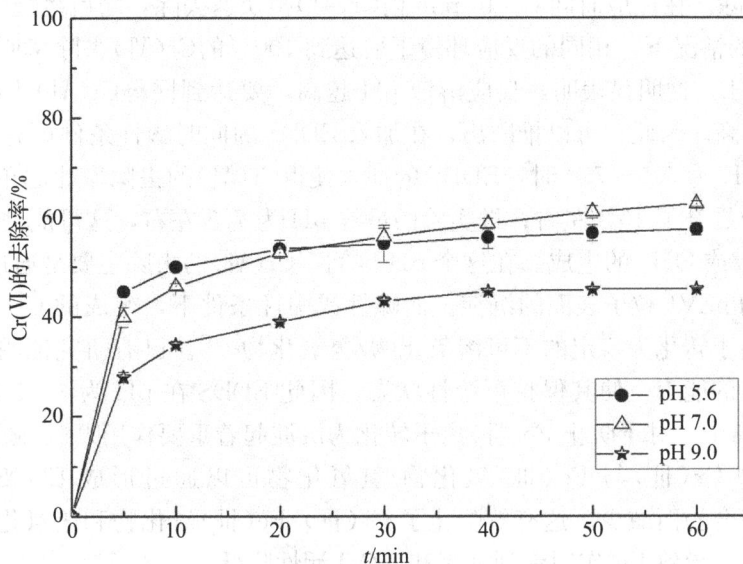

图 5-6 不同 pH 条件下 nZVI 对 Cr(Ⅵ)的去除率

[Cr(Ⅵ) = 10 mg/L；Fe^0 = 100 mg/L]

根据图 5-6 可以看出，溶液 pH 为酸性时更有利于 nZVI 还原去除 Cr(Ⅵ)。pH 分别为 5.6、7.0、9.0 时，对应的 Cr(Ⅵ)去除率分别为 57.5%、62.6%、45.5%，最终 pH 分别为 7.4、7.7、8.3。pH 5.6 和 pH 7.0 条件下，体系 pH 在反应结束后有所上升，这是因为 nZVI 被腐蚀，消耗 H$^+$ 的同时产生 OH$^-$[105]。而在 pH＝9 时恰恰相反，体系 pH 略降低，归因于 Fe(Ⅲ)/Cr(Ⅲ)氧化物的迅速形成消耗了 OH$^-$。从图中可以看出，pH＝5.6 时，Cr(Ⅵ)的去除迅速发生在前 5 min，表示所制备的 nZVI 粒子有极高的反应活性。而酸性条件加速了 nZVI 的腐蚀，因此提高了 Cr(Ⅵ)的去除效果。20 min 后，去除率趋于平缓，这可能是在反应过程中，nZVI 粒子表面被快速钝化，反应活性降低所致[106-108]。pH＝5.6 和 pH＝7.0 在 1 h 反应时间后去除率相当。在 pH＝9.0 条件下，nZVI 对 Cr(Ⅵ)的去除反应更慢，去除效果更低。反应过程中生成的 Fe(Ⅲ)/Cr(Ⅲ)氧化物或氢氧化物快速沉淀在 nZVI 粒子表面形成氧化层，抑制了 nZVI 粒子进一步与 Cr(Ⅵ)接触反应。同时，由于碱性体系中存在有溶解氧(DO)，DO 可与 Cr(Ⅵ)竞争消耗体系中的还原剂，例如本实验中的 Fe(0)与 Fe(Ⅱ)，它对 nZVI 去除 Cr(Ⅵ)起着竞争性抑制作用[109,110]。

（2）EDDS 对 nZVI 去除 Cr(Ⅵ) 的影响

根据以上实验谈论结果可知，nZVI 去除 Cr(Ⅵ) 会受到 Fe(Ⅲ)/Cr(Ⅲ) 氧化物或氢氧化物的生成导致 nZVI 粒子表面被钝化的影响。因此，本实验探讨了不同浓度的 EDDS 溶液在不同实验 pH 条件下对 nZVI 去除 Cr(Ⅵ) 的影响。实验剂量：Cr(Ⅵ) 浓度为 10 mg/L，nZVI 浓度为 0.1 g/L，EDDS 浓度为 2～5 mmol/L。

从图 5-7 和 5-8 可以看出，pH＝5.6 和 pH＝7.0 时，nZVI 对 Cr(Ⅵ) 的去除率随着加入的 EDDS 浓度的增加而增加，EDDS 将 Fe^0 的有效利用率最大化提升。在 pH＝5.6，EDDS 浓度为 4 mmol/L 时，Cr(Ⅵ) 去除率最高，达到了 100％，即体系中的 Cr(Ⅵ) 全部被 nZVI 还原去除。在反应时间 0～10 min 内 Cr(Ⅵ) 被快速去除，之后缓慢增加达到平衡。而在 pH＝7.0 的情况下，相同的反应环境下要达到 100％ 的 Cr(Ⅵ) 去除率所需要的 EDDS 浓度为 5 mmol/L。这明显表明，反应溶液 pH 越高，要达到同等 Cr(Ⅵ) 去除率所需要的 EDDS 浓度就越高。因此，可以推断出，在加入 EDDS 的同时酸性条件更有利于该还原反应的进行。在 pH 为 5.6～7.0 时，EDDS 的加入使得 Cr(Ⅵ) 的去除率比起单独 nZVI 纳米粒子的去除能力提升了 40％ 左右；批实验的最终 pH 为 7.7 左右，这可能是因为在应过程中 H^+ 的消耗和/或 OH^- 的生成。在这个 pH 区间，Cr(Ⅵ) 的去除主要是通过：nZVI 的还原；伴随发生的 nZVI 粒子表面的沉淀。而碱性或中性条件下，生成的 Cr(Ⅲ) 与 Fe(Ⅲ) 离子不稳定，趋于转化为稳定的不可溶氧化物/氢氧化物[109]。已有研究证明，EDDS 具有极高的螯合金属的能力，使其保持可溶性状态，因此 EDDS 在 pH 为 3～9 的范围内可稳定螯合 Fe(Ⅲ) 离子，对于防止 Fe(Ⅲ) 离子转化为沉淀起着重要作用[111]。随着 EDDS 的加入，反应过程中 Cr(Ⅲ) 与 Fe(Ⅲ) 氧化物/氢氧化物可以通过形成 EDDS-Cr(Ⅲ) 或者 EDDS-Fe(Ⅲ) 螯合物而减少。这有效防止了 Cr(Ⅲ)/Fe(Ⅲ) 氧化物和氢氧化物在 nZVI 粒子表面发生共沉，导致 Fe^0 作用受到抑制和 nZVI 活性降低。

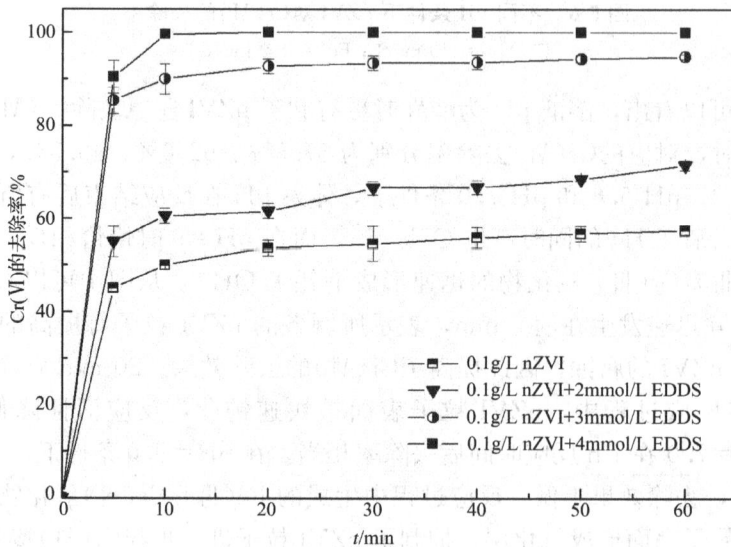

图 5-7　pH＝5.6 时，不同浓度 EDDS 对 Cr(Ⅵ) 去除率的影响

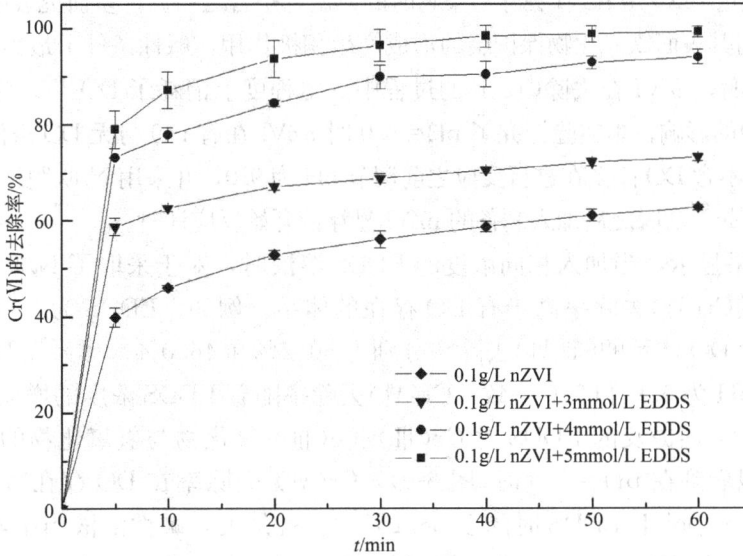

图 5-8 pH＝7.0 时，不同浓度 EDDS 对Cr(Ⅵ)去除率的影响

EDDS 在 pH 为 5.6 和 7.0 极大地促进了 nZVI 还原Cr(Ⅵ)，这一点在 pH＝9.0(图 5-9)的Cr(Ⅵ)去除率上并没有得到体现，并且不受加入的 EDDS 浓度(2~5 mmol/L)影响。相反地，在碱性条件下加入 EDDS 后，Cr(Ⅵ)去除率略有下降。基于之前的结果发现酸性条件有利于还原反应，推测在碱性条件下存在其他的因素影响反应的进行。因此，在以下实验中探究了 pH＝9.0 溶液中Cr(Ⅵ)在不同条件下的去除。

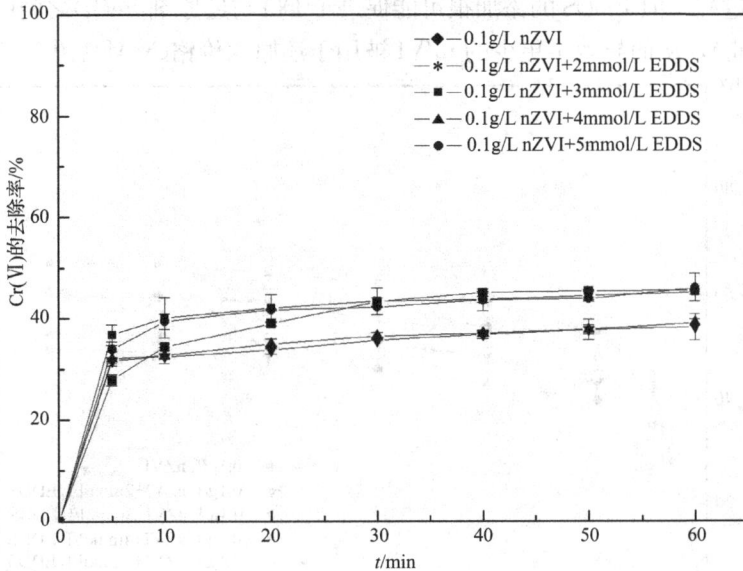

图 5-9 pH＝9.0 时，不同浓度 EDDS 对Cr(Ⅵ)去除率的影响

(3)DO 对 nZVI 去除Cr(Ⅵ)的影响

nZVI 在被腐蚀过程中发生了电子的转移，DO 可作为氧化剂接收电子从而影响溶液体系内

的电子转移，因此，DO 是 nZVI 去除污染物时的典型竞争者之一。许多研究表明 DO 能够促进 nZVI 的氧化，对其表面铁氧化物保护层的形成产生积极作用，碱性条件下最为明显[112,113]。溶液中有 DO 存在时，nZVI 在去除 Cr(Ⅵ)的过程中一定程度上消耗了 DO[114]。为了讨论 DO 对 nZVI 去除 Cr(Ⅵ)的影响，本实验探究了 pH＝9.0 时 nZVI 在有 DO 与无 DO 条件下去除 Cr(Ⅵ)的效能与机理。不含 DO 体系在进行反应之前调节 pH 为 9.0，并采用 N_2 吹脱样品中的溶解氧，吹脱时间为 30 min。吹脱之后加入制备的 nZVI 悬浮液开始反应计时。

图 5-10 结果显示，当加入相同浓度的 EDDS 溶液时，对于采取了 N_2 吹脱去除溶解氧的反应体系，其 Cr(Ⅵ)去除率高于有 DO 存在的体系。例如，EDDS 为 3 mmol/L 时，其无 DO 体系与含 DO 体系的 Cr(Ⅵ)去除率分别为 60.2％和 46.0％。体系无 DO 时，Cr(Ⅵ)的去除趋势与 pH 为 5.6 和 7.0 一致：Cr(Ⅵ)去除率随着 EDDS 浓度的增加而增加。这一结果主要是由于上述提及的 EDDS 对 Cr(Ⅲ)/Fe(Ⅲ)氧化物与氢氧化物的螯合作用。但是，很明显可以看到在 pH＝9.0 时(图 5-9)，Cr(Ⅵ)去除率在 DO 存在时并没有得到提高，甚至加入 5 mmol/L EDDS 时降至 38.2％。也就是说，碱性溶液当中，DO 与 EDDS 的存在对 Cr(Ⅵ)的还原表现为一定的抑制作用。这与 DO、Cr(Ⅵ)同时存在时 EDDS 在 nZVI 的氧化过程中所起到的作用有关。Eary 等[115]已经证明了含有不同浓度的磷酸盐含氧溶液中 Fe(Ⅱ)对 Cr(Ⅵ)的还原，并且发现相比 Fe(Ⅱ)被 Cr(Ⅵ)氧化，磷酸盐的存在使得 Fe(Ⅱ)被 O_2 氧化有更为明显的促进效果。Guan 等[109]研究报告指出在碱性条件下磷酸盐、腐殖酸、硅酸盐的存在都引起了体系中剩余 Cr(Ⅵ)浓度的上升，归结于配体的存在使得溶液中 Fe(Ⅱ)被溶解氧氧化速率增加。Keenan 等[116]也发现了有机配体(例如 EDTA)能够加快亚铁离子被氧气与过氧化氢氧化速率。因此，碱性体系中含有 DO 时，Fe(Ⅱ)虽然可来源于 nZVI 腐蚀过程，但 EDDS 的添加很可能促进了 DO 与还原剂 Fe(Ⅱ)之间的反应，使其进一步转化为 Fe(Ⅲ)，从而导致了更少的 nZVI 被用于还原六价铬 Cr(Ⅵ)(图 5-11)。

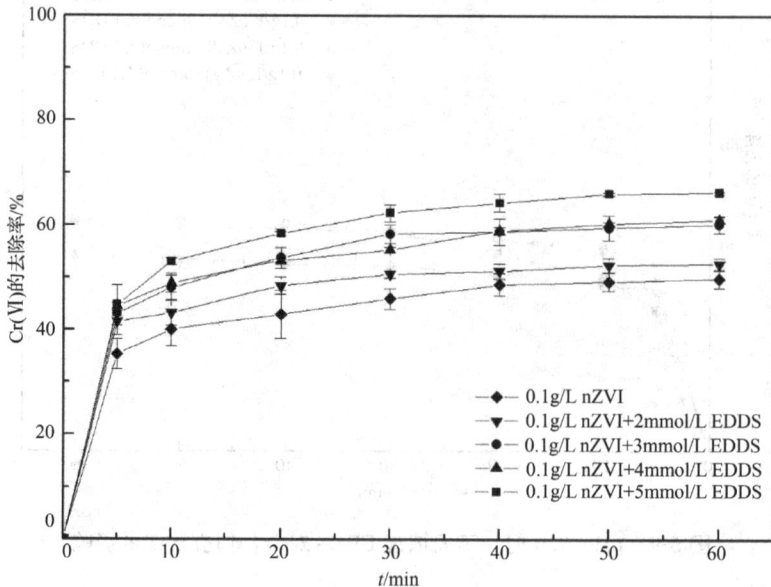

图 5-10　pH＝9.0 不含 DO 时不同浓度 EDDS 对 Cr(Ⅵ)去除率的影响

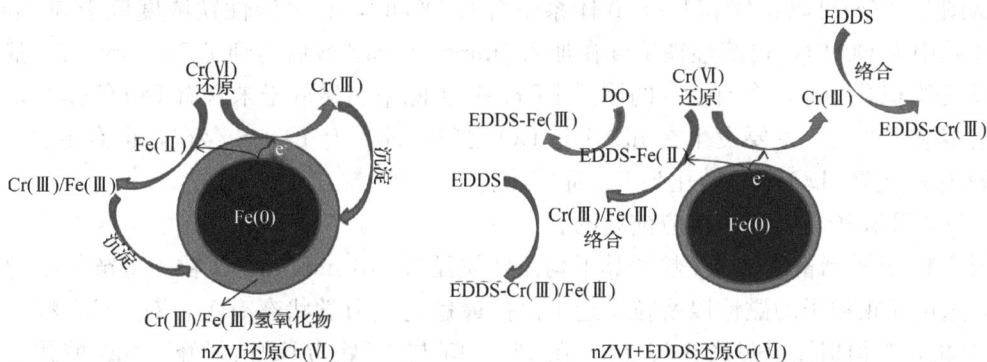

图 5-11 nZVI 去除 Cr(Ⅵ) 机理图

(4) EDDS 对 nZVI 腐蚀过程的影响

上文已经讨论得到 EDDS 的存在降低了反应过程中 nZVI 表面钝化的程度，提高了 nZVI 的有效利用率。因此，为进一步证实 EDDS 在 DO 与还原剂 Fe(Ⅱ) 之间的反应过程中的作用，本实验通过测定溶液中的总可溶性铁浓度，进行 EDDS 对 nZVI 纳米粒子腐蚀动力学的影响探究。

图 5-12 为不同条件下(pH=5.6、pH=9.0、pH=9.0 且不含 DO)体系中的总可溶性铁浓度随 EDDS 的添加量变化情况。溶液中不加入 EDDS 时，pH 为 5.6 与 9.0 条件下的总可溶性铁在反应 1 h 内都维持在极低浓度，表明 nZVI 在 DI 水中的氧化腐蚀部分很少。相反地，随着 EDDS 浓度从 0 mmol/L 增加到 5 mmol/L，总可溶性铁浓度明显增加。在 pH=5.6，EDDS 浓度为 4 mmol/L 时，总可溶性铁浓度达到了 64.75 mg/L。可以得出结论，在加入 EDDS 之后，溶液中更多的 nZVI 粒子参与了反应。

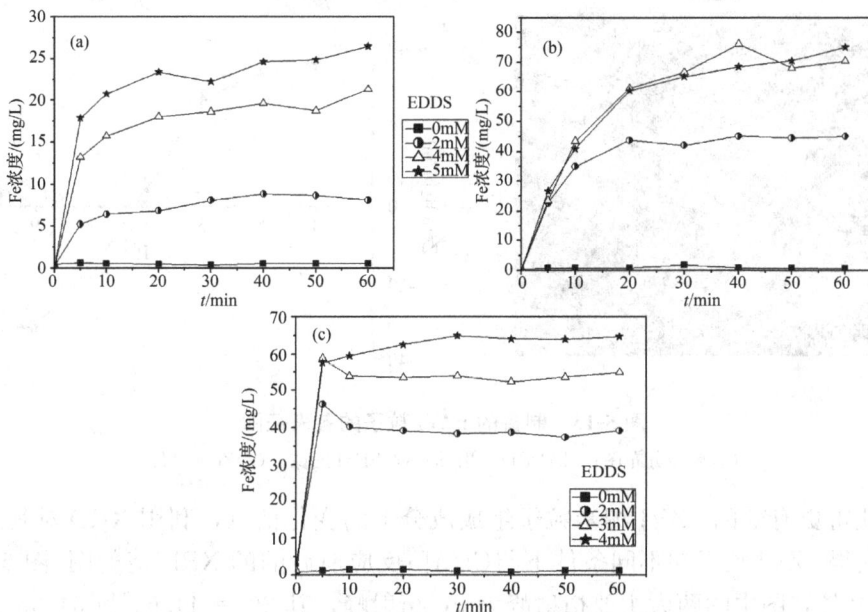

图 5-12 不同条件下的 nZVI 粒子腐蚀动力学:
(a)pH=9.0；(b) pH=9.0 无 DO；(c)pH=5.6

从图 5-12(a)可以看到 pH＝9.0 体系中含有 DO 时，总可溶性铁浓度低于 30 mg/L。而在体系中无 DO 时，可溶性铁浓度在加入 5mmol/L EDDS 后达到了 75.1 mg/L。基于上述结果发现 pH＝9.0，含有 DO 的体系中Cr(Ⅵ)去除率明显低于未含有 DO 的体系，可以推测出溶液中的反应主要发生在 nZVI 与 DO 之间，即使有 EDDS 存在，也有更多的 nZVI/Fe(Ⅱ)由于被 DO 氧化转化为 Fe(Ⅲ)沉淀。

(5)nZVI 粒子与Cr(Ⅵ)反应前后的表征

图 5-13 显示制备的 nZVI 粒子其平均流体粒径为 113 nm，nZVI 粒子呈链状结构团聚分布，这可能跟粒子的磁性以及粒子趋于保持最稳定热力学状态有关。对 nZVI 粒子采用 XRD 分析，其衍射图谱见图 5-13(b)。在 $2\theta = 45°$ 与 $65°$ 处为 Fe^0 衍射峰，"m" 峰代表的是少量铁氧化物(磁铁矿 Fe_3O_4 与磁赤铁矿 $\gamma-Fe_2O_3$)，其中磁铁矿 Fe_3O_4 与磁赤铁矿 $\gamma-Fe_2O_3$ 由于晶格参数极为相似而难以区分。对 nZVI 纳米粒子在 pH 范围为 4～10 内的表面电荷进行分析，得到 nZVI 纳米粒子的零电点 pH_{zpc} 为 7.1。

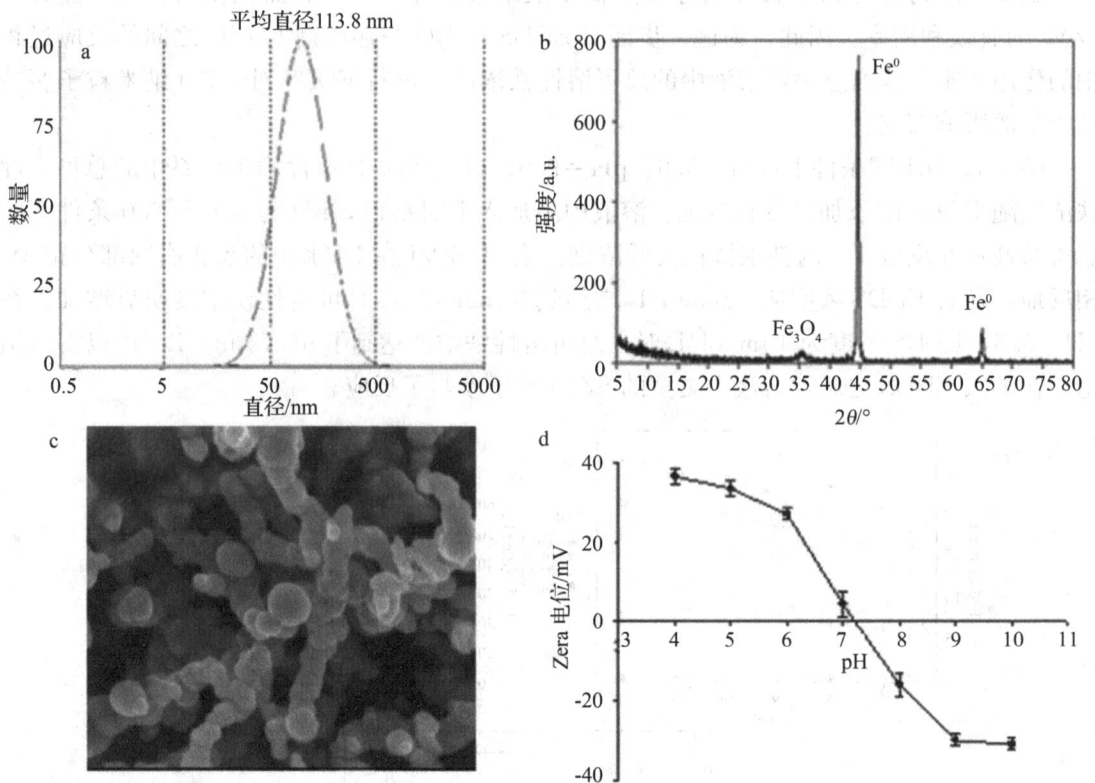

图 5-13 制备的 nZVI 粒子的各表征图

(a)粒径分布图；(b)XRD 衍射图；(c)SEM 图像；(d)Zeta 电位

为了获得更有效的 nZVI 纳米粒子组成成分上的变化信息，利用 XRD 对其进行表征与分析，获得 nZVI 粒子在不同条件下与Cr(Ⅵ)反应前后的的 XRD 衍射图(图 5-14)。根据 JCPDS 文件，图中的两大主要衍射峰为 Fe^0 衍射峰，其 $2\theta = 44.64°$ 与 $64.96°$。从图 5-14(b)～(c)可以明显看到，Fe^0 衍射峰在反应之后下降，表明溶液中的 nZVI 粒子已经被消耗。"n"衍射峰表示反应结束后形成的混合 Cr(Ⅲ)/Fe(Ⅲ)氧化物"Fe_3O_4($2\theta=35.45°$)，γ-Fe_2O_3($2\theta=35.68°$)，Cr_2FeO_4($2\theta=35.50°$)"的生成。加入 EDDS 之后，Fe^0 与"n"衍射峰强度都相对变弱，这也证实了 EDDS 增加了参与反应的 nZVI 粒子的数量，同时在 nZVI表面生成更少的沉淀。值得注意地是，衍射图谱中几乎没有得到铬Cr(Ⅵ)衍射峰，很可能是因为溶液中的Cr(Ⅵ)含量太低[117,118]。

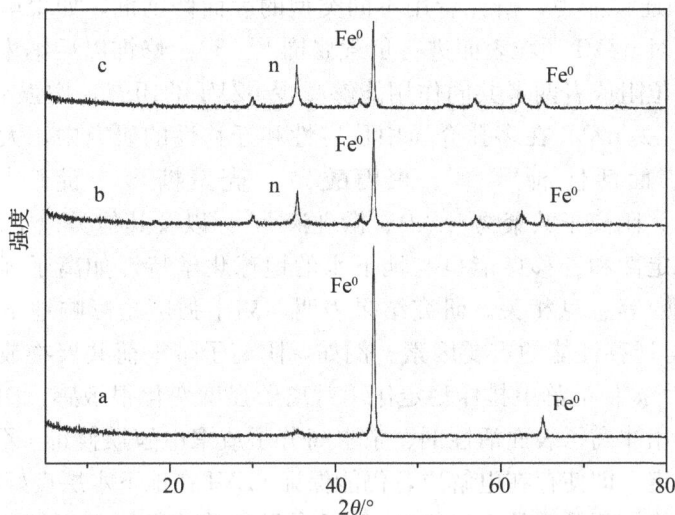

图 5-14　不同条件下与Cr(Ⅵ)反应前后的 nZVI 粒子 XRD 衍射图
(a)与Cr(Ⅵ)反应之前；(b)不添加 EDDS 时与Cr(Ⅵ)反应之后；
(c)EDDS=4 mmol/L，与Cr(Ⅵ)反应之后。其中，n= Fe_3O_4，γ-Fe_2O_3，Cr_2FeO_4

对 nZVI 与 Cr(Ⅵ)在 pH=5.6 和有/无 EDDS 条件下反应后的产物进行了 SEM 分析，以探究纳米粒子的形态学变化。如图 5-15(a)所示，反应后产物聚集成团，在固体表面可观察到大量的碎屑沉淀物质，这与在 nZVI 表面产生的 Fe(Ⅲ)/Cr(Ⅲ)沉淀物积聚有关。与之呈鲜明对比的，加入了 EDDS 后的反应沉淀物[图 5-15(b)]以小碎片形式存在，呈颗粒状均匀分布。这证实 EDDS 存在时，nZVI 的消耗更加充分，EDDS 有效防止了反应过程中的沉淀积聚。因此，EDDS 降低了反应过程中 nZVI 表面的钝化程度，有利于提高nZVI 纳米粒子向污染物的电子转移效率，从而使 nZVI 的有效利用率最大化。

图 5-15　pH=5.6 时 nZVI 与 Cr(Ⅵ)反应产物 SEM 图像
(a)未添加 EDDS；(b)加入了 EDDS

5.4.2 表面稳定剂改性纳米零价铁去除六价铬的研究

纳米零价铁(nZVI)用于污染修复，只有在水体中具有良好的分散性才能保证其在受污染的多孔介质中具有良好的迁移性能，能够顺利传质到污染地带。因其比表面积大、表面能高，nZVI 极易发生团聚，使其在地下水和多孔介质中难以分散[119,120]。为了增强nZVI胶体稳定性和迁移能力，研究者用不同类型的表面修饰剂，如聚电解质、表面活性剂和生物大分子等对 nZVI 颗粒表面进行负载修饰[121-124]。修饰以后纳米颗粒之间存在的静电排斥力、空间位阻或者两者共同作用能够减少 nZVI 的团聚，增强 nZVI 在多孔介质中的迁移性[121]。有关 nZVI 在多孔介质中稳定性和迁移性的研究中，大多将其表面用阴离子或者非离子表面活性剂[121-125]、聚丙酸[126]、壳聚糖[127]、淀粉[122]、羧甲基纤维素[128]、瓜尔胶[129]、阴离子共聚物[130,131]、微乳液[132]，以及其他类稳定剂等修饰。此外，纳米颗粒的分散稳定性和迁移性能也与地下水的地球化学特性如离子强度、天然有机物(如富里酸、腐植酸)等息息相关。研究结果表明，离子强度是影响地下水中表面修饰的nZVI 分散稳定性与迁移性能的重要因素。例如，阴离子带电荷共聚物或者阴离子表面活性剂修饰 nZVI 时所提供的静电排斥稳定作用对离子强度变化很敏感，因而导致分散稳定性差。然而，当采用非离子表面活性剂、亲水高分子或聚电解质修饰 nZVI 表面时，产生的空间位阻作用稳定，即使存在电解质，仍能保证 nZVI 在地下水层良好的分散稳定性。

不同类型表面修饰剂及天然有机物对 nZVI 的胶体稳定性影响可能各异，显示不同的作用机理[119-122]。这些研究结果对于评价不同表面修饰型 nZVI 的胶体稳定性和迁移能力具有一定的价值，但具有局限性。nZVI 用于污染修复，不仅需要在水体中具有良好的胶体稳定性保证其顺利传质到污染地源，并且还需具有良好的反应活性，以达到去除污染物的目的。污染物和 nZVI 之间的化学反应与其表面物理化学性质(如比表面积、表面电位等)息息相关。因此，不同类型表面修饰剂和其负载量都会对 nZVI 表面物理化学性质其与污染物之间的界面化学反应产生影响。一方面，改性以后纳米颗粒之间存在的静电排斥力或/和空间位阻作用能够减少 nZVI 的团聚，从而可能增加其比表面积，提高其反应活性；另一方面，如果表面修饰剂过量负载，尽管 nZVI 在水体中的分散度可能得到强化，但是其反应活性可能会受到影响。其可能的影响机制如下：占据 nZVI 表面上的反应活性点位，从而抑制污染物向 nZVI 表面上的扩散和吸附；其提供的静电排斥力和空间位阻效应可能会降低反应速率；抑制反应产物的脱附和扩散，并且可能改变其反应机制[133-135]。因此，需要深入研究表面修饰剂对 nZVI 胶体稳定性和反应活性两因素的共同影响和作用机制，并揭示两要素之间的关联。

(1)改性纳米零价铁(P-nZVI 和 S-nZVI)的胶粒稳定性

为了探寻不同表面材料对纳米零价铁颗粒进行改性后其稳定性的改变，我们制备了聚丙烯酸和马铃薯淀粉改性过后的 nZVI(分别命名为 P-nZVI 和 S-nZVI)，并测试了 nZVI 颗粒的胶体稳定性(即在分光光度计上测试波长为 508 nm 的吸收率)。从图 5-16 中可以看出，未经改性的 nZVI 颗粒的沉淀速度非常快，在实验的前 20 分钟里其浓度下降了近80%。这种快速的沉降性能是由于裸露的 nZVI 颗粒之间有较强的磁力和范德华力[136]，使分散的颗粒团聚、成块，并快速从水中分离出来沉降到底部。相比之下，聚丙烯酸-纳米零价铁(P-nZVI)的胶体稳定性从负载比例为1%到7%逐步提高,如图5-16(a)所示。特别是在7% P-nZVI的处理组中,P-nZVI颗粒几乎可以在溶液体系中稳定存在而不发生任何沉降。这是因为聚丙烯酸分子能吸附在nZVI颗粒的表面,使得颗粒之间形成一层物理屏障并使颗粒表面带负电荷(即所说的电荷空间稳定)[137],因此阻止了纳米零价铁颗粒之间的团聚。同样,马铃薯淀粉-纳米零价铁S-nZVI的胶体稳定性也是从比例由低到高(0.1%~0.6%)逐步稳定,在0.6%的S-nZVI溶液中几乎不发生沉降,如图5-16(b)所示。这也是因为淀粉会在nZVI颗粒表面提供空间位阻形成一层物理屏障,从而保护nZVI颗粒。从两种改性nZVI的胶体稳定性结果来看,nZVI表面负载的稳定剂含量越高,nZVI在溶液中就会越稳定。

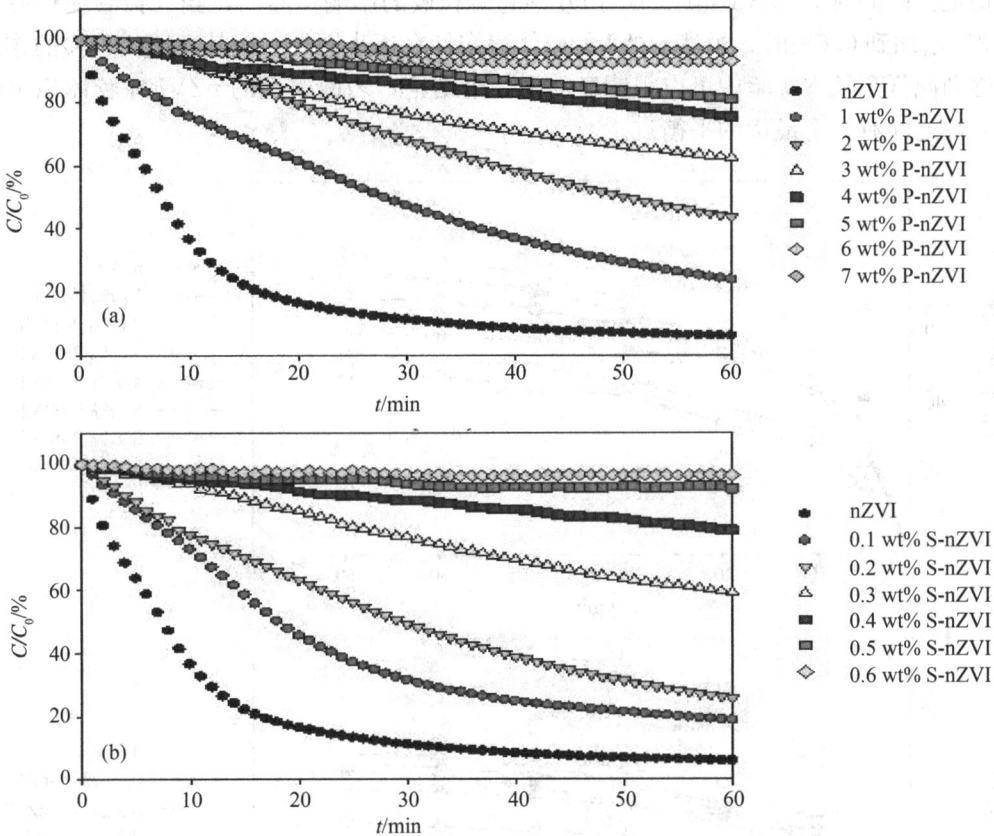

图5-16 不同表面稳定剂的纳米零价铁沉降速率图

(2)表面改性纳米零价铁去除六价铬Cr(Ⅵ)

为了探究表面负载改性剂(聚丙烯酸和淀粉)对nZVI反应活性的影响,我们通过不同质量比的改性nZVI对Cr(Ⅵ)的还原动力学进行了实验研究。研究证明,在聚丙烯酸质量比从1%到3%递增时,nZVI对Cr(Ⅵ)的还原效率也是逐步提高的[图5-17(a)],与聚丙烯酸对nZVI的胶体稳定性的影响相联系,说明聚丙烯酸在比例为1%到3%时,提高nZVI胶体稳定性的同时对纳米零价铁还原Cr(Ⅵ)效率起着积极的影响;然而,在聚丙烯酸质量比从4%增加到7%时,虽然聚丙烯酸还是能继续提高对nZVI的胶体稳定性,但是却降低了 nZVI 对 Cr(Ⅵ) 的还原作用。因此可以推断出，聚丙烯酸对 nZVI 的胶体稳定性和 nZVI 反应活性的影响并不总是呈正相关。Lv 等[138]发现腐植酸(HA)的吸附增强了一定浓度的零价铁-四氧化三铁的胶体稳定性，同时也促进了对 Cr(Ⅵ)的去除；然而，当腐植酸(HA)的浓度增大到一定的水平时，也会抑制零价铁-四氧化三铁对 Cr(Ⅵ)的反应活性。Wang 等[139]也发现了这种 HA 的吸附作用对 Cr(Ⅵ)的影响。因此，在本实验中聚丙烯酸(4%到7%)在对胶体稳定性和 nZVI 反应活性的反相关性，是由于过多吸附在 nZVI 表面的聚丙烯酸占据了本应该与 Cr(Ⅵ)反应的活性位点，从而抑制了 nZVI 的反应活性，且吸附越多抑制越严重。同样，相似的机理也发生在用马铃薯淀粉改性的 nZVI(S-nZVI)上，如图5-17(b)所示，当马铃薯淀粉质量比为 0.1%到 0.2%时，马铃薯淀粉提高 nZVI 胶体稳定性的同时对 nZVI 还原 Cr(Ⅵ)效率起着积极的影响；然而，当马铃薯淀粉质量比从 0.3%增加到 0.6%时，虽然 nZVI 的胶体稳定性在逐步增大，但其还原 Cr(Ⅵ)的作用却也在逐渐减低。从本实验中可以很明显得到一个结论，表面改性的 nZVI 在胶体稳定性和反应活性之间有一个最优的平衡点。

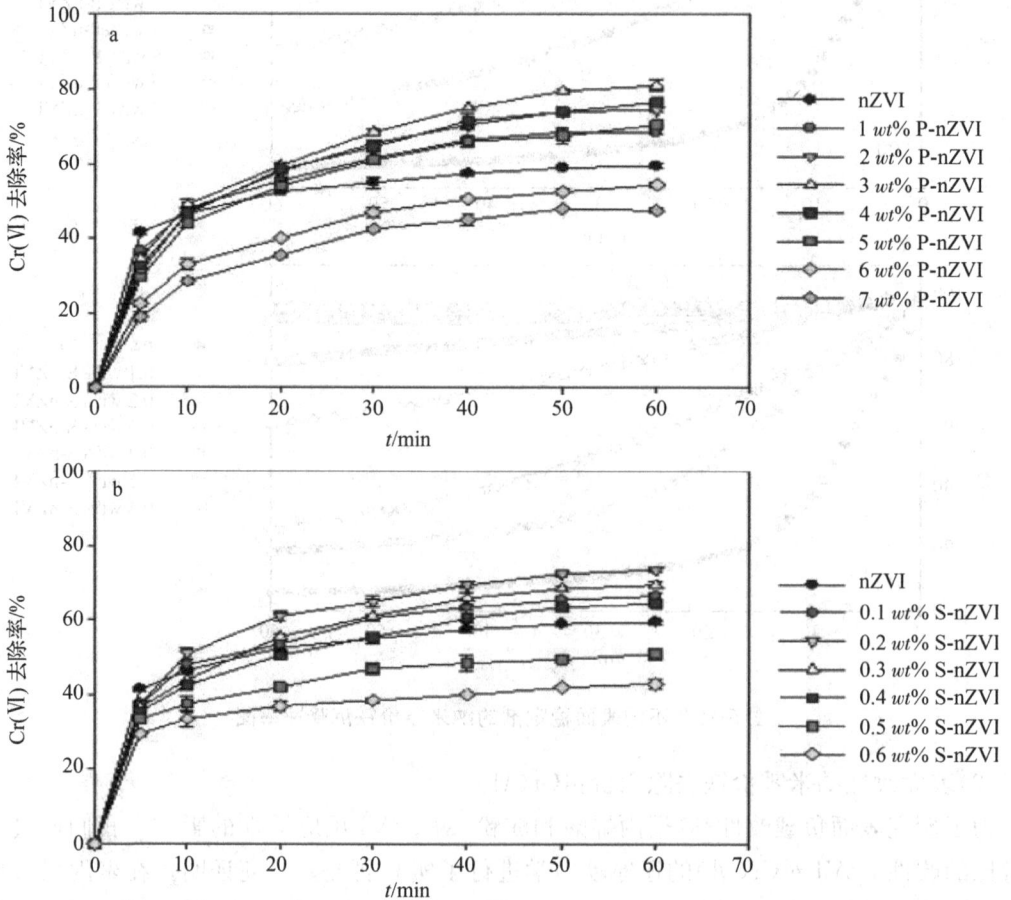

图 5-17　Cr(Ⅵ)的去除效率图
(a)P-nZVI；(b)S-nZVI

为了更清楚的了解改性 nZVI 在胶体稳定性和反应活性之间的相关性，我们探究了

Cr(Ⅵ)的去除效率和胶体稳定性在不同浓度(质量比)的改性 nZVI 下的表现(反应时长1 h)。从图 5-18 中可以很清楚地看到，不管是 P-nZVI 还是 S-nZVI，它们对去除 Cr(Ⅵ)最高效率的浓度和最佳粒子稳定化的浓度都出现在不同的位置：P-nZVI 去除 Cr(Ⅵ)效率最高时的浓度在 3%，而此时 P-nZVI 的胶体稳定率大约只有 60%；S-nZVI 去除 Cr(Ⅵ)效率最高的浓度是在 0.2%，而此时 S-nZVI 的胶体稳定率仅有 25%。在实际的应用中，nZVI 的胶体稳定性和反应活性都是需要考虑的重要因素。在这种情况下，在图 5-18 所示 Cr(Ⅵ)效率线与胶体稳定性效率线交汇处的浓度可能是一个更合适的改性 nZVI 的配比浓度(P-nZVI 大约是在 4.2%，S-nZVI 大概是在 0.32%)。这在实际处理地下水污染带的环境中，既能保证改性 nZVI 能顺利作用，也保证了改性 nZVI 的反应活性。

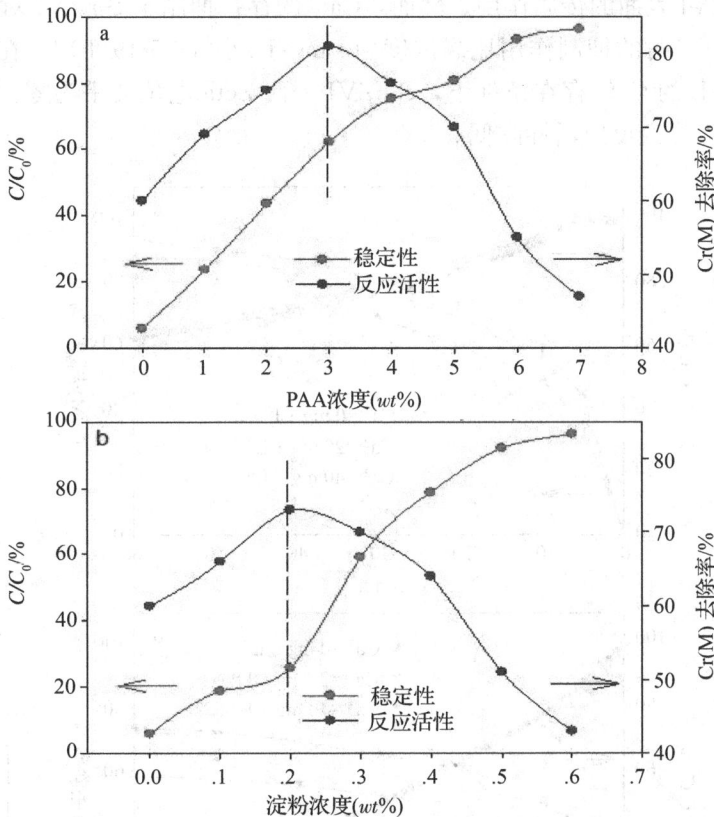

图 5-18 表面改性 nZVI 的胶体稳定性与反应活性关系图：(a)P-nZVI(b)S-nZVI

(3)钙离子的影响

在本次实验中，我们选择了改性 nZVI 反应活性最高时的配比浓度(P-nZVI：3%；S-nZVI：0.2%)，以便更好地探究钙离子(Ca^{2+})对改性 nZVI 的胶体稳定性和反应活性的影响。如图 5-19(a)所示，Ca^{2+} 对 P-nZVI 的沉降性能并没有明显的影响，$20\sim40$ mg/L 的 Ca^{2+} 对 P-nZVI 的沉降作用几乎没有影响；但是 $20\sim40$ mg/LCa^{2+} 对 S-nZVI 的胶体稳定产生了一定的影响，Ca^{2+} 的存在加快了 S-nZVI 的沉降。关于 Ca^{2+} 影响 S-nZVI 的沉降机理，主要是 Ca^{2+} 能与淀粉分子中的羧基络合，导致 S-nZVI 颗粒通过粒子表面的络合作用相互吸引，从而加剧了 S-nZVI 的团聚与沉淀。对于 P-nZVI，由于聚丙烯酸分子中只含有少量的羧基，与 Ca^{2+} 形成的络合物较少，聚丙烯酸可以通过双齿架桥作用吸附在 nZVI 表面，也可以通过氢键、分子缠绕和交叉耦合吸附在 nZVI 表面，故 Ca^{2+} 几乎不影响 P-nZVI 的胶体稳定性。

尽管 Ca^{2+} 没有对 P-nZVI 的胶体稳定性产生影响，但是 Ca^{2+} 的存在促进了 P-nZVI 对 Cr(Ⅵ) 的还原降解，随着 Ca^{2+} 浓度的增加，P-nZVI 对 Cr(Ⅵ) 的去除作用越好。我们对两种改性 nZVI 的 Zeta 电位测定发现，两种改性 nZVI 的表面电荷与六价铬的去除有关联性（图 5-20）。两种改性 nZVI 的 Zeta 电位绝对值都随着 Ca^{2+} 浓度的增加而减小，这表明 Ca^{2+} 降低了两种粒子表面的负电荷。整体来说，Ca^{2+} 对 P-nZVI 还原 Cr(Ⅵ) 的反应有促进作用［图 5-19(a)］，是由于 Ca^{2+} 的存在降低了 P-nZVI 与 Cr(Ⅵ) 之间的静电排斥作用，增强 Cr(Ⅵ) 在 P-nZVI 表面的传质作用。然而，Ca^{2+} 的存在抑制了 S-nZVI 对 Cr(Ⅵ) 的去除，在低浓度（20 mg/L）时的抑制作用比高浓度（40 mg/L）小［图 5-19(b)］。在图 5-20 中可以看出，在 40 mg/L 的 Ca^{2+} 存在条件下，S-nZVI 表面 Zeta 电位几乎为零，S-nZVI 发生了更高程度的沉降而导致反应活性降低。

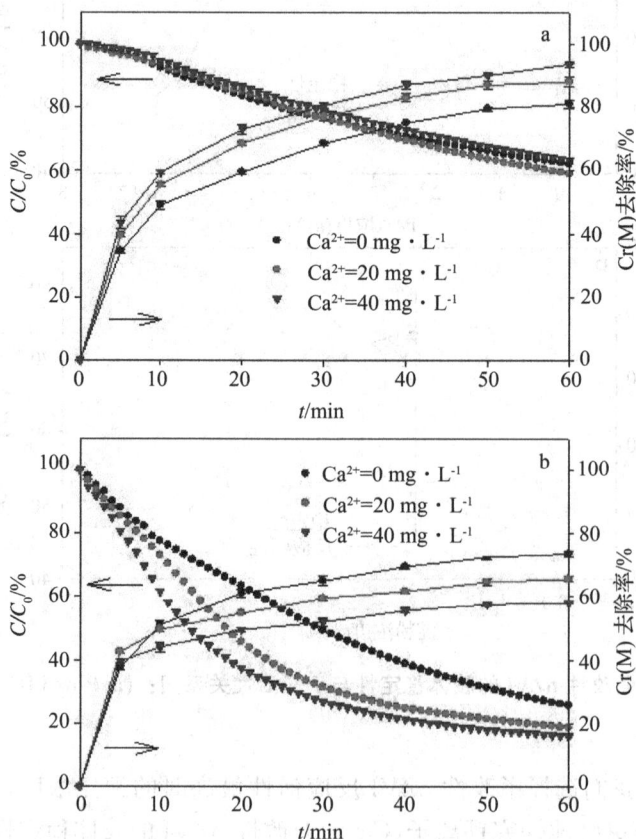

图 5-19 钙离子对改性纳米零价铁胶体稳定性和反应活性的影响

(a)P-nZVI(3%)(b)S-nZVI(0.2%)[Fe^0 = 100 mg/L; Cr(Ⅵ) = 10 mg/L]

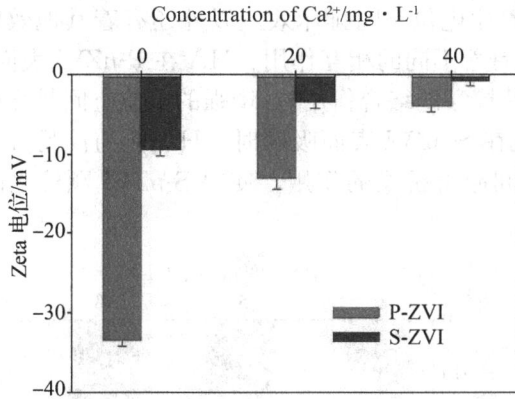

图 5-20 不同钙离子浓度下两种改性纳米零价铁的 Zeta 电位（pH=7）

（4）腐植酸的影响

腐植酸（HA）对改性 nZVI 的胶体稳定性和反应活性的影响如图 5-21 所示。随着 HA 浓度的增加（0～10 mg/L），P-nZVI 的胶体稳定性逐渐增强[图 5.21(a)]，而 S-nZVI 的胶体稳定性却降低了。

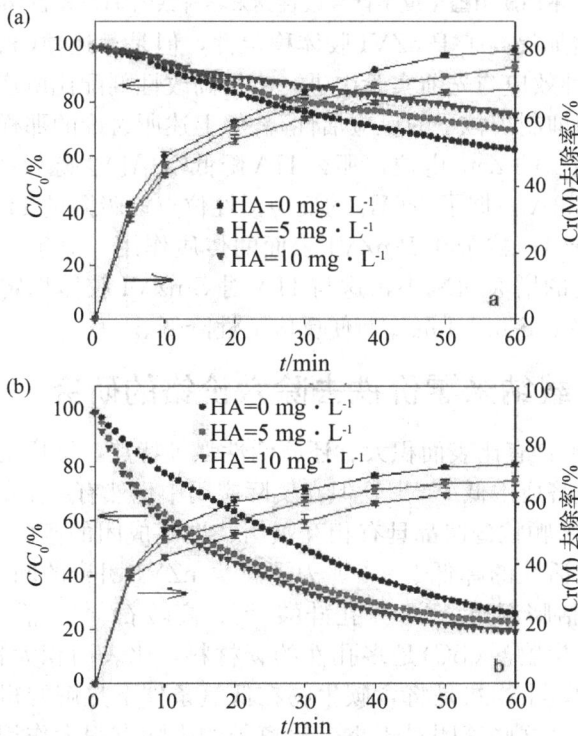

图 5-21 HA 对改性纳米零价铁胶体稳定性和反应活性的影响

(a)P-nZVI(3%)；(b)S-nZVI(0.2%)[$Fe^0 = 100$ mg/L；$Cr(VI) = 10$ mg/L]

图 5-22 是 HA 对改性 nZVI 表面电位的影响结果，显示 P-nZVI 的 Zeta 电位随着 HA 浓度的增大而增加，这增大的 Zeta 电位表明 HA 吸附在了 P-nZVI 表面上，粒子间的电位空间排斥效应增大，使得 P-nZVI 粒子更加分散，胶体更加稳定，沉降性能降低。S-nZVI 的 Zeta 电位也是随着 HA 浓度的增大而增大，但是却加速了 S-nZVI 的沉降。这表明 HA

吸附在 S-nZVI 表面除了产生电位空间排斥效应以外还有着其他效应影响其加速沉淀。因此，HA 与这两种改性剂有着不同的相互作用：HA 在 P-nZVI 表面上的吸附是与 nZVI 之间的络合作用(不是与聚丙烯酸的络合作用)，增强的电位空间排斥效应提高了颗粒粒子在溶液中的稳定性；而 HA 在 S-nZVI 表面吸附时，HA 能与淀粉分子产生相互作用，在马铃薯淀粉与 nZVI 颗粒之间起着桥梁的作用，使得 S-nZVI 颗粒之间的联系加强，从而加剧了粒子的团聚和沉降。

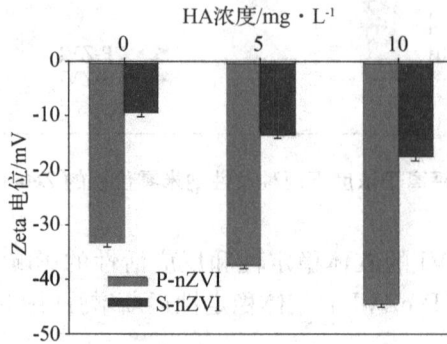

图 5-22　不同腐植酸浓度下两种改性纳米零价铁的 Zeta 电位(pH＝7)

虽然 HA 浓度的增加提高了 P-nZVI 胶体稳定性，但是其还原 Cr(Ⅵ) 的活性却受到了抑制[图 5-21(a)]，这种效应与先前实验中进一步提高改性剂配比所产生的效果一致(即增加颗粒稳定性的同时却抑制了粒子的反应活性)。像上述所讨论的那样，吸附在 P-nZVI 表面的 HA 增大了材料表面的 Zeta 电位，那么 HA 降低 Cr(Ⅵ) 去除效率的原因可能有两个：吸附在 P-nZVI 表面的 HA 占据了 Cr(Ⅵ) 的反应活性位点；吸附的 HA 增强电位空间排斥效应，抑制负电荷的 Cr(Ⅵ) 粒子在 P-nZVI 表面的传质作用。对于 S-nZVI 而言，Cr(Ⅵ) 的去除率随着 HA 浓度的增大而减小，这与 HA 对 S-nZVI 胶体稳定性的影响趋势相似，主要也是因为 HA 加快了 S-nZVI 沉降而使反应活性降低。

5.4.3　生物炭负载纳米零价铁去除六价铬的研究

近年来，nZVI 由于具有比表面积大、还原活性强等特点，被广泛应用于铬的去除中。尽管其去除效率高、经济成本低[140,141]，但在实际应用中仍然有一定的局限性，比如 nZVI 的团聚问题[142,143]。纳米颗粒普遍都具有相互吸引、聚集成团的倾向，这样会使得比表面积大大下降，导致反应活性的降低[144,145]。为了解决 nZVI 团聚的问题，一些学者尝试在载体上负载 nZVI，包括膨润土[146]、介孔硅酸[147]、高岭石[148]、活性炭[149]、生物炭[150]等。与其他材料相比，生物炭(BC)是多孔性的碳材料，比表面积大且结构稳定，除此之外还有良好的吸附性能。生物炭是将含碳生物在低氧条件下热解制得的碳材料[151]，表面含有大量的含氧官能团，这些基团对于重金属离子的去除有很大作用[152]。研究表明，将生物炭作为稳定 nZVI 的负载材料能明显增加 nZVI 的稳定性和移动性[153]。为了提高生物炭对重金属的吸附能力，一些学者会对生物炭进行各种改性(如：酸改性、碱改性、过氧化氢改性等)[154]。不同改性方式会造成生物炭比表面积、带电性和表面官能团等各种物理化学性质的变化，相应的生物炭负载 nZVI 复合材料去除污染物的能力也会受到影响[155]。

本节研究了不同种改性的生物炭负载 nZVI 去除水体中的六价铬。具体如下：通过酸改性、碱改性和氧化改性的方法制备出不同的来自于玉米秸秆热解的改性生物炭材料，分别命名为 HCl-BC、KOH-BC、H_2O_2-BC，并对这些不同的改性生物炭进行傅立叶红外（FTIR）、比表面积（BET）和 Zeta 电位等表征；通过用硼氢化钠还原三价铁的方法合成了各种负载 nZVI 的改性生物炭材料；讨论多种因素对 Cr(Ⅵ) 去除的影响，包括改性方法、nZVI/BC 质量比、pH、初始 Cr(Ⅵ) 浓度；提出了改性生物炭负载 nZVI 对 Cr(Ⅵ) 的去除机理。

（1）改性生物炭的表征

为了了解生物炭改性前后的物理化学性质变化，我们对三种改性生物炭和原始生物炭进行了傅立叶红外光谱、比表面积和 Zeta 电位的检测。图 5-23 显示了不同种生物炭在 $400 \sim 4000 \ cm^{-1}$ 处的红外光谱测量透射率及特征峰值。其中在 $3430 \ cm^{-1}$ 附近的峰表示的是—OH，这表明在四种生物炭表面都有羟基的存在[156]。在 $2940 cm^{-1}$ 和 $2904 \ cm^{-1}$ 的峰分别表示的是—CH_2 和—CH_3[157]。在 $1620 \ cm^{-1}$ 处的特征峰代表的是 C=O 和 O—H 的伸缩变化[158]。而 $1100 \ cm^{-1}$ 附近的峰则代表的是 C—O 的弯曲振动[153]。此外，在 $867 \ cm^{-1}$ 处的一个弱峰是来自于夫喃类化合物的 γ—CH 键。综上所述，在这四种生物炭表面有一定数量的羟基和羧基等含氧官能团，但是改性对生物炭表面官能团的影响并不大。通过对不同种类生物炭的比表面积的比较分析，发现酸碱改性的生物炭（即 HCl-BC 和 KOH-BC）的比表面积要明显大于其他生物炭，改性效果更优。此外，不同种类的生物炭在不同 pH 下的 Zeta 电位情况如图 5-24。在 pH 为 $5 \sim 9$ 的范围内，生物炭表面均带负电荷，并且所带电量随 pH 的增加而增加。其中，KOH-BC 和 H_2O_2-BC 负电势较 BC 更大，其胶体稳定性得到进一步提升。

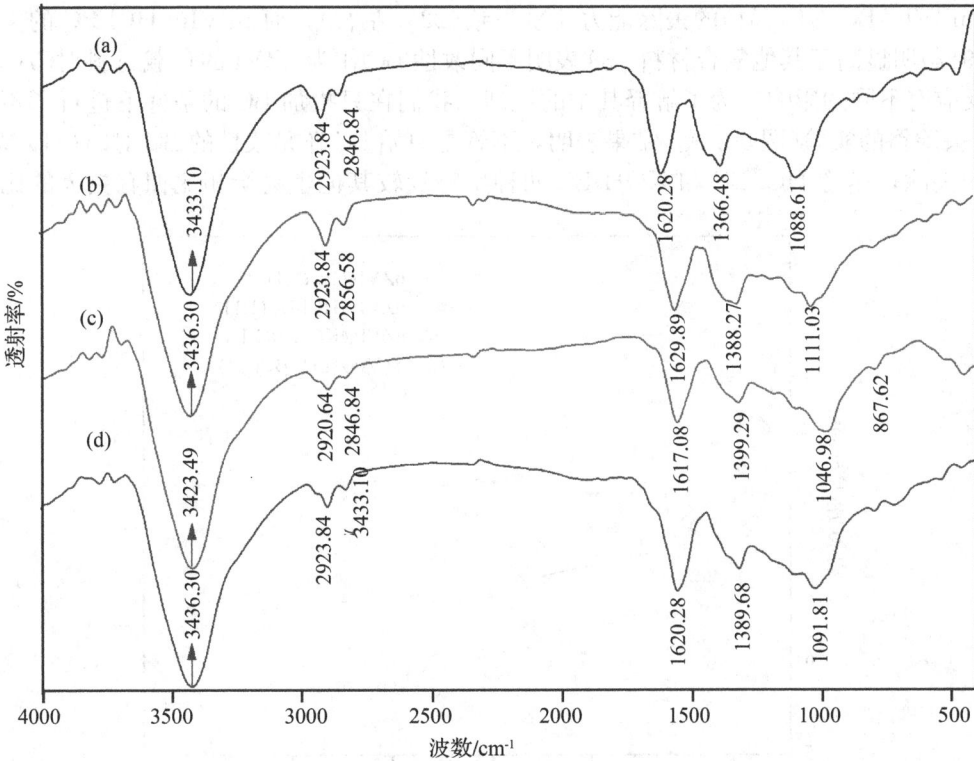

图 5-23　傅立叶红外光谱图

(a)原始 BC；(b)HCl-BC；(c)KOH-BC；(d)H_2O_2-BC

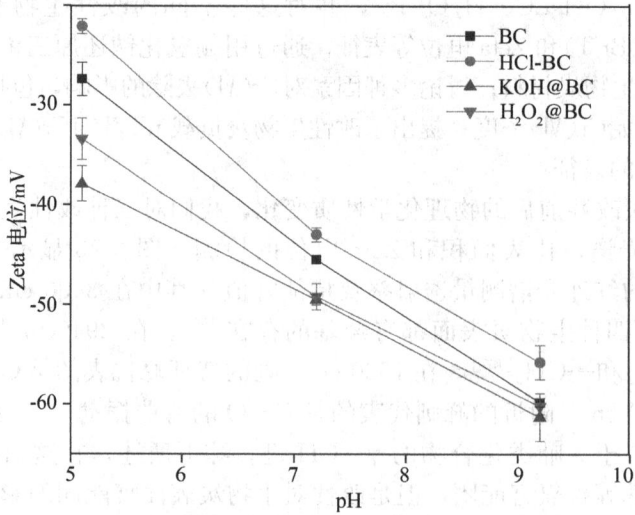

图 5-24　不同 pH 下四种生物炭的 Zeta 电位

（2）改性生物炭负载纳米零价铁去除六价铬

我们对原始 BC 和三种改性 BC 负载 nZVI 后的复合材料进行了六价铬去除性能的比较。从图 5-25 中不难看出，在反应的前 5 分钟，所有复合材料对Cr(Ⅵ)的去除速率都非常快，然后进入缓慢去除的阶段。经过 2 小时的反应，nZVI@KOH-BC、nZVI@H$_2$O$_2$-BC 和 nZVI@BC 对Cr(Ⅵ)的去除能力几乎一致（22％左右），而 nZVI@HCl-BC 的去除率（35.29％）明显高于其他复合材料。这表明不同改性 BC 作为 nZVI 的负载材料对Cr(Ⅵ)的去除反应有不同的影响。为了解释其中的机理，我们在只投加 BC 的条件下进行了不同种类BC 去除铬的实验（图 5-26）。结果表明，不管是原始 BC 还是改性的 BC 对Cr(Ⅵ)都没有明显的去除，尽管 HCl-BC 和 KOH-BC 两种生物炭较其他生物炭相比拥有更大的比表面

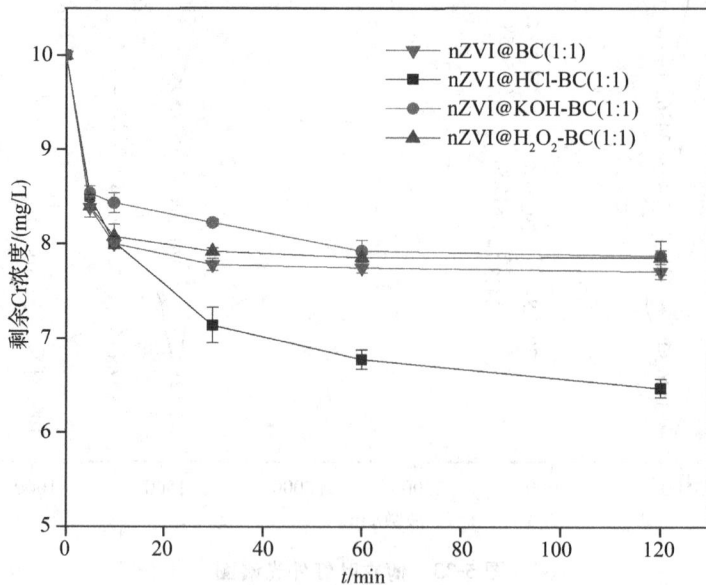

图 5-25　四种 BC 负载 nZVI 对Cr(Ⅵ)的去除

积，其对Cr(Ⅵ)去除效果依然十分微弱。究其原因，可能是生物炭表面带负电荷，会跟同样带负电荷的Cr(Ⅵ)离子间产生强大的静电斥力[159]。因此我们可以推断，BC在Cr(Ⅵ)的去除上并没有直接的作用。

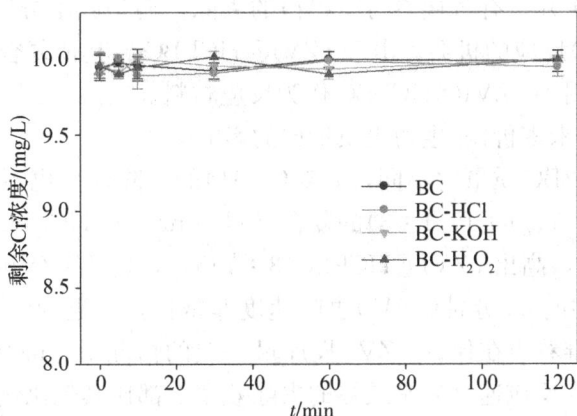

图 5-26 四种生物炭对Cr(Ⅵ)的去除

在整个Cr(Ⅵ)的去除反应中，BC只是作为nZVI的一个载体，由于BC巨大的比表面积，保证了nZVI能够均匀的分布于BC表面，从而增加了nZVI与Cr(Ⅵ)的接触机会。此外，在反应过程中会产生的Cr(Ⅲ)/Fe(Ⅲ)离子，这些离子可以通过与BC表面的含氧官能团发生络合或者螯合作用而吸附于BC表面。更大的比表面积可以分担更多的沉淀，所以包覆在nZVI表面的Cr(Ⅲ)/Fe(Ⅲ)的沉淀会大大减少，从而减缓了nZVI的钝化。

但基于以上证据依旧不能解释比表面积相近的KOH-BC和HCl-BC负载了nZVI后去除Cr(Ⅵ)能力有显著差别的原因。因此可以推测，除了比表面积以外，还有其他影响该复合材料去除Cr(Ⅵ)的因素，而材料本身所带的表面电荷对带电荷的污染物去除有很大影响[160]。因此我们对本章所用的四种BC负载nZVI的复合材料在pH为5~9范围内进行了Zeta电位的测定(图5-27)。在pH为5~9范围内，所有种类的复合材料在酸性条件下均带正电。其中，在pH为5~7内nZVI@HCl-BC所带的正电荷最多，而nZVI@KOH-BC所带正电荷在所有复合材料中最少。由于Cr(Ⅵ)是一种阴离子污染物[160]，Cr(Ⅵ)和

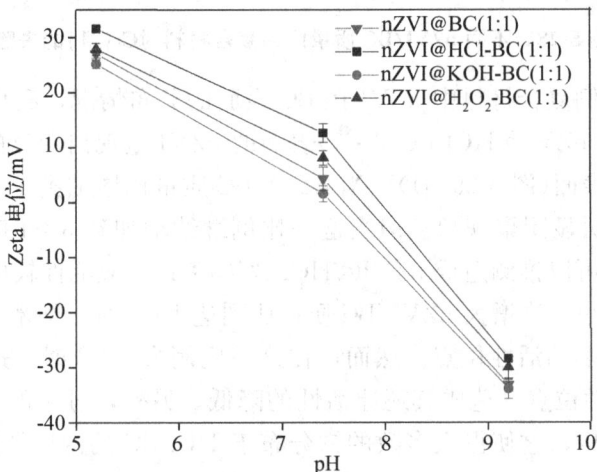

图 5-27 不同 pH 下四种生物炭的 Zeta 电位

nZVI@KOH-BC、nZVI@HCl-BC 之间一定存在静电吸引力，带更高正电荷的 nZVI@HCl-BC 能更好地与 Cr(Ⅵ)接触。此外，反应产生的 Cr(Ⅲ)/Fe(Ⅲ)离子与 nZVI@HCl-BC 也有更大的静电斥力，也更难沉淀在复合材料表面。

综上所述，生物炭并没有直接参与 Cr(Ⅵ)的去除，而是起了分散 nZVI 的作用，从而增加了 nZVI 与 Cr(Ⅵ)反应的机会。由于 nZVI@HCl-BC 比其他复合材料去除 Cr(Ⅵ)效果更好，后续研究只选用了 nZVI@HCl-BC 作为反应材料。

(3)复合材料中纳米零价铁/生物炭质量比的影响

复合材料中 nZVI/BC 质量比不同，其对 Cr(Ⅵ)的去除效果也不同(图 5-28)。结果表明三个不同质量比(3∶1、1∶1、1∶3)的复合材料中 nZVI@HCl-BC(1∶1)对 Cr(Ⅵ)的去除能力最强(32.29%)，高出 nZVI@HCl-BC(3∶1)5%，也比 nZVI@HCl-BC(1∶3)要高出 7%。而且在反应的前 30 分钟 Cr(Ⅵ)去除速度非常快，接近 30%的 Cr(Ⅵ)在该时间段内被去除。从图中不难看出在保证 nZVI 投加量一定的情况下，nZVI@HCl-BC(1∶1)对 Cr(Ⅵ)的去除不管是在反应速度还是最终的去除效率上都比其他比例的要高。这一实验结果表明，nZVI 在 BC 表面的分布情况可能会对 Cr(Ⅵ)的去除产生一定的影响。

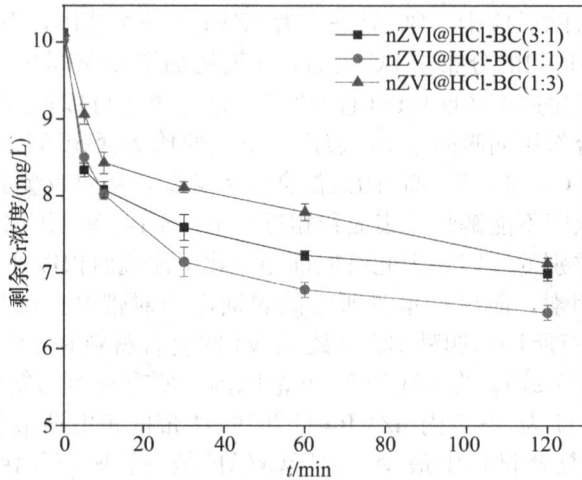

图 5-28　不同 nZVI/BC 质量比的复合材料对 Cr(Ⅵ)的去除

为了了解不同比例复合材料中 nZVI 在 BC 表面的分布情况，我们对这些材料进行了 SEM 分析(图 5-29)。nZVI@HCl-BC(3∶1)表面的 nZVI 呈现出明显的团聚，以链状和团状的形式负载于 BC 表面(图 5-29(a))。当 nZVI/BC 质量比增加到 1∶1 时，nZVI 均匀的分布于 BC 表面，无明显团聚现象。但当这一比例继续增加到 3∶1 时，BC 表面的 nZVI 数量急剧减少。因此可以推测造成 nZVI@HCl-BC(3∶1)反应活性较低的原因可能是 nZVI 的团聚导致比表面积小。当增大 nZVI/BC 质量比到达 1∶1 时，纳米零价铁均匀分布，因此给 Cr(Ⅵ)提供了更多的活性位点。然而，在这一比例为 1∶3 时，过多的生物炭可能会覆盖 nZVI 表面的活性位点，造成其还原活性的降低。另外，过多的 BC 意味着大的比表面积和丰富的孔隙结构，这使得大多数的铁分布于 HCl-BC 的内层孔隙中，导致 nZVI 参与反应的机会大大减少。

图 5-29　不同比例的 nZVI@HCl-BC 的扫描电镜图

(a)3∶1；(b)1∶1；(c)1∶3

（4）初始 pH 的影响

初始 pH 对 nZVI@HCl-BC 去除Cr(Ⅵ)的影响如图 5-30 所示。随着初始 pH 从 5 增加到 9，Cr(Ⅵ)去除率也从 35.3% 降到 17.6%。初始 pH 越高，Cr(Ⅵ)去除率越低，去除反应的速率也越低，因此较低的初始 pH 有利于 nZVI@HCl-BC 对Cr(Ⅵ)的去除。这种复合材料去除Cr(Ⅵ)的过程主要包括：吸附，还原和共沉淀[161−163]。整个反应过程中一直在消耗 H^+，而 H^+ 的增加有利于反应向右移动，加速了Cr(Ⅵ)去除反应。这可能就是酸性条件下该复合材料去除Cr(Ⅵ)效果更好的一个原因。在较低的 pH 环境中，铁的腐蚀会加剧，而Cr(Ⅵ)和 Fe^0/Fe(Ⅱ)间发生的反应也就相应得到了促进[164]。

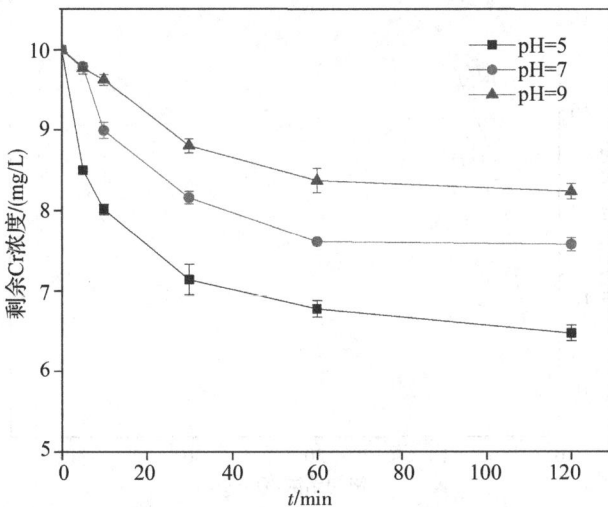

图 5-30　不同初始 pH 下 nZVI@HCl-BC 对Cr(Ⅵ)的去除

另外我们对反应最终 pH 也进行了测定，初始 pH 为 5、7、9 的情况下，反应后溶液 pH 分别变为了 6.7、7.6 和 9.6。在初始 pH=5 时，pH 有较大程度的提高，其原因可能是 nZVI 在酸性条件下的被腐蚀，消耗了溶液中大量的 H^+。而且在酸性条件下，nZVI@HCl-BC 带正电，导致 nZVI@HCl-BC 与Cr(Ⅵ)间产生静电引力，促进Cr(Ⅵ)与复合材料的接触，从而进一步促进 nZVI 与Cr(Ⅵ)的反应。但是，在碱性条件下 nZVI@HCl-BC 表面带负电，由于静电斥力的作用Cr(Ⅵ)离子与 nZVI@HCl-BC 相互排斥，抑制反应的进行。除此之外，在较高 pH 条件下，反应产生的的 Cr(Ⅲ)/Fe(Ⅲ)离子可能很快沉淀在材料表面，引起了 nZVI 表面形成钝化层，阻止了进一步反应。

（5）六价铬初始浓度的影响

六价铬初始浓度对 nZVI@HCl-BC 对 Cr(Ⅵ) 的去除的影响实验是在 2～40 mg/L 的浓度范围内进行的。如图 5-31 所示，随着 Cr(Ⅵ) 初始浓度的增加，nZVI@HCl-BC 对 Cr(Ⅵ) 的单位去除量呈现出先增加后减少的趋势，并在 10 mg/L 时达到峰值。在 Cr(Ⅵ) 初始浓度为 2、5 和 10 mg/L 时，该复合材料在 2 h 内单位去除量随着 Cr(Ⅵ) 初始浓度递增，从 9.93 mg/g 增加到 14.73 mg/g 再到 17.8 mg/g。然而当初始浓度增加到 20 mg/L 甚至 40 mg/L 时，nZVI@HCl-BC 的单位去除量降低至分别为 13.35 mg/g 和 11.65 mg/g。造成这一现象的原因可能是 Cr(Ⅵ) 既是一种强氧化剂，也是 nZVI 的一种强钝化剂，当越多的 Cr(Ⅵ) 离子接近 nZVI 颗粒时，会导致其单位去除量的降低[165]。在 Cr(Ⅵ) 浓度较高的环境中，Cr(Ⅵ) 离子会占据更多 nZVI 的反应活性位点，因此也会产生更多的 Cr(Ⅲ) 和 Fe(Ⅲ) 的 (氢) 氧化物沉淀。短时间内，高浓度的 Cr(Ⅵ) 与 nZVI 会发生剧烈反应，引起 nZVI 的迅速氧化，并形成一层致密的由 Cr(Ⅲ)/Fe(Ⅲ) 的 (氢) 氧化物组成的钝化层（主要为 $Cr_xFe_{(1-x)}(OH)_3$ 和 $Cr_xFe_{(1-x)}OOH$ 沉淀）覆盖在 nZVI@HCl-BC 表面，阻止 nZVI 与 Cr(Ⅵ) 间的电子传递过程，进而相应抑制了 Cr(Ⅵ) 的去除[166]。所以继续增加 Cr(Ⅵ) 浓度，nZVI 的表面钝化层将形成得更加迅速，导致了单位去除量的降低。

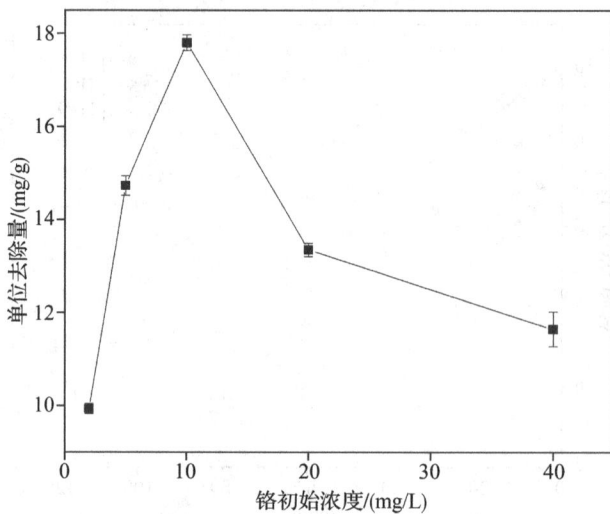

图 5-31　不同初始 Cr(Ⅵ) 浓度下 nZVI@HCl-BC 对 Cr(Ⅵ) 的去除

（6）改性生物炭负载纳米零价铁去除六价铬机理分析

nZVI@HCl-BC 对 Cr(Ⅵ) 去除机理很复杂，主要包括静电吸引、还原反应、原电池反应、共沉淀反应等等。为了讨论其中的主要机理，本节对 nZVI@HCl-BC 和反应产物进行了 SEM-EDS 和 XRD 的测定。

如图 5-32 所示，反应前后复合材料的 X 射线衍射峰发生了很大的变化。从图 5-32(a) 可以看出，反应前 ZVI@HCl-BC 只有一个明显的 Fe^0 的特征峰 $(2\theta=44.64°)$[167]。在与 Cr(Ⅵ) 反应后，nZVI@HCl-BC 的 XRD 图 [图 5-32(b)] 中出现了很多新的特征峰，对应的物质分别为 Fe_2O_3 $(2\theta=35.65°)$、Fe_3O_4 $(2\theta=35.68°/62.17°)$、$FeO(OH)$ $(2\theta=28.24°)$、Cr_2O_3 $(2\theta=53.93°)$ 和 Cr_2FeO_4 $(2\theta=35.50°)$[168,169]。除此之外，反应产物中 Fe^0 的峰面积

也大大减少。很明显，在反应后 nZVI@HCl-BC 表面产生了 Fe(Ⅱ)、Fe(Ⅲ)和 Cr(Ⅲ)，这表明在 Fe^0 和 Cr(Ⅵ)之间发生了氧化还原反应。因此从图 5-32 中看出 Cr(Ⅵ)被还原成了 Cr(Ⅲ)的 Cr_2O_3 和 $Cr(OH)_3$，同时零价铁被氧化成了 Fe_2O_3、$FeO(OH)$ 和 Fe_3O_4。而图中出现的 Cr_2FeO_4 是通过 Cr(Ⅲ)与 Fe(Ⅲ)的共沉淀作用而产生的。

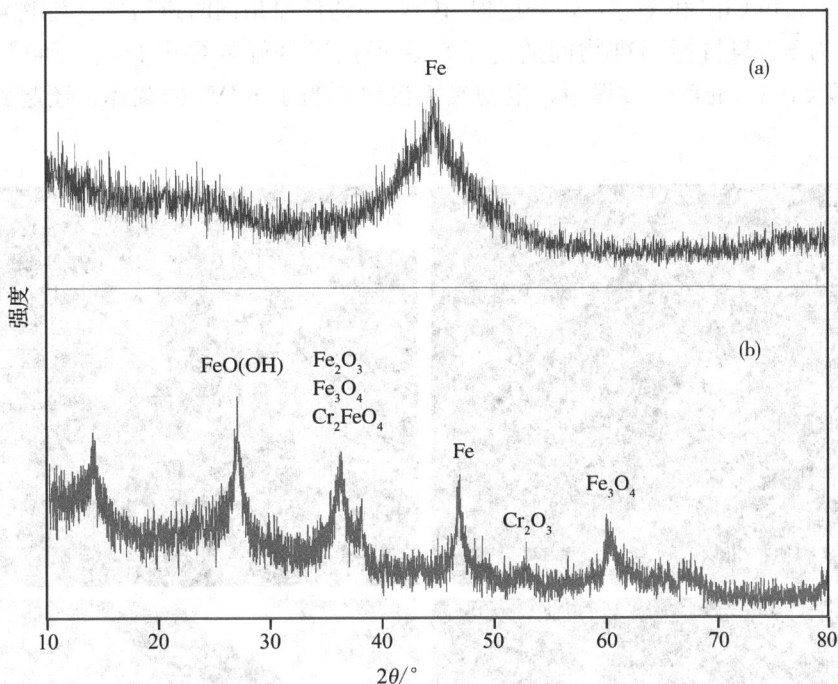

图 5-32　(a)nZVI@HCl-BC 和(b)反应后产物的 XRD 衍射图

为了进一步探明其中的机理，我们对反应前后 nZVI@HCl-BC 进行了扫描电镜串联能谱分析。图 5-33 显示了 nZVI@HCl-BC(1∶1)在反应前后的形貌特征变化，从 5-33(a)中看出负载于 BC 表面的零价铁颗粒是纳米级别的，呈球状均匀分布于 HCl-BC 表面上，仅有很小部分的 nZVI 出现轻微的团聚现象。而反应后的材料被针状物质包裹，这可能与 Cr(Ⅲ)/Fe(Ⅲ)(氢)氧化物的生成有关。为了解反应产物中的元素分布特征，我们对反应产物进行了能谱扫描分析(图 5-34)。能谱结果显示 Fe、铬和 O 三种元素在 HCl-BC 表面均匀分布，这表明反应过程中形成的 Cr(Ⅲ)/Fe(Ⅲ)沉淀也均匀包覆在复合材料表面。

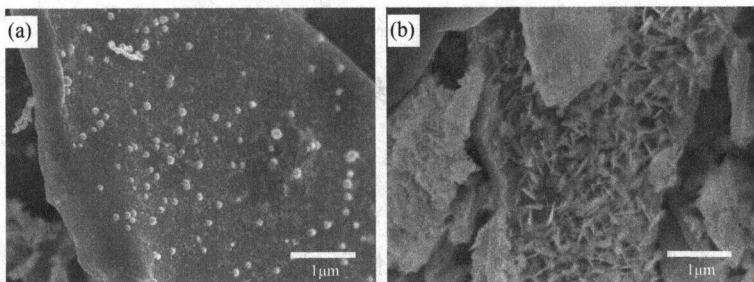

图 5-33　(a)nZVI@HCl-BC 和(b)反应后产物扫描电镜图

　　基于上述结果，可以推断出在反应过程中产生的 Cr（Ⅲ）沉淀产物在 nZVI@HCl-BC 与 Cr（Ⅵ）反应过程中有很大的可能性沉淀于比表面积更大的 HCl-BC 表面，因此在 nZVI 表面的 Cr（Ⅲ）氢氧化物和 Cr（Ⅲ）/Fe（Ⅲ）沉淀会大大减少。另外，在反应体系中在零价铁和生物炭材料之间可能会形成大量微小的原电池[107]。在原电池中，电子从负级（Fe^0）流向正极［HCl-BC、Fe（Ⅱ）和 H$_2$］，这一过程与 Cr（Ⅵ）的还原是同时进行的。生物炭良好的导电性能，也为 Fe^0 与目标污染物间的电子传递提供了良好的导电介质。所以在 nZVI@HCl-BC 去除Cr（Ⅵ）的反应过程中，生物炭不仅仅充当了 nZVI 的载体，还起到了电子传递的作用。

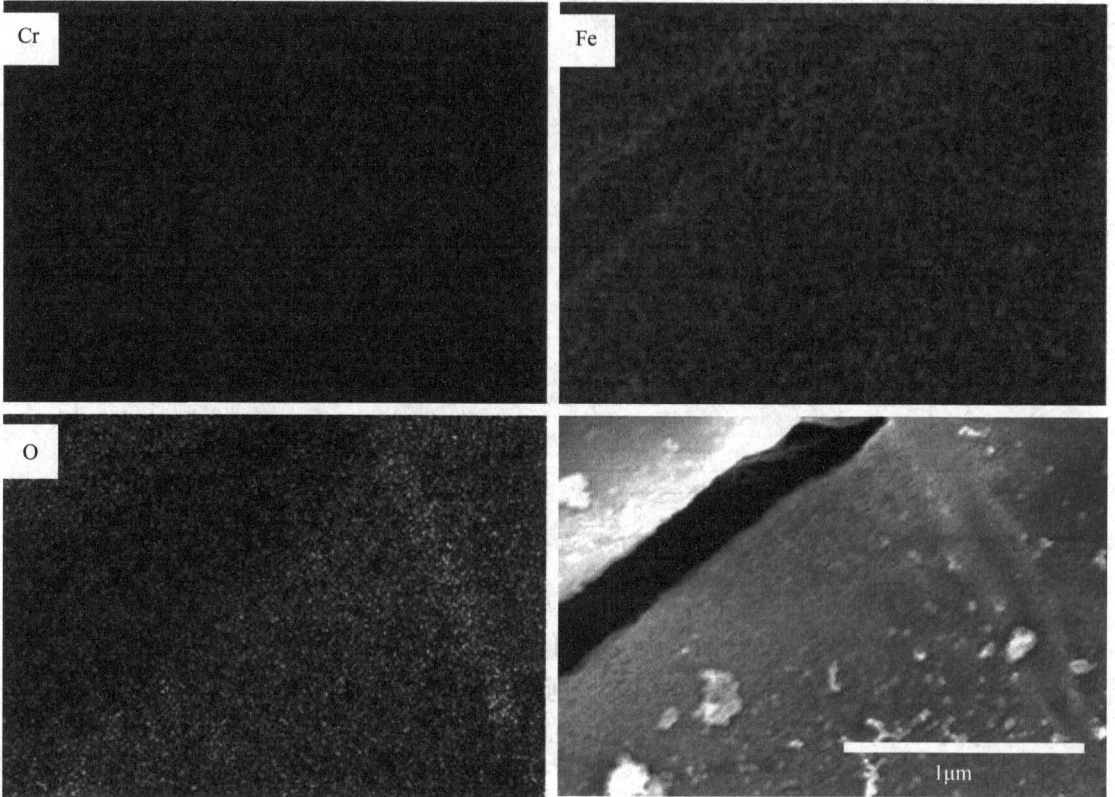

图 5-34　反应产物的元素分布图

5.5　小结与展望

　　本节主要是探讨了在地下水环境中Cr（Ⅵ）的迁移转运行为和环境影响因素，并通过地下水修复中常用的纳米零价铁（nZVI）为主要修复材料，探究了不同修复体系、改性方式对 nZVI 胶体稳定性和其去除Cr（Ⅵ）的影响规律。

　　首先通过加入可降解螯合剂 EDDS，建立了一种新的、绿色的去除污染物体系。研究了体系初始 pH、EDDS 浓度、溶解氧 DO 等因素对 nZVI 去除 Cr(Ⅵ)的影响，探讨了 EDDS 与 DO 对去除污染物的影响机理。结果表明，EDDS 的添加很好地抑制了 nZVI 表面钝化层的形成，与铬（Ⅲ）/Fe（Ⅲ）离子络合生成可溶性金属螯合物，减少 Cr(Ⅲ)/Fe(Ⅲ)共沉，从而提高了 nZVI 对 Cr(Ⅵ)的去除能力。本方法操作简单，高效廉价，在应用纳米零价铁技术时不需要对 nZVI 纳米粒子进行预处理，且在 pH 为 5.6~9 的范围内均具有良好去除效果，应用此方法不需要调整水体 pH，对于大部分水体都适用，包括溶解氧含量稀少的地下水体。

另外，用聚丙烯酸和淀粉这两种材料修饰改性 nZVI，对 nZVI 颗粒的胶体稳定性和反应活性都产生了截然不同的影响。一般来说，改性 nZVI 的胶体稳定性会随着改性材料浓度的增加而增强，但是对其反应活性来说存在着一个最合适的改性材料浓度。此外，钙离子的存在导致淀粉-改性纳米零价铁的沉降加剧、胶体稳定性降低，从而也对 Cr(Ⅵ)的除去造成负面的影响。腐植酸的存在虽然增强了聚丙烯酸-改性纳米零价铁胶体稳定性，但腐植酸占据了本应与 Cr(Ⅵ)发生反应的活性位点，同时通过增强空间位阻效应抑制了 Cr(Ⅵ)在材料表面的传质。因此，在实际的 nZVI 技术应用中，选择一个合适的改性材料比例是非常重要的，这能确保注射的改性 nZVI 能有足够的迁移运动能力达到污染地带，以及对污染物有高效的去除率。地下水环境中存在的天然地质化学因素（如钙离子、腐植酸等）对不同改性材料的影响也是值得考虑的，选择合适的改性材料能够对特定水环境内 nZVI 的应用取得更好的效果。

最后，利用盐酸(HCl)、氢氧化钾(KOH)和过氧化氢(H_2O_2)分别对原始生物炭进行改性，并将 nZVI 负载于 BC 表面得到的三种复合材料中，盐酸改性的 BC 负载 nZVI (nZVI@HCl-BC)去除效果最好，主要是因为 nZVI@HCl-BC 拥有更大的比表面积，有更多与 Cr(Ⅵ)接触的反应位点，而且其表面所带负电荷在所有材料中最少，与 Cr(Ⅵ)之间存在更小的静电斥力。此外，较高的 nZVI/BC 质量比会导致 nZVI 在 HCl-BC 表面团聚，但是过低的比例会造成过量的 HCl-BC 覆盖 nZVI 的活性位点。

以上应用 nZVI 修复地下水中 Cr(Ⅵ)污染的研究实例表明，nZVI 作为一种被广泛研究的还原剂对 Cr(Ⅵ)污染的去除展现了稳定出色的效果。但在工程实际应用中，应考虑地下水场景中环境因子的特殊性，对 nZVI 的应用方式进行针对性调整，最大限度地利用 nZVI 的去污优势修复地下水污染。

参考文献

[1]吴敦敖，鲁文毓. 铬在土壤-地下水系统中的污染研究[J]. 环境科学学报，1991，11(3)：276-283.

[2]LI H，LI Y，LEE M K，et al. Spatiotemporal Analysis of Heavy Metal Water Pollution in Transitional China[J]. Sustainability，2015，7(7)：9067-9087.

[3]中国环境保护产业协会固体废物处理利用委员会. 我国工业固体废物污染治理行业 2006 年发展报告[J]. 中国环保产业，2007(11)：4.

[4]张厚坚，王兴润，陈春云，等. 高原地区铬渣污染场地污染特性研究[J]. 环境工程学报，2010(4)：4.

[5]曹泉，王兴润. 铬渣污染场地污染状况研究与修复技术分析. 环境工程学报 2009，3，(8)，5.

[6]崔永高. 铬污染土壤和地下水的修复技术研究进展[J]. 工程地质学报，2017，25（4）：9.

[7]朱月珍. 影响土壤中铬迁移转化的几个因素[J]. 土壤学报，1985，22(4)：390-393.

[8]闫峰，刘合满，梁东丽，等. 不同土壤对 Cr 吸附的动力学特征[J]. 农业工程学报，2008，24(6)：21-25.

[9]杨杰文，陈爱珠，钟来元. 砖红壤对 Cr（VI）吸附-解吸反应动力学研究[J]. 环境化学，2010，29(2)：200-204.

[10]陈子方，赵勇胜，孙家强，等. 铅和铬污染包气带及再释放规律的实验研究[J]. 中国环境科学 2014，34(9)：2211-2216.

[11]焦芳芳，马振民，侯玉松. 焦作地区浅层地下水铬（VI）污染机理及迁移预测[J]. 煤田地质与勘探，2014，42（6）：6.

[12]KASZYCKI P，FEDOROVYCH D，KSHEMINSKA H，et al. Chromium accumulation by living yeast at various environmental conditions[J]. Microbiological Research，2004，159 (1)：11-17.

[13]VITALE R J，MUSSOLINE G R，RINEHIMER K A. Environmental monitoring of chromium in air，soil，and water[J]. Regulatory toxicology and Pharmacology，1997，26 (1)：S80-S85.

[14]SHEKHAWAT K，CHATTERJEE S，JOSHI B. Chromium toxicity and its health hazards[J]. International Journal of Advanced Research，2015，3(7)：167-172.

[15]郑建中，石美，李娟，等. 化学还原固定化土壤地下水中六价铬的研究进展[J]. 环境工程学报，2015，9(7)：3077-3085.

[16]荣伟英，周启星. 铬渣堆放场地土壤的污染过程，影响因素及植物修复[J]. 生态学杂志，2010(3)：598-604.

[17]UKHUREBOR K E，AIGBE U O，ONYANCHA R B，et al. Effect of hexavalent chromium on the environment and removal techniques：A review [J]. Journal of Environmental Management，2021，280：111809.

[18]AIGBE U O，OSIBOTE O A. A review of hexavalent chromium removal from aqueous solutions by sorption technique using nanomaterials [J]. Journal of Environmental Chemical Engineering，2020，8(6)：104503.

[19]CHAUKE V P，MAITY A，CHETTY A. High-performance towards removal of toxic hexavalent chromium from aqueous solution using graphene oxide-alpha cyclodextrin-polypyrrole nanocomposites [J]. Elsevier，2015.

[20]AHMED A，SA A，ISHAQ K，et al. Carbon nanotubes：mechanism，langmuir hinshelwood growth kinetics and it application for the removal of chromium（VI）[J]. Journal of Membrane Science & Technology，2017，07(02).

[21]ROY A，BHATTACHARYA J. Nanotechnology in industrial wastewater treatment [J]. Water Intelligence Online，2015，13.

[22]KUNDURU K R. 2 - Nanotechnology for water purification：applications of nanotechnology methods in wastewater treatment [J]. Water Purification，2017：33-74.

[23]YAOLEI，XU，JINYI，et al. Efficient Removal of Cr(VI) from Aqueous Solution Using Polypyrrole/Rectorite Composites[C]. 2019.

[24]TANG S，LO I. Magnetic nanoparticles：essential factors for sustainable environmental applications [J]. Water Res，2013，47(8)：2613-2632.

[25]ISLAM J B. Photocatalytic reduction of Cr(VI) in aqueous solution with TiO_2 in the presence of

formic acid[C]. proceedings of the Photocatalytic Reduction of Cr(Ⅵ) in Aqueous Solution With TiO$_2$ in the Presence of Formic Acid，2018.

[26]HOSSEINI R, SAYADI M H, SHEKARI H. Adsorption of nickel and chromium from aqueous solutions using copper oxide nanoparticles: adsorption isotherms, kinetic modeling, and thermodynamic studies [J]. Avicenna Journal of Environmental Health Engineering，2019，6：66－74.

[27]NETO J, MADEIRA V S, RODRIGUES G, et al. Chromium（Ⅵ）removal using cerium doped i-ron oxide nanoparticles [J]. Materials Research Express，2019，6(11).

[28]M. R, LASHEEN, I. Y, et al. Removal and recovery of Cr (Ⅵ) by magnetite nanoparticles [J]. Desalination & Water Treatment，2013.

[29]GHEJU M, IOVI A. Kinetics of hexavalent chromium reduction by scrap iron [J]. Journal of Hazardous Materials，2006，(1/3)：135.

[30]CHEN S S, CHENG C Y, LI C W, et al. Reduction of chromate from electroplating wastewater from pH 1 to 2 using fluidized zero valent iron process [J]. J Hazard Mater，2007，142(1－2)：362－367.

[31]GHEJU M, IOVI A, BALCU I. Hexavalent chromium reduction with scrap iron in continuous－flow system Part 1: effect of feed solution pH [J]. Journal of Hazardous Materials，2008，153(1－2)：655－662.

[32]裴东波，卢志强，伉沛崧，等. 还原沉淀法处理含铬废水 [J]. 城市环境与城市生态，2006(2)：2.

[33]刘芳. 还原沉淀法对含铬重金属废水的处理研究 [J]. 环境污染与防治，2014 (04)：69－74.

[34]颜家保，王朝霞，吴文升. 还原沉淀法处理含铬废水的工艺研究 [J]. 武汉科技大学学报，2002，25(1)：2.

[35]张博，吴桐，秦涛，等. 含铬废水处理工艺的研究热点及其绿色化发展趋势 [J]. 西部皮革，2009，31(17)：36－41.

[36]RODRIGUEZ-VALADEZ F, ORTIZ-EXIGA C, IBANEZ J G, et al. Electroreduction of Cr(Ⅵ) to Cr(Ⅲ) on Reticulated Vitreous Carbon Electrodes in a Parallel-Plate Reactor with Recirculation [J]. Environmental Science and Technology，2005，39(6)：1875－1879.

[37]TABATABAEI S, RAD B F, BAGHDADI M. Semicontinuous enhanced electroreduction of Cr (Ⅵ) in wastewater by cathode constructed of copper rods coated with palladium nanoparticles followed by adsorption [J]. Chemosphere，251.

[38]SARANYA S, NAMBI I M, RAGHURAM C. Electrochemical reduction of hexavalent chromium on titania nanotubes with urea as an anolyte additive [J]. Electrochimica Acta，2018，284：427－435.

[39]HU Y, ZHU J, LIU Y. electrochemical science removal of chromium(VI) from aqueous solutions by electrochemical reduction-precipitation [J]. 2018.

[40]KUMAR V, DWIVEDI S K. A review on accessible techniques for removal of hexavalent Chromium and divalent Nickel from industrial wastewater: Recent research and future outlook [J]. Journal of Cleaner Production，2021，295.

[41]UN U T, ONPEKER S E, OZEL E. The treatment of chromium containing wastewater using electrocoagulation and the production of ceramic pigments fromtheresulting sludge [J]. Journal of Environmental Management，2017，200(sep. 15)：196.

[42]DAS D, NANDI B K. Removal of Hexavalent Chromium from Wastewater by Electrocoagulation (EC): Parametric Evaluation, Kinetic Study and Operating Cost [J]. Transactions of the Indian Institute of Metals，2020，73(8)：2053－2060.

[43]ELABBAS S, OUAZZANI N, MANDI L, et al. Treatment of highly concentrated tannery wastewater using electrocoagulation: Influence of the quality of aluminium used for the electrode [J]. J Hazard Mater, 2016, 319: 69 - 77.

[44]HEIDMANN I, CALMANO W. Removal of Zn(Ⅱ), Cu(Ⅱ), Ni(Ⅱ), Ag(I) and Cr(Ⅵ) present in aqueous solutions by aluminium electrocoagulation [J]. J Hazard Mater, 2008, 152(3): 934 - 941.

[45]刘晓蒙. 硝酸盐对 PRB 修复铬污染地下水的影响研究 [D]. 北京: 中国地质大学(北京), 2013.

[46]POOPAL A C, LAXMAN R S. Chromate reduction by PVA-alginate immobilized Streptomyces griseus in a bioreactor [J]. Biotechnology Letters, 2009, 31(1): 71 - 76.

[47]JOBBY R, JHA P, YADAV A K, et al. Biosorption and biotransformation of hexavalent chromium [Cr(Ⅵ)]: A comprehensive review [J]. Chemosphere, 2018, 207: 255 - 266.

[48]PULIMI M, JAMWAL S, SAMUEL J, et al. Enhancing the hexavalent chromium bioremediation potential of acinetobacter junii VITSUKMW2 using statistical design Experiments [J]. J Microbiol Biotechnol, 2012, 22(12): 1767 - 1775.

[49]王会霞. 解脂假丝酵母(Candida lipolytica)处理含铬废水的研究 [D]. 广州: 暨南大学, 2005.

[50]严忠纯. 生物絮凝剂及磁絮凝技术在制革废水铬处理中的应用 [D]. 西安: 陕西科技大学, 2017.

[51]马军, 邱立平, 郝醒华, 等. 微生物絮凝法处理含铬工业废水中试研究[J]. 哈尔滨建筑大学学报, 2001, 34(5): 5.

[52]郑西来, 唐凤琳, 辛佳, 等. 污染地下水零价铁原位反应带修复技术: 理论·应用·展望[J]. 环境科学研究, 2016, 29(2): 155 - 163.

[53]朱文会, 董良飞, 王兴润, 等. Cr(Ⅵ)污染地下水修复的 PRB 填料实验研究[J]. 环境科学, 2013, 34(7): 2711 - 2717.

[54]RAI D, SASS B M, MOORE D A. Chromium (Ⅲ) hydrolysis constants and solubility of chromium (Ⅲ) hydroxide[J]. Inorganic Chemistry, 1987, 26 (3): 345 - 349.

[55]LOYAUX-LAWNICZAK S, LECOMTE P, EHRHARDT J J. Behavior of hexavalent chromium in a polluted groundwater: redox processes and immobilization in soils[J]. Environmental science & technology, 2001, 35 (7): 1350 - 1357.

[56]谷庆宝, 郭观林, 周友亚, 等. 污染场地修复技术的分类, 应用与筛选方法探讨[J]. 环境科学研究, 2008, 21(2): 197 - 202.

[57]AGENCY U E P. Treatment technologies for site cleanup: annual status report[M]. Washington DC: National Service Center for Environmental Publications, 2004.

[58]GHEJU M. Progress in understanding the mechanism of CrⅥ removal in fe0-based filtration Systems[J]. Water, 2018, 10(5): 651.

[59]诸毅. 污染地下水可渗透反应墙(PRB)修复技术及其应用设计[C]//环境工程 2017 增刊 2.0 [2024 - 06 - 25].

[60]李雅. Fe0-PRB修复地下水中铬铅复合污染的研究[D]. 咸阳: 西北农林科技大学, 2011.

[61]BLOWES D W, PTACEK C J, CHERRY J A, et al. Passive remediation of groudwaterusing in situ treatment curtains[J]. Geoenvironment 2000, Geotechnical Special Special Publication, ASCE, 1995, (46): 1588 - 1607.

[62]束善治, 袁勇. 污染地下水原位处理方法: 可渗透反应墙[J]. 环境污染治理技术与设备, 2002 (01): 47 - 51.

[63]王泓泉. 污染地下水可渗透反应墙(PRB)技术研究进展[J]. 环境工程技术学报, 2020, 10(02):

251－259.

[64]李思琪. Cr(Ⅵ)污染地下水修复的复合 Fe0-PRB 填料实验研究[D]. 福州：福州大学，2018.

[65]李雅，张增强，邵森. 堆肥-零价铁混合 PRB 处理铬污染地下水[J]. 农业机械学报，2010，41(09)：95－98.

[66]孟凡生，王业耀，汪春香，等. 铬污染地下水的 PRB 修复试验[J]. 工业用水与废水，2005，36(2)：22－25.

[67]王兴润，翟亚丽，舒新前，等. 修复铬污染地下水的可渗透反应墙介质筛选[J]. 环境工程学报，2013，7(07)：2523－2528.

[68]张希，冯悦峰，李正斌，等. 可渗透反应墙技术修复重金属污染地下水的发展与展望[J]. 离子交换与吸附，2022，38(03)：269－283.

[69]WANG B，GAO C，LI X，et al. Remediation of groundwater pollution by in situ reactive zone：A review[J]. Process Safety and Environmental Protection，2022，168：858－871.

[70]CRANE R A，SCOTT T B. The removal of uranium onto nanoscale zero-valent iron particles in anoxic batch systems[J]. Journal of Nanomaterials，2014，2014：1－9.

[71]TRATNYEK P G，JOHNSON R L. Nanotechnologies for environmental cleanup[J]. Nano today，2006，1(2)：44－48.

[72]HYUN-SHIK CHANGA，JULIAN H. SINGERA，JOHN C. SEAMANA. In Situ Chromium (Ⅵ) Reduction Using Iron(Ⅱ) Solutions：Modeling Dynamic Geochemical Gradients[J]. Vadose Zone Journal，2012，11(2)：1043－1053.

[73]BANSAL N，COETZEE J J，CHIRWA E. In situ bioremediation of chromium (Ⅵ) in a simulated ferrochrome slag[J]. Chemical Engineering Transactions，2017，61：55－60.

[74]LIRONG ZHONG，NIKOLLA P. QAFOKU，JAMES E. SZECSODY，et al. Foam delivery of calcium polysulfide to the vadose zone for chromium(Ⅵ) Immobilization：a Laboratory evaluation[J]. Vadose Zone Journal，2009，8(4)：976－985.

[75]FU R，YANG Y，XU Z，et al. The removal of chromium (Ⅵ) and lead (Ⅱ) from groundwater using sepiolite-supported nanoscale zero-valent iron (S-NZVI)[J]. Chemosphere，2015，138(nov.)：726－734.

[76]BUSCH J，MEIBNER T，POTTHOFF A，et al. A field investigation on transport of carbon-supported nanoscale zero-valent iron (nZVI) in groundwater[J]. Journal of Contaminant Hydrology，2015，181：59－68.

[77]NěMECEK J，LHOTSKY O E，CAJTHAML T. Nanoscale zero-valent iron application for in situ reduction of hexavalent chromium and its effects on indigenous microorganism populations[J]. Science of The Total Environment，2014，485－486：739－747.

[78]王棣，魏文侠，王琳玲，等. 纳米铁原位注入技术对六价铬污染地下水的修复[J]. 环境工程学报，2018，12 (2)：6.

[79]CESPóN-ROMERO R M，YEBRA-BIURRUN M C，BERMEJO-BARRERA M P. Preconcentration and speciation of chromium by the determination of total chromium and chromium(Ⅲ) in natural waters by flame atomic absorption spectrometry with a chelating ion-exchange flow injection system[J]. Analytica Chimica Acta，1996，327(1)：37－45.

[80]BARRERA-DIAZ C E，LUGO-LUGO V，BILYEU B. A review of chemical，electrochemical and biological methods for aqueous Cr(Ⅵ) reduction[J]. Journal of Hazardous Materials，2012，223－224：1－12.

[81]ZHAO D, SENGUPTA A K, STEWART L. Selective removal of Cr(Ⅵ) oxyanions with a new anion exchanger[J]. Industrial & engineering chemistry research, 1998, 37(11): 4383 – 4387.

[82]LIU Y, MOU H, CHEN L, et al. Cr(Ⅵ)-contaminated groundwater remediation with simulated permeable reactive barrier (PRB) filled with natural pyrite as reactive material: Environmental factors and effectiveness[J]. Journal of Hazardous Materials, 2015, 298: 83 – 90.

[83]LIN Y, HUANG C. Reduction of chromium(Ⅵ) by pyrite in dilute aqueous solutions[J]. Separation and Purification Technology, 2008, 63(1): 191 – 199.

[84]YI X, MA S, DU X, et al. The facile fabrication of 2D/3D Z-scheme g-C_3N_4/UiO-66 heterojunction with enhanced photocatalytic Cr(Ⅵ) reduction performance under white light[J]. Chemical Engineering Journal, 2019, 375: 121944.

[85]ZHAO C, WANG Z, LI X, et al. Facile fabrication of BUC-21/$Bi_{24}O_{31}Br_{10}$ composites for enhanced photocatalytic Cr(Ⅵ) reduction under white light[J]. Chemical Engineering Journal, 2020, 389: 123431.

[86]SHAHEEN S M, NIAZI N K, HASSAN N E E, et al. Wood-based biochar for the removal of potentially toxic elements in water and wastewater: a critical review[J]. International Materials Reviews, 2018, 64(4): 216 – 247.

[87]QIU Y, ZHANG Q, GAO B, et al. Removal mechanisms of Cr(Ⅵ) and Cr(Ⅲ) by biochar supported nanosized zero-valent iron: Synergy of adsorption, reduction and transformation[J]. Environmental Pollution, 2020, 265: 115018.

[88]XIAO R, WANG J J, LI R, et al. Enhanced sorption of hexavalent chromium [Cr(Ⅵ)] from aqueous solutions by diluted sulfuric acid-assisted MgO-coated biochar composite[J]. Chemosphere, 2018, 208: 408 – 416.

[89]MIAN M M, LIU G, YOUSAF B, et al. Simultaneous functionalization and magnetization of biochar via NH_3 ambiance pyrolysis for efficient removal of Cr(Ⅵ)[J]. Chemosphere, 2018, 208: 712 – 721.

[90]WANG K, SUN Y, TANG J, et al. Aqueous Cr(Ⅵ) removal by a novel ball milled Fe0-biochar composite: Role of biochar electron transfer capacity under high pyrolysis temperature[J]. Chemosphere, 2020, 241: 125044.

[91]CHEN Y, WANG B, XIN J, et al. Adsorption behavior and mechanism of Cr(Ⅵ) by modified biochar derived from Enteromorpha prolifera[J]. Ecotoxicology and Environmental Safety, 2018, 164: 440 – 447.

[92]ZHAO N, YIN Z, LIU F, et al. Environmentally persistent free radicals mediated removal of Cr(Ⅵ) from highly saline water by corn straw biochars[J]. Bioresource Technology, 2018, 260: 294 – 301.

[93]MAK M S H, RAO P, LO I M C. Zero-valent iron and iron oxide-coated sand as a combination for removal of co-present chromate and arsenate from groundwater with humic acid[J]. Environmental Pollution, 2011, 159(2): 377 – 382.

[94]ZENG Q, HUANG Y, HUANG L, et al. Efficient removal of hexavalent chromium in a wide pH range by composite of SiO_2 supported nano ferrous oxalate[J]. Chemical Engineering Journal, 2020, 383: 123209.

[95]GAO Q, LIN D, FAN Y, et al. Visible light induced photocatalytic reduction of Cr(Ⅵ) by self-assembled and amorphous Fe-2MI[J]. Chemical Engineering Journal, 2019, 374: 10 – 19.

[96]YI X, WANG F, DU X, et al. Facile fabrication of BUC-21/g-C_3N_4 composites and their enhanced photocatalytic Cr(Ⅵ) reduction performances under simulated sunlight[J]. Applied Organometallic Chemis-

try, 2019, 33(1): e4621.

[97]LI Y X, FU H, WANG P, et al. Porous tube-like ZnS derived from rod-like ZIF-L for photocatalytic Cr (Ⅵ) reduction and organic pollutants degradation [J]. Environmental pollution, 2020, 256: 113417.

[98]WANG F, YI X, WANG C, et al. Photocatalytic Cr(Ⅵ) reduction and organic-pollutant degradation in a stable 2D coordination polymer[J]. Chinese Journal of Catalysis, 2017, 38(12): 2141–2149.

[99]WANG L, WEI S, JIANG Z. Effects of humic acid on enhanced removal of lead ions by polystyrene-supported nano-Fe (0) nanocomposite[J]. Scientific Reports, 2020, 10(1).

[100]GUAN X, SUN Y, QIN H, et al. The limitations of applying zero-valent iron technology in contaminants sequestration and the corresponding countermeasures: the development in zero-valent iron technology in the last two decades (1994—2014)[J], Water research, 2015, 75 : 224–248.

[101]YAND Y S, LO I M C. Removal effectiveness and mechanisms of naphthalene and heavy metals from artificially contaminated soil by iron chelate-activated persulfate[J], Environmental pollution, 2013, 178: 15–22.

[102]FU F, MA J, XIE L, et al. Chromium removal using resin supported nanoscale zero-valent iron[J]. Journal of environmental management, 2013, 128: 822–827.

[103]ZHANG X, DENG B, GUO J, et al. Ligand-assisted degradation of carbon tetrachloride by microscale zero-valent iron[J]. Journal of environmental management, 2011, 92: 1328–1333.

[104]FU F L, HAN W J, et al. Insights into environmental remediation of heavy metal and organic pollutants: Simultaneous removal of hexavalent chromium and dye from wastewater by zero-valent iron with ligand-enhanced reactivity[J]. Chem. Eng. J, 2013, 232: 534–540

[105]RUEY-FANG Y, FUNG-HWA C, WEN-PO C, et al. Application of pH, ORP, and DO monitoring to evaluate chromium(Ⅵ) removal from wastewater by the nanoscale zero-valent iron (nZVI) process[J]. Chemical Engineering Journal, 2014, 255: 568–576.

[106]PIAN, FENG, XIAOHONG, et al. Weak magnetic field accelerates chromate removal by zero-valent iron[J]. 环境科学学报(英文版), 2015, 31: 175–183.

[107]DONG H, HE Q, ZENG G, et al. Chromate removal by surface-modified nanoscale zero-valent iron: Effect of different surface coatings and water chemistry[J]. Journal of colloid and interface science, 2016, 471: 7–13.

[108]DONG H, AHMAD K, ZENG G, et al. Influence of fulvic acid on the colloidal stability and reactivity of nanoscale zero-valent iron[J]. Environmental pollution, 2016, 211: 363–369.

[109]GUAN X, DONG H, MA J. Influence of phosphate, humic acid and silicate on the transformation of chromate by Fe(Ⅱ) under suboxic conditions[J]. Separation and Purification Technology, 2011, 78: 253–260.

[110]LEE T, LIM H, LEE Y, et al. Use of waste iron metal for removal of Cr(Ⅵ) from water[J]. Chemosphere, 2003, 53: 479–485.

[111]HUANG W, BRIGANTE M, WU F, et al. Assessment of the Fe(Ⅲ)-EDDS complex in Fenton-like processes: from the radical formation to the degradation of bisphenol A[J]. Environmental science & technology, 2013, 47: 1952–1959.

[112]KEENAN C R, SEDLAK D L. Factors affecting the yield of oxidants from the reaction of manoparticulate zero-valent iron and oxygen[J]. Environmental science & technology, 2008, 42 : 1262–1267.

[113]DONG H, ZENG Y, ZENG G, et al. EDDS-assisted reduction of Cr(Ⅵ) by nanoscale zero-

valent iron[J]. Separation and Purification Technology, 2016, 165: 86 – 91.

[114]WU L, LIAO L, LV G, et al. Micro-electrolysis of Cr (Ⅵ) in the nanoscale zero-valent iron loaded activated carbon[J]. Journal of hazardous materials, 2013, 254: 277 – 283.

[115]EARY L E, RAI D. Chromate removal from aqueous wastes by reduction withferrous ion[J]. Environmental science & technology, 1988, 22: 972 – 977.

[116]KEENAN C R, SEDLAK D L. Ligand-enhanced reactive oxidant generation by nanoparticulate zero-valent iron and oxygen[J]. Environmental science & technology, 2008, 42: 6936 – 6941.

[117]CELEBI O, UEZUEM C, SHAHWAN T, et al. A radiotracer study of the adsorption behavior of aqueous Ba^{2+} ions on nanoparticles of zero-valent iron[J]. Journal of hazardous materials, 2007, 148: 761 – 767.

[118]CHEN S S, HSU B C, HUNG L W. Chromate reduction by waste iron from electroplating wastewater using plug flow reactor[J]. Journal of hazardous materials, 2008, 152: 1092 – 1097.

[119]PHENRAT T, SALEH N, SIRK K, et al. Aggregation and sedimentation of aqueous nanoscale zerovalent iron dispersions[J]. Environmental Science & Technology, 2007, 41: 284 – 290.

[120]KANEL S R, GOSWAMI R R, CLEMENT T P, et al. Two dimensional transport characteristics of surface stabilized zero-valent iron nanoparticles in porous media[J]. Environmental Science & Technology, 2008, 42: 896 – 900.

[121]SALEH N, KIM H J, PHENRAT T, et al. Ionic strength and composition affect the mobility of surface-modified Fe0 nanoparticles in water-saturated sand columns[J]. Environmental Science & Technology, 2008, 42(9): 3349 – 3355.

[122]DONG H R, LO I M C. Influence of humic acid on the colloidal stability of surface-modified nano zero-valent iron[J]. Water Research, 2013, 47: 419 – 427.

[123]DONG H R, LO I M C. Influence of calcium ions on the colloidal stability of surface-modified nano zero-valent iron in the absence or presence of humic acid[J]. Water Research, 2013, 47: 2489 – 2496.

[124]SIRK K M, SALEH N B, et al. Effect of adsorbed polyelectrolytes on nanoscale zero valent iron particle attachment to soil surface models[J]. Environmental Science & Technology, 2009, 43: 3803 – 3808.

[125]SCHRICK B, HYDUTSKY B W, BLOUGH J L, et al. Delivery vehicles for zerovalent metal nanoparticles in soil and groundwater[J]. Chemistry of Materials, 2004, 16: 2187 – 2193.

[126]KANEL S R, NEPAL D, MANNING B, et al. Transport of surface-modified iron nanoparticle in porous media and application to arsenic(Ⅲ) remediation[J]. Journal of Nanoparticle Research, 2007, 9: 725 – 735.

[127]JIEMVARANGKUL P, ZHANG W X, LIEN H L. Enhanced transport of polyelectrolyte stabilized nanoscale zero-valent iron (nZVI) in porous media[J]. Chemical Engineering Journal, 2011, 170: 482 – 491.

[128]张娜, 耿兵, 李铁龙, 等. 壳聚糖稳定纳米铁去除地表水中 Cr(Ⅵ)污染的影响因素[J]. 环境化学, 2010, 29: 290 – 294.

[129]RAYCHOUDHURY T, TUFENKJIB N, GHOSHALA S. Aggregation and deposition kinetics of carboxymethyl cellulose-modified zero-valent iron nanoparticles in porous media[J]. Water Research, 2012, 46: 1735 – 1744.

[130]TIRAFERRI A, CHEN K L, SETHI R, et al. Reduced aggregation and sedimentation of zerovalent iron nanoparticles in the presence of guar gum[J]. Journal of Colloid and Interface Science, 2008,

324: 71 - 79.

[131]SALEH N, PHENRAT T, SIRK K, et al. Adsorbed triblock copolymers deliver reactive iron nanoparticles to the oil/water interface[J]. Nano Letters, 2005, 5: 2489 - 2494.

[132]SALEH N, SIRK K, LIU Y, et al. Surface modifications enhance nanoiron transport and DNA-PL targeting in saturated porous media[J]. Environmental Engineering Science, 2007, 24: 45 - 57.

[133]QUINN J, GEIGER C, CLAUSEN C, et al. Field demonstration of DNAPL dehalogenation using emulsified zero-valent iron[J]. Environmental Science & Technology , 2005, 39: 1309 - 1318.

[134]MANCIULEA A, BAKER A, LEAD J R. A fluorescence quenching study of the interaction of Suwannee River fulvic acid with iron oxide nanoparticles[J]. Chemosphere , 2009, 76: 1023 - 1027.

[135]PHENRAT T, LIU Y, TILTON R D, et al. Adsorbed polyelectrolyte coatings decrease Fe0 nanoparticle reactivity with TCE in water: conceptual model and mechanisms[J]. Environmental Science & Technology, 2009, 43: 1507 - 1514.

[136]YIN K, LO I M C, DONG H R, et al. Lab-scale simulation of the fate and transport of nano zeroVvalent iron in subsurface environments: Aggregation, sedimentation, and contaminant desorption[J]. Journal of Hazardous Materials , 2012, 227 - 228: 118 - 125.

[137]Hydutsky B W, Mack E J, Beckerman B B, et al. Optimization of nano-and microiron transport through sand columns using polyelectrolyte mixtures[J]. Environmental Science & Technology, 2007, 41: 6418 - 6424.

[138]LYV X, HU Y, TANG J, et al. Effects of co-existing ions and natural organic matter on removal of chromium(Ⅵ) from aqueous solution by nanoscale zero valent iron (nZVI)-Fe_3O_4 nanocomposites[J]. Chem. Eng. J. , 2013, 218: 55 - 64.

[139]WANG Q, CISSOKO N, ZHOU M, et al. Effects and mechanism of humic acid on chromium (Ⅵ) removal by zero-valent iron (Fe0) nanoparticles[J]. Phys. Chem. Earth , 2011, 36: 442 - 446.

[140]DONG H, GUAN X, LO I M. Fate of As(V)-treated nano zero-valent iron: determination of arsenic desorption potential under varying environmental conditions by phosphate extraction [J]. Water research, 2012, 46(13): 4071 - 4080.

[141]DONG H, ZHAO F, ZENG G, et al. Aging study on carboxymethyl cellulose-coated zero-valent iron nanoparticles in water: Chemical transformation and structural evolution [J]. Journal of hazardous materials, 2016, 312: 234 - 242.

[142]GUAN X, SUN Y, QIN H, et al. The limitations of applying zero-valent iron technology in contaminants sequestration and the corresponding countermeasures: the development in zero-valent iron technology in the last two decades (1994 - 2014) [J]. Water research, 2015, 75: 224 - 248.

[143]DONG H, XIE Y, ZENG G, et al. The dual effects of carboxymethyl cellulose on the colloidal stability and toxicity of nanoscale zero-valent iron [J]. Chemosphere, 2016, 144: 1682 - 1689.

[144]DONG H, ZENG G, TANG L, et al. An overview on limitations of TiO_2-based particles for photocatalytic degradation of organic pollutants and the corresponding countermeasures [J]. Water research, 2015, 79: 128 - 146.

[145]XIE Y, DONG H, ZENG G, et al. The interactions between nanoscale zero-valent iron and microbes in the subsurface environment: A review [J]. Journal of hazardous materials, 2016, 321: 390 - 407.

[146]SHI L N, ZHANG X, CHEN Z L. Removal of Chromium (Ⅵ) from wastewater using bentonite-supported nanoscale zero-valent iron [J]. Water research, 2011, 45(2): 886.

[147]PETALA E, DIMOS K, DOUVALIS A, et al. Nanoscale zero-valent iron supported on meso-

porous silica: characterization and reactivity for Cr(Ⅵ) removal from aqueous solution [J]. Journal of hazardous materials, 2013, 261(13): 295 – 306.

[148]ÜZM C, SHAHWAN T, EROGLU A E, et al. Synthesis and characterization of kaolinite-supported zero-valent iron nanoparticles and their application for the removal of aqueous Cu^{2+} and Co^{2+} ions [J]. Applied Clay Science, 2009, 43(2): 172 – 181.

[149]ZHU H, JIA Y, WU X, et al. Removal of arsenic from water by supported nano zero-valent iron on activated carbon [J]. Journal of hazardous materials, 2009, 172(2 – 3): 1591 – 1596.

[150]SU H, FANG Z, TSANG P E, et al. Remediation of hexavalent chromium contaminated soil by biochar-supported zero-valent iron nanoparticles [J]. Journal of hazardous materials, 2016, 318: 533 – 40.

[151]CHEN S S, HSU B C, HUNG L W. Chromate reduction by waste iron from electroplating wastewater using plug flow reactor [J]. Journal of hazardous materi als, 2008, 152(3): 1092 – 1097.

[152]Liu Z, Zhang F S. Removal of lead from water using biochars prepared from hydrothermal liquefaction of biomass [J]. Journal of hazardous materials, 2009, 167(1 – 3): 933.

[153]SU H, FANG Z, TSANG P E, et al. Stabilisation of nanoscale zero-valent iron with biochar for enhanced transport and in-situ remediation of hexavalent chromium in soil [J]. Environmental pollution, 2016, 214: 94 – 100.

[154]RAJAPAKSHA A U, CHEN S S, TSANG D C, et al. Engineered/designer biochar for contaminant removal/immobilization from soil and water: Potential and implication of biochar modification [J]. Chemosphere, 2016, 148: 276 – 91.

[155]LIU W J, JIANG H, YU H Q. Development of Biochar-Based Functional Materials: Toward a Sustainable Platform Carbon Material [J]. Chemical reviews, 2015, 115(22): 12251.

[156]WANG Z, ZHENG H, LUO Y, et al. Characterization and influence of biochars on nitrous oxide emission from agricultural soil [J]. Environmental pollution, 2013, 174(5): 289 – 296.

[157]CHEN X, CHEN G, CHEN L, et al. Adsorption of copper and zinc by biochars produced from pyrolysis of hardwood and corn straw in aqueous solution [J]. Bioresource technology, 2011, 102(19): 8877 – 8884.

[158]GAN C, LIU Y, TAN X, et al. Effect of porous zinc – biochar nanocomposites on Cr(Ⅵ) adsorption from aqueous solution [J]. Rsc Advances, 2015, 5(44): 35107 – 35115.

[159]HUANG S H, CHEN D H. Rapid removal of heavy metal cations and anions from aqueous solutions by an amino-functionalized magnetic nano-adsorbent [J]. Journal of hazardous materials, 2009, 163(1): 174 – 179.

[160]YUAN J H, XU R K. The amelioration effects of low temperature biochar generated from nine crop residues on an acidic Ultisol [J]. Soil Use & Management, 2015, 27(1): 110 – 115.

[161]CHEN S S, CHENG C Y, LI C W, et al. Reduction of chromate from electroplating wastewater from pH 1 to 2 using fluidized zero valent iron process [J]. Journal of hazardous materials, 2007, 142(1 – 2): 362.

[162]FANG Z, QIU X, HUANG R, et al. Removal of chromium in electroplating wastewater by nanoscale zero-valent metal with synergistic effect of reduction and immobilization [J]. Desalination, 2011, 280(1 – 3): 224 – 231.

[163]GHEJU M. Hexavalent Chromium Reduction with Zero-Valent Iron (ZVI) in Aquatic Systems [J]. Water Air & Soil Pollution, 2011, 222(1 – 4): 103 – 148.

[164]RAKHSHAEE R. Rule of Fe 0 nano-particles and biopolymer structures in kinds of the connected

pairs to remove Acid Yellow 17 from aqueous solution: Simultaneous removal of dye in two paths and by four mechanisms [J]. Journal of hazardous materials, 2011, 197(6): 144 - 152.

[165]LIU T, LIN Z, SUN D, et al. Entrapment of nanoscale zero-valent iron in chitosan beads for hexavalent chromium removal from wastewater [J]. Journal of hazardous materials, 2010, 184(1 - 3): 724.

[166]LI X, JIASHENG CAO A, ZHANG W. Stoichiometry of Cr(Ⅵ) immobilization using nanoscale zerovalent Iron (nZVI): a study with high-resolution X-ray photoelectron spectroscopy (HR-XPS) [J]. Industrial & Engineering Chemistry Research, 2008, 47(7): 2131 - 2139.

[167]ZHU F, LI L, MA S, et al. Effect factors, kinetics and thermodynamics of remediation in the chromium contaminated soils by nanoscale zero valent Fe/Cu bimetallic particles [J]. Chemical Engineering Journal, 2016, 302: 663 - 669.

[168]CHEN B, ZHOU D, ZHU L. Transitional adsorption and partition of nonpolar and polar aromatic contaminants by biochars of pine needles with different pyrolytic temperatures [J]. Environmental science & technology, 2008, 42(14): 5137 - 5143.

[169]LI Y, LI J, ZHANG Y. Mechanism insights into enhanced Cr(Ⅵ) removal using nanoscale zerovalent iron supported on the pillared bentonite by macroscopic and spectroscopic studies [J]. Journal of hazardous materials, 2012, 227 - 228(16): 211.

第六章 铬污染土壤修复技术及研究

6.1 场地铬污染土壤修复技术

土壤铬污染具有隐蔽性、复杂性和持久性的特点，其主要污染物是Cr(Ⅵ)，是生态环境和人体健康的潜在威胁。近年来对土壤Cr(Ⅵ)污染的修复主要有两种思路，一种是改变Cr(Ⅵ)的形态或价态，降低Cr(Ⅵ)的活性和毒性，另一种是直接将Cr(Ⅵ)从土壤中除去[1]。根据修复土壤位置是否发生改变进行区分，污染土壤修复可以分为原位修复和异位修复两种途径。其中，原位修复方式在原地对污染物进行处置，可进行修复的土壤深度较深，不需要建设昂贵的地面工程基础设施和远程运输，操作简单、经济有效，是土壤修复方式的首选。然而，原位修复可能面临较为复杂的实际地理环境因素的影响，修复效果可能无法达到预测值，异位修复由于环境风险低，往往能弥补原位修复的以上缺陷。根据土壤修复的具体实施形式，又可将污染土壤的修复技术分为物理修复技术、生物修复技术和化学修复技术。物理修复技术包括客土法、翻土法、换土法、热解吸等技术。生物修复技术包括动物、植物、微生物修复技术。化学修复技术主要有淋洗、电动修复、固定/稳定化和化学还原。针对铬污染土壤的各项修复技术中，化学修复技术应用得最为普遍且效果良好。几种主要的铬污染土壤修复技术基本原理介绍如下。

6.1.1 淋洗

淋洗技术分为原位淋洗和异位淋洗，是指向土壤中注入淋洗剂（酸、碱、水和络合剂），使其在重力或外力作用下与Cr(Ⅵ)发生物理或化学反应，从而将Cr(Ⅵ)脱除的方法，修复中产生的重金属废水被进一步回收处理。该方法所采用的淋洗剂种类繁多，包括无机酸淋洗剂、天然有机酸淋洗剂、盐淋洗剂、人工合成螯合剂、表面活性剂、复合淋洗剂等[1]。该方法适用于大粒级、渗透性好的砂土修复，可以快速有效地去除土壤的可交换态和碳酸盐结合态的Cr(Ⅵ)，但难以去除残渣态的Cr(Ⅵ)，且容易改变土壤的结构和理化性质，造成二次污染[2]。《铬污染土壤异位修复技术指南》（T/CAEPI 37—2021）团体标准中指明，对于土壤六价铬含量≤500 mg/kg且黏粒含量<20%的砾石土，适用于异位淋洗工艺。该工艺中，宜采用水或其他环境安全的药剂作为淋洗剂处理土壤，分离后的细颗粒土壤可进一步采用湿法还原稳定化工艺进行修复。所采用的设备包括洗土系统（滚筒洗石机、

内装高压水管)、砂土分离系统(脱水筛)、土水分离系统(水力旋流器)、还原浸泡系统(混凝土浸泡池或不锈钢浸泡池)[3]。

6.1.2 电动修复

电动修复技术是近年来新发展的土壤修复技术,具有简便、高效、环保等特点。该方法的原理为:在外加电场的作用下,污染物Cr(Ⅵ)通过电解、电渗析、电泳、电迁移、扩散等机制在土壤中定向迁移,将 Cr(Ⅲ)迁移到阴极或将 Cr(Ⅵ)迁移到阳极后再集中处理,从而达到净化污染土壤的目的[4]。该技术主要用于渗透性低的土壤,具有耗费人工少、接触有毒有害物质少、经济效益高、修复效果好的优点。然而有研究表明,土壤环境复杂,电压梯度、阴阳极 pH、土壤电导率等都会影响电动修复技术的效果,修复效果与预期值相差较大。此外,该技术的成本较高、操作较复杂,因此该技术大多还处于试验阶段,在实际工程应用中的成功率不高[5]。

6.1.3 固化/稳定化

固化/稳定化技术(solidification/stabilization,简称 S/S 技术)是利用固化/稳定剂将污染土壤包裹或固化,是污染物与周围环境隔离,降低污染物在环境中迁移的一种方法。固化和稳定化概念稍有所不同。固化是指利用惰性材料将污染物Cr(Ⅵ)包裹,从而阻断Cr(Ⅵ)的扩散和迁移,降低其环境风险的方法。常见的固化材料有水泥、沥青、石灰等,固化技术大多用于Cr(Ⅵ)废渣的处理[6]。稳定化是指通过物理化学手段将Cr(Ⅵ)转化为低溶解性、低毒性、低迁移性的形态,从而达到降低Cr(Ⅵ)危害的目的,一般用于Cr(Ⅵ)污染土壤修复。常见的稳定化材料(或称钝化剂)有石灰和碳酸盐及矿物(碳酸钙镁)、含磷材料(磷酸盐、磷灰石、磷酸钙和过磷酸钙)、硫化物、含硅材料(硅粉、沸石、硅酸盐)、金属和金属化合物(氢氧化物、针铁矿、零价铁、硫酸亚铁等)、高分子材料等[7-9]。该方法虽然简单易行,但只是改变了重金属的形态,后期的Cr(Ⅵ)容易因土壤理化性质改变而再度被活化[6,10]。

6.1.4 化学还原

通过强还原剂将土壤中的Cr(Ⅵ)还原为低毒性的 Cr(Ⅲ),最终使 Cr(Ⅲ)以氢氧化物和氧化物的形式在土壤中稳定存在的方法就是化学还原技术。该技术具有效率高、时间短、成本低和操作简单等优点,该技术已在美国多个污染场地修复中应用,并成功修复5个Cr(Ⅵ)污染场地[11-15]。目前,国内外报导的土壤还原剂主要是铁基和硫基还原剂。零价铁、亚铁盐等铁基修复材料可有效还原土壤中的Cr(Ⅵ),并生成稳定的 $Cr(OH)_3$ 和 $[Cr_xFe_{(1-x)}](OH)_3$沉淀[16-18]。然而,铁基修复剂土壤修复中仍面临着一些关键性的技术问题。一方面是铁系还原剂的长期稳定性和反应活性低。例如,零价铁作为Cr(Ⅵ)还原材料主要应用于地下水修复可渗透反应墙(PRB)技术中,直接用于土壤修复的案例比较少,主要是因为其在中碱性条件下溶解度较低,稳定效果欠佳[19]。Guan[16]等学者指出,零价铁表面因钝化而逐渐形成的金属氢氧化物或碳酸盐钝化层[如 $Fe(OH)_2$、$Fe(OH)_3$、

FeCO₃等]影响了铁表面的反应位点。另外，亚铁盐的还原效率相对硫系材料较低，通常一个 Fe^{2+} 只能提供一个电子，在实际工程修复中通常需要较大的剂量；另一方面，是纳米修复材料应用场景受限。纳米零价铁及其衍生材料虽对铬有较强的稳定效果，但它们在土壤中的分配、团聚、溶解和转化通常比常规颗粒物更为复杂，也更容易随径流的影响离开污染土体而丧失修复效力[20,21]；再次，是化学还原剂的使用具有一定生态环境风险。例如，使用含硫酸盐的还原材料会对后续土壤开发利用产生不利影响，过量的 SO_4^{2-} 会严重腐蚀建筑根基，并且会导致钙矾石的生成从而造成体积膨胀等负面效应[19]。以多硫化钙(CPS)为代表的硫系还原剂虽对Cr(Ⅵ)的还原作用较强，但其强碱性(pH≈11.5)也会使土壤结构遭受破坏[22]。

利用还原性物质进行Cr(Ⅵ)转化的技术还包括高温还原稳定和湿法还原稳定化[3]。其中，高温还原稳定化是在高温下利用还原性物质将土壤中Cr(Ⅵ)还原为 Cr(Ⅲ)并固定在其中的工艺。该技术一般选用还原煤作为还原剂、燃烧煤作为燃料，其典型的工艺流程包括污染土壤和还原剂的预处理、混合进料、窑炉高温还原(需助燃空气和燃料)、淬冷出料(需水和还原剂)、修复后土壤暂存和修复效果评估，其中预处理、混合进料和高温还原步骤中产生的粉尘须经烟气治理后达标排放。高温还原稳定修复技术适用于不同污染程度和各种土质的铬污染土壤，可修复的土方量大，但受限条件是场地周边有可利用的高温还原窑炉设施。湿法还原稳定化则是在液态基质中利用还原性物质对铬进行转化和固定，按照六价铬浸出率占六价铬总量多少又可分为球磨酸溶湿法还原稳定化和筛分堆置养护湿法稳定化。其中，球磨酸溶湿法还原稳定化工艺适用于六价铬浸出量占六价铬总量≤60%的污染土壤。该技术的主要控制因素为土壤粒度，需对土壤进行破碎、筛分和球磨等步骤降低土壤粒度。其典型的工艺流程包括预处理、粒径分级(包括球磨粗颗粒至细颗粒)、均化、酸化还原(需加酸化剂、还原剂和水)、熟化沉淀(需调节 pH)、固液分离、修复后土壤暂存和修复效果评估。流程中通常采用硫酸为酸化剂，硫酸亚铁、铁粉、纳米铁等铁系材料或亚硫酸钠、CPS 等硫系材料(详见章节 2.4.1)作为还原剂来修复土壤。筛分堆置养护湿法稳定化适用于六价铬浸出量占六价铬总量>60%的污染土壤。这种修复方式主要将大颗粒砾石和细颗粒土壤分开后采用不同的修复技术进行修复，其中大颗粒砾石经新鲜水淋洗后再用还原剂还原浸泡，细颗粒土壤经与药剂混合后还原、堆置养护。修复后的砾石和土壤暂存后都需进行效果评估，修复过程中采用的还原剂同球磨酸溶湿法还原稳定化，修复各步骤产生的含铬废水都需经废水收集系统进行处理，而污泥则外送处置。该技术中最重要的是在土壤堆置养护场底部和四周要做好防渗和雨水收集系统。高温还原稳定和湿法还原稳定两种方法都比较适合于铬污染土壤的异位修复工程项目。

6.1.5　技术规范

铬污染土壤异位修复过程中六价铬的检测应按照《固体废物浸出毒性浸出方法 水平振荡法》(HJ 557—2010)执行。环境监测应按照《建设用地土壤污染风险管控和修复监测技术导则(试行)》(HJ 25.2—2019)及相关标准执行。环境安全应按照《建设用地土壤修复技术导则》(HJ 25.4—2019)及其相关标准执行。噪声排放应符合《工业企业厂界环境噪声排放标准》(GB 12348—2008)要求。高温还原稳定化烟气脱硫可按《石灰石/石灰-石膏湿法烟气脱硫工程通用技术规范》(HJ 179—2018)执行。铬污染土壤和修复后的土壤应分别暂存,污染土壤属于危险废物的,暂存场所应满足《危险废物贮存污染控制标准》(GB 18597—2023);污染土壤不属于危险废物的,暂存场所应满足《一般工业固体废物贮存和填埋污染控制标准》(GB 18599—2020)。修复后土壤的采样点、布点数量、修复效果评估等应按照《污染地块风险管控与土壤修复效果评估技术导则》(HJ 25.5—2018)执行。

6.2 影响土壤铬形态转化的主要因素

6.2.1 pH

pH主要影响土壤中Cr(Ⅵ)的还原速率和程度,同时还影响着土壤溶液中铬离子在固相上的吸附程度。对于Cr(Ⅵ)来说,其在水溶液中存在有不同阴离子形态,种类由pH和总铬浓度决定,如下化学平衡式所示:

$$H_2CrO_4 \leftrightarrow H^+ + HCrO_4^-,\ \lg K = -0.8 \tag{6-1}$$

$$HCrO_4^- \leftrightarrow H^+ + CrO_4^{2-},\ \lg K = -6.5 \tag{6-2}$$

$$2HCrO_4^- \leftrightarrow Cr_2O_7^{2-} + H_2O,\ \lg K = 1.52 \tag{6-3}$$

$$HCr_2O_7^- \leftrightarrow H^+ + Cr_2O_7^{2-},\ \lg K = 0.07 \tag{6-4}$$

随着pH上升,土壤中金属氧化物表面以M—OH$^+$为主,可通过静电吸引(非专性吸附)HCrO$_4^-$。而随着pH进一步提高,矿物表面转化为M—OH,不易与阴离子进行配位体交换。同时,氧化物表面负电荷增加导致其与HCrO$_4^-$和CrO$_4^{2-}$排斥力增强,OH$^-$也可与HCrO$_4^-$发生竞争吸附,最终导致Cr(Ⅵ)吸附量随pH增加而减弱。

酸性环境能促进土壤矿物释放更多种类的Fe(Ⅱ)与水溶性的Cr(Ⅵ)反应,也可提高土壤有机物对Cr(Ⅵ)的还原速率[23]。钟来元等[24]研究了模拟酸雨条件下Cr(Ⅵ)在砖红壤中的淋溶特征,发现土壤中Cr(Ⅵ)的淋溶量呈现出快释放和慢释放两个阶段。前者主要是易交换态和水溶态铬离子的释放,后者主要包括专性吸附和难交换态铬离子的释放。对于Cr(Ⅲ)来说,pH影响着土壤中Cr(Ⅲ)的吸附—沉淀作用:pH<4时,土壤对Cr(Ⅲ)发生吸附作用;pH为4~6时,土壤对Cr(Ⅲ)发生吸附—沉淀作用;pH>6时,土壤中Cr(Ⅲ)发生完全沉淀[25]。

6.2.2 干湿/冻融交替

在干湿交替的土壤系统中,随着周期性淹水与落干的交替,氧化还原环境会发生剧烈的变化。Xiao等[26]的研究表明,干湿交替条件下Cr(Ⅵ)浓度随氧化还原电位的变化而上下波动,且有效态铬的浓度显著高于淹水处理,从而增强了铬从土壤向稻米根系的迁移。卢鑫[27]研究了干湿交替对CPS稳定处理后土壤中铬迁移变化的影响,发现干湿交替不会增加土壤中铬的浸出毒性,但会促进铬可交换态和碳酸盐结合态向更稳定的铁锰氧化物和有机物结合态转变，残渣态变化不显著。

作为中高纬度地区一种常见的自然现象，冻融作用可显著改变土壤理化性质（如土壤粒径、孔隙度、含水率、土壤组成成分及其分布等），因而进一步影响土壤铬的迁移与转化。卢鑫[27]的研究指出，在 CPS 稳定化处理的铬污染土壤中，随着冻融循环次数增加，土壤铬浸出毒性增加，但低于未冻融土壤的浸出毒性。王昕等[28]分析了在冻融条件下钙矾石对不同价态铬离子的稳定化机制。结果显示，在冻融条件作用下，钙矾石对 $Cr(Ⅵ)$ 的稳定化率（12%）显著低于对 $Cr(Ⅲ)$ 的稳定化率（>80%）。原奇[8]采用生石灰和水泥对还原剂预处理的 $Cr(Ⅵ)$ 污染土壤进行固化稳定，发现随着冻融循环次数增加，$Cr(Ⅵ)$ 的浸出浓度也随之增加，但后期增幅逐渐减小。

6.2.3 土壤氧化还原电位(Eh)

土壤的氧化性和还原性是土壤的一个重要化学性质，土壤 Eh 的变化直接影响着铬在土壤中的存在形态。土壤中参与氧化还原反应的元素有碳、氢、氮、氧、硫、铁、锰、砷、铬及一些变价元素。土壤 Eh 的变化直接影响着土壤中物质的迁移转化、剖面发育、元素形态和有效性，制约污染物的形态、转化和归趋。土壤中常见的氧化还原体系如表 6-1 所示。

表 6-1 土壤中常见的氧化还原体系[8]

体系	E^0/V		
	pH=0	pH=7	$Pe^0=\lg K$
氧体系 $\frac{1}{4}O_2+H^++e^-\Leftrightarrow\frac{1}{2}H_2O$	1.23	0.84	20.8
锰体系 $\frac{1}{2}MnO_2+2H^++e^-\Leftrightarrow\frac{1}{2}Mn^{2+}+H_2O$	1.23	0.40	20.8
铁体系 $Fe(OH)_3+3H^++e^-\Leftrightarrow Fe^{2+}+3H_2O$	1.06	−0.16	17.9
氮体系 $\frac{1}{2}NO_3^-+H^++e^-\Leftrightarrow\frac{1}{2}NO_2+\frac{1}{2}H_2O$	0.85	0.54	14.1
$NO_3^-+10H^++e^-\Leftrightarrow NH_4^++3H_2O$	0.88	0.36	14.9
硫体系 $\frac{1}{8}SO_4^{2-}+\frac{5}{4}H^++e^-\Leftrightarrow\frac{1}{8}H_2S+\frac{1}{2}H_2O$	0.3	−0.21	5.1
有机碳体系 $\frac{1}{8}CO_2+H^++e^-\Leftrightarrow\frac{1}{8}CH_4+\frac{1}{4}H_2O$	0.17	−0.24	2.9
氢体系 $H^++e^-\Leftrightarrow\frac{1}{2}H_2$	0	−0.41	0

Apte[29]和 Wadhawan[30]等学者分别发现在含铬污泥和河流沉积物中，相对稳定的 Cr(Ⅲ)在氧气、水以及锰氧化物的作用下可缓慢氧化成 Cr(Ⅵ)并不断释放，造成了不断提升的环境风险。近期 Liu 等[31]的研究表明，铬渣还原处理的典型产物 Cr(OH)$_3$可以通过下述三个路径再度被氧化成 Cr(Ⅵ)：①被氧气氧化，②被 δ-MnO$_2$氧化，和③被 Mn(Ⅱ)催化氧化。其中，短期内(10 天)，路径②占主导作用(51%)；长期条件下(1 年)，路径③对 Cr(Ⅵ)的产生贡献率达 78% 以上，其次为路径①(10%)，且路径①和③贡献的占比随时间推移而不断增加。

6.2.4　黏土矿物

土壤中存在的丰富黏土矿物种类，为铬的吸附稳定提供了良好的介质。例如陈英旭等[32]在他们早期的研究中就发现含铝或含铁的氧化物对 Cr(Ⅵ)具有强烈的化学(专性)吸附作用(即三水铝石＞针铁矿≫二氧化锰＞高岭石)。因此，在其成分相对应的土壤中，红壤和砖红壤(含有较多的氧化铁和氧化铝胶体)可吸附大量的 Cr(Ⅵ)。土壤中的氧化铁型黏土矿物种类丰富，如针铁矿、赤铁矿、磁铁矿等，他们都可对阴离子形态污染物有极强烈的吸附作用，且吸附方式主要以形成表面单齿或双齿络合物为主。以陈英旭等[32]的结论推断，氧化物对 Cr(Ⅵ)的吸附机制与吸附磷的机制类似，并可用(6-4)和(6-5)表示：

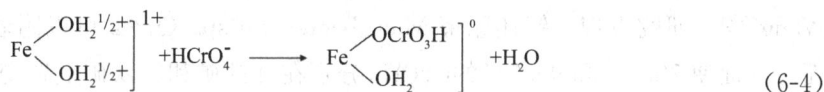

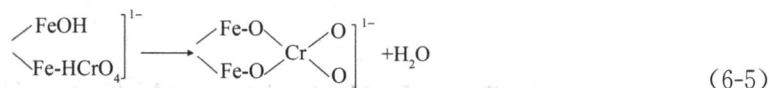

$$
\text{Fe}\Big\langle{\substack{\text{OH}_2^{1/2+}\\\text{OH}_2^{1/2+}}}\Big]^{1+}+\text{HCrO}_4^- \longrightarrow \text{Fe}\Big\langle{\substack{\text{OCrO}_3\text{H}\\\text{OH}_2}}\Big]^0+\text{H}_2\text{O} \tag{6-4}
$$

$$
\Big\langle{\substack{\text{FeOH}\\\text{Fe-HCrO}_4}}\Big]^{1-} \longrightarrow {\substack{\text{Fe-O}\\\text{Fe-O}}}\text{Cr}{\substack{\text{O}\\\text{O}}}\Big]^{1-}+\text{H}_2\text{O} \tag{6-5}
$$

最近有研究指出，铁氧化物中亚铁的存在与否才是稳定转化 Cr(Ⅵ)的关键所在。在黄铁矿、黑云母、绿泥石、磁铁矿等常用于 Cr(Ⅵ)还原的黏土矿物中，黄铁矿组成中的 Fe(Ⅱ)和 S$_2^{2-}$能有效地还原 Cr(Ⅵ)，而黑云母、绿泥石只有经生物作用产生 Fe(Ⅱ)才能还原 Cr(Ⅵ)[33]。此外，氧化铁型黏土矿物也可充当催化剂的角色，以 Fe 原子为电子穿梭体加速催化低分子酸对 Cr(Ⅵ)的还原。例如，Zhang 等[34]发现针铁矿可催化酒石酸还原 Cr(Ⅵ)，Gao[35]也证实赤铁矿(α-Fe$_2$O$_3$)对柠檬酸还原 Cr(Ⅵ)具有表面催化作用。

6.2.5　腐殖质-矿质复合体

土壤中的氧化铁型黏土矿物(如针铁矿、赤铁矿、磁铁矿等)对阴离子形态污染物也有极强烈的吸附作用，吸附方式主要以形成表面单齿或双齿络合物为主。近期 Yang 等[36]对于长期铬污染土壤中 Cr(Ⅵ)物种演化的结果表明，土壤 Cr(Ⅵ)的演化与铁含量及水合铁氧化物种类密切相关。另有研究指出，在黄铁矿、黑云母、绿泥石、磁铁矿等常用于还原 Cr(Ⅵ)的黏土矿物中，黄铁矿组成中的 Fe(Ⅱ)和 S$_2^{2-}$能有效地还原 Cr(Ⅵ)，而黑云母、绿泥石只有经生物作用产生 Fe(Ⅱ)才能还原 Cr(Ⅵ)[33]。此外，氧化铁型黏土矿物也可通过 Fe 原子为电子穿梭体加速催化低分子酸对 Cr(Ⅵ)的还原。例如，Zhang 等[34]发现针铁矿可催化酒石酸还原Cr(Ⅵ)，Gao 等[35]也证实赤铁矿(α-Fe_2O_3)对柠檬酸还原Cr(Ⅵ)具有表面催化作用。我们近期的研究也表明[37]，不同分子量的有机酸在催化Cr(Ⅵ)的还原活性上具有差异。在Fe(Ⅲ)存在下，低分子量的乳酸能直接作为电子供体或通过Fe(Ⅲ)-乳酸络合物的光解产自由基作用加速还原Cr(Ⅵ)，而高分子量的富里酸则因与Fe(Ⅲ)的高度络合阻碍了Fe(Ⅱ)-Fe(Ⅲ)体系对Cr(Ⅵ)的还原(图 4-59)。

6.2.6 生物作用

植物根系不同部位向土壤环境中释放的根系分泌物能够在土壤溶液和固相中与金属离子发生强烈反应，也可通过刺激微生物的反应活性来影响土壤中重金属的形态。Sola 等[38,39]研究了放线菌和植物根系分泌物对去除Cr(Ⅵ)的影响，发现玉米根系分泌物作碳源时可改善链霉菌菌株 Streptomyces M7 的生长，提高了其对Cr(Ⅵ)的去除。土壤中存在分布广泛的铬耐受和还原菌属，其中假单胞菌属(Pseudomonas)、芽孢杆菌属(Bacillus)、弧菌属(Vibrio)、双歧杆菌属(Bifidobacterium)、博德特氏菌属(Bordetella)、节杆菌属(Arthrobacter)和乳球菌属(Lactococcus)为最有潜力的铬耐受还原菌属[40]。铬还原菌(如 Pannonibacter phragmitetus BB、Klebsiella sp. strain CPSB4、Bacillus sp. MNU16 等)具有常与铁氧化物共存的特殊性，它们的行为直接影响着铁氧化物上铬的吸附与还原。Wang 等[41]研究发现，铬还原菌 Microbacterium sp. QH-2 可以附着在针铁矿和赤铁矿表面，并促使 78.5％和 96.7％的Cr(Ⅵ)分别在针铁矿和赤铁矿上转变为Cr(Ⅲ)。

6.3 土壤铬污染修复研究实例

6.3.1 茶叶浸渍液改性凹凸棒土修复土壤铬污染

(1)凹凸棒石的改性制备

凹凸棒石是一种天然的镁铝硅酸盐黏土矿物，其理论公式为 $Mg_5Si_8O_{20}(OH)_2(OH_2)\cdot 4H_2O$，实际的主要成分为 SiO_2、Al_2O_3、MgO 和 Fe_2O_3 等(表 6-2)。凹凸棒石的结构一般为硅四面体的两个键被 Al(Ⅲ)和 Mg(Ⅱ)离子以八面体配位方式连接，而形成的层链状结构(图 6-1)。凹凸棒石在我国主要分布在安徽、江苏和甘肃等地区，但是开发利用水平不高，因此在环境领域具有广阔的应用前景。

表 6-2 一种 ATP 的化学成分（氧化物模式，质量百分比）

组成	SiO_2	Al_2O_3	Fe_2O_3	MgO	CaO	TiO_2	K_2O	SO_3	P_2O_5	Na_2O	MnO
含量 /％	50.94	12.96	10.52	7.63	7.54	1.89	1.72	1.01	0.41	0.22	0.16

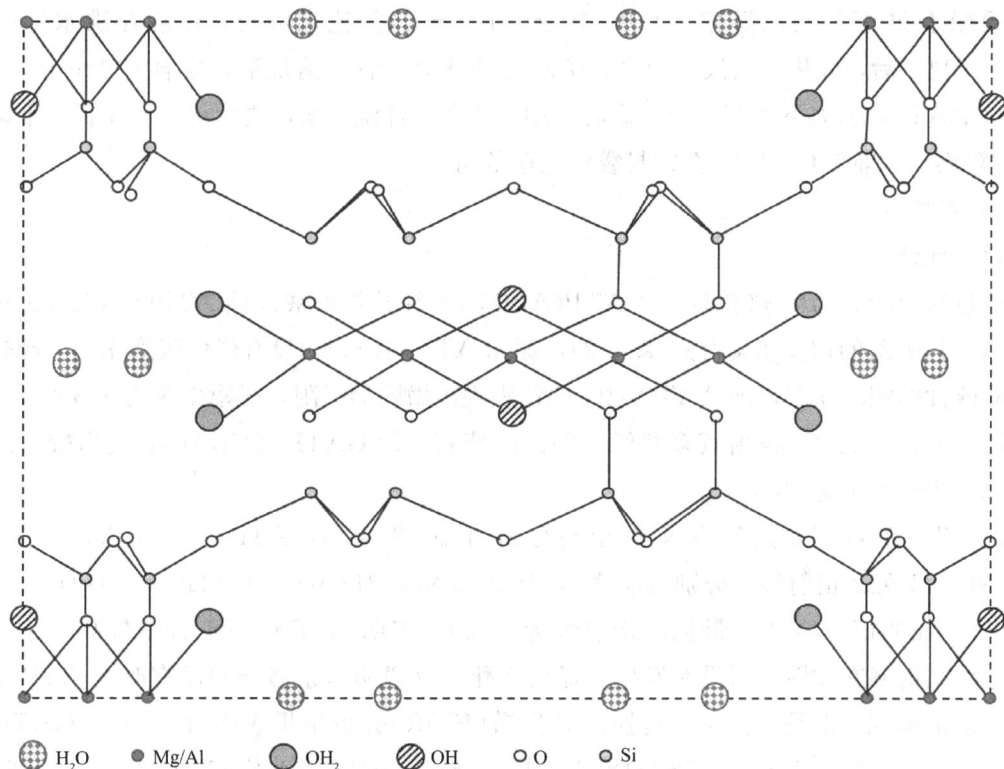

图中图例：⊞ H₂O　● Mg/Al　⬤ OH₂　▨ OH　○ O　◦ Si

图 6-1　凹凸棒石结构图

近年来凹凸棒石用于土壤修复中的研究也越来越多。例如，Zhang 等[42]的一项研究表明，在红壤中添加 ATP 可以降低酸可交换态铜的含量，减轻 $Cu(II)$ 对蚯蚓的毒害作用。Wang 等[43]制备了一种新型含铁凹凸棒石（Fe/ATP）作为镉稳定剂，稳定/固化土壤中的 $Cd(II)$，结果表明，Fe/ATP 体系能有效稳定 80 % 的 $Cd(II)$。Chen 等[44]制备的含铜凹凸棒石（Cu/ATP）在微波系统中能够将土壤中的 $Cd(II)$ 全部固定。Yang 等[45]利用 ATP 稳定土壤中的钒（V），稳定效率达到 65.13%。Xu 等[46]利用 nZVI 对 ATP 进行改性（nZVI@ATP），结果表明，nZVI@ATP 能提高土壤 pH，显著降低土壤中可提取态 Cd、铬、Pb 的浓度，能较好地将土壤中 Cd、铬、Pb 转化为较低的生物有效态，从而阻碍植物对重金属的吸收。在以往利用 ATP 修复铬的研究中，ATP 仅作为纳米吸附剂（如 nZVI）的支撑材料[47,48]。这是由于 ATP 带负电荷，不具备对阴离子型重金属［如 $Cr(VI)$ 等］产生静电吸引。在我们的研究中，我们通过对凹凸棒石进行热活化和酸活化，增强其吸附性能，之后再用绿茶提取物对活化后的凹凸棒石进行改性，以制备具有吸附和还原能力的改性材料（GATP）用于修复 $Cr(VI)$ 污染的土壤。

（2）制备流程

首先将凹凸棒石（ATP）置于管式炉中，以 300 ℃煅烧 2 h，进行热活化[49]；然后将热活化的 ATP 与 3 mol/L HCl 按 1∶10 的比例混合，置于恒温水浴振荡箱中 60 ℃振荡 2 h[50]，然后用去离子水反复洗涤 ATP，直到清洗液 pH 为 5～6，烘干，既得 AATP。将磨碎的绿茶和 65％的乙醇按 1：10(10 g：100 mL)的比例混合，然后在沸水浴中煮 15 min。离心后，收集上清液，用去离子水清洗残渣，收集清洗液，定容至 100 mL。加入 10 g AATP，室温下振荡 24 h，离心，用去离子水冲洗 3 次，之后材料放在真空干燥箱中 65 ℃烘干，即得 GATP，在密封袋中保存备用。

(3)实验结果

1)表征结果

通过对原始 ATP、热和酸改性 ATP(AATP)和绿茶提取液改性 ATP(GATP)对水溶液中Cr(Ⅵ)吸附的初步实验可知(图 6-2)，原始 ATP 对Cr(Ⅵ)没有任何吸附作用，经热改性和酸改性的凹凸棒石，即 AATP 对Cr(Ⅵ)表现出微弱的吸附，吸附率仅为 4.3％。而在热改性和酸改性之后，再由茶多酚修饰的凹凸棒石，即 GATP 对Cr(Ⅵ)表现出较好的吸附性能，吸附率可达 83.7％。

对 ATP 和 GATP 进行 X 射线衍射分析可知(图 6-3)，ATP 在 $2\theta = 8.5°$、$19.9°$、$28.1°$和 $35.1°$处的衍射峰，分别对应 ATP(JCPDS NO. 21−0958)中(110)、(040)、(400)和(161)晶面的衍射峰[51]。最强的衍射峰为(040)，表明 ATP 中石英含量较高，品位较低。这些衍射峰在改性前后没有发生明显的变化，这说明绿茶修饰并没有改变 ATP 骨架中矿物质的组成。但是，傅立叶转换红外光谱(FTIR)分析结果表明(图 6-4)，GATP 在 2927.9 cm^{-1}和 2858.5 cm^{-1}(脂肪族 C—H)、1630 cm^{-1}(芳香族 C—C 振动)、$1180\sim 1260$ cm^{-1}(酚类 C—O 拉伸)处出现了新的吸收峰[52]，O—H 在 1647.2 cm^{-1}处的弯曲振动在改性后也明显增强[53]，可以说明在 GATP 上存在茶多酚及其他提取物成分，即绿茶提取物成功与 ATP 结合。

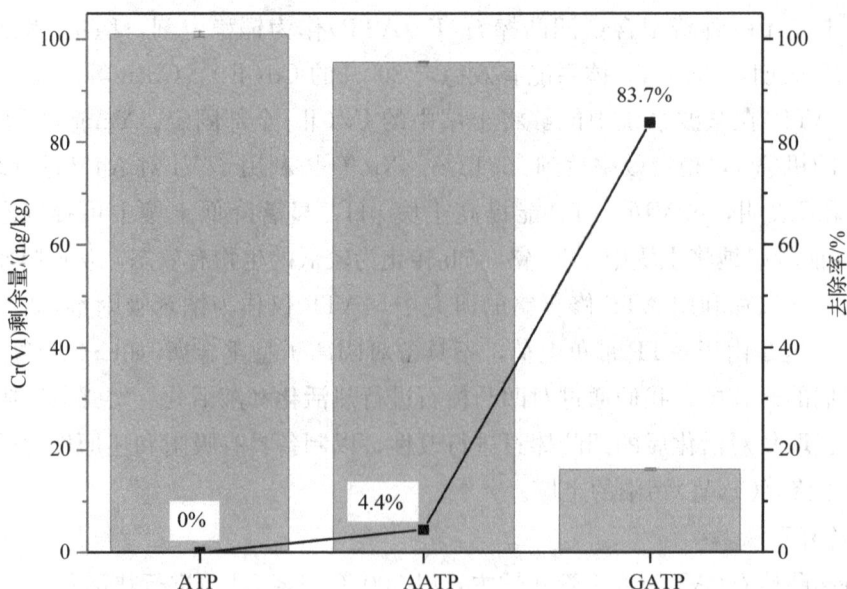

图 6-2　ATP、AATP 和 GATP 对六价铬的吸附

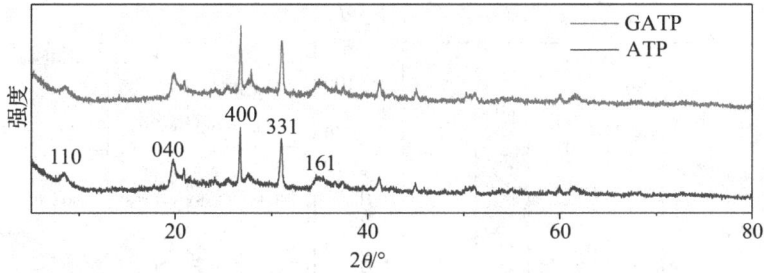

图 6-3　ATP 和 GATP 的 XRD 图谱

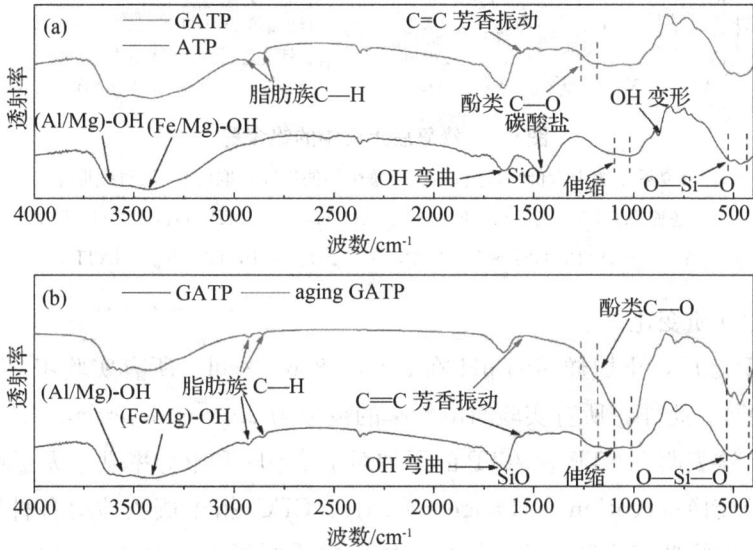

图 6-4　ATP、GATP 和老化 GATP 的红外光谱图

2）土壤修复效果

铬污染土壤（总铬含量为 10958.5 ± 154.8 mg/kg，六价铬含量为 494.1 ± 1.5 mg/kg）中施加不同浓度梯度（1%、5%、10%）的未改性 ATP 和改性 GATP 并培土两个月后，我们发现不论施加多少剂量，ATP 对于六价铬的去除率与无处理对照组相差无几，稳定化率最高仅为 8.2%[图 6-5（a）]。施用 GATP 后，土壤六价铬的稳定化率为 11.9%～66.9%。此外，通过逐级提取实验可发现[图 6-5（b）]，随材料投加剂量的增加，土壤中弱酸提取态铬含量降低，且 GATP 处理组的修复效果一般优于 ATP 组，G3 组固定效果最好，使弱酸提取态铬含量降低 59.1%。此外，与 CK 组相比，只有 G3 处理组中残渣态铬的转移最明显。G3 组弱酸提取态、可还原态和可氧化态铬均被还原转化为残渣态。这意味着加入 GATP 后，六价铬被还原为三价铬，并有可能转化为 $Cr(OH)_3$ 或 Cr_2O_3 等稳定状态[54]。

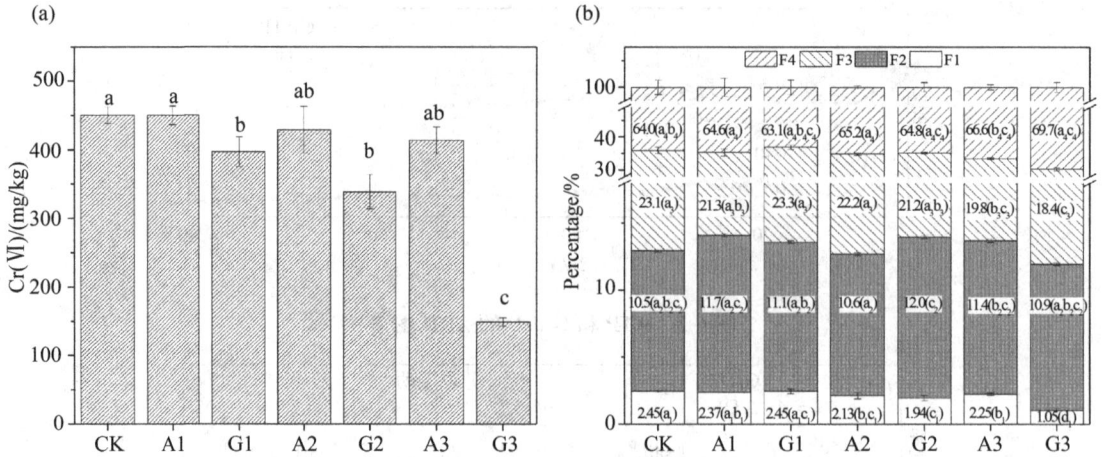

图 6-5　修复后土壤中的铬含量

(a)修复后土壤中六价铬含量；(b)土壤中铬的逐级提取(F1—酸可提取态；

F2—还原态；F3—氧化态；F4—残渣态；A1：1% ATP，G1：1% GATP，

A2：5% ATP，G2：5% GATP，A3：10% ATP，G3：10% GATP

3)土壤理化性质变化

加入 GATP 之后，土壤样品的 pH 在 8.50～8.61 之间，所有实验组之间 pH 无显著性差异($P>0.05$)。此外，所有实验组电导率的范围为 203～257 $\mu s/cm$，波动范围小，没有明显的升降。这表明 GATP 和 ATP 的添加对土壤 pH 和电导率基本无影响。

土壤阳离子交换量(cation exchange capacity，CEC)指土壤胶体对各种阳离子吸附的总量，是影响土壤缓冲能力和评价土壤保肥能力的重要指标。由图 6-6 可知，土壤阳离子交换量的范围为 5.41～6.63 cmol/kg，所有处理组土壤阳离子交换量均比 CK 组高。其中，10%投加量的 ATP 和 GATP 组土壤阳离子交换量升高得最明显，从 5.41 cmol/kg 分别升高到 6.63 cmol/kg 和 6.52 cmol/kg，表明 ATP 和 GATP 的投加有利于提高土壤阳离子交换量，提高土壤缓冲能力和保肥能力。

土壤有机质(soil organic matter，SOM)指土壤中所有含碳的有机物，其对土壤肥力、环境保护等方面有着积极的意义。由图 6-6 可知，土壤有机质含量的范围为 3.21%～4.23%，所有实验组之间无显著性差异。与 CK 组相比，各处理组有机质的含量均有不同程度的增加，表明 ATP 和 GATP 的投加不会对土壤有机质产生负面影响。

综上所述，ATP 和 GATP 投加入土壤，不会使土壤原有理化性质(pH、EC、CEC 和SOM)产生较大的波动，还有利于提高土壤肥力和缓冲能力。

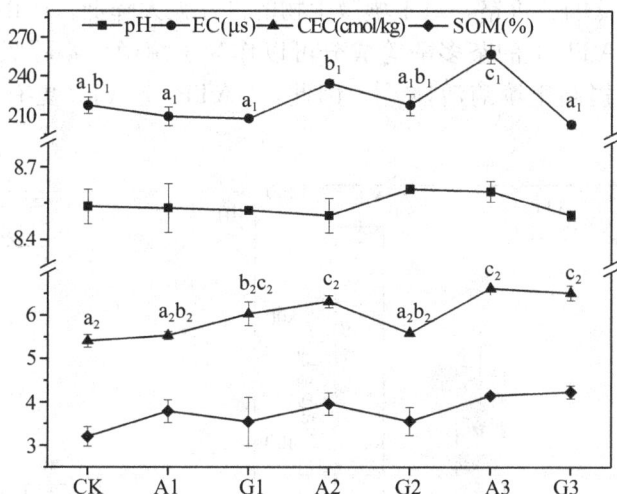

图 6-6　土壤的理化性质的变化

EC—电导率；CEC—阳离子交换量；SOM—土壤有机质

4）土壤生态环境变化

土壤酶活性与土壤肥力有紧密的联系，土壤中不同的酶可以反映土壤不同方面的肥力状况。本研究分析了土壤脱氢酶（dehydrogenase activity，DHA）、蔗糖酶（sucrase activity，SA）、碱性磷酸酶（alkaline phosphatase activity，APA）和脲酶（urease activity，UA）的活性，以评价 ATP 和 GATP 对六价铬污染土壤的修复效果。土壤脱氢酶是评价土壤溶液中总生物活性的良好指标，在氢转移中起着中介作用。土壤脱氢酶可以直接反映土壤微生物的数量和活性，可作为评价铬污染严重程度的指标[55]。土壤蔗糖酶反映土壤呼吸强度，参与碳水化合物转化，为植物和微生物提供养分[56]。土壤碱性磷酸酶反映土壤磷的转化状态，其活性是评价土壤磷生物转化方向和强度的指标，可加快有机磷的脱磷速率[55]。土壤脲酶反应于土壤有机氮（主要由尿素转化为氨氮）的转化，在土壤氮素利用和氮素循环中起着重要作用[56]。

在本实例中，如图 6-7 所示，CK、A1、A2、A3 和 G1 组土壤脱氢酶活性无显著性差异（$P > 0.05$，下同），脱氢酶活性范围为 0.00～0.01 mg/(kg·h)，G2 组脱氢酶活性为 0.26 mg/(kg·h)，G3 组脱氢酶活性最高，达到 1.22 mg/(kg·h)。土壤蔗糖酶活性变化趋势与脱氢酶一致，CK、A1、A2 和 A3 组土壤蔗糖酶活性无显著性差异，分别为 168.9、173.1、211.9 和 184.3 mg/(kg·h)；G1 和 G2 组之间无显著性差异，其蔗糖酶活性分别为 259.9 和 575.4 mg/(kg·h)；G3 组蔗糖酶活性最高，高达 1064.7 mg/(kg·h)。除 A1 组外，其他处理组碱性磷酸酶活性均有所提高，G2 组为 44.4 mg/(kg·h)，G3 组碱性磷酸酶的活性最高，为 95.2 mg/(kg·h)。所有实验组脲酶活性之间均无显著性差异，其活性范围为 544.6～625.5 mg/(kg·h)。综上所述，在土壤中投加 GATP 修复后，脱氢酶、蔗糖酶、碱性磷酸酶和脲酶活性变化趋势基本一致。相对于 CK 组而言，所有处理组酶活性均有不同程度的升高，材料投加量越多，酶活性提高程度越高，且投加 GATP 的效果一般优于 ATP。这一结果，一方面是由于修复后土壤六价铬含量减少（特别是 G3 组），六价铬被还原为毒性更低的三价铬，对土壤微生物的毒性大大降低，所以土壤酶活性显著提高[57]。另一方面，GATP上的茶多酚等成分可以作为土壤微生物呼吸的底物，促进土壤微生物的繁殖，从而提高土壤酶活性[58]。因此，GATP较ATP更有利于土壤酶活性的提高。

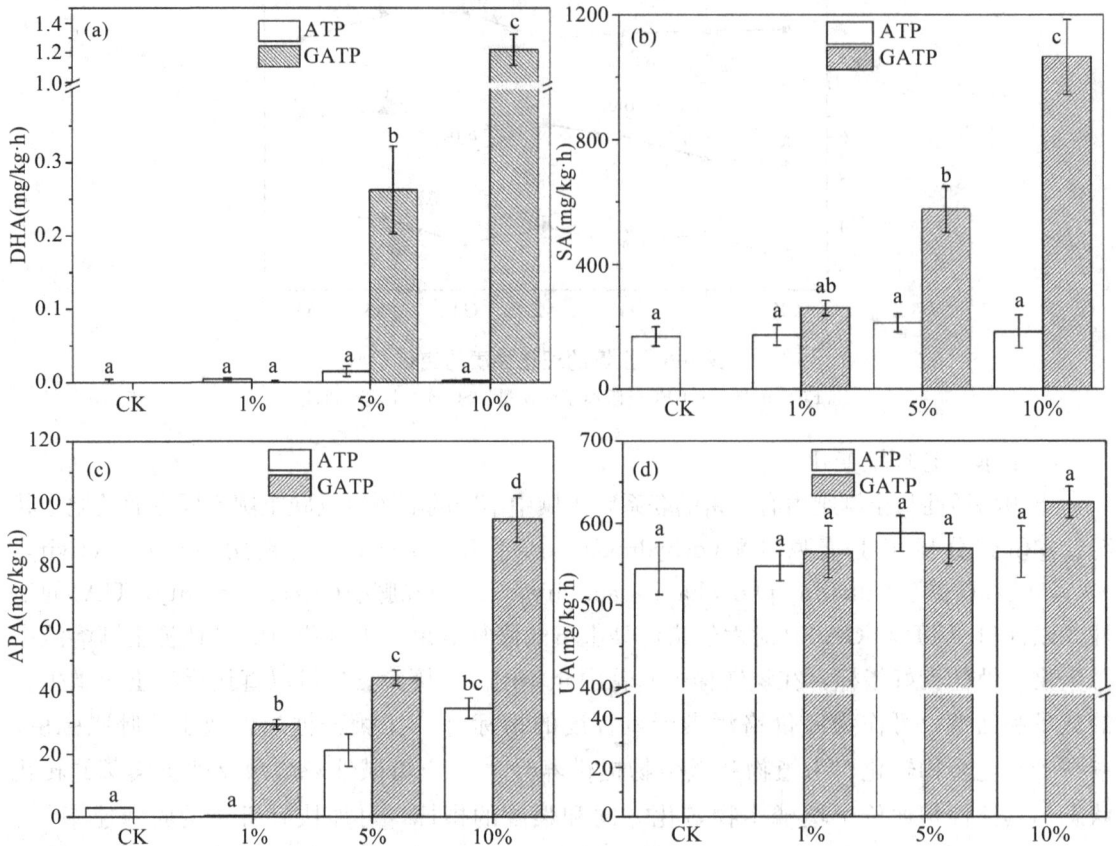

图 6-7　土壤酶活性变化

(a)脱氢酶；(b)蔗糖酶；(c)碱性磷酸酶；(d)脲酶

5)修复机理

本实例利用XPS分析修复后土壤中碳(C)、氧(O)、硅(Si)、Cr(铬)的状态和价态。10% GATP修复前后土壤中C、O、Si和元素的XPS图谱如图6-8所示。C 1s在284.8 eV、286.4 eV和289.2 eV处的峰分别对应于C—C/C—H、C—O和C＝O[59]，对于六价铬污染的土壤，其含量分别为82.90%、11.85%和5.25%。在投加10% GATP修复后，C—C/C—H和C—O的含量分别从82.90%降至81.01%、11.85%降至9.59%，C＝O的含量从5.25%升高至9.40%。同时，O 1s的XPS图谱如图6-8(b)所示。在530.9 eV、531.8 eV、532.1 eV和532.9 eV处的峰分别对应于C＝O、铬—O、C—O和Si—O[60]，对于六价铬污染的土壤，其含量分别为12.09%、42.85%、35.04%和10.02%。经10% GATP修复后，土壤中C＝O和Cr—O的含量分别从12.09%和42.85%升高至13.91%和46.00%，C—O的含量10.02%降低至6.97%。这说明了茶多酚在还原六价铬时，消耗了C—O，产生了C＝O和铬—O[61]。Si—O的含量从10.02降低至6.97 %，表明在修复过程中 Si 与其他物质发生了结合。

　　Si 2p 的 XPS 图谱如图 6-8(c) 所示，在六价铬污染土壤中，102.6 eV 和 103.1 eV 的峰对应于 Si—O[62]，此时土壤中的 Si 全都以 Si—O 的形式存在。在经 10% GATP 修复后，Si—O 在 102.6 eV 和 103.1 eV 处的峰由 100% 降低至 77.84%，而且在 102.2 eV 处出现了新的 Si—Cr 峰[63]（占比为 22.16%）。这表明，部分铬与土壤中的 Si 直接相互作用，形成更稳定的化合物。

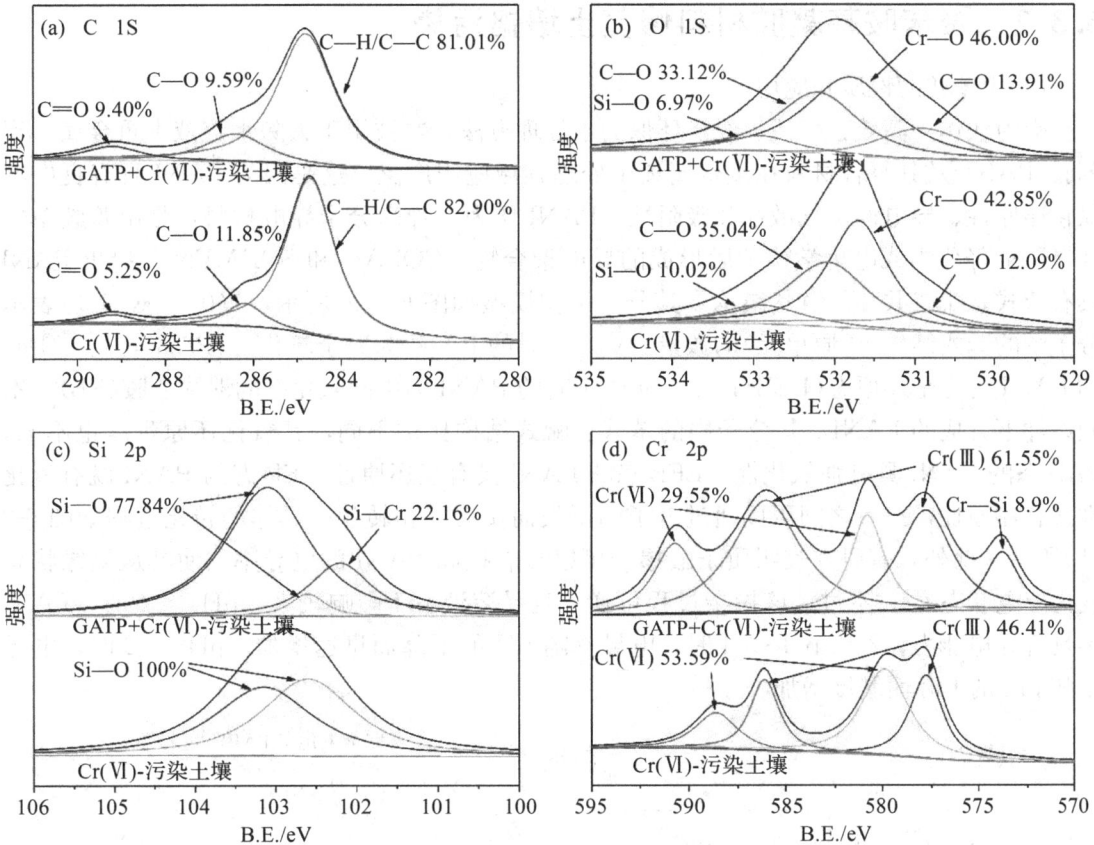

图 6-8　10% GATP 修复前后土壤中 C 1s (a)、O 1s (b)、Si 2p (c) 和铬 2p (d) 元素的 XPS 图谱

　　铬 2p 的 XPS 图谱如图 6-8(d) 所示，在六价铬污染土壤中，铬以 Cr(Ⅲ) 和 Cr(Ⅵ) 的形式存在，577.8 eV 和 586.1 eV 处对应的峰是 Cr(Ⅲ)[59,60]，含量为 46.41%；579.9 eV 和 588.2 eV 处对应的峰是 Cr(Ⅵ)[59,60]，含量为 53.59%。10% GATP 修复后，Cr(Ⅵ) 在 579.9 eV 和 588.2 eV 处对应的峰从 53.59% 降低至 29.55%，Cr(Ⅲ) 在 577.8 eV 和 586.1 eV 处对应的峰从 46.41% 升高至 61.55%，表明 62.98% 的 Cr(Ⅵ) 转化为 Cr(Ⅲ) 或其他形式更加稳定的化合物。在 573.8 eV 处出现了一个新的 Cr—Si 峰[63]，含量为 8.90%，这一结果与 Si 2p 的 XPS 图谱一致，表明土壤中生成了 Cr—Si 氧化物。

　　本实例中，铬的具体固定机理如下：多酚的氧化还原反应是一个两步过程，包括多酚氧化成半醌，然后半醌氧化成苯醌[64]。此外，绿茶提取物还含有多种分子量不同的多酚类物质。小分子量多酚（如没食子酸等）不仅可以作为还原剂将 Cr(Ⅵ) 转化为 Cr(Ⅲ)[65]，也可以作为土壤微生物呼吸的碳源[58]；大分子多酚（如表没食子儿茶素没食子酸酯等）可以为氧化还原反应提供更多的电子[66]。其中，有研究表明，表没食子儿茶素没食子酸酯在 pH 为 8.50 时具有最高的抗氧化活性[67]。因此，在本研究土壤环境条件（pH 为 8.50～8.61）下，GATP 上的多酚可以提供大量的电子以还原Cr(Ⅵ)，同时也为土壤微生物的生命活动提供了碳源[68,69]。此外，在 Si 2p 的 XPS 谱上出现一个新的峰（573.8 eV），说明了土壤中的一些铬与硅反应生成 Cr—Si 氧化物。

6.3.2 聚苯胺基凝胶材料修复土壤铬污染

（1）聚苯胺的性质和应用

吸附法作为高效、简便、经济环保的水处理方法，常被用于去除水溶液中重金属。聚苯胺（PANI）及其复合材料在重金属离子处理领域应用广泛，这是因为 PANI 具有良好的氧化还原性、导电性、气敏性和吸附性。PANI 作为一种高分子导电材料，是由苯胺单体（C_6H_7N）经化学或电化学掺杂后形成的导电聚合物。ÇOLAK 和 SÖKMEN[70] 提出 PANI 具有苯式、醌式共存的链状结构，其分子结构模型如图 6-9(a)所示，$y(0 \leqslant y \leqslant 1)$ 表示分子中的苯式结构（还原单元）的数量。$y = 0$ 时的 PANI 为完全氧化态（PAB）；$y = 1$ 时的 PANI 为完全还原态（LEB）；$0 < y < 1$ 时的 PANI 为中间氧化态的翠绿亚胺（EB）。不同条件下合成的 PANI，其分子中的苯式、醌式结构比例不同，其氧化还原程度也不同。PAB 态的 PANI 具有强氧化性，LEB 态的 PANI 具有强还原性，EB 态的 PANI 既有氧化性又有还原性，三者之间可以通过电子的得失而实现互相转化，具体的转化过程如图 6-9(b)所示。此外，有研究表明质子酸掺杂可以显著提高 PANI 的电导率，使其从绝缘状态变为导电状态[71]。不过，该掺杂过程可逆，且受溶液 pH 影响较大，pH > 4 时，PANI 不具备导电能力；2 < pH < 4 时，电导率随 pH 的下降而迅速增加；pH < 2 时，电导率随 pH 的下降而缓慢增加[72]。

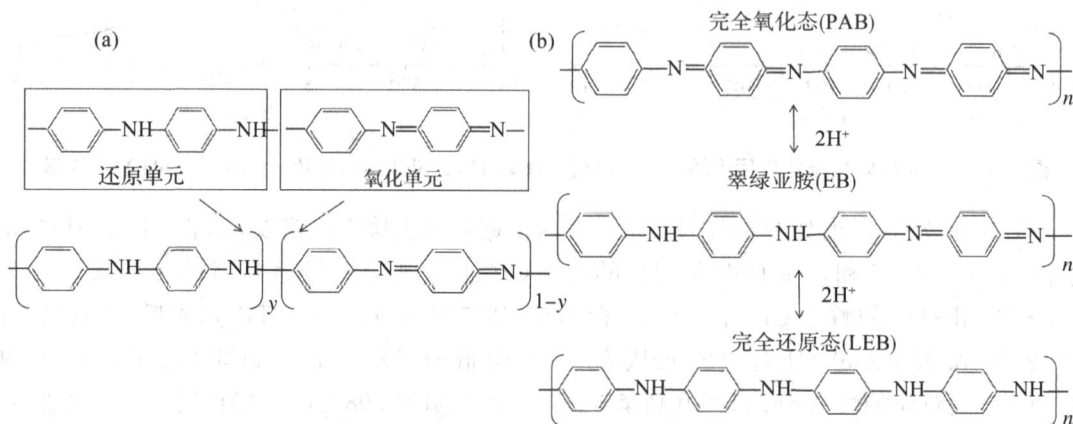

图 6-9　PANI 结构通式(a)和不同类型 PANI 的结构(b)

PANI 上的氨基和亚胺基对重金属离子具有良好的络合作用，能够对金属离子形成有效络合，并且这些氨基及亚胺基还具有还原性，可以与一些氧化电位较高的重金属离子（如Cr(Ⅵ)）发生氧化还原反应吸附。例如，Zhang 等[73]研究发现硫酸掺杂的聚苯胺去除水体中Cr(Ⅵ)的最大吸附量为 95.79 mg/g。此外，还有研究者合成了许多不同形貌的 PA-NI，并对其Cr(Ⅵ)吸附性能进行了探究。Wang 等[74]就采用盐酸、酰胺酸、柠檬酸等掺杂的聚苯胺去除Cr(Ⅵ)，结果发现盐酸掺杂的聚苯胺对Cr(Ⅵ)去除效率最高，最大吸附容量可达到 182 mg/g。此外，还有研究者合成了许多不同形貌的 PANI，并对其Cr(Ⅵ)吸附性能进行了探究。如 Wu 等[75]合成了 PANI 纳米空心球，此材料展现了对Cr(Ⅵ)良好的吸附还原能力。Guo 等[76]不仅探究了 PANI 纳米管对Cr(Ⅵ)吸附能力，还实现了 PANI 纳米管的再生和重复利用。Tian 等[77]使用形态可控的二氧化锰作为反应模板合成了纳米纤维、纳米管和纳米片状的 PANI，并发现 PANI 纳米片是最有效的吸附剂，在水溶液中对 40 mg/LCr(Ⅵ)的去除率为 97.2%。

　　近年来，为了进一步提高 PANI 的理化性质（比表面积、孔隙率、稳定性等）和Cr(Ⅵ)去除效率，研究者们将 PANI 与高岭土、壳聚糖、海藻酸钠纤维、金属-有机框架材料、二氧化硅等材料结合，制备了一系列的 PANI 复合材料[78-80]。例如，Lei 等[79]设计并合成了一种新型的 PANI@磁性壳聚糖复合材料，研究发现该材料对Cr(Ⅵ)表现出快速的吸附速率（反应 15 min 时的去除率达到了 80%）和强大的吸附能力（吸附容量为 186 mg/g），并且还具备良好的磁分离能力；循环实验证明该吸附剂性能稳定，经过 5 次重复处理后，仍具有 90% 的去除效率。与 PANI 相比，这些 PANI 复合材料的吸附效率和循环利用性都得到了进一步的提升。

　　(2)聚苯胺基凝胶材料修复土壤铬污染

　　尽管纳米 PANI 类材料在水体污染修复中应用广泛，但是其在土壤修复中的应用屈指可数。这主要是因为纳米材料存在尺寸小、易聚集、难以回收利用等问题，易对环境造成二次污染，不适合大规模的工业化应用[74,81]。大量研究表明，纳米尺寸的聚苯胺易在水中聚集，聚集体的尺寸范围为 25~150 nm[66,79,81,82]。此外，在土壤环境中，纳米材料的迁移会受到众多土壤理化性质的影响，如土壤组分、微生物、孔隙和通道等。若采用易于回收的大尺度材料（如块状单体材料）进行修复，其相对于纳米材料较低的比表面积和孔隙率是限制其效能的一大难题。因此，构建不逊于纳米材料吸附性能的大尺度块体材料，在对目标污染物稳定化修复的同时，通过筛分等途径将其从土壤中移除，再生后再度投入土壤中进行利用，以实现土壤铬污染修复原位稳定和总量削减的目标，是极具挑战却又十分必要的。

　　在本实例中，我们将 PANI 与海藻酸钠(SA)和聚乙烯醇(PVA)结合生成毫米级的凝胶珠，能有望减少纳米颗粒的聚集效应。海藻酸钠(SA)是一种可从藻类中提取的天然多糖，在褐藻中含量高达 30%~40%，是一类丰富的可再生资源，具有生物相容性、生物可降解、可再生等特点，此外 SA 的分子链上含丰富的羟基(—OH)和羧基(—COOH)，因此 SA 常用于去除水中的污染物[83]。PVA 作为一种兼具无毒易溶、高化学和机械稳定性、低成本等独特性能的合成聚合物，其分子结构上也带有丰富的羟基，故对重金属离子也有较好的吸附效果[84]。将 SA 和 PVA 结合制成的水凝胶珠(PPS)不仅形状规整、不容易黏连，而且通过物理交联和化学键合作用的结合使得凝胶整体结构更加稳定，表现出更好的力学性能和化学稳定性。

　　(3)聚苯胺基凝胶珠(PPS)的制备和表征

　　首先将 0.4~2.0 g 海藻酸钠溶解于 70.4~76.8 mL 的去离子水中，并于 80 ℃、30 rpm

的转速下搅拌 30 min。接下来，将 2.4～5.6 g 的聚乙烯醇加入混合液中，并于 80 ℃、30 rpm 的转速下搅拌 2 h。最后，加入 0.4～2.0 g 的聚苯胺，并于 80 ℃、50 rpm 的转速下搅拌 2 h。冷却至室温后，用注射器将混合物滴入交联液(2% 的 $CaCl_2$ 饱和 H_3BO_3 溶液)中，逐滴添加形成水凝胶珠。水凝胶珠用去离子水洗涤干净后，置于 50 ℃ 的烘箱中烘干，得到 PPS。

如图 6-10 所示，PPS 为形状不规则的球形实心珠，粒径约 2 mm。材料内部粗糙多孔，沟壑纵横，这种三维多孔结构有助于溶液中铬在凝胶珠内的扩散和渗透。采用 N_2 吸附一脱附法对 PPS 的比表面积和孔结构进行表征[图 6-11(a)、图 6-11(b)]，可知 PPS 的孔径分布范围为 4～40 nm，平均孔径为 24.24 nm，且吸脱附曲线符合 H_3 型等温吸附模型，这表明材料具有介孔的特征。采用热重分析仪(TGA)分析 PPS 的质量损失随温度的变化[图 6-11(c)]，PPS 的热分解过程可分为三个失重阶段。第一个阶段是从 30～227 ℃，该过程的质量损失为 16.09%，主要是由凝胶珠内自由水的蒸发和与分子链结合形成的结合水的脱除造成的；第二个阶段是从 227～453 ℃，该过程的质量损失达到了 25.86%[85]，由 Chen、Wang 和 Packiaraj 等[86-88]人的研究可知，这个过程主要是 PPS 中的有机物发生了断键、断链、脱羟基和脱羧作用，以及 PANI 上的掺杂物 HCl 的去除；第三个阶段是从 453 ℃～800 ℃，该过程的质量损失主要归因于 PANI 和 SA 的进一步分解和降解[89]。另外，在不同 pH(3～9)条件下测试 PPS 的酸碱稳定性[图 6-11(d)]，得出材料浸泡液中的 TOC 含量没有显著差异，且浸泡液中的 TOC 浓度低于《污水综合排放标准》(GB 8978—1996)规定的阈值(20 mg/L)[90]。

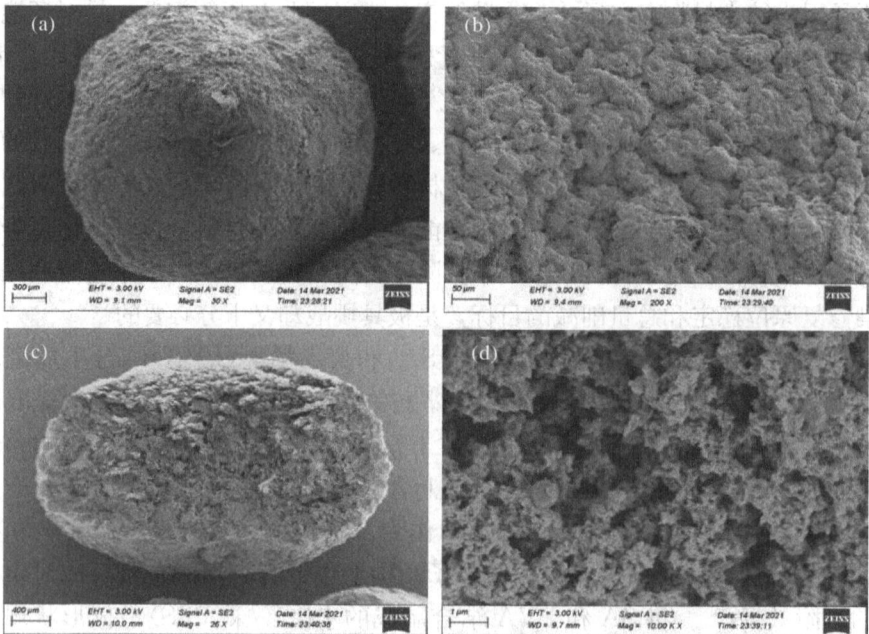

图 6-10　PPS 的表面[(a)(b)]和切面 SEM 图[(c)(d)]

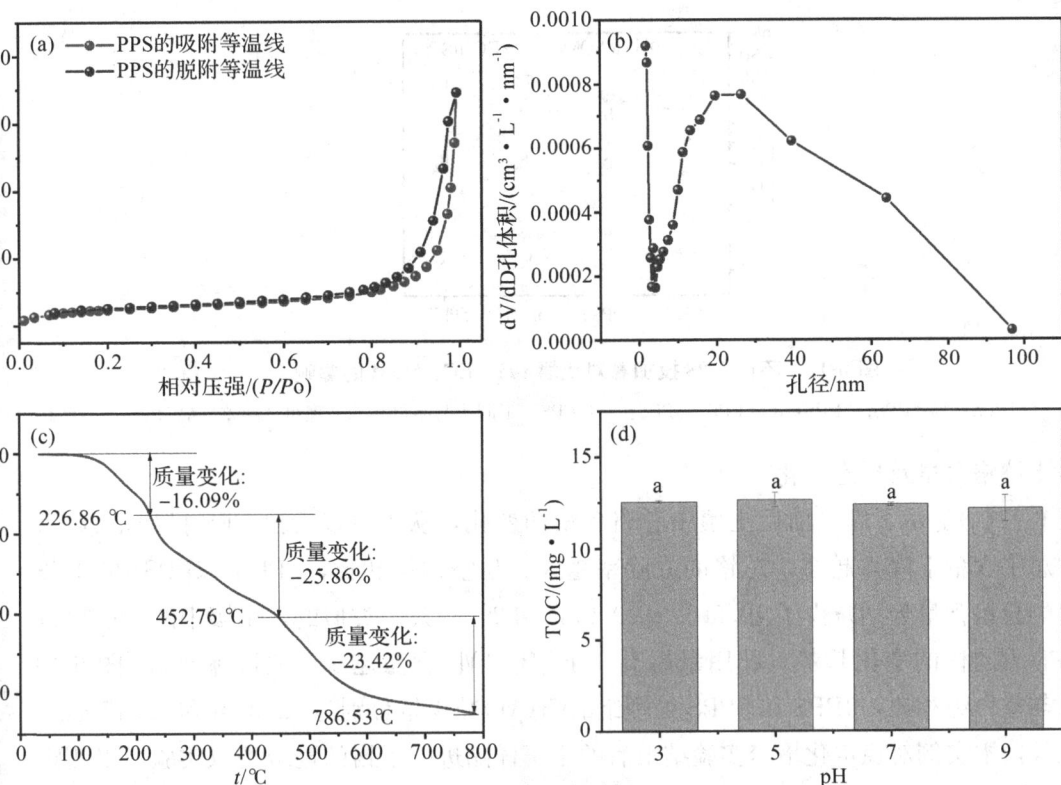

图 6-11　PPS 材料的 N_2 吸脱附曲线(a)、孔径分布(b)、热重分析(c)以及酸碱稳定性(d)

（4）土壤修复效果

1）土壤理化性质变化

根据 PPS 的投加量（以 PPS 与土壤的质量百分比表示）将所有培养样品分为四个处理组，处理组分别标记为 CK（对照组）、1PPS（1％ PPS）、3PPS（3％ PPS）和 5PPS（5％ PPS）。分别将不同投加量的 PPS 与 0.1 kg Cr(Ⅵ)污染土壤混合均匀，然后在室温下的黑暗处老化 30 天，老化期间需定期添加去离子水使土壤水分保持在最大持水量的 60％ 左右。30 天后，将 PPS 分离出来，然后把土壤放在阴凉通风处晾干，碾碎过 10 目筛，部分过 100 目筛，进行土壤理化性质测定。

从图 6-12 可以看出，PPS 投加量越大，土壤的 pH 下降得越明显。为了探究土壤 pH 的下降是否由 PPS 带来的额外酸度引起的，本实例将 PPS 浸泡于去离子水中 48 h，并对浸泡液的 pH 进行测定，结果显示浸泡液的 pH 为 2.84。因此，PPS 的投入会给土壤带来额外的酸度。由于 PPS 为有机材料，在土壤培养的过程中可能会有少部分材料掉落的现象，因此处理组土壤的 SOM 含量有 0.90％～1.0％ 的轻微上升。同时，由于 PANI 是研究最广泛的导电聚合物之一，PPS 中含有的大量 PANI 导致土壤 EC 上升，且上升幅度随着 PPS 投加量的增加而显著增加。

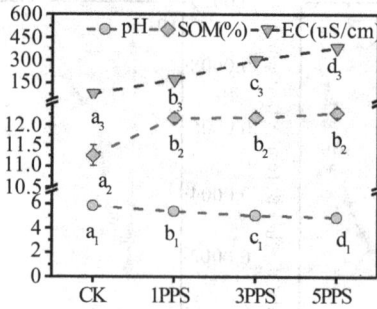

图 6-12 不同 PPS 投加量对土壤 pH、EC、SOM 的影响

1PPS：1% PPS；3PPS：3% PPS；5PPS：5% PPS。不同小写字母表示处理组之间差异显著

2）土壤铬含量及形态变化

图 6-13(a)显示了修复前后土壤中总铬含量的变化，从中可以看出 PPS 投加量越高，土壤中总铬含量下降得越多，总铬的去除率越大。与空白组相比，1PPS、3PPS 和 5PPS 处理组的总铬含量分别减少了 10.56%、19.97% 和 24.17%。类似的，土壤中的 $Cr(VI)$ 也和总铬有着同样的变化趋势，即用量越高，土壤 $Cr(VI)$ 含量越少，去除率越高[图 6-13(b)]。与空白组相比，3PPS 和 5PPS 处理组的 $Cr(VI)$ 减少量分别为 42.39% 和 52.47%。

此外，本实例对稳定化培养实验结束后的土壤样品进行了铬的逐级提取实验，以测定铬在土壤中的化学形态分布情况。按照原欧洲共同标准物质局（BCR）的逐级提取方法，我们将土壤中的铬分为了 F1-水溶态、可交换态和碳酸盐结合态（又称酸可提取态）、F2-铁锰氧化物结合态（又称可还原态）、F3-有机物及硫化物结合态（又称可氧化态）和 F4-残渣态。重金属的稳定性一般服从 F1＜ F2＜ F3＜ F4 的顺序。从图 6-13(c)可以看出，空白组中的弱酸提取态铬含量为 4.14%，随着 PPS 投加量的增加，各处理组中弱酸提取态(F1)铬含量逐渐下降(0.21%～0.87%)。3PPS 和 5PPS 组中可还原态铬分别下降到了 9.60% 和 9.20%，这表明凝胶珠和 $Cr(VI)$ 之间可能发生了氧化还原反应。不同实验组土壤样品中可氧化态(F3)的铬虽然没有差异性变化，其数值在 70.79%～72.42% 之间波动，但可以看到 3PPS 和 5PPS 处理组中 F3 的数值有增加的趋势。此外，从图 6-12 中可知，三组处理（1PPS、3PPS 和 5PPS）都显著增加了土壤中的 SOM 含量。随着土壤有机质含量的增加，$Cr(VI)$ 的被还原速度也会增加[8]。残渣态的铬含量在几个处理组之间并没有显著性差异。水溶态铬即被水溶液提取的铬形态，这部分铬在土壤中吸附较弱，易于被植物直接吸收利用，是迁移性和流动性最强的铬形态。从图 6-13(d)可以看出，各处理组中水溶态的铬相比于 CK 组的 4.8 mg/kg 均有显著的下降，且 PPS 的投加量越多，下降的幅度越大(1.6～2.1 mg/kg)。

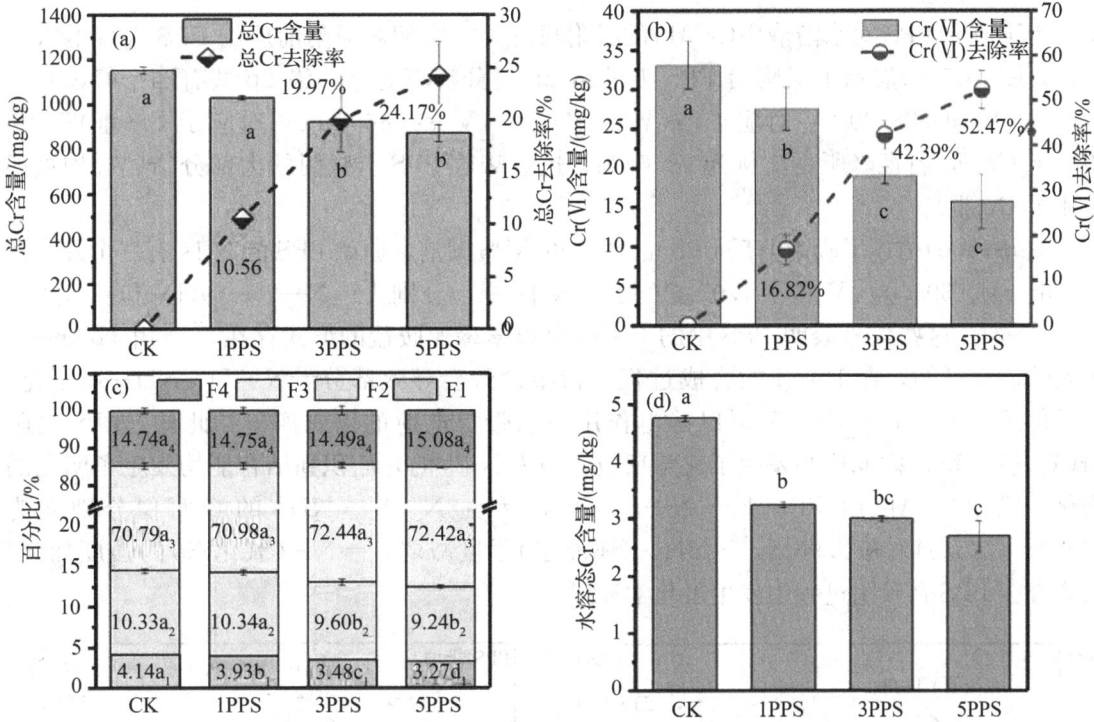

图6-13 PPS处理前后土壤样品中铬的形态变化

(a)土壤样品中总铬含量变化；(b)土壤中Cr(Ⅵ)含量变化；

(c)PPS处理前后土壤样品中铬形态变化(F1—弱酸提取态；F2—可还原态；

F3—可氧化态；F4—残留态；1PPS：1% PPS；3PPS：3% PPS；5PPS：5% PPS)；

(d)土壤中水溶态铬的变化；不同字母表示均值差异显著($P \leqslant 0.05$)

3)PPS对土壤中铬浸出毒性的影响

土壤中铬的浸出毒性，即土壤中的可溶性铬遇水溶解进而迁移转化、污染环境的危害性。为了对PPS修复前后土壤中铬的浸出毒性进行鉴别，本研究采用硫酸硝酸法的浸出程序。如图6-14所示，与CK组相比，PPS处理组中铬的浸出量显著下降，且PPS处理组中浸出总铬的顺序为1PPS(1.8 mg/kg)≈3PPS(1.6 mg/kg)>5PPS(1.2 mg/kg)。因此，通过PPS的稳定化作用可以有效减轻土壤中铬的浸出毒性。

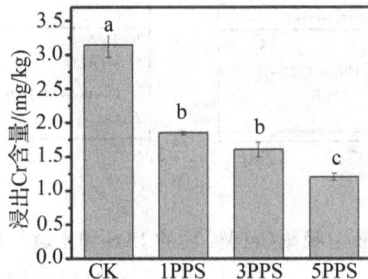

图6-14 土壤样品中铬浸出毒性的变化

不同字母表示均值差异显著($P \leqslant 0.05$)

4)修复机理

为了研究 PPS 对水溶液中Cr(Ⅵ)的吸附机理，本实例对吸附前后的 PPS 进行了 XPS 分析。图 6-15(a)展示了吸附后 PPS 上的铬 2p 高分辨率光谱。铬 2p 共有四个峰，其中 578.71 eV 和 588.00 eV 对应于Cr(Ⅵ)，576.55 eV 和 586.31 eV 对应于 Cr(Ⅲ)[85,91]。PPS 上 Cr(Ⅲ)特征峰所占比例为 92.64%，这意味着 PPS 上吸附的大部分Cr(Ⅵ)均被还原成了 Cr(Ⅲ)。

图 6-15(b)描述了吸附前后 PPS 上 N 1s 的 XPS 图谱，原始 PPS 的 N 1s 有三个峰，在 398.31 eV、399.00 eV 和 401.00 eV 处的 N 1s 峰，分别为=N—、—NH—和=N—[+]/—NH[+][92]。这些信号表明 PPS 中的 PANI 是以翠绿亚胺盐的形式存在[78]。由 Huang[91] 等人的研究可知，在 PANI 的合成过程中掺杂盐酸会导致部分=N—和—NH—质子化，质子化的=N—和—NH—又可以静电作用吸引带负电荷的铬阴离子。此外，PPS 吸附 Cr(Ⅵ)后铬和 N 之间应当发生了化学反应，因为 N 1s 的峰面积和结合能均发生了明显的变化。吸附 Cr(Ⅵ)后 PPS 上=N—、—NH—和=N—[+]/—NH[+] 的峰面积分别变为 60.20%、36.84%和 3.96%，—NH—(还原态)强度减弱，=N—(氧化态)的强度加强，意味着在 PPS 在吸附过程中发生了化学还原[79]。

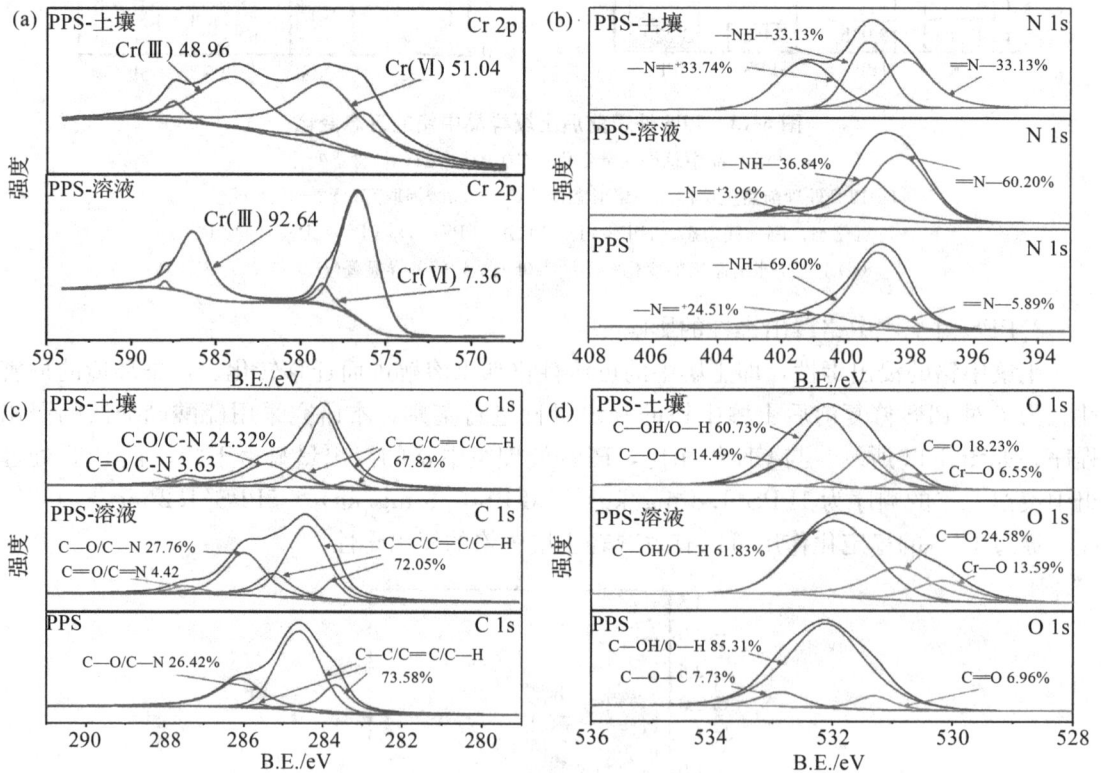

图 6-15 原始 PPS、水溶液中吸附Cr(Ⅵ)后的 PPS 和土壤培养后的 PPS 的 XPS 图谱
(a)铬 2p 轨道；(b)N 1s 轨道；(c)C 1s 轨道和；(d)O 1s 轨道

至于 C 元素的光谱峰变化，从图 6-15(c)可知，在 283.67eV、284.59 eV、285.80 eV

处的 C 1s 峰分别对应于 C＝C、C—C 和 C—H 基团，在 286.09 eV 处的峰代表着 C—N/C—O[93]。在吸附反应完成后，287.45 eV 处出现了 C＝N/C＝O 的特征峰，再次证明 Cr(Ⅵ)和 PPS 之间可能发生了氧化还原反应，即当 Cr(Ⅵ)被还原成 Cr(Ⅲ)时，C—N/C—O 被氧化成 C＝N/C＝O[94]。

O 1s 的光谱在 531.30 eV、532.10 eV 和 532.85 eV 处存在三个峰(图 6-16d)，分别对应于 C＝O、C—OH/—OH 和 C—O—C[95]。吸附反应后，C＝O 的峰面积从 6.96％提高到 24.58％，C—OH/—OH 的峰面积从 85.31％下降到 61.83％，且在 530.40 eV 处出现了 Cr—O 峰[96]。这意味着在 Cr(Ⅵ)被还原为 Cr(Ⅲ)时，C—OH/—OH 被氧化为 C＝O。

为了研究 PPS 对土壤中 Cr(Ⅵ)的固定化机理，我们还对稳定化培养后黏附在材料表面(5PPS 处理组)的土壤也进行了 XPS 分析测试。总的来说，土壤中特征元素的 XPS 图谱同水溶液吸附实验后的 XPS 图谱是相似的，这说明 PPS 主要是通过对水溶态铬进行吸附和还原，这种吸附和还原作用促使着土壤中不稳定态的铬向稳定态的铬发生迁移，最终实现对土壤中 Cr(Ⅵ)的固定化。此外，我们还通过 SEM 和 EDS 图谱研究了土壤培养的 PPS 中 C、N、O 和铬的元素分布，特征元素的 SEM-EDS mapping 如图 6-16 所示。从图可以发现，铬元素在 PPS 中的分布是均匀的，这表示土壤中铬的稳定化不是只发生在表面，而是深入到了材料的内部结构中。

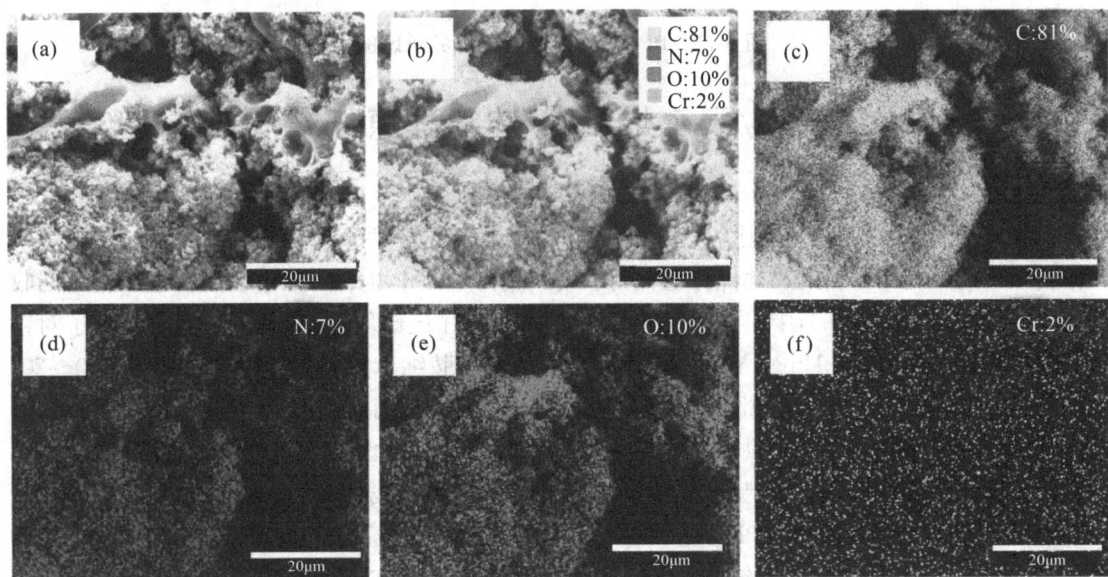

图 6-16　土壤培养后 PPS 切面的 SEM-EDS mapping 图

C：黄色，N：红色，O：绿色，铬：橙色

综上所述，PPS 对水溶液和土壤中 Cr(Ⅵ)的吸附还原机理如图 6-17 所示。首先，Cr(Ⅵ)迅速扩散到 PPS 的表面，并根据尺寸选择扩散到介孔的 PPS 中。在扩散过程中，PPS 上质子化的 N(＝N—[+]/—NH[+])可以静电吸引 Cr(Ⅵ)阴离子。同时，在—NH—氧化为＝N—的过程中，Cr(Ⅵ)被还原为 Cr(Ⅲ)，且 SA 和 PVA 的 C—N/C—O 和 C—OH/—OH 基团也可能作为电子供体，参与 Cr(Ⅵ)的还原过程。最后，生成的 Cr(Ⅲ)可以通过与 SA 和 PVA 上的氨基/亚胺基和含氧基团的络合或螯合从而被进一步吸附。

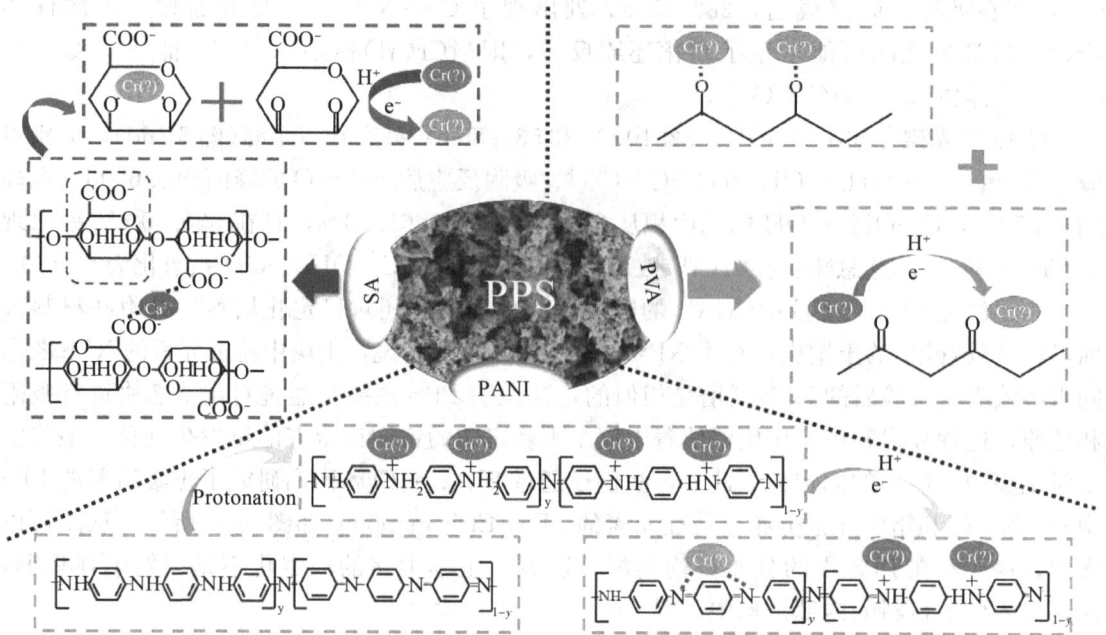

图 6-17　PPS 吸附还原Cr(Ⅵ)的机理图

6.3.3　聚乙烯醇/聚乙烯亚胺/淀粉样原纤维气凝胶材料修复土壤铬污染

与上述研究目的类似，应用大尺度块体材料于土壤修复，不仅可以解决纳米材料团聚影响其修复效果的问题，材料的尺寸优势也有利于其回收再生，土壤中的总铬也能在逐步材料回收过程中得到削减。在上一节中，我们制备了 PPS 材料应用于土壤铬污染修复，其虽展现了对铬良好的吸附稳定能力[83.1 mg Cr(Ⅵ)/g]，但与其他聚苯胺纳米材料的吸附容量相比(100～200 mg/g)还存在差距[79,92]。究其原因，主要是由于海藻酸钠凝胶在固化过程中造孔不佳所致。因此，开发一种尺寸大、易于回收和重复使用而不牺牲其吸附能力的大尺度块体土壤修复材料，以实现土壤铬污染修复原位稳定和总量削减的目标，是极具挑战却又十分必要的。

众所周知，聚乙烯亚胺(PEI)是一种具有生物相容性、高水溶性和强环境稳定性的阳离子聚合物。PEI 的主链和支链携带丰富的活性胺基，使其对聚阴离子和带负电的有机或无机离子具有优异的吸附能力。因此，PEI 可以通过静电相互作用和表面胺还原有效去除污水中的 Cr(Ⅵ)[97-99]。但是，PEI 在水中的高溶解度通常阻止其直接作用，因此通常被固定在其他基底上以确保其应用(如凹凸棒土[100]、氧化石墨烯[101]、C_3N_4 纳米片[102]、藻珠[97,103,104]、活性炭[105]等)。近年来，淀粉样原纤维(amyloid fibrils，AFL)作为一种环境功能新材料引起了人们的关注。AFL 可由 β-乳球蛋白(βLG)在低 pH 和高温下通过原始蛋白质折叠序列的组合水解和聚集过程获得[106]，而 βLG 是乳清中的主要蛋白质，乳清则是奶酪工业中的副产品，因此价格低廉易得[107]。AFL 的一个无可争议的优势是，它们的表面含有大量的氨基酸残基，可以提供多个结合位点，并且这些残基可能对Cr(Ⅵ)具有很强的亲和力[102,108,109]。此外，AFL 基质衍生的气凝胶具有丰富的多孔结构[110]。因此，PEI 和 AFL 结合形成的气凝胶有望成为净化Cr(Ⅵ)污染的大尺度功能绿色材料。但由单一 AFL 基质形成的气凝胶具有典型的脆性[111]，易于崩解，但其机械性能有望通过引入聚乙烯醇(PVA)来改善。此外，PVA 的加入也可为Cr(Ⅵ)的吸附还原提供许多反应位点，即表面上的大量羟基既可以帮助Cr(Ⅵ)的还原，也可以螯合 Cr(Ⅲ)，以提高铬在吸附剂上的稳定性。鉴于这些优势，我们以一种简单环保的方式将 PEI、AFL 和 PVA 溶液混合，合成了一种体积尺寸的气凝胶(简称 PAP)。

(1)PAP 材料的制备和表征

我们参照文献[112]从小麦蛋白浓缩物中提取 βLG，将提取后的 βLG 单体溶解在 pH 为 2 的 Milli-Q 水中，并配置为 2 $wt\%$ 的 βLG 溶液。然后，将 βLG 溶液在 85 ℃水浴中加热搅拌5 h(150 r/min)，冰水冷却后得到 AFL。然后将 3 g 10 $wt\%$的聚乙烯醇溶液、0.3 g 的 50 $wt\%$的聚乙烯亚胺溶液和 18 mL AFL 分散体混合。剧烈搅拌 3 min 后，将混合溶液逐滴加入球形模具(直径 0.5 cm)中，在－15 ℃冰箱中冷冻 20 h，在冻融过程的三个循环后，形成水凝胶。然后将上述产物放入2%w/v戊二醛溶液中并搅拌 4 h 以实现完全交联，去离子水清洗后冷冻干燥，最终形成 PAP 大尺寸功能材料。

以上制得的 PAP 气凝胶超轻且均匀，可以稳定地放置在花蕊上而不变形[图 6-18(a)]，直径＞5 mm[图 6-18(b)]，重量为 5～6 mg。PAP 在吸附反应前后的横截面形态如图 6-18(c)～(f)所示。反应前的 PAP 气凝胶横截面是高度多孔的，有利于铬在材料中的吸附和扩散，在图中可以观察到构成材料孔隙的粗糙和褶皱表面。反应后孔隙尺寸变得更大，表面变得更光滑。此外，采用 N₂吸附/脱附技术分析了 PAP 的多孔结构。如图 6-19(a)所示，PAP 的 N₂吸附/解吸等温曲线与 IV 型等温曲线拟合良好，表明 PAP 具有介孔特性。PAP 在(0.6～1) P/P_0 的相对压力范围内具有磁滞回线，该等温线可进一步分为 H3 型磁滞回线，表明 PAP 中形成的狭缝状孔。DFT 模型分析得出 PAP 的孔径分布大致在 3～25 nm 范围内，平均孔径为 16.88 nm，平均比表面积为 12 m²/g。与 2 mm PPS 材料相比，PAP 具有较大尺寸(～5 mm)，其比表面积也高于 PPS(8 m²/g)。PAP 的介孔性质可使水合Cr(Ⅵ)离子(直径 7.5 Å)的扩散不受阻碍。

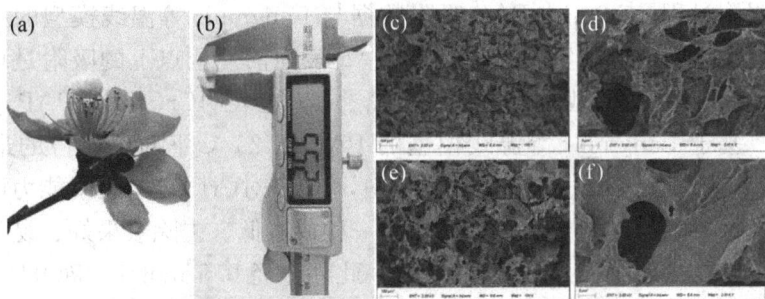

图 6-18　(a)置于花蕊顶部的 PAP，(b)游标卡尺测量 PAP 直径和吸附Cr(Ⅵ)之前[(c)(d)]和之后[(e)(f)]的 PAP 横截面 SEM 图像[113]

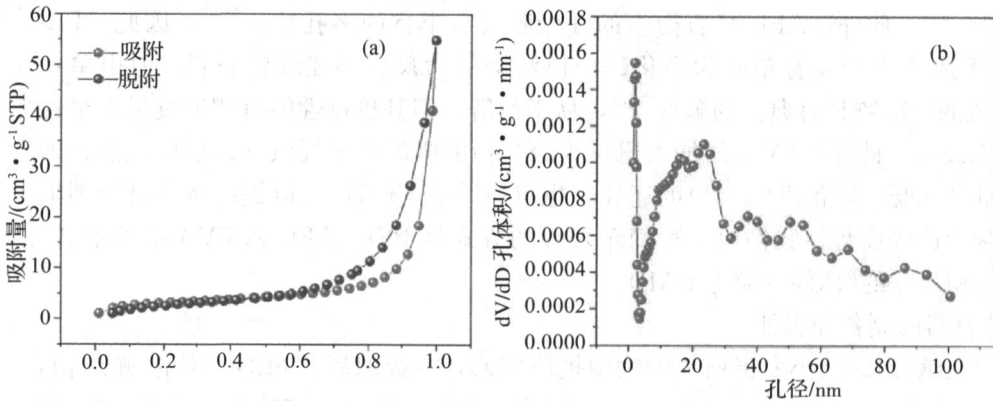

图 6-19　PAP 材料的 N₂ 吸脱附曲线(a)和孔径分布(b)

（2）PAP 对 Cr(Ⅵ)的吸附能力测试

我们首先采用拟一阶和拟二阶模型分析了 PAP 对 Cr(Ⅵ)的吸附动力学和吸附热力学行为。如图 6-20 所示，Cr(Ⅵ)的吸附容量和速率随着温度的升高而增加，在 16 h 时均接近平衡。最高吸附容量分别为 47 mg/g（25 ℃）、48.51 mg/g（35 ℃）和 48.93 mg/g（45 ℃）。在最初的 250 min 内，吸附速率相对较快，主要是因为在反应开始时，PAP 表面有许多可接近的活性位点。随着接触时间的延长，这些活性位点逐渐被占据，导致吸附速率逐渐减慢，直到达到吸附平衡。在不同温度下，拟二阶模型的拟合结果（R^2 分别为 0.9795、0.9963 和 0.9955）优于拟一阶模型（R^2 分别是 0.9170、0.9476 和 0.9381）（表 6-3）。因此，化学吸附可能是 PAP 捕获 Cr(Ⅵ)的主要吸附机制。为了进一步解释温度对 PAP 去除 Cr(Ⅵ)的影响，我们计算了标准自由能变化（ΔG）、标准焓变化（ΔH）和标准熵变化（ΔS）热力学参数。具体而言，ΔG 的负值（25 ℃ −22.48 kJ/mol，35 ℃ −23.78 kJ/mol，45 ℃ −24.76 kJ/mol）表明 Cr(Ⅵ)在 PAP 上的吸附是一个自发的过程；ΔH 为 11.54 kJ/mol，表明反应是吸热的，温度的升高有利于反应的进行；ΔS 为 114.28 J/(mol・K)，表明 Cr(Ⅵ)在 PAP 上的吸附是一个熵增过程。

此外，我们采用了 Langmuir 和 Freundlich 等温线模型拟合 PAP 在不同温度下对 Cr(Ⅵ)的等温吸附过程（表 6-3）。PAP 吸附数据与 Langmuir 等温线模型的一致性要好于 Freundlich 等温线模型，这证实了 Cr(Ⅵ)在 PAP 表面活性位点上的吸附是均匀的单层化学吸附。Langmuir 等温线模型的 R_L 值为 $0 < R_L < 1$，也表明 Cr(Ⅵ)在 PAP 上的吸附是一个有利的过程。基于 Langmuir 等温线模型的 PAP 在 25 ℃ 下对 Cr(Ⅵ)的最大吸附量为 121.44 mg/g。作为一种大尺寸的本体吸附材料，PAP 对 Cr(Ⅵ)的吸附能力已高于其他微球甚至一些纳米材料（表 6-4），因此 PAP 作为一种成本低、去除效果好、易于回收的新型材料，在铬污染修复中具有巨大的应用潜力。此外，经 0.5 mol/L NaOH ＋ 0.2 mol/L NaCl 洗脱再生后的 PAP 具有极高的回用价值，其经历 5 次吸附-洗脱-再生后对 Cr(Ⅵ)的去除率仍高达 88.7%，足见其在铬污染修复领域的经济适用性。

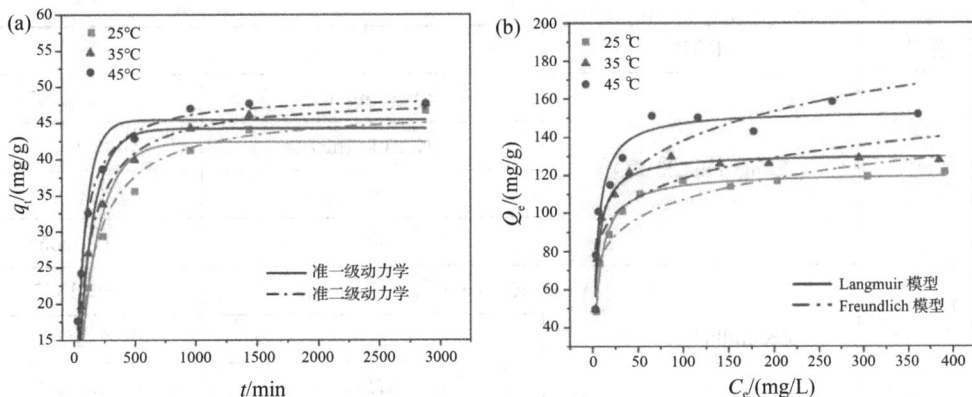

图 6-20 PAP 对 Cr(Ⅵ)的吸附行为

(a)不同温度条件下活性炭对Cr(Ⅵ)的吸附动力学；(b) Cr(Ⅵ)吸附的 Langmuir 和 Freundlich 等温线模型[初始Cr(Ⅵ)浓度 50 mg/L，pH=3，24 h]

表 6-3 PAP 吸附Cr(Ⅵ)的动力学和等温吸附模型参数

吸附模型	PAP		
吸附动力学模型	拟一阶吸附动力学（25 ℃）	$q_e/(mg/g)$	42.4046
		K_1/min^{-1}	0.0061
		R^2	0.9170
	拟二阶吸附动力学（25 ℃）	$q_e/(mg/g)$	47.0010
		K_2/min^{-1}	0.0002
		R_2^2	0.9795
	拟一阶吸附动力学（35 ℃）	$q_e/(mg/g)$	44.2660
		K_1/min^{-1}	0.0080
		R^2	0.9476
	拟二阶吸附动力学（35 ℃）	$q_e/(mg/g)$	48.5077
		K_2/min^{-1}	0.0002
		R_2^2	0.9963
	拟一阶吸附动力学（45 ℃）	$q_e/(mg/g)$	45.4341
		K_1/min^{-1}	0.0119
		R^2	0.9381
	拟二阶吸附动力学（45 ℃）	$q_e/(mg/g)$	48.9311
		K_2/min^{-1}	0.0003
		R_2^2	0.9955

吸附模型	PAP		
吸附等温模型	Langmuir(25 ℃)	Q_m/(mg/g)	121.4407
		K_L/(L/mg)	0.1670
		R_L	0.0118
		R^2	0.9905
	Freundlich(25 ℃)	$K_F/\{mg/[g \cdot (mg \cdot L^{-1})^{1/n}]\}$	56.1565
		$1/n$	7.1205
		R^2	0.8333
	Langmuir(35 ℃)	Q_m/(mg/g)	131.1521
		K_L/(L/mg)	0.2064
		R_L	0.0081
		R^2	0.9819
	Freundlich(35 ℃)	$K_F/\{mg/[g \cdot (mg \cdot L^{-1})^{1/n}]\}$	66.3749
		$1/n$	7.9681
		R^2	0.7631
	Langmuir(45 ℃)	Q_m/(mg/g)	153.7415
		K_L/(L/mg)	0.2235
		R_L	0.0089
		R^2	0.9483
	Freundlich(45 ℃)	$K_F/\{mg/[g \cdot (mg \cdot L^{-1})^{1/n}]\}$	68.7164
		$1/n$	6.5989
		R^2	0.8208

表 6-4　PAP 与其他纳米级、微米级和毫米级吸附材料在去除Cr(Ⅵ)上的性能对比

吸附剂	材料尺寸	实验条件	吸附容量/(mg/g)	参考文献
PVA-PEI magnetic microspheres	10.39 μm	pH=2, T=25 ℃	88.4	[84]
PGMA－PEI600	2.08±0.08 μm	pH=2, T=25 ℃	460.83	[114]
PGMA-PEI1800			485.44	
PGMA-PEI10,172			505.05	
PEI-HNTs nanotubes	外径：40~60 nm 内径：15~20 nm	pH=2, T=55 ℃	102.5	[115]

续表

吸附剂	材料尺寸	实验条件	吸附容量/(mg/g)	参考文献
PEI-Pal	纳米级	pH=3，T=25 ℃	51.1	[116]
PEI-modified sericin bead	770.4 μm	pH=2，T=25 ℃	365.3	[117]
PEI-g-C$_3$N$_4$ NSs@ LFs nanosheets	纳米级	pH=7，T=30 ℃	23.5	[102]
ethylenediamine-modified lysozyme nanofibers	10~20 nm	pH=7，T=20 ℃	3.74	[118]
PPS beads	~2 mm	pH=3，T=25 ℃	83.1	[9]
Alg-QPVP beads	2 mm	pH=2，T=25 ℃	91	[119]
APSs-PES beads	2~2.5 mm	pH=2，T=25 ℃	243.9	[120]
PANI@PS balls	0.4~0.6 mm	pH=6，T=25 ℃	12.15	[121]
PAP	~5.34 mm	pH=3，T=25 ℃	121.44	本书

（2）PAP 在土壤中的应用

我们通过土壤培育试验对 PAP 在土壤中的表现进行了初步评价（未发表数据）。铬污染土壤采集于浙江省某场地污染区域，水溶态 Cr(Ⅵ) 含量为 1283 mg/kg。水溶性重金属浓度代表了重金属最易迁移和潜在毒性最强的形式。实验中将不同剂量（以质量分数表示）的 PAP 与 0.1 kg 铬污染的土壤混合，并标记各处理组为 CK（对照组）、1PAP(1%PAP)、2PAP(2%PAP) 和 3PAP(3%PAP)，每个处理有 3 个平行样。所有土壤样品在室温通风处避光培育 40 天，期间添加 Milli-Q 水以将土壤湿度保持在最大含水率的 60%。40 天后，用 16 目筛网从风干后的土壤中分离出 PAP 珠，并用去离子水按土水比 1∶10 提取土壤浸提液，测定水溶性 Cr(Ⅵ) 浓度。正如预期的那样，土壤经 1PAP、2PAP 和 3PAP 处理后，水溶性 Cr(Ⅵ) 的含量从对照组的 1272.6 mg/kg 降低到 389.4~489.6 mg/kg，最大降幅为 69.4%（图 6-21）。此外，在 2PAP 和 3PAP 处理组之间没有发现显著差异，这表明较低投加量的 2PAP(2%) 组可能是中试或大规模应用的合适投加量。鉴于 PAP 可回收、吸附容量高在土壤中应用的优异性能表明，PAP 作为一种易于回收的球形气凝胶在铬污染土壤修复中具有广阔的应用前景。

（3）PAP 与铬作用的机制分析

将与 Cr(Ⅵ) 溶液反应后的 PAP 气凝胶株进行收集，切片后进行透射电镜扫描（TEM），我们可以仔细观察到材料在与铬作用后的形变和元素分布。TEM-EDS 扫描谱图（图 6-22）显示，PAP 内部切片表面光滑平整，吸附的铬大量存在并均匀分布在 PAP 内，表明材料对铬的吸附稳定不仅出现在表面，而且出现在内部结构中。采用 XPS 对材料上铬的形态进行进一步分析，发现 70.1% 的铬以 Cr(Ⅲ) 的形式出现，PAP 材料对铬的还原性能突出。整体来说，PAP 去除 Cr(Ⅵ)可能涉及多种机制，包括静电相互作用、氢键、氧化还原和络合反应。整个去除过程可以描述如下：最初，Cr(Ⅵ)通过扩散进入介孔 PAP，一些通过静电相互作用被 PAP 上的质子化胺（由 PEI 和 AFI 提供）吸引，另一些可以通过与伯胺形成氢键结合到 PAP 上（由 PEI 和 AFI 提供）；然后，来自于 PVA 的羟基、来自 PEI 和 AFL 的胺基和其他给电子基团（例如 C—N）可以与 Cr(Ⅵ)反应，从而使大部分吸附的 Cr(Ⅵ)还原为 Cr(Ⅲ)；最终生成的 Cr(Ⅲ)离子可以通过与胺基和含氧基的络合而被进一步吸附。

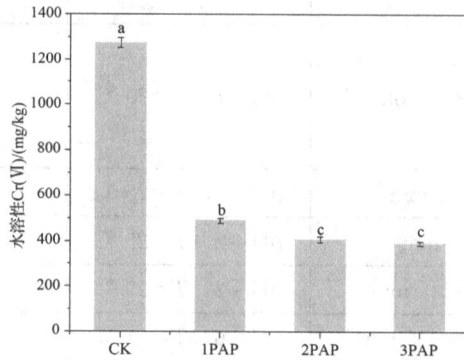

图 6-21　水溶性 Cr(Ⅵ)在土壤中的变化
1PAP：1%PAP；2PAP：2%PAP；3PAP：3%PAP。
不同的字母表示 0.05 显著性水平的显著差异

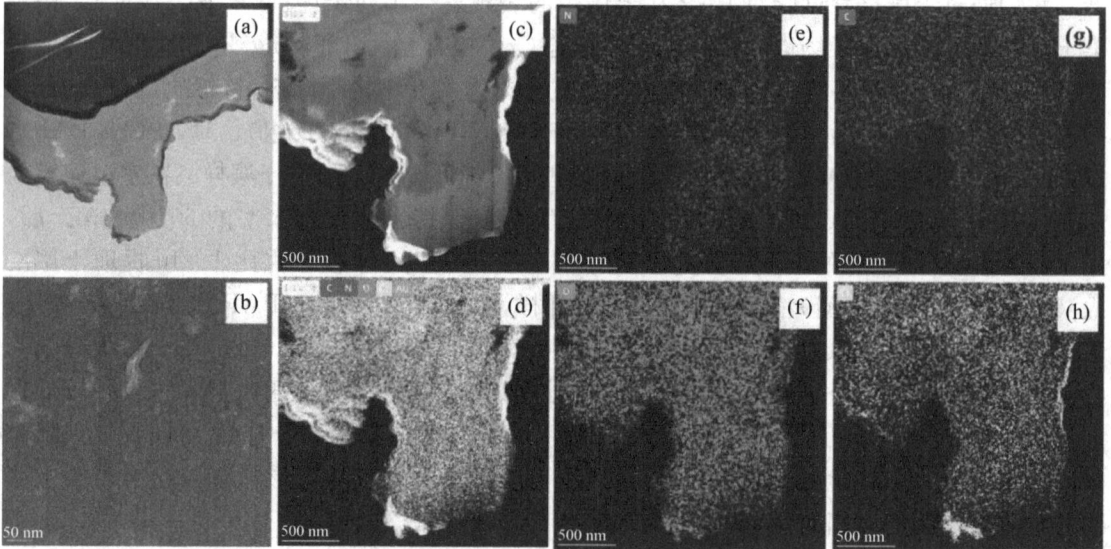

图 6-22　PAP 材料内部切片后形成的图
(a)500 nm 和(b)50 nm 的透射电镜图以及(e)N、(f)O、(g)C、(h)铬的元素分布图

6.4 小结与展望

在本章中，我们主要讨论了土壤铬污染修复的不同技术和影响修复效果的主要环境因素，并展示了几种环境功能材料应用于土壤铬污染修复的实例。土壤铬污染有比水体污染更为复杂的环境介质和影响因素，土壤机体中的各种无机和有机的物质/生命体均会对修复的效果、时长产生影响，土壤修复的困境也表现在材料的稳定性和重复利用。在土壤中，常规采用的纳米/微米级别修复剂难以回收，若物理化学稳定性不佳，不仅会引起土壤中铬的再度"返黄"，其材料在土壤中的长期存在也可能存在二次污染，并对维持土壤正常的生态功能造成威胁。此外，若采用水污染修复的功能材料（如 MOFs、nZVI）用于土壤污染修复，其昂贵的成本必定限制其大规模应用。在此种考虑之下，采用土壤修复材料的衡量指标不仅应考虑其吸附稳定效果，还应考虑其生产成本、稳定性、生态毒性等因素。

在本章中，我们应用了茶叶浸渍液改性凹凸棒土修复一场地铬污染土壤。利用凹凸棒石和茶叶废弃物这两种常见且容易获得的材料对原本对 $Cr(Ⅵ)$ 没有吸附能力的凹凸棒土进行改性，所产生的改性凹凸棒土材料价格低廉、对 $Cr(Ⅵ)$ 修复效果佳（去除率达到 66.9%）且生态改良作用好，为土壤 $Cr(Ⅵ)$ 修复提供了一种新的方案。茶渣的利用遵循资源循环利用的原则，与凹凸棒石结合后更稳定，巧妙地克服了茶多酚易氧化的缺点。因此，制备简单、成本低廉的 GATP 材料是一种很有前途的 $Cr(Ⅵ)$ 污染土壤修复材料。

为解决纳米材料尺寸小、易聚集和易造成二次污染等问题，本章中我们还研究了将纳米 PANI 掺杂进 PVA/SA 凝胶珠中合成 PPS 用于场地铬污染土壤修复。PPS 在较宽泛的 pH 范围内都具有较强的稳定性，且该材料的循环利用性能优越，四个循环后对 $Cr(Ⅵ)$ 仍有 95.25% 的去除率。作为土壤修复剂，PPS 可以有效固定土壤中 $Cr(Ⅵ)$、减轻 $Cr(Ⅵ)$ 迁移性和毒性。PPS 材料的应用结果也进一步证明了大尺度功能材料在土壤修复中的应用潜力。区别于常规纳米和微米级修复材料，大尺度功能材料不仅在土壤中可回收并循环使用，其修复效果和稳定性也优于一些纳米级材料。在此基础上利用 PEI、PVA 和 AFL 设计出的大尺度功能材料 PAP 也遵循相似的设计原理，但其具有比 PPA 更大的体积和对铬更优的吸附还原效果。大尺度功能材料的设计，突破了土壤修复中材料不可回收、潜在稳定性不佳的技术瓶颈，可有望实现土壤重金属"逐级稳定"和"总量削减"的协同修复目标。

参考文献

[1]李喜林，刘玲，王来贵，重金属铬堆存场地土壤-地下水污染控制与修复[M]. 北京：化学工业出版社，2021.

[2]FUF，WANG Q. Removal of heavy metal ions from wastewaters：A review[J]. Journal of Environmental Management，2011，92：407-418.

[3]中国环境保护产业协会. 铬污染土壤异位修复技术指南：T/CAEPI 37—2021[S/OL]. [2021-07-06]. https：//www. renrendoc. com/paper/322225727. html.

[4]SEETHARAJ R , VANDANA P V , ARYA P , et al. Dependence of solvents，pH，molar ratio and temperature in tuning metal organic framework architecture[J]. Arabian Journal of Chemistry，2019，12：295 - 315.

[5]YangC X , Yan X P . Application of metal-organic frameworks in sample pretreatment[J]. Chinese Journal of Analytical Chemistry，2013，41：1297 - 1300.

[6]LIU D, WUY, XIA Q, et al. Experimental and molecular simulation studies of CO_2 adsorption on zeolitic imidazolate frameworks：ZIF-8 and amine-modified ZIF-8[J]. Adsorption，2013，19：25 - 37.

[7]WEN J , PENG Z , LIU Y , et al. A case study of evaluating zeolite, $CaCO_3$, and MnO_2 for Cd-contaminated sediment reuse in soil[J]. Journal of Soils and Sediments，2018，18：323 - 332.

[8]原奇. 六价铬污染土的固化修复及稳定性研究[D]. 呼和浩特：内蒙古农业大学，2019.

[9]LI Y , WEN J , XUE Z , et al. Removal of Cr(Ⅵ) by polyaniline embedded polyvinyl alcohol/sodium alginate beads ? Extension from water treatment to soil remediation[J]. Journal of Hazardous Materials，2021，426：127809.

[10]M SURESH, B DAVID RAJU, K S RAMA RAO, et al. Metal organic framework MIL-101(Cr) for dehydration reactions[J]. Journal of Chemical Sciences，2014，126：527 - 532.

[11]BECKNER M , DAILLY A . A pilot study of activated carbon and metal - organic frameworks for methane storage[J]. Applied Energy，2016，162：506 - 514.

[12]LIUQ , SONG Y , MA Y , et al. Mesoporous Cages in Chemically Robust MOFs Created by a Large Number of Vertices with Reduced Connectivity[J]. Journal of the American Chemical Society，2019，141：488 - 496.

[13]KAYAL S , SUN B , CHAKRABORTY A . Study of metal-organic framework MIL-101(Cr) for natural gas（methane）storage and compare with other MOFs（metal-organic frameworks）[J]. Energy，2015，91：772 - 781.

[14]JIAO L , SEOW J Y R , SKINNER W S , et al. Metal - organic frameworks：Structures and functional applications[J]. Materials Today，2019，27：43 - 68.

[15]ZHOU F , LU N , FAN B , et al. Zirconium-containing UiO-66 as an efficient and reusable catalyst for transesterification of triglyceride with methanol[J]. Journal of Energy Chemistry，2016，25：874 - 879.

[16]GUAN X , SUN Y , QIN H , et al. The limitations of applying zero-valent iron technology in contaminants sequestration and the corresponding countermeasures：The development in zero-valent iron technology in the last two decades（1994—2014）[J]. Water Research，2015，75：224 - 248.

[17]LIU X , ZHANG S , ZHANG X , et al. Cr(Ⅵ) immobilization in soil using lignin hydrogel supported nZVI：Immobilization mechanisms and long-term simulation [J]. Chemosphere，2022，305：135393.

[18]WU Q , MO W , LIU J , et al. Remediation of high-concentration Cr(Ⅵ)-contaminated soils with FeSO4 combined with biostimulation：Cr(Ⅵ) transformation and stabilization[J]. Journal of Hazardous Materials Advances，2022，8：100161.

[19]杨文晓，张丽，毕学，等. 六价铬污染场地土壤稳定化修复材料研究进展[J]. 环境工程，2020，38：16 - 23.

[20]SU H , FANG Z , TSANG P E , et al. Stabilisation of nanoscale zero-valent iron with biochar for enhanced transport and in-situ remediation of hexavalent chromium in soil[J]. Environmental Pollution，2016，214：94 - 100.

[21]周东美. 纳米 Ag 粒子在我国主要类型土壤中的迁移转化与环境效应[J]. 环境化学，2015，34：605-613.

[22]CHRYSOCHOOU M，JOHNSTONC P，DAHAL G. A comparative evaluation of hexavalent chromium treatment in contaminated soil by calcium polysulfide and green-tea nanoscale zero-valent iron[J]. Journal of Hazardous Materials，2012，201-202：33-42.

[23]陈英旭，骆永明. 土壤中铬的化学行为研究Ⅴ. 土壤对 Cr(Ⅲ)吸附和沉淀作用的影响因素，土壤学报. 31（2013）77-85.

[24]钟来元，钟燕彬，杨杰文. 六价铬在砖红壤中淋溶特征的模拟研究[J]. 农业环境科学学报，2016，35：901-906.

[25]陈英旭，骆永明，朱永官，等. 土壤中铬的化学行为研究Ⅴ. 土壤对 Cr(Ⅲ)吸附和沉淀作用的影响因素[J]. 土壤学报，1994，31：77-85.

[26]XIAO W，ZHANG Y，LI T，et al. Reduction Kinetics of Hexavalent Chromium in Soils and Its Correlation with Soil Properties[J]. Journal of Environmental Quality，2012，41：1452-1458.

[27]卢鑫. 硫化物对电镀厂铬污染土壤稳定化处理及其长期稳定性研究[D]. 上海：华东理工大学，2017.

[28]王昕，崔素萍，汪澜，等. 钙矾石对不同价态 Cr 离子的固化稳定性[J]. 硅酸盐通报，2015，34：3308-3314.

[29]APTE A D，TARE V，BOSE P. Extent of oxidation of Cr(Ⅲ) to Cr(Ⅵ) under various conditions pertaining to natural environment[J]. Journal of Hazardous Materials，2006，128：164-174.

[30]WADHAWAN A R，STONE A T，BOUWER E J. Biogeochemical Controls on Hexavalent Chromium Formation in Estuarine Sediments[J]. Environmental Science and Technology，2013，47：8220-8228.

[31]LIU W，LI J，ZHENG J，et al. Different Pathways for Cr(Ⅲ) Oxidation：Implications for Cr(Ⅵ) Reoccurrence in Reduced Chromite Ore Processing Residue[J]. Environmental Science Technology，2020，54：11971-11979.

[32]陈英旭，朱荫湄，袁可能，等. 土壤中铬的化学行为研究——Ⅰ. 几种矿物对六价铬的吸附作用[J]. 浙江农业大学学报，1990，2：9-14.

[33]孙亚乔，校康，段磊，等. 黏土矿物作用下铬的迁移转化机理研究进展[J]. 生态环境学报，2019，7：1484-1491.

[34]ZHANG Y，YANG J，DU J，et al. Goethite catalyzed Cr(Ⅵ) reduction by tartaric acid via surface adsorption[J]. Ecotoxicology and Environmental Safety，2019，171：594-599.

[35]GAO W，YAN J，QIAN L，et al. Surface catalyzing action of hematite (α-Fe$_2$O$_3$) on reduction of Cr(Ⅵ) to Cr(Ⅲ) by citrate[J]. Environmental Technology and Innovation，2018，9：82-90.

[36]YANG J，GUO Q，LI L，et al. Insights into the evolution of Cr(Ⅵ) species in long-term hexavalent chromium contaminated soil[J]. Science of The Total Environment，2023，858：160149.

[37]WENJ，XUE Z，YIN X，et al. Insights into aqueous reduction of Cr(Ⅵ) by biochar and its iron-modified counterpart in the presence of organic acids[J]. Chemosphere，2022，286：131918.

[38]SOLA M Z S，LOVAISA N，DAVILA COSTA J S，et al. Multi-resistant plant growth-promoting actinobacteria and plant root exudates influence Cr(Ⅵ) and lindane dissipation[J]. Chemosphere，2019，222：679-687.

[39]SOLA M Z S，VISNUK D P，BENIMELI C S，et al. Cr(Ⅵ) and lindane removal by Streptomyces M7 is improved by maize root exudates[J]. Journal of Basic Microbiology，2017，57：1037-1044.

[40]冯淏. 铬耐受/还原菌的多样性调研[D]. 杭州：浙江大学，2016.

[41]WANG C，WU R，GUO J，et al. Effects of Cr(Ⅵ)-reducing bacteria on the behaviour of Cr (Ⅵ) adsorption by goethite and haematite：speciation and distribution[J]. Journal of Soils and Sediments，2020，20：3733 - 3741.

[42]ZHANG G，LIN Y，WANG M. Remediation of copper polluted red soils with clay materials [J]. Journal of Environmental Sciences，2011，23：461 - 467.

[43]WANG X，ZHONG D，HOU H，et al. Catalytic degradation of PNP and stabilization/solidification of Cd simultaneously in soil using microwave-assisted Fe-bearing attapulgite[J]. Chemical Engineering Journal，2016，304：747 - 756.

[44]CHEN J，SHI Y，HOU H，et al. Stabilization and Mineralization Mechanism of Cd with Cu-Loaded Attapulgite Stabilizer Assisted with Microwave Irradiation[J]. Environmental Science and Technology，2018，52：12624 - 12632.

[45]YANG J，GAO X，LI J，et al. The stabilization process in the remediation of vanadium-contaminated soil by attapulgite，zeolite and hydroxyapatite[J]. Ecological Engineering，2020，156：105975.

[46]XU C，QI J，YANG W，et al. Immobilization of heavy metals in vegetable-growing soils using nano zero-valent iron modified attapulgite clay[J]. Science of The Total Environment，2019，686：476 - 483.

[47]QUAN G，ZHANG J，GUO J，et al. Removal of Cr(Ⅵ) from Aqueous Solution by Nanoscale Zero-Valent Iron Grafted on Acid-Activated Attapulgite [J]. Water Air and Soil Pollution，2014，225：1979.

[48]ZHANG W，QIAN L，OUYANG D，et al. Effective removal of Cr(Ⅵ) by attapulgite-supported nanoscale zero-valent iron from aqueous solution：Enhanced adsorption and? crystallization[J]. Chemosphere，2019，221：683 - 692.

[49]DENG Q，CHEN C，LEI Q，et al. Adsorption of aniline from aqueous solution using graphene oxide-modified attapulgite composites[J]. RSC Advances，2018，8：23382 - 23389.

[50]凌慧诗，王志红，刘立凡，等. 改性凹凸棒土的优化定向制备及对腐殖酸的吸附效果[J]. 环境工程学报，2016，10：2921 - 2926.

[51]LI X，ZHANG X，YANG H，et al. Atomic-layered Mn clusters deposited on palygorskite as powerful adsorbent for recovering valuable REEs from wastewater with superior regeneration stability[J]. Journal of Colloid and Interface Science，2018，509：395 - 405.

[52]DONG W，LU Y，WANG W，et al. A new route to fabricate high-efficient porous silicate adsorbents by simultaneous inorganic-organic functionalization of low-grade palygorskite clay for removal of Congo red[J]. Microporous and Mesoporous Materials，2019，277：267 - 276.

[53]FROST R L，LOCOSO B，RUAN H，et al. Near-infrared and mid-infrared spectroscopic study of sepiolites and palygorskites[J]. Vibrational Spectroscopy，2001，27：1 - 13.

[54]TANG L，YANG G D，ZENG G M，et al. Synergistic effect of iron doped ordered mesoporous carbon on adsorption-coupled reduction of hexavalent chromium and the relative mechanism study[J]. Chemical Engineering Journal，2014，239：114 - 122.

[55]PENG B，HUANG S，YANG Z，et al. Inhibitory effect of Cr(Ⅵ) on activities of soil enzymes [J]. Journal of Central South University of Technology，2009，16：594 - 598.

[56]LI Y，CHU X. Effect of different land use types on soil enzyme activity on the edge of ganjiahu wetland in xinjiang in：Key Engineering Materials[J]. Switzerland，2012：pp. 238 - 242.

[57]YAO J，TIAN L，WANG Y，et al. Microcalorimetric study the toxic effect of hexavalent chromium on microbial activity of Wuhan brown sandy soil: An in vitro approach[J]. Ecotoxicology and Environmental Safety，2008，69：289 – 295.

[58]SCHMIDT M A，KREINBERG A J，GONZALEZ J M，et al. Soil microbial communities respond differently to three chemically defined polyphenols[J]. Plant Physiology and Biochemistry，2013，72：190 – 197.

[59]CHENG W，DING C，WANG X，et al. Competitive sorption of As(V) and Cr(Ⅵ) on carbonaceous nanofibers[J]. Chemical Engineering Journal，2016，293：311 – 318.

[60]ZHANG S H，WU M F，TANG T T，et al. Mechanism investigation of anoxic Cr(Ⅵ) removal by nano zero-valent iron based on XPS analysis in time scale[J]. Chemical Engineering Journal，2018，335：945 – 953.

[61]WANG J，MA R，LI L，et al. Chitosan modified molybdenum disulfide composites as adsorbents for the simultaneous removal of U(Ⅵ)，Eu(Ⅲ)，and Cr(Ⅵ) from aqueous solutions[J]. Cellulose，2020，27：1635 – 1648.

[62]ZHANG L，KURAMOTO N，AZUMA Y，et al. Thickness Measurement of Oxide and Carbonaceous Layers on a 28Si Sphere by XPS[J]. IEEE Transactions on Instrumentation and Measurement，2017，66：1297 – 1303.

[63]KIM C G. Electrical properties of $CrSi_x$，$Cr/CrSi_x/Cr/CrSi_x$，and $CrSi_x/Si/CrSi_x/Si$ sputtered on alumina plates[J]. Thin Solid Films，2005，479：182 – 187.

[64]RYAN P，HYNES M J. The kinetics and mechanisms of the complex formation and antioxidant behaviour of the polyphenols EGCg and ECG with iron(Ⅲ)[J]. Journal of Inorganic Biochemistry，2007，101：585 – 593.

[65]CHEN Z，ZHAO Y，LI Q. Characteristics and kinetics of hexavalent chromium reduction by gallic acid in aqueous solutions[J]. Water Science and Technology，2015，71：1694 – 1700.

[66]HU X，WEN J，ZHANG H，et al. Can epicatechin gallate increase Cr(Ⅵ) adsorption and reduction on ZIF-8O[J]. Chemical Engineering Journal，2020，391：123501.

[67]CHRYSOCHOOU M，REEVES K. Reduction of hexavalent chromium by green tea polyphenols and green tea nano zero-valent iron (GT-nZVI)[J]. Bulletin of Environmental Contamination and Toxicology，2017，98：353 – 358.

[68]OUYANG Q，KOU F，ZHANG N，et al. Tea polyphenols promote Fenton-like reaction: pH self-driving chelation and reduction mechanism[J]. Chemical Engineering Journal，2019，366：514 – 522.

[69]MANDAL S，PU S，SHANGGUAN L，et al. Synergistic construction of green tea biochar supported nZVI for immobilization of lead in soil: A mechanistic investigation[J]. Environment International，2020，135：105374.

[70]COLAK N，KMEN B S O. Doping of chemically synthesized polyaniline[J]. Designed Monomers and Polymers，2000，3：181 – 189.

[71]RIAZ U，ASHRAF S M，J KASHYAP. Enhancement of photocatalytic properties of transitional metal oxides using conducting polymers: A mini review[J]. Materials Research Bulletin，2015，71：75 – 90.

[72]陆珉，吴益华，姜海夏. 导电聚苯胺(PAn)的特性及应用[J]. 功能材料，1998，4：353 – 356.

[73]ZHANG R，MA H，WANG B. Removal of Chromium(Ⅵ) from Aqueous Solutions Using Polyaniline Doped with Sulfuric Acid[J]. Industrial and Engineering Chemistry Research，2010，49：9998

- 10004.

[74]WANG J，ZHANG K，ZHAO L．Sono-assisted synthesis of nanostructured polyaniline for adsorption of aqueous Cr(Ⅵ)：Effect of protonic acids[J]．Chemical Engineering Journal，2014，239：123 - 131.

[75]WU H，WANG Q，FEI G T，et al．Preparation of Hollow polyaniline micro/nanospheres and their removal capacity of Cr (Ⅵ) from wastewater[J]．Nanoscale Research Letters，2018，13：401.

[76]GUO X，FEI G T，SU H，et al．High-Performance and Reproducible Polyaniline Nanowire/Tubes for Removal of Cr(Ⅵ) in Aqueous Solution[J]．Journal of Physical Chemistry C，2011，115：1608 - 1613.

[77]TIAN Y，LI H，LIU Y，et al．Morphology-dependent enhancement of template-guided tunable polyaniline nanostructures for the removal of Cr(Ⅵ)[J]．RSC Advances，2016，6：10478 - 10486.

[78]LIJ J，LI M，WANG S，et al．Key role of pore size in Cr(Ⅵ) removal by the composites of 3-dimentional mesoporous silica nanospheres wrapped with polyaniline[J]．Science of The Total Environment，2020，729：139009.

[79]LEI C，WANG C，CHEN W，et al．Polyaniline@magnetic chitosan nanomaterials for highly efficient simultaneous adsorption and in-situ chemical reduction of hexavalent chromium：Removal efficacy and mechanisms[J]．Science of The Total Environment，2020，733：139316.

[80]T ZHOU，C LI，H JIN，et al．Effective adsorption/reduction of Cr(Ⅵ) oxyanion by halloysite@polyaniline hybrid nanotubes[J]．ACS Applied Materials and Interfaces，2017，9：6030 - 6043.

[81]WANG F，ZHANG Y，FANG Q，et al．Prepared PANI@nano hollow carbon sphere adsorbents with lappaceum shell like structure for high efficiency removal of hexavalent chromium[J]．Chemosphere，2021，263：128109.

[82]LYV X，JIANG G，XUE X，et al．FeO-Fe$_3$O$_4$ nanocomposites embedded polyvinyl alcohol/sodium alginate beads for chromium (Ⅵ) removal[J]．Journal of Hazardous Materials，2013，262：748 - 758.

[83]郭成，高翔鹏，李明阳，等．海藻酸钠基吸附材料去除水中重金属离子的研究进展[J]．过程工程学报，2021，1：3 - 17.

[84]SUN X，YANG L，LI Q，et al．Polyethylenimine-functionalized poly(vinyl alcohol) magnetic microspheres as a novel adsorbent for rapid removal of Cr(Ⅵ) from aqueous solution[J]．Chemical Engineering Journal，2015，262：101 - 108.

[85]HUANG J，LI Y，CAO Y，et al．Hexavalent chromium removal over magnetic carbon nano-adsorbents：synergistic effect of fluorine and nitrogen co-doping[J]．Journal of Materials and Chemistry A，2018，6：13062 - 13074.

[86]CHEN M，CHEN X，ZHANG C，et al．Kaolin-Enhanced Superabsorbent Composites：Synthesis，Characterization and Swelling Behaviors[J]．Polymers，2021，13：1204.

[87]WANG W，ZHAO Y，BAI H，et al．Methylene blue removal from water using the hydrogel beads of poly(vinyl alcohol)-sodium alginate-chitosan-montmorillonite[J]．Carbohydrate Polymers，2018，198：518 - 528.

[88]PACKIARAJ M，KUMAR K K S．High corrosion protective behavior of water-soluble conducting polyaniline - sulfonated naphthalene formaldehyde nanocomposites on 316L SS[J]．Journal of Alloys and Compounds，2021，864：158345.

[89]MARUTHI N，FAISAL M，RAGHAVENDRA N，et al．Promising EMI shielding effective-

ness and anticorrosive properties of PANI-Nb₂O₅ nanocomposites：Multifunctional approach[J]. Synthetic Metals，2021，275：116744.

[90]中华人民共和国生态环境部. 污水综合排放标准：GB 8978—1996[S]. 北京：中国标准出版社，1996.

[91]HUANG J，CAO Y，WEN H，et al. Unraveling the intrinsic enhancement of fluorine doping in the dual-doped magnetic carbon adsorbent for the environmental remediation[J]. Journal of Colloid and Interface Science，2019，538：327 – 339.

[92]LAI Y，WANG F，ZHANG Y，et al. UiO-66 derived N-doped carbon nanoparticles coated by PANI for simultaneous adsorption and reduction of hexavalent chromium from waste water[J]. Chemical Engineering Journal，2019，378：122069.

[93]LONG F L，NIU C G，TANG N，et al. Highly efficient removal of hexavalent chromium from aqueous solution by calcined Mg/Al-layered double hydroxides/polyaniline composites[J]. Chemical Engineering Journal，2021，404：127084.

[94]ZHU K，CHEN C，XU H，et al. Cr(Ⅵ) reduction and immobilization by core-double-shell structured magnetic polydopamine @ zeolitic idazolate frameworks-8 microspheres[J]. ACS Sustainable Chemistry and Engineering，2017，5：6795 – 6802.

[95]LIU N，ZHANG Y，XU C，et al. Removal mechanisms of aqueous Cr(Ⅵ) using apple wood biochar：a spectroscopic study[J]. Journal of Hazardous Materials，2020，384：121371.

[96]ZOU H，ZHAO J，HE F，et al. Ball milling biochar iron oxide composites for the removal of chromium [Cr(Ⅵ)] from water：Performance and mechanisms[J]. Journal of Hazardous Materials，2021，413：125252.

[97]S WANG，T VINCENT，C FAUR，et al. A new method for incorporating polyethyleneimine (PEI) in algal beads：High stability as sorbent for palladium recovery and supported catalyst for nitrophenol hydrogenation[J]. Materials Chemistry and Physics，2019，221：144 – 155.

[98]KWAK H W，LEE K H. Polyethylenimine-functionalized silk sericin beads for high-performance remediation of hexavalent chromium from aqueous solution[J]. Chemosphere，2018，207：507 – 516.

[99]MO Y，WANG S，VINCENT T，et al. New highly-percolating alginate-PEI membranes for efficient recovery of chromium from aqueous solutions[J]. Carbohydrate Polymers，2019，225：115177.

[100]J WANG，T SUN，A SALEEM，et al. Enhanced adsorptive removal of Cr(Ⅵ) in aqueous solution by polyethyleneimine modified palygorskite[J]. Chinese Journal of Chemical Engineering，2020，28：2650 – 2657.

[101]CHEN J，XING H，GUO H，et al. Investigation on the adsorption properties of Cr(Ⅵ) ions on a novel graphene oxide (GO) based composite adsorbent[J]. Journal of Materials Chemistry A，2014，2：12561 – 12570.

[102]ARPUTHARAJ E，KRISHNA KUMAR A S，TSENG W L，et al. Self-Assembly of poly (ethyleneimine)-modified g-C₃N₄ Nanosheets with lysozyme fibrils for chromium detoxification[J]. Langmuir，2021，37：7147 – 7155.

[103]HAMZA M F，LU S，SALIH K A M，et al. As(V) sorption from aqueous solutions using quaternized algal/polyethyleneimine composite beads [J]. Science of The Total Environment，2020，719：137396.

[104]YAN Y，AN Q，XIAO Z，et al. Flexible core-shell/bead – like alginate@PEI with exceptional adsorption capacity，recycling performance toward batch and column sorption of Cr(Ⅵ)[J]. Chemical Engi-

neering Journal, 2017, 313: 475 - 486.

[105]MASINGA T, MOYO M, PAKADE V E. Removal of hexavalent chromium by polyethyleneimine impregnated activated carbon: intra-particle diffusion, kinetics and isotherms[J]. Journal of Materials Research and Technology, 2022, 18: 1333 - 1344.

[106]GODIYA C B, SAYED S M, XIAO Y, et al. Highly porous egg white/polyethyleneimine hydrogel for rapid removal of heavy metal ions and catalysis in wastewater[J]. Reactive and Functional Polymers, 2020, 149: 104509.

[107]RAMIREZ-RODRIGUEZ L C, DíAZ BARRERA L E, QUINTANILLA-CARVAJAL M X, et al. Preparation of a hybrid membrane from whey protein fibrils and activated carbon to remove mercury and chromium from water[J]. Membranes, 2020, 10: 386.

[108]PEYDAYESH M, BOLISETTY S, MOHAMMADI T, et al. Assessing the binding performance of amyloid – carbon membranes toward heavy metal Ions[J]. Langmuir, 2019, 35: 4161 - 4170.

[109]LEUNG W H, ZOU L, LO W H, et al. An amyloid-fibril-based colorimetric nanosensor for rapid and sensitive chromium(Ⅵ) detection[J]. ChemPlusChem, 2013, 78: 1440 - 1445.

[110]PEYDAYESH M, SUTER M K, BOLISETTY S, et al. Amyloid fibrils aerogel for sustainable removal of organic contaminants from water[J]. Advanced Materials, 2020, 32: 1907932.

[111]BOLISETTY S, MEZZENGA R. Amyloid – carbon hybrid membranes for universal water purification[J]. Nature Nanotech, 2016, 11: 365 - 371.

[112]SHANG Y, ZHU G, YAN D, et al. Tannin cross-linked polyethyleneimine for highly efficient removal of hexavalent chromium[J]. Journal of the Taiwan Institute of Chemical Engineers, 2021, 119: 52 - 59.

[113]ZHANG Y, WEN J, ZHOU Y, et al. Novel efficient capture of hexavalent chromium by polyethyleneimine/amyloid fibrils/polyvinyl alcohol aerogel beads: Functional design, applicability, and mechanisms[J]. Journal of Hazardous Materials, 2023, 458: 132017.

[114]SUN X, YANG L, XING H, et al. High capacity adsorption of Cr(Ⅵ) from aqueous solution using polyethylenimine – functionalized poly(glycidyl methacrylate) microspheres, Colloids and Surfaces A [J]. Physicochemical and Engineering Aspects, 2014, 457: 160 - 168.

[115]TIAN X, WANG W, WANG Y, et al. Polyethylenimine functionalized halloysite nanotubes for efficient removal and fixation of Cr (Ⅵ)[J]. Microporous and Mesoporous Materials, 2015, 207: 46 - 52.

[116]WANG J, SUN T, SALEEM A, et al. Enhanced adsorptive removal of Cr(Ⅵ) in aqueous solution by polyethyleneimine modified palygorskite[J]. Chinese Journal of Chemical Engineering, 2020, 28: 2650 - 2657.

[117]KWAK H W, LEE K H. Polyethylenimine-functionalized silk sericin beads for high-performance remediation of hexavalent chromium from aqueous solution[J]. Chemosphere, 2018, 207: 507 - 516.

[118]LEUNG W H, SO P K, WONG W T, et al. Ethylenediamine-modified amyloid fibrils of hen lysozyme with stronger adsorption capacity as rapid nano-biosorbents for removal of chromium(Ⅵ) ions[J]. RSC Advances, 2016, 6: 106837 - 106846.

[119]ARANTES DE CARVALHO G G, KELMER G A R, FARDIM P, et al. Hybrid polysaccharide beads for enhancing adsorption of Cr(Ⅵ) ions, Colloids and Surfaces A[J]. Physicochemical and Engineering Aspects, 2018, 558: 144 - 153.

［120］LIN P，LIU C，LI J，et al. Nanosized amine-rich spheres embedded polymeric beads for Cr（Ⅵ）removal［J］. Journal of Colloid and Interface Science，2017，508：369 - 377.

［121］DING J，PU L，WANG Y，et al. Adsorption and Reduction of Cr（Ⅵ）Together with Cr（Ⅲ）Sequestration by Polyaniline Confined in Pores of Polystyrene Beads［J］. Environmental Science and Technology，2018，52：12602 - 12611.